# 2021—2022年度
# 中国门窗幕墙行业
# 技术与市场分析报告

主　编　董　红
副主编　雷　鸣　杨　坤

中国建材工业出版社

**图书在版编目（CIP）数据**

2021—2022年度中国门窗幕墙行业技术与市场分析报告/董红主编. --北京：中国建材工业出版社，2022.3

ISBN 978-7-5160-3386-9

Ⅰ.①2… Ⅱ.①董… Ⅲ.①建筑五金门－生产工艺－研究报告－中国－2021—2022②建筑五金门－市场分析－研究报告－中国－2021—2022③铝合金－窗－生产工艺－研究报告－中国－2021—2022④铝合金－窗－市场分析－研究报告－中国－2021—2022⑤幕墙－工程施工－研究报告－中国－2021—2022⑥幕墙－市场分析－研究报告－中国－2021—2022 Ⅳ.①TU228②TU227

中国版本图书馆CIP数据核字（2021）第242535号

**2021—2022年度中国门窗幕墙行业技术与市场分析报告**

2021—2022 Niandu Zhongguo Menchuang Muqiang Hangye Jishu yu Shichang Fenxi Baogao

主　编　董　红

副主编　雷　鸣　杨　坤

出版发行：中国建材工业出版社

地　　址：北京市海淀区三里河路1号

邮　　编：100044

经　　销：全国各地新华书店

印　　刷：北京雁林吉兆印刷有限公司

开　　本：710mm×1000mm　1/16

印　　张：25.25　彩色：0.5

字　　数：420千字

版　　次：2022年3月第1版

印　　次：2022年3月第1次

**定　　价：168.00元**

本社网址：www.jccbs.com，微信公众号：zgjcgycbs

# 卷首语

我国在布局“十四五”，实现“双碳”目标的总基调下，打造城市生态建设，发展绿色建筑，推进住宅产业化，选择和使用优质的建筑配套产品，成为提升城市品质、改善人居环境、夯实百年工程的基本要素。随着高质量发展诉求的逐步实现，工程管控体系的水平提升，传统建筑生产方式正渐渐被取代，绿色化、工业化、集约化、智能化和产业化的优质门窗幕墙产品及相关配套材料，将成为今后市场的主流。

技术是推动产业升级的核心动力，市场是企业赖以生存的关键土壤。本年度推出的《2021—2022年度中国门窗幕墙行业技术与市场分析报告》将继续以弘扬技术创新、洞察市场趋势为主旨，深入浅出地剖析行业相关的政策，解读行业发展的方向，透过对新技术、新产品、新工艺的介绍，以点带面地还原当前的行业环境和发展趋势。

2022年，我们将迎来党的二十大的召开。高质量发展、高品质产品、绿色节能材料、高附加值产业、可循环技术应用、智能化替代人工化，必将成为建筑门窗幕墙行业市场的“时代”新语。

在此辞旧迎新之际，中国建筑金属结构协会期待携手广大行业同人，共同助力“双碳”目标实现，推动产业高质量发展，在门窗幕墙“大国”到“强国”之路上阔步前行。

郝际平

中国建筑金属结构协会　会长

二零二二年元月

# 目　　录



## 第一部分　行业回顾与展望



## 第二部分　主流技术介绍



## 第三部分　市场热点分析

## 第四部分　行业调查报告

# 第一部分

# 行业回顾与展望

# 新目标　新方向
# 2021—2022 铝门窗幕墙行业发展报告

◎董　红

中国建筑金属结构协会铝门窗幕墙分会　北京　100037

## 第一部分　国内外经济形势

2021 年是“十四五”规划的开局之年，也是建党百年的重要节点，近年来我国 GDP 总量依旧呈现稳步上升的趋势，但增速逐年放缓，中国经济正由高速增长，转为中高速增长，长期积累的深层次矛盾逐步暴露。同时，新冠肺炎疫情的影响依然持续，在国际、国内经济发展中，各种风险和机遇共存。

当前，我们正处在一个大变革的时代，建筑业、房地产业进入到“确定性和不确定性”并存的新时期。首先可以确定的是，“低增长、低利润、低预期、低容错”成为新阶段的发展主基调；而不确定性，则表现在一系列高强度、大力度的政策连续出台，包括：教培行业的大调整、三胎政策的亮相、对互联网巨头和娱乐明星的规范、对学区房的精准施策，以及最新提出“共同富裕”的新导向……

在新一轮的经济发展过程中，“两新一重”即新型基础设施建设，新型城镇化建设，交通、水利等重大工程建设，是“十四五”期间重要的投资方向；而“房住不炒”的基本国策，决定了未来调控的方向和标准。随着时间的推移，国家、行业、企业以及个人的转型升级迫在眉睫。

### 1　全球经济形势及国内经济形势简述

2021 年随着全球疫情形势好转，世界经济逐步复苏，但呈现出显著的分化和不均衡态势，国际贸易、投资以及制造业等加速恢复，发达国家的货币宽松政策及转向预期对全球金融市场带来一定波动，新兴市场和发展中国家内外经济环境更加脆弱，全球供应链短缺危机也愈发突出。在外贸出口方面，各国盛行地方贸易保护主义，导致国内价格优势过于明显的低端产品出口不畅，全球之间的经济贸易交流速度较疫情前有所减缓，对国际上的几大主要经济体包括中国在内造成了一定的影响，但国际间的贸易指数恢复与增长速度平稳中略有提升且保持了一定的增速。

在国内经济发展方面，第一产业、高技术产业和社会领域投资增长较快，整体经济走势平稳，从行业发展来看制造业投资恢复进度较慢，主要是受到汽车、通用设备、纺织业、金属制品等的拖累，IT行业如计算机和通信，医药制造以及基建投资等的增长势头良好，房地产业虽然脱离了黄金时代，但依然表现出较强的韧性和活力，是当前拉动投资增长的主要动力之一，这得益于固定资产投资仍保持了稳定态势。

## 2　“双碳”目标与“双控”影响下的发展

在“2030碳达峰”和“2060碳中和”的“双碳”目标下，“碳”将成为一个重要的经济变量，纵观国外发达国家的发展轨迹，可以看到在高碳的情形下，经济往往会处于持续高速的增长。而要想转变，发展低碳经济，将会突出五个方面的利好，第一是能源、粮食自主自立，工业制造自主自强；第二是我们的国民经济依赖世界市场的程度将会有所减少；第三是高标准的商品和要素循环的市场经济体系；第四是中国的产业链配套安全；第五是作为内循环的第一动力，中国老百姓的消费能力将有较大的提升。

以部分产业为例，在“双碳”目标与“双控”的影响下，商业地产的“绿色浪潮”即将来到，绿色地产的增长给绿色资产的发展注入动力。比如在建筑租赁市场中，拥有绿色认证的办公楼，比非绿色认证的办公楼，租金更高；而绿色建筑的内部收益率（IRR），也比投资于非绿色建筑更高。

在门窗与幕墙行业方面，大力发展节能低碳建筑，持续提高新建建筑节能标准，加快推进超低能耗、近零能耗，甚至创造能源，这些都对建筑门窗幕墙产品提出了更高的要求。绿色、环保和节能材料的应用，包括铝型材、建筑玻璃、五金配件、密封胶、门窗幕墙加工设备，以及隔热条和密封胶条等都需要满足低碳建筑规模化发展的快速增长需求，绿色低碳建材作为市场未来建筑材料的主体，从应用到再循环成为全行业新的经济增长点。

同时，绿色门窗幕墙产品的评估与认证，以及绿色低碳建材包括辅料、配件等的评估与认证，也将有更大的市场空间与市场需求；在行业内的设计环节与施工环节中，环保要求提高，低碳的目标才能更好达到，对可再生资源以及可再生材料的应用技术大力开发，尤其是在BIPV领域中光伏幕墙、光电玻璃类新能源产品的设计与应用方面更是如此。

## 3　城市更新背景下的行业转型之路

建筑改造和城市更新是提升城市品质、促进城市长远发展的重要环节，“十四五”期间中国城市更新将全面推进，在“城市更新”概念提出之前，我国前期推行的“棚户改造”行动、“旧改”工程等，也均属于城市更新的范畴；但与“棚改”“旧改”相比，城市更新涉及的范围更广、市场化程度更高，除了居民住宅，城市更新的对象还包括工业厂房、商业设施等。

既有建筑改造和城市更新有利于促进资本、土地等要素优化再配置，推动城市结构调整，提升城市品质，同时也是社会空间利益的再分配。当前我国城市更新进入新的发展阶段，城市更新产业生态逐渐成熟，产城融合进一步加深，建筑改造面向更加专业化、品质化、关注社会公平均衡的方向发展。在新的历史时期，需要持续探讨的是如何在改造中防止大拆大建，保留城市记忆和文化，保障社会公平与和谐，稳步推进城市更新与改造的可持续发展模式。

2021年11月住房城乡建设部公布了“第一批城市更新试点工作城市”的名单，城市更新的发展对建筑门窗幕墙行业提出了更高的要求，尤其是在低碳、绿色的要求下，既有建筑绿色改造的作用与贡献，对于建筑改造与城市更新有着巨大的作用。行业领域中的前期规划、产业策研、检测咨询、设计流程、材料研发、运营管理等各阶段，都需要配合城市更新的背景进行转型升级，进行实践、思考和发展。

# 第二部分　产业链上下游年度现状与发展趋势

1979年至2020年以来，我国GDP年均增长9.2%，经济实现快速增长，在此期间，房产一直是我国居民的主要家庭资产，是重要的社会财富承载主体。2020年，我国经济总体量首次突破100万亿元大关，成为“疫情时代”

全球唯一实现经济正增长的主要经济体，其中房地产业及建筑业的综合增加值占GDP比重达14.5%，位列各行业第三位。

2021年全年房地产业及建筑业的发展情况稳定，在“三道红线”“双控多改”“两集中”等政策影响下，门窗幕墙上下游产业更加注重绿色建筑、智能建造、可持续发展，同时注重资产持有及轻资产运作。

## 1 建筑业2021年现状

如今，作为国民经济的重要支柱产业，建筑业已处于由高速增长阶段向高质量发展阶段转变的关键期，“两新一重”的“十四五”规划发展重心提出之后，建筑业面临的任务，是如何推动我国从“建造大国”向“建造强国”迈进，要实现这一目标，必须借助新技术，打造建筑产业互联网。

建筑业实现高质量发展的重点在于新型建筑工业化、智能化、绿色化的深度融合，而新型建筑工业化的“新”，是传统建筑工业化需要与信息技术相结合，与“双碳”目标相融合，以装配式建筑等新建造方式为载体。新型建筑工业化能够更有效地提升工程质量、促进节能环保、提高建造效率、降低建设成本，5G、人工智能等现代信息技术，将催生全新的建造方式，建筑业智能化发展势不可挡。

我国建筑业全过程的碳排放量占全国总量40%～50%，建筑碳减排大有可为，我国绿色建筑年度新增市场规模约6.5万亿元，每年还有约1.4万亿元规模的绿色建筑存量市场改造。发展改革委等十部门印发《“十四五”全国清洁生产推行方案》，要求到2025年，城镇新建建筑全面达到绿色建筑标准，持续提高新建建筑节能要求，进一步加快推进超低能耗、近零能耗、低碳建筑规模化发展。

## 2 房地产业2021年现状

当前房地产的发展除了城镇化建设以外，将更多地依靠城市更新、商业地产中的绿色地产升级，2021年的相关统计数据显示，新建房屋面积与2020年基本持平，未来将会是一个折旧缩减的区间。同时，在房地产项目开发方面，智能建筑的市场占比提升明显，与2012年相比提高率达到65%左右，绿色建筑的市场占比同样明显，未来的市场空间巨大。

随着“三条红线”“两集中”“五档房贷”“保障性租赁住房”“二手房指导价”等政策的陆续落地，尤其是“房住不炒”政策导向的长期确定，都宣告着房地产行业的赛道规则，已经发生翻天覆地的变化。多家 TOP 房地产企业经营陷入困境，因此房地产企业的竞赛策略也不得不做出相应的调整，以往比拼的是谁冲得快，如今面对新的赛道规则，只有跑得稳才更可能是跑到终点的赢家。

## 3　门窗幕墙行业 2021 年现状

在“房住不炒”总基调下，房地产调控易紧难松，一些制约因素的影响在带给房地产投资走势较大不确定性的情况下，建筑门窗幕墙行业受到了一定程度的影响，尤其是年内头部房地产企业的负债危机，带来了众多对房地产业的质疑，接连不断的“负面消息”势必会打击到建筑门窗幕墙企业的合作信心。

事分两头，以房地产 TOP10 为首全国大型房地产企业，在扩张时用过不少杠杆，如今开始回归正常现金流渠道时，这只是为以前的行为买单，房地产业的投资热度和韧度，保证了它的投资地位和增长速度维持在一个较高的区间。

新基建与新城镇建设带来的项目，需要建筑门窗幕墙行业消化很长一段时间，同时因为它具有一定的政策性，在满足节能减排、发展循环经济、加强资源综合利用的要求下，无论是门窗或是幕墙都必须更加“绿色化”，这样的要求推动了行业内的产业结构优化升级。

门窗与幕墙的产品研发风口，必须跟着政策导向与市场导向，从早几年流行的“系统门窗”“装配式幕墙”“被动式门窗幕墙”“耐火、防火门窗”……到今天的全行业谈及的“双碳”趋势，门窗幕墙的产品对铝型材、玻璃、五金配件、密封胶，以及隔热条和密封胶条都提出了更高的要求。

以上是门窗幕墙行业市场发展的风口与需求端，那么在门窗幕墙行业经营现状中，尽管有国家出台的“限期付款”政策支持，但由于房地产企业遭遇土地政策与资金问题带来的资金链紧张，以及建筑业总包方 EPC 模式的大力推行，产业链上、下游之间的资金结算方式不断更新，出现了越来越多的股权合作、金融合作模式，甚至在三四线城市不断涌现“工抵房”，打破了传统的直接占款、商票支付、供应链合作等合同模式。

强基础、补短板、两新一重，建筑业新老基建共同发力，构建系统完备、高效实用、智能绿色、安全可靠的现代化基础设施体系是今后的方向。而房地产业在“三道红线”的影响下，开发商会加速分化，出现强者愈强的局面。

## 4 幕墙顾问咨询行业 2021 年现状

截至 2021 年年底，市场体量保守估计应在 20 亿～30 亿元之间，国内顾问公司规模 30 人左右的占比较大，行业整体从业人数仍然在上升，不少的幕墙公司从业人员进入到了顾问行业，顾问公司的技术人员总数量，已经达到甚至超越国内部分中型幕墙公司的技术人员配置。

多数企业已经涵盖了幕墙咨询、建筑咨询、门窗咨询、照明咨询、膜结构咨询、钢结构咨询等业务，部分企业还涉及了智能化咨询、物流咨询、绿建咨询及其他方面。在行业人才储备与培养方面，注册建造师及注册结构师，在顾问公司的技术人员中占比逐渐上升，随着公司规模的扩大，薪酬及福利水平的提高，更多的尖端人才将进入到该领域。

目前，顾问咨询行业依然存在着一些乱象和难题，项目收款难、汇款周期长的现状，制约了行业企业的人才储备及技术升级投入，同时人才的竞争异常激烈。未来，更多的顾问公司将朝着房地产业与建筑业“全过程”服务方向发展，把顾问咨询工作渗透到工程建设与设计的每一个环节，在市场竞争与行业发展的双重激励下，突显深化设计与咨询服务的更大价值。

## 5 原材料供应链 2021 年现状

2021 年是原材料价格的“高位运行年”，这几乎是房地产业、建筑业与门窗幕墙产业链从业人士的共识，虽然国家连续多年来实行防房地产过热、防通货膨胀的“双防”宏观经济政策，但此轮经济增长周期远未结束。尽管新冠肺炎疫情反复、尽管 GDP 增速放缓，在国内市场并未出现“项目减少、人力过剩”的预期，相反却出现了新一轮猛烈的价格上涨，市场库存锐减，对铝型材、建筑玻璃、五金配件、密封胶，以及隔热条和密封胶条的刚性需求依然强烈。

2021 年开年以来，铝锭、玻璃、五金、密封胶，以及包装材料等原材料价格大幅上涨，伴随着一段时间以来的多地拉闸限电，能源供应偏紧的问题非常严重，原煤价格上涨，运输费用过高等，油、气、电等均保持了较长时间的增长，原材料供应链2021年关键词非常明确——“涨”＋“缺”。同时，回收废铝、充油密封胶、废标隔热条甚至不锈“铁”等鱼目混珠的材料，也充斥在门窗幕墙行业市场中。

在“碳中和”趋势兴起以前，各类原材料价格已经出现过“波段上涨”现象，到2021年1—3季度连续上涨，倒逼着材料企业们不得不谨慎接单，或者一单一价，甚至存在每生产一件就亏一点钱的现状，2021年行业难逃原料成本“劫”。

在原材料上涨、房地产下行趋势下，门窗幕墙行业“增收不增利”现象短期内或很难得到改善，面对年末又突然出现的原材料价格持续下跌，揭示出建材行业受资本炒作的痕迹。众多的生产企业在无法确定转变形势的前提下，无法准确作出预判，“不确定性因素”的增加，成为市场内的另一颗“炸弹”。

2021年对于门窗幕墙行业的发展是重要的“转型升级”时期，Z世代经济造就了不同的市场需求，更多的项目中采用智能建造、绿色建筑才能更好地应对“两新一重”的发展方向，成为为行业企业带来创新动力与投资机遇的契机。

同时，为应对企业生存困境，项目结算方式必须做出改变，工程造价、质量、进度将会是工程管理的三大核心要素，在应对外部要求提高、原材料溢价严重等情况下，需要合理调整，提高工程实施期内的支付比例，切实缩短项目结算周期，缓解施工单位资金压力，优化市场环境。

## 6　2021年度统计数据调查报告

历年来中国门窗幕墙行业的数据统计工作，获得了行业企业及甲方、设计院（所）、第三方服务机构、展览公司等的大力支持。收集到的数据既有来自中国建筑金属结构协会铝门窗幕墙分会会员单位的财务数据，亦有第三方平台等提供的部分参考数据。

我国建筑门窗幕墙行业2021年度总产值接近7000亿元，继续保持着2017年度以来持续稳定增长的一年，在上述的总产值的增长中，规模化大中型企业，以及各类品牌材料生产厂家的贡献明显，今年更是要叠加原材料涨价的成分。

但面对“喜人”的产值增长，行业企业的利润率进一步下滑，不良资产率激增，尤其是门窗工程企业，今年在面对铝型材、玻璃、密封胶等主要原材料涨价，以及主要服务对象房地产企业资金链风险频发的双重压力下，现金流十分紧张，经营现状较为糟糕。

上述情况，在2021年建筑幕墙各类型企业产值汇总中能够清晰看到变化，“强者恒强”的格局在一定时期内很难被打破，尤其是受到新冠肺炎疫情与银行贷款严控的双重压力下，在幕墙工程的运作与结算机制没有发生根本性转变的前提下，拥有更多资本与资金抗压风险的大型企业，获得了更多的市场份额。同时低价中标与原材料价格上涨的因素，也导致了部分中小企业谨慎接单或不敢接单。

从统计结果来看，建筑幕墙行业100强企业的产值汇总数据中，一半以上的企业保持了稳定，其余的一半上升，一半下降，总产值方面相较去年有所上升。

统计结果表明，中小企业的状况非常不理想，工程合作中大多数企业都签署了闭口合同，原材料的上涨导致企业在项目中，不仅无法获取足够的利润，连企业运营的合理资金都无法保障，这样的市场现状让很多中小企业心生顾忌“裹足不前”。

相应地我们也应该看到，这是由于特定时期（疫情反复）和特殊情况（原材料与人工等成本急剧上升）带来的结果，它对市场的冲击更多的是打掉一些行业内的低端企业与高风险运作的企业，对管控合理以及提前开展转型升级与创新发展的企业，并不会造成长期性或根本性的影响。

受益于房地产业的稳定、“房住不炒”属性不变的基调，更多的刚需、刚改和新城镇建设市场需求正在缓步释放，建筑业紧密相关的新老基建、城市更新的业务量也在上升。在整个上游行业价值链的良性发展下，与之配套的玻璃、铝型材、五金配件、密封胶、加工设备、隔热条和密封胶条等生产企业，也抓紧了产品研发与升级，相关产业链中的企业在近几年间，有望获得稳定的市场增量、稳健的发展空间。

（注：其中部分类别的非建筑用材料产值，也被计算在了行业总产值之中。数据来源于中国建筑金属结构协会铝门窗幕墙分会第17次行业统计）

（1）幕墙类

2021年，幕墙类产值约2000亿元，与近三年来基本持平，疫情带来的建筑项目数量下降与单个项目金额上升相互抵消，同期内建筑幕墙行业内出现过缺少施工人员的时期，也出现过大量项目暂停的时期，究其原因离不开房地产业受到政策与市场冲击带来的影响。幕墙行业全年产值相较去年有所上升，这部分上升的产值大多来自国内新城镇化建设、基建配套项目、环保产业项目、企业总部，以及快递物流带来的仓储项目的增加，从市场内了解的信息来看：深圳、上海、北京、杭州、西安、成都、武汉等地区，成为幕墙产值贡献较大的几个地区。

（2）铝门窗类

铝门窗伴随房地产的爆发式增长，自 2017 年以来一直表现抢眼，然而 2021 年是门窗行业十分艰难的一年。总产值尽管保持在 2500 亿元上下，但一方面，房地产压缩到局部发展，国家到地方性的政策频出，房地产市场影响门窗市场，部分市场趋向饱和，门窗产品销量增长不明显；另一方面，原材料价格不断飙升，合同限价的约束，让众多中小门窗企业的生存受到严重威胁，资金链变得异常紧张。

同时，在 2021 年内，铝门窗的家装市场增量相较前两年也有所下降，这与市场内遍地开花的家装门窗厂不无关系，超低门槛、虚假宣传、恶意杀价……导致竞争加剧、乱象频频，为本已是一片“红海”的行业蒙上了一层阴影。

（3）建筑铝型材

根据相关数据显示：2019 年我国铝型材消费量大约为 1690 万 t；2020 年产量为 5779.30 万 t，2021 年全年将突破 6000 万 t 大关，同比增长超过 10%，而建筑铝型材作为铝型材应用的消费主力，消费量继续保持增长态势。

2021 年期间，得益于铝锭价格的大幅上涨，相关企业的年产值上升明显，主要用于门窗幕墙的建筑铝型材总产值突破了 1400 亿元。同时，近年来随着光伏产业发展，及铝型材在汽车轻量化、电子电力、家用电器、新能源汽车等领域应用不断扩大，我国铝型材行业产量及市场需求逐步扩大。

（4）建筑玻璃

2021 年是建筑玻璃行业非常“特殊”的一年，影响产业发展的新政策、新法规陆续出台。行业两极分化严重，有原片、浮法的玻璃生产能力的企业利润率爆增，在规模上也远大于深加工的体量，而“纯”玻璃深加工企业，利润率降至新低，经营面临困境。

从外部宏观环境来讲，经济增长方式的转变，严格的节能减排政策，以及价格波动、人民币升值、人力资源成本上升等因素的影响，对玻璃行业的发展产生了深刻的影响。建筑玻璃的产销量虽有所上升，全年达到了近 800

亿元左右，但面对产业链各环节竞争、出口市场逐步萎缩、产品销售市场日益复杂等问题，企业的成长度却低于预期。

（5）建筑胶

2021年建筑胶市场产值达到150亿元左右，有望在未来的两三年内实现行业产值200亿元的突破。国家基础设施发展的需求推动了建筑胶市场的增长，对环保产品的日益增长的需求是最新的趋势，绿色节能建筑的监管要求，正在推动环保建筑密封胶的发展。

年内建筑胶原材料价格的大幅攀升，使上游原料厂家的利润率爆增，而产品生产型企业，只能借助原材料渠道相对稳定的合作关系，以及品牌带来的溢价优势，利润率才勉强维持在合理水平。

（6）五金配件

五金配件的市场主要依托房地产项目的发展，目前国内房地产开发投资增速降低，一方面会使建筑五金市场整体增速放缓，但另一方面也将加快房地产行业的整合和集中度提升，带来建筑五金市场结构变化。2021年除了房地产项目，新增的基础设施建设，以及城市更新与老旧小区改造的五金配件需求量巨大，年度总产值达到1000亿元左右，中高端产品的市场需求仍将保持较高的增长速度。

随着建筑市场的蓬勃发展，以及全球制造业的产业转移，我国五金配件行业得到快速发展，技术水平不断提升，行业整合趋势明显。目前，市场内个性化需求越来越明显，拥有各式功能和风格化造型的门窗五金广受欢迎，而且门窗绿色化与节能化要求逐年提高，门窗五金从外观设计、整体材质、辅助配件，到安装和后续服务等方面，都需要企业不断提升。

（7）门窗幕墙加工设备

2021年无人化、数字化技术的应用更加广泛，加工设备总产值保持了稳定，全年产值约30亿元左右。门窗设备的市场在经过大洗牌之后，逐步突出了行业品牌金字塔模式，顶端企业持续享受行业红利，尤其是智能化建筑与人工智能等方面的需求度在不断增长。

我国拥有上百家的门窗规模化企业，中小门窗企业更是超过3万家，分散在全国各个大中小城市中，区域性决定了对加工设备的需求各不相同。但大多数门窗企业使用的设备到了10～15年必须更新换代的阶段，同时日益高涨的人工成本，也推动了门窗企业下大决心进行门窗智能化设备方面的投入。

（8）隔热条及密封胶条

建筑隔热条及密封胶条产品的独特属性，成为在绿色建筑、节能减排中起到关键作用的门窗幕墙配料，作为行业细分领域，其生产企业的技术壁垒和创新能力，是这个行业内企业品牌知名度与规模化的核心支撑力，2021 年用在建筑门窗与幕墙领域的相关产品，总销量达到了 40 亿元左右。

纵观行业八大细分门类，市场不确实性加之原材料爆涨，成为最核心的关键词。一方面，房地产政策吃紧，前期政策红利消耗殆尽，资本运作的前期模式已经没有任何优势可言。之后，国家到地方的限制政策频出，“房住不炒”属性决定了它是一个长期稳定发展的阶段。

另一方面，门窗幕墙的总产值有所增长，但单价并没有随着下游市场内铝型材、玻璃、五金、密封胶、隔热条及密封条等配套材料的价格变化，而下游的市场红利也被原材料价格大幅消耗。房地产市场影响门窗幕墙市场，部分市场趋于饱和，绿色低碳建筑产业的发展格局，需要大量的资本来促进企业转型升级，这给众多中小企业的生存带来严重威胁。

## 7　年度新出政策及热点关注

2021 年度内，国家对房地产业及建筑行业配套服务企业持续关注，出台了一系列利好政策，包括保障市场营商环境、新型城镇化建设，以及其他诸如审批、绿色发展、人员管理等一系列的政策“红利”正在持续放送，这为建筑门窗幕墙行业的发展与转型升级，带来了巨大的动力与市场空间。

（1）人力资源社会保障部拟新增“建筑幕墙设计师”等 18 个职业

2021 年 1 月 15 日，人力资源社会保障部公示拟新增 18 个职业，其中包括一项建筑领域的拟新增职业——建筑幕墙设计师，以加强建筑幕墙工程设计人员队伍的规范化管理。

（2）住房城乡建设部：叫停城市更新大拆大建

实施城市更新行动，要顺应城市发展规律，尊重人民群众意愿，以内涵集约、绿色低碳发展为路径，转变城市开发建设方式，坚持“留改拆”并举，以保留利用提升为主，严管大拆大建，加强修缮改造，注重提升功能，增强城市活力。既有幕墙改造并未提到。

（3）放管服——开展招投标工作改革

2021 年开展建筑企业跨地区承揽业务，要求设立分（子）公司问题治理；

清理招标文件中，将投标企业中标后承诺设立分（子）公司作为评审因素等做法；严肃查处违规设置建筑市场壁垒、限制和排斥建筑企业跨省承揽业务的行为。

（4）多地发文：禁止施工作业人员“高龄化”

多地陆续发布通知，要求规范建筑施工企业用工年龄管理，禁止招录和使用60周岁以上男性、50周岁以上女性从事施工作业。

（5）国务院：工程竣工决算不得超过1年

在建设项目竣工验收合格后，需及时办理资产交付手续，并在规定期限内办理竣工财务决算，期限最长不得超过1年。

（6）全国各地陆续取消审图

已有多地取消施工图审查，或利用互联网实行自审备案制，简化审图流程，并在深圳开展人工智能审图试点。

（7）多次重申，“500m”限高

2021年严把超高层建筑审查关，对100m以上建筑，应严格执行超限高层建筑工程抗震设防审批制度；严格限制新建250m以上建筑，需报住房城乡建设部备案；不得新建500m以上超高层建筑。

（8）多省市工程“质保金”由3%降为1.5%

各地陆续明确“在政府采购活动中，不得收取投标保证金”，以及降低工程质量保证金预留比例。同时，保证金将向多元化的方向发展，“推广使用银行保函、保险公司保单、担保公司保函等担保方式，逐步实现多元化保证”。

（9）房地产税来了，注意它不是“房产税”

2021年财政部四次提到房地产税以及“房地产税改革试点工作”，房地产税不等于房产税，是两个不同概念，它可以在一定程度上调节房价或者平衡房价，对市场的冲击和影响还有待考证。

# 第三部分　年度主要工作内容回顾

## 1　2021年度开展的主要工作

在国家精准施策、行业积极践行的大背景下，中国建筑金属结构协会铝门窗幕墙分会组织开展了下述各项工作：

（1）如期举办行业年会及新产品博览会

2020年的行业年会及新产品博览会因疫情影响被推迟，2021年在疫情得到有效防控的基础上，分会与展会承办单位全力运作，2021年3月行业年会暨中国建筑经济峰会以及新产品博览会如期举行。年会得到了广大行业同仁的大力支持，参展企业和参观观众在符合防疫部署要求的前提下，数量基本与往届持平，为行业市场基本面的发展奠定了良好的基调。

（2）继续开展行业数据调查活动

2021年是一个重要的节点，行业内上下游产业链的生态在政策调控与市场调整的双重作用下，迎来更加合理的发展与潜力积蓄。分会为了更好地服务行业与会员企业，继续开展了行业数据调查活动，结合市场变化的热点，深入剖析与研究行业市场，积极寻找客观规律，以发展报告的形式将调查活动的成果进行分享。

（3）主办并召开行业多项会议及活动

3月分会与广州年会同期，为了倡导行业绿色健康发展，关注行业从业人员身心健康，携手“浙江时间”，主办开启了新一年度的“健康时间”主题活动。并协助“高登”开展了3·12“以铝代木”森林保护日、“坚朗杯”高尔夫球邀请赛、“白云”安全应用高峰论坛，以及“年度喜爱幕墙工程”“首选品牌”推荐等活动。

5月由分会主办，在“北玻”“硅宝”等企业的支持下，组织开展2021年度幕墙顾问行业观摩活动，来自全国的建筑幕墙顾问、设计咨询行业精英，齐聚北京，带领大家寻访与观摩以北京长城饭店、城奥大厦与亚投行总部大厦等为代表的幕墙项目，并指导开展了“顾问20强”颁奖活动。

9月分会配合协会主办“新开局、新征程！C21峰会暨转型发展高峰论坛”。紧接着，分会在2021北京城市建筑双年展期间，在“坚朗”“和平”“北玻”协助下，主办了“衍生建筑未来”沙龙活动。

10月分会主办，杭州之江承办的“2021年全国建筑幕墙顾问行业第二届专家研讨会”，对顾问咨询行业的热点问题展开研讨。

2021年度，分会还组织行业相关专家，及上下游产业链企业代表，在佛山及成都分别成功主办两场“铝门窗幕墙行业技术培训班”，在国家职业培养机制的基础上，加大行业内的人才培养与技术提升力度。

（4）配合多地省市协会开展会议及活动

2021年分会积极开展与多地省市行业协会及相关协会之间的合作，年度内分别配合北京、上海、广东、四川等省市举办行业会议及活动，其中包括“7.18 上海幕墙共享设计节”等。

（5）开展行业内企业走访活动

2021 年是分会领导深入行业企业、开展走访调查活动的重要年份，先后走访了广东省的几家门窗、型材和结构胶知名企业；走访了西北几家型材、幕墙龙头企业；走访了浙江几家五金配件和新材料骨干企业；走访了西南几家门窗、幕墙和结构胶代表企业；以及针对房地产企业华润、恒大、金地、万科等进行调研工作。

协会及分会领导深入调研门窗幕墙的产品研发、应用推广及市场运营情况，与调研企业管理层会晤，开展深入交流。

2021 年分会共走访、座谈、接待来访行业企业 60 余家，得到了行业的一致好评。

（6）组织开展密封胶年检与相关推荐工作

2021 年为了进一步加强建筑结构胶生产企业及产品工程使用的管理，分会对已获推荐的建筑结构胶产品进行了年度抽样检测，加强了对结构胶生产企业的监督、检查；同时对已获推荐企业，分会优先向房地产、门窗幕墙企业推荐。

（7）组织开展建筑隔热条推荐工作

2021 年为了进一步加强及提高铝合金门窗、幕墙用“建筑用硬质塑料隔热条”产品质量管理，对生产企业的规范管理，以及产品工程使用的管理，确保工程质量，保障人民生命财产的安全，分会对隔热条生产企业实施行业推荐工作，加强了对隔热条的监督、检查，同时对已获推荐认证的企业，分会将优先进行推荐。

（8）组织编制建筑门窗幕墙行业新规范

2021 年，分会为更好地服务建筑门窗幕墙行业及会员单位，抓住团体标准发展契机，充分发挥分会专家组、行业龙头、规模化企业平台的优势，全面针对新产品、新工艺、新技术，积极开展相关标准的编制和修订工作，分会组织开展以下多项团体标准编制工作：

《智能幕墙应用技术要求》《幕墙运行维护 BIM 应用规程》《铝合金门窗生产技术规程》《铝合金门窗工程技术规范》《铝合金门窗安装技术规程》《装配式建筑用密封胶》《门窗幕墙用聚氨酯泡沫填缝剂技术应用》《既有金属幕墙检测与评价标准》《建筑幕墙抗震性能试验方法》的编制工作，并开展《铝合金门窗》国标图集的编制工作。

相关工作主要集中在铝门窗与幕墙相关管理，以及服务发展的新要求方面。每年相关标准规范的更新与编制，既是市场反馈的需求，也是新工艺、新产品的规范化要求，通过行业新标准规范的制定，真正做到为行业服务、为企业服务。

（9）与多协会共同开展绿色环保新材料、新产品认证与推荐工作

随着国内绿色建材产品认证工作的不断推进，全社会对绿色建材产品认证的认知度不断提升，尤其是“三部委”出台关于绿色建材产品认证的通知后，市场内的需求与产品应用与日俱增，分会与多协会、多地机构共同推进实施了建筑门窗幕墙行业的各类型产品的具体认证工作，同时在全行业内开展学习、宣传和推广。

（10）组织专家编制行业技术期刊

2021 年 10 月，由分会主办，山东永安胶业有限公司独家承办的第七届《2021—2022 年度中国门窗幕墙行业技术及市场分析报告》编委研讨会如期召开，新一届的编委专家会议（在疫情的背景下）由线下搬到了线上。

分会组织开展的研讨活动，得到了专家们的大力支持，同时，值得关注的 2020—2021 年度，由兴三星云科技有限公司协办的《2022 年建筑门窗幕墙创新与发展》论文集，以及上述提到的《2021—2022 年度中国门窗幕墙行业技术及市场分析报告》均已启动，作为 2022 年 3 月广州年会的配套资料，会发送给参会的会员单位代表。

具不完全统计，铝门窗幕墙分会专家组专家在 2021 年活跃在全国各地，参编、参评标准 150 余次；参与大型建筑门窗、幕墙工程及主持设计、施工、检测、咨询、材料应用等 140 余次；发表文章 100 余篇；获得专利 55 余项；获省部级奖项 23 余项。推进标准指导、技术引领、专业服务，为门窗幕墙产业链发展带来了积极的正能量。

（11）指导开展顾问“设计奖”及“喜爱幕墙工程、市场表现及用户选择奖”活动

2021 年度在分会指导下，组织开展了顾问行业“设计奖”评选活动，通过甲方、建筑师和幕墙专家，大力推广优秀设计项目中新产品、新材料、新技术的应用。同时，年度内还指导开展了第十七届幕墙行业的“喜爱幕墙工程”“市场表现奖”及“用户选择奖”推荐工作，用心推选出行业内的优秀工程及品牌企业。

2020—2021 年分会主办的各类大型活动及会议得到了来自全行业及上下

游产业链的大力支持，各类活动及会议人气满满。组织开展的各类走访调研活动也得到了来自诸如幕墙、门窗、玻璃、型材、五金、密封胶、隔热条和密封胶条等会员单位及非会员企业的大力支持，通过共同交流、沟通、合作打通市场内上下游产业链互通瓶颈，引领行业高质量发展，发挥分会行业风向标与市场推广者的作用。

## 2　2022年度的工作计划

2022年，是“十四五”规划深化之年，分会将紧紧把握行业及市场变化的动态发展，提前做好工作计划并根据行业及会员单位的需求与行业市场工作的变化做出具体的工作安排，在全面考虑分会工作的重心与行业发展现状前提下，将分会工作计划做了如下几项安排：

（1）计划举办行业年会及博览会；

（2）年度内举办多场高端行业活动（包括高峰论坛、技术论坛、行业交流活动等）；

（3）开展行业人才培养计划；

（4）开展行业内职业资格培训工作；

（5）继续引导建筑幕墙设计、施工规范化；

（6）深化行业技术发展，开展新技术、新工艺观摩活动；

（7）重点加强对中小企业发展的服务；

（8）组织编写并出版年度刊物；

（9）关注行业年青力量培养，关注企业发展；

（10）继续开展行业数据调查统计工作；

（11）筹备设计及顾问咨询平台的相关工作。

分会坚信伴随着中国城镇化建设的步伐，内、外双循环的新发展格局，我国的铝门窗幕墙行业总体发展曲线，处于健康、可持续的水平状态，分会将继续为行业的持续、稳定、良性发展作出贡献。

## 3　当前行业存在的主要问题

门窗幕墙行业发展了三十多年，一路走来，门窗产品从钢窗、塑窗，再到铝窗、断桥铝窗，以及后来的系统门窗、防火窗、被动窗等；在幕墙方面从最初的玻璃幕墙、金属幕墙，到后来更加广泛应用的石材幕墙、铝单板幕墙、冲孔铝板幕墙、GRC 幕墙、UHPC 幕墙等，看上去似乎行业的发展及产品变化非常丰富，但其实不然，产品的发展与市场空间、利润空间及行业发展是否充分，创新是否能够满足高质量发展要求有很大关系，从以上这几点来看恰恰是我们行业发展的短板。

单单从装配式建筑、被动式建筑、智能建筑、绿色建筑，以及第三方顾问行业的建立与发展来看，从建筑面积到发展时间，我们还远远落后于国际发达水平，缺乏合理的利润空间，以及不够合理的资金结算方式均制约着建筑门窗幕墙行业的高质量发展。

同时，各类原材料价格大幅波动，对行业发展造成巨大影响。2021 年的原材料市场行情不是忙，而是乱，漫天报价影响了行业长远健康发展，同时国内外持续的疫情也导致了各种基础原料周转速度变慢，进而加剧了这种“乱”。

中国经济已经从高速发展转变为中高速发展时期，房地产、建筑业从供不应求到“黄金时代”到“白银时代”，再到去库存、保生存，到“保平、保稳”发展。无效率加班、过度追求高学历、产品缺乏创新、落后的营销方式，及化简为繁的会议，这些成为门窗幕墙行业普遍存在的问题。

无论是公司还是个人，在这样的形势下，很容易进入“内卷化”状态，根本原因就在于精神状态和思想观念。信心决定命运、观念决定出路，如果一个团队不思进取，不谋开拓，企业会变得惰性十足，毫无发展动力，个人会变得没有信心，遇事拖延，而且会进入一种周而复始的轮回状态。

## 第四部分　未来发展展望

建筑门窗幕墙行业的发展与上下游产业链的发展密不可分，在工业化 4.0 的发展模式基础上，未来工厂无人化、数字化、机器人应用等，加上大数据技术，在市场分类与成品生产供应等方面，能够提供更多的个性化、差异化与高性价比的项目产品。

新规范的编制与起草，为行业未来的绿色化、低碳化发展奠定了基础，可再生资源也能得到更加广泛的使用。职业化人才培养，科学性人才储备，高质量、高学历管理与生产队伍的建立成为行业内人才战略的依托，会使门窗幕墙行业的整体人才使用情况和行业从业人员基本素质得到进一步提升。

远程化办公与交流，是长期以来积极推广的新型办公方式，在疫情期间得到了快速发展，门窗幕墙行业作为新型办公方式发展较为落后的行业，在短时期内经过大力推广，在行业内已得到共识。

大力发展建筑工业化为载体，以数字化、智能化升级为动力，创新突破相关核心技术，加大智能建造在工程建设各环节的应用，形成涵盖科研、设计、生产加工、施工装配、运营等全产业链融合一体的智能建造产业体系，是提升工程质量安全、效益和品质，有效拉动内需，培育国民经济新增长点的重要抓手。

## 1 行业发展的主流技术展望

模拟化、数字化、人工智能、网络大数据应用、工程全可视化技术……未来行业的发展必然是与前卫科技的结合分不开的，当前我们正在大力发展以建筑工业化为载体，以数字化、智能化升级为动力，创新突破相关核心技术，加大智能制造在工程建设各环节的应用。比如，将工业 4.0、VR、MR 等引入建筑领域，随着 3D 扫描、二维码、物联网、云计算、区块链、元宇宙等科技的融合，最终出现了以 BIM 技术为核心的门窗幕墙数字化应用。

另外，随着人口红利消失、原材料等各种成本上涨，中国制造业开始转型升级、提质增效，加快推进智能制造，行业内提升自动化生产水平，大力推动智能化升级，纷纷开展“机器换人”试点，建设示范生产线、示范车间、示范工厂。无人化是未来发展大的趋势，黑灯车间、数字流水线、智能机械手……无人化就像一场蝴蝶风暴，引发了从生活方式到工作就业，再到经济转型的巨大变化。在建筑门窗幕墙行业领域内，无人化工厂的建设即自动化工厂，是全部生产活动由电子计算机进行控制，生产第一线配备机器人而无需工人的工厂。从劳动密集型脱胎换骨走向智能制造、“无人化”制造，已经不可逆转。

当前“机器人”使用已经成为一种趋势，在生产工艺过程中大量的人工智能将取代已有劳动力，当然同时也会出现大量新增人才需求。中国房企碧桂园，2022 年旗下的智博机器人已经在工地应用；而在施工领域，中建系统自主研发的智能建造机器人，施工的精度较传统人工有所提高，每项工序还带来时间的节约。

同时，智能建造与建筑工业化时代已经到来了，涵盖科研、设计、生产加工、施工装配、运营等全产业链融合一体的智能建造产业体系，不仅能提升工程质量安全，加快行业企业转型升级，提高建筑门窗幕墙行业内产品的品质，也能产生更大效益。

## 2　技术型、专家级、工匠型人才培养方向

稳就业、保就业关系民生大计，是当前置于“六稳”“六保”首位的工作任务，制造业历来是我国就业的主要领域，提供了足够的就业机会，但随着行业内数字化、智能化等科技的应用，产业发展导致产业工人必须不断提升职业技能，更加需要接受过相应职业教育培训的技能型人才。

2021 年，原材料价格上涨，国内物价上涨，行业内人才需求转型，带来了史无前例的人才“大流动”。无论是房地产、设计院、施工单位还是材料企业，留住骨干就是留住了竞争力，当然，必要的淘汰机制是企业自身造血功能净化的前提。

在建筑工业化、智能化、科技化的推动下，人才培养的方向已经逐渐向技术型工人转移，建立培训机制，提升管理机制和效能，以适应新时代发展。当下国家重视培育高技能人才，大力弘扬工匠精神，发展并支持职业教育，在培养技术型工人、专家级工人以及专业工匠的发展思路上，是未来企业人才培养的主线。

## 3　打造行业企业品牌与诚信体系建设

近年来，在建筑行业内刮起了一股改革之风，首先针对的就是行业内的项目结算支付与工程进度管理方面，这与行业内长期缺失的诚信体系，和一些行业内的低价中标、围标，利益输送等造成的恶劣竞争环境形成鲜明对比。

建筑门窗幕墙行业内急需建立完善的品牌建设发展体系，以新型建筑工业化带动建筑业全面转型升级，加强技术创新，提升信息化水平，培育产业体系，积极推进绿色建造和智能建造，打造具备国际竞争力的“中国建造”品牌。品牌对企业而言，不仅仅是宣传作用与知名度等，同时也是行业合作、市场需求中的诚信度建立。很多企业在打造品牌时，往往只重视广告效应与视觉效果，而忽略了诚信体系建设是市场经济发展的内在要求。

市场经济的发展，把企业完全推向了市场，成为“自主经营、自负盈亏、

自我发展、自我约束”的市场主体，诚信已不仅关系企业的信誉，还连接着企业赖以生存的市场。在激烈的市场竞争中，诚信已成为一种战略资源和无形资产，成为企业市场经营的通行证，成为关系企业生存发展的品牌，它既是企业实力的体现，更是社会公众对企业诚信的评价。

## 4 建立全新的企业管理模式迫在眉睫

虽然我们行业经过了几十年的高速发展，从当初的技术引进、模仿、学习到如今的超越、引领，但产品的类型及企业产品、细分行业的企业数量，行业内的结构合理性已经不足，很多老一辈或第一代企业家是实干家，却不是创造者。产业结构不合理，创新能力不强，他们所熟悉的一套工作模式和企业生存模式还停留在低成本、高人力集中、简单资本运作等方式，对人才与品牌、企业管理模式的重视程度不够，直接导致企业的发展水平和企业内部创新能力缺失。

今后的15年，中国GDP增长靠城市化拉动、靠房地产拉动、靠城市基础设施拉动的动力，会从50%降到10%左右，经济发展更多靠产业结构调整，要靠内涵，而发展是靠技术引进、消化吸收，把关键技术立足在国际市场的配置上。

行业发展的机遇与危机分不开，建筑门窗幕墙行业在进行产业结构升级转型的过程中，人才引入、企业管理水平提升、足够的资本支撑必不可少。同时，新城镇建设、新基建的大力发展，行业内的项目发展存在着稳定的市场基础，“双碳”目标、绿色产业化、建筑工业化等的稳步推进，在全行业内掀起了改革创新的旋风，这是一股暖遍建筑门窗幕墙行业的春风。

## 5 加快信息化、工业化升级

新型建筑工业化是通过新一代信息技术驱动，以工程全寿命期系统化集成设计、精益化生产施工为主要手段，整合工程全产业链、价值链和创新链，实现工程建设高效益、高质量、低消耗、低排放的建筑工业化。建设新型工业化体系是建筑产业转型升级的核心，门窗幕墙行业的高质量发展离不开产业转型升级，更加需要加快工业化体系升级。

要实现行业内的工业化升级，需要大力发展装配式建筑，推动建立以标准部品为基础的专业化、规模化、信息化生产体系；同时，全面提升各类施工机具的性能和效率，提高机械化施工程度，而且需要加快打造建筑产业互联网平台，推广应用智能制造生产线和安装线。

未来，分会将携手广大会员单位，与房地产业、建筑业精英一道，推进“平台化发展、产业链共赢”模式，构建产业发展生态圈，创造全产业的智慧服务。

天下将兴，其积必有源！坚持党的领导，传承“红色基因”，凝聚“蓝色力量”，推动“绿色发展”，中国门窗幕墙行业的高质量发展必将到来。

# 第二部分

# 主流技术介绍

# 适应“双碳”目标的建筑门窗幕墙技术发展路线

◎包 毅 窦铁波 杜继予

深圳市新山幕墙技术咨询有限公司 广东深圳 518057

**摘 要** 为实现碳达峰和碳中和的双碳目标，我国各行各业都在扎实地做好碳达峰和碳中和的各项工作，努力探讨和建立实现双碳目标的可行路径和技术发展方向。建筑门窗幕墙是建筑外围护结构，它的使用能耗占建筑围护结构能耗的50%，占建筑总能耗的25%。降低建筑门窗幕墙在材料、建造和使用过程中的能耗，是促进建筑行业尽早实现双碳目标的重要路径之一，也是建筑门窗幕墙高质量发展的必经之路。本文对影响建筑门窗幕墙能耗的建筑材料、构造设计、装配式生产及施工、既有建筑门窗幕墙寿命和改造等环节的现状和未来发展进行了研究，提出建筑门窗幕墙行业为助力我国早日实现双碳目标的可行技术发展路线，供行业进行深入的探讨。

**关键词** 双碳目标；绿色建筑；节能；低碳

## 1 引言

为努力达成我国在2020年第七十五届联合国大会上向世界郑重承诺的力争在2030年前实现碳达峰，努力争取在2060年前实现碳中和的双碳目标，在2021年全国“两会”的政府工作报告中，国家明确提出了全国各行各业要认真、扎实地做好碳达峰和碳中和的各项工作。这项工作的开展，最主要的工作就是要大力发展新型可再生清洁能源的开发和应用，减少高碳化石能源的使用和能耗水平，坚持走绿色低碳、可持续发展的转型道路。建筑行业历来是我国能耗的大户，建筑碳排放量占国家总排放量的51%（数据来源：《中国建筑能耗研究报告（2020）》）。据权威部门测算，我国建筑行业的碳达峰需要到2035年方可实现，这将拖延我国碳达峰的时间，也意味着要实现双碳目标，建筑行业将成为未来10年碳减排的重中之重。建筑门窗幕墙是建筑外围护结构，是建筑的重要组成部分，也是建筑节能的关键部位，它的使用能耗占建筑围护结构能耗的50%，占建筑总能耗的25%。可见，采取一切必要措施和有效的技术发展路线，大大降低建筑门窗幕墙在材料、建造和使用过程中的能耗，是促进建筑行业尽早实现双碳目标的重要路径之一，也是建筑门窗幕墙高质量发展的必经之路。建筑门窗幕墙是依照建筑设计的要求，采用不同的建筑材料，依照不同的使用性能进行产品设计、生产制造和工程安装等程序建造出来的。研究并合理选用新型建筑材料，正确进行产品性能和构造设计，采用装配式生产及工程安装对建筑门窗幕墙在建造过程和长期使用过程中的节能有着重大的影响，是建筑门窗幕墙实现双碳目标的关键技术发展路线。

## 2 绿色建材的推广应用

现有的建筑门窗幕墙材料，大部分以金属、玻璃和天然石材为主。这些材料的生产存在能耗高、破坏自然环境和过度消耗天然资源等诸多方面的不利因素，是阻碍双碳达标的因素之一。随着科学技术的发展，利废、低耗、轻质、高强的人工复合新型建材正在不断产生，在双碳达标的进程中，我们应该加以研究并探讨可行的技术方案。

### 2.1 仿真利废再生材料

天然石材是我国室内外装修的主要材料，是建筑幕墙离不开的外墙材料之一，国内石材每年消费量近10亿$m^2$。石材作为一种不可再生的天然资源，其大规模的开发，已给我国自然环境的保护带来了重大的影响，许多地方绿水青山已不见。同时，石材开发的成品利用率平均约为30%，每年会存留超大量的石材边角废料，其生产过程中产生的粉尘给周边环境带来严重的污染。目前，石材的开采正受到各级政府的严格管控，采用新技术利用石材废弃物制造高仿真板材来替代天然石材的产品正在不断出现。发泡人造石（图1）是一种新型绿色环保建材，每平方米板材添加了40%～50%的石材废料，经采用特殊的发泡生产技术，使板材具有轻质、高强、高仿真的良好性能。其密度 1.90g/$cm^3$，约为天然石材的 80%，建筑结构的荷载和施工人员的劳动强度大为减轻；弯曲强度平均值达到 28MPa 以上，为花岗岩的两倍以上，大大提高了板材承载能力和幕墙结构的安全；板材可制成通体的花岗岩、大理石、石灰石、洞石、砂岩、纯色板等系列产品，装饰效果自然、逼真，是替代天然石材的最佳产品。除此以外，利用氧化铝生产中产生的大量污染性工业废渣赤泥所生产的装饰板也在研制中（图 2），它同样可替代石材、陶板、瓷板等传统板材，克服了它们在使用中的一些缺陷，为建筑幕墙在实现双碳目标增添了更多的绿色环保元素。这些产品在建筑外立面的使用，可无缝对接现行的建筑门窗幕墙相关技术标准，性能安全可靠。唯一的问题是以天然石材为上的传统老套的观念阻碍了它们的应用，在实现双碳目标的大前提下应给予全面的纠正。

图 1　发泡人造石

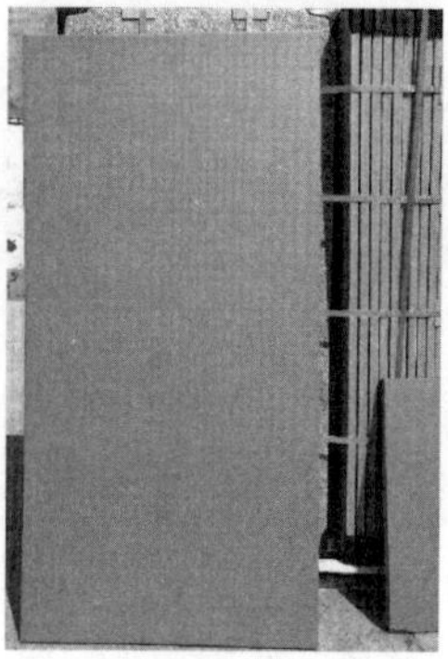

图 2　赤泥废渣生产的装饰板

## 2.2　免烧制品

免烧制品是在常温非烧结条件下，通过添加无机凝胶和其他增强材料，经压制或自然条件下养护成型的各类建筑材料，如超高性能混凝土板或构件（简称 UHPC），纤维水泥板或构件（简称 GRC）。免烧制品的最大特点在于生产过程的低能耗，且没有烧制产品在烧制过程排放的严重污染环境的废气，是节能减排、助力双碳达标的绿色产品。为了丰富免烧制品的表面装饰效果，我们可以在免烧制品表面施加由无机粉末和表面活性剂，经化学反应固化形成且具有不同釉面装饰效果的免烧釉面，以满足建筑设计的不同表面的装饰效果，图 3 为涂覆于玻璃板上的免烧釉面效果。免烧制品的材料力学性能通常低于烧制产品的力学性能，所以在设计使用免烧制品时，应采取适当的增强措施来提高产品的承载能力，如加大产品主要受力部位的厚度，采用轻钢复合装配式构件等。

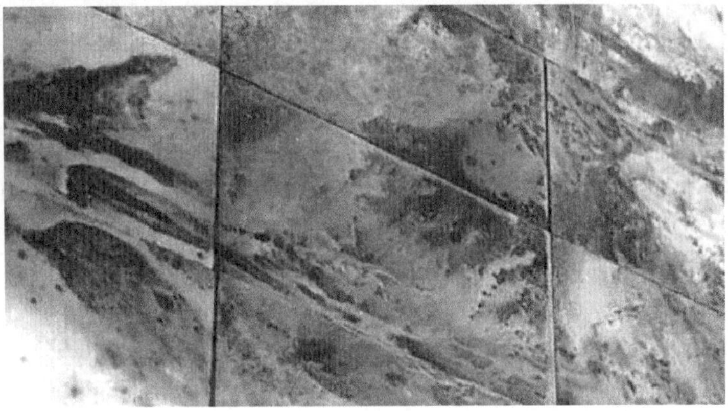

图3　涂覆于玻璃板上的免烧釉面效果

## 2.3　复合材料

复合材料是通过性能和构造设计，将不同种类的材料，如金属、无机非金属或有机高分子材料等通过不同复合工艺混合或组合而成，既具有原材料的特性，又在原材料性能上有所提高的新型材料。复合材料按其组成分为金属与非金属复合材料、金属与金属复合材料、非金属与非金属复合材料。按其结构特点又可分为纤维增强复合材料和夹层复合材料两大类。这两种复合材料在建筑门窗幕墙中均有应用，如纤维增强水泥外墙板、铝塑复合板、铝蜂窝板、石材铝蜂窝复合板、金属保温复合板、铝木型材、塑钢型材、铝塑共挤型材、聚氨酯复合型材等。这些复合材料不仅在装饰外表面保持了原有材料的特点，同时能大幅度提高材料的保温和力学性能，降低材料用材和节约成本，适合于低能耗建筑门窗幕墙的选用并可节省或替代天然材料的使用。

图4为采用传热系数为0.689W/（$m^2$·K）双中空玻璃的木塑门窗，整窗传热系数为0.96W/（$m^2$·K），可满足超低能耗建筑对门窗节能性能的要求。同时人造木塑型材与铝合金型材复合而成的新型材料，具有完全替代天然原木的性能和装饰效果，减少了对原木的需求，是一款低碳、环保、节能的绿色建筑材料。

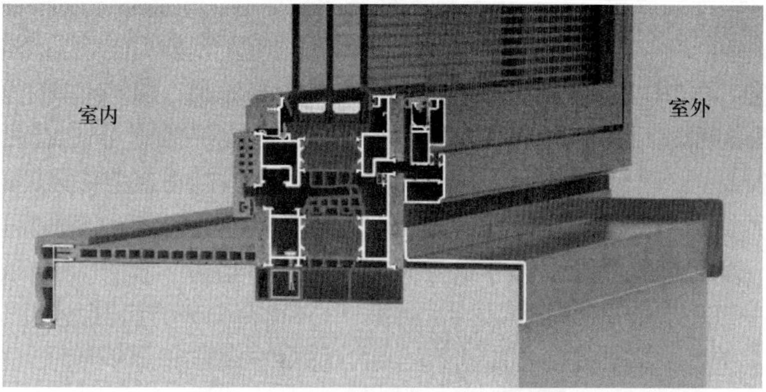


图 4 双中空玻璃木塑门窗

## 3 建筑门窗幕墙系统节能开源技术的研发

建造超低能耗建筑是促进我国建筑行业尽早实现双碳目标的重要路径，目前从中央到各地方政府都在制定实施超低能耗建筑的政策、方案和指标。为落实这些政策，需根据不同的地域、不同的气候条件、不同的建筑设计，依照低能耗、可再生能源利用和满足室内舒适环境等原则对未来适应超低能耗建筑要求的建筑门窗幕墙系统技术加以研发和应用。

### 3.1 保温及隔热

北方地区超低能耗建筑的建筑门窗幕墙设计是以保温隔热作为节能的主要技术措施。目前，高保温性能的门窗在我国已有较多的成熟产品，传热系数可达到 1.0W/（$m^2$·K）左右，为超低能耗或被动式建筑提供了必要的条件，而幕墙方面的保温隔热性能尚有较大的差距，通常在 2.0W/（$m^2$·K）左右。门窗幕墙的保温性能，除了采用低传热系数的材料，如各种复合型材和隔热材料，尚需要不断研发新的有良好气密性和保温隔热性构造系统的门窗幕墙，图 5 为采用隔热铝型材的半隐框玻璃幕墙，可有效提高幕墙的节能性能。在设计高保温性能门窗幕墙时，降低门窗幕墙的框窗（窗墙）比是一个值得关注的技术措施。如节能门窗所用的双中空玻璃，其传热系数通常小于 0.8W/（$m^2$·K），若将双中空玻璃配以真空玻璃，其传热系数更可以小于 0.5W/（$m^2$·K），远小于门窗幕墙骨架的传热系数，因此门窗幕墙的框窗比越小其节能效果越好。但在考虑减小窗框比的同时，也要注意玻璃面积过大给门窗幕墙未来全寿命使用过程中带来的安全问题。如何更好地提高玻璃幕墙的节能性能，除了减低降低门窗幕墙的框窗（窗墙）比，在玻璃方面可选择隔热效果更好的真空玻璃外，在北方地区，尚可推广双层幕墙系统的应用，以满足幕墙节能和室内环境舒适性的要求。

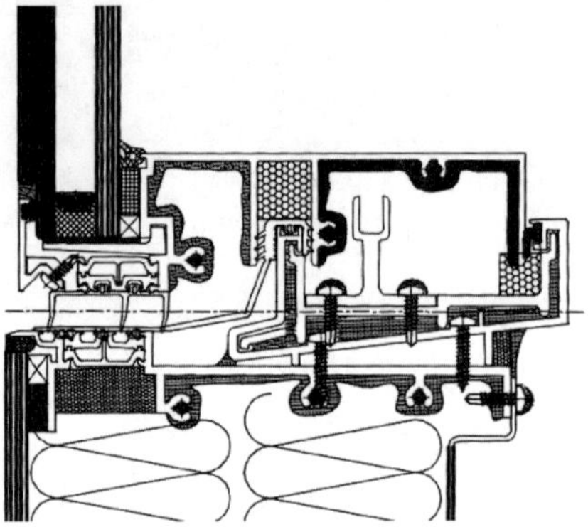

图5　采用隔热铝型材的半隐框玻璃幕墙

## 3.2　遮阳与通风

与北方地区不同，南方地区低能耗门窗幕墙系统技术除了要有保温隔热的性能外，低能耗建筑则更应该注重建筑遮阳和通风技术的研发。目前，南方地区住宅门窗系统已开始逐步采用隔热铝合金门窗，门窗玻璃已基本采用中空玻璃，门窗的传热系数正逐步朝小于或更小于2.0W/（$m^2$·K）的下降趋势发展。但玻璃幕墙由于受到南方沿海地区强台风荷载的影响，目前极少采用隔热铝型材等隔热材料作为玻璃幕墙的支承系统，保温性能主要依靠选择低传热系数的反射中空玻璃来实现，因而玻璃幕墙的传热系数一般都比较高，通常在3.0W/（$m^2$·K）左右。为此开展具有高抗风能力、低传热系数的玻璃幕墙系统技术的研发，将玻璃幕墙的传热系数降至低能耗建筑和近零能耗建筑的要求2.0W/（$m^2$·K）以下，是目前南方地区玻璃幕墙节能的一个难点和重点。南方地区玻璃幕墙节能的另一个重要环节是根据建筑立面的不同方位，设置室外水平或垂直的、有效的、连接可靠的遮阳构造，努力降低幕墙太阳得热系数（SHGC）来达到节能效果（图6）。同时合理选配玻璃的遮阳系数或选用可致变调光玻璃（电或热致变）以及设置室内遮阳帘等措施，均可有效降低建筑室内的空调能耗。

图 6　室外水平或垂直的、有效的、连接可靠的遮阳构造

玻璃幕墙开启窗自然通风设计对南方地区室内温度、湿度和空气质量的调节有重要作用，能够大大降低能耗，是被动式节能的有效措施。由于玻璃幕墙开启扇对建筑立面的外观效果会有一定的影响，所以玻璃幕墙通风开启面积的比例、开启形式和开启扇外形尺寸在幕墙设计中经常会有很多的争议，有些项目通过减少开窗比例或设计与幕墙分格尺寸一致的超大面积开启扇来实现立面效果，使幕墙的通风量达不到绿色和节能标准的要求，同时也给幕墙带来安全隐患。近年来，侧面开窗（图 7）的通风技术在玻璃幕墙上有较多的应用，能够比较好地协调开启通风与立面效果的矛盾，同时大通风量通风器也在不断的研发中，为玻璃幕墙自然通风技术带来新的发展方向。南方地区在研发玻璃幕墙开启扇自然通风技术的过程中，要同时注重开启部位的抗风、气密和水密性能，外开窗尚应严格控制开启扇的面积和防坠落构造的设计，确保幕墙全寿命周期的安全性能。

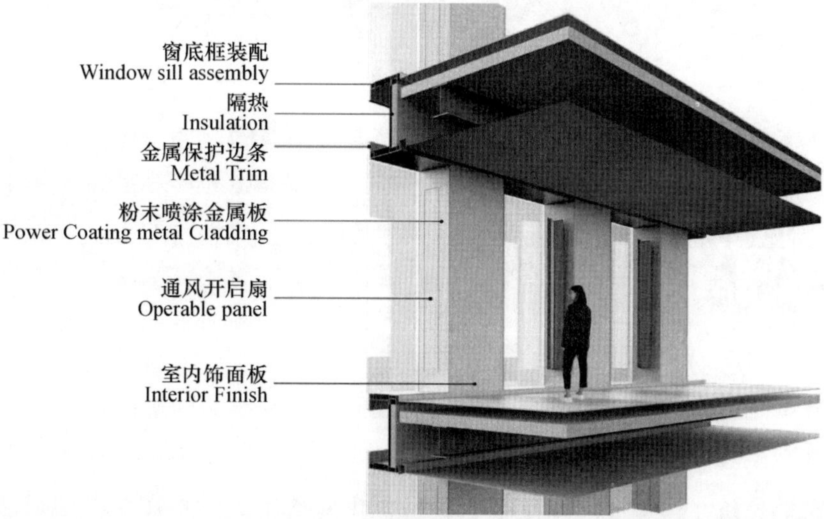


图 7　侧面开窗通风技术

## 3.3 绿色清洁能源

20 世纪 90 年代初光伏幕墙就已经开始进入我国，但由于当时太阳能电池技术和产品相对单一、造价高昂等原因，太阳能应用未能在建筑幕墙上得以推广。近年来，随着薄膜太阳能电池技术的发展，光电转换效率的迅速提高，部分薄膜太阳能电池，如碲化镉薄膜太阳能电池、铜铟镓硒薄膜太阳能电池在实验室的光电转换效率已经逼近甚至部分超过传统的晶体硅太阳能电池。同时，薄膜太阳能电池制造工艺相对简单，能耗小，用料少，成本低，可透视，多颜色等因素，使其在不同种类的建筑幕墙，如玻璃幕墙、金属板幕墙、石材幕墙，都有应用的可行性，为光伏幕墙（图 8）作为未来建筑开源自给清洁能源的主要来源创造了条件。除了光伏幕墙，利用太阳辐射热能设计光热幕墙（图 9），通过建筑内的能源输送和交换系统为建筑内部提供热水或循环可用的热气也可降低碳类能源的消耗。目前，光伏幕墙和光热幕墙在我国的应用仍然处于起步阶段，工程应用较少。我国每年幕墙建造面积约 600 万 $m^2$，仅玻璃幕墙就有 360 万 $m^2$，在实现双碳目标政策的推动下，光伏幕墙和光热幕墙市场前景极大。我们应加深加快研发不同太阳能电池在建筑幕墙上应用的技术，开发出具有高效光电转换效率又能满足建筑功能和外立面效果要求的各类新型光伏幕墙，推动光伏建筑一体化的发展。

图 8　光伏幕墙

图 9　光热幕墙

## 3.4 智能与绿植生态

智能建筑在建筑节能和实现双碳目标中有着重大的作用，应用智能建筑系统对建筑主体内外环境进行监测和信息采集，包括建筑物室内外空气质量、温度、湿度、照度、风力、太阳入射角等，以智能自动控制的方式对建筑门窗幕墙中可调节的部位（如可启闭的窗扇、通风口、遮阳构件和可调光的玻璃等）进行适时的调节，来达到改善室内环境和减少能耗的效果。同时，我们应加强建筑门窗幕墙可调节部位性能和新型构造的研究和开发，如通道幕墙中气流流动方向和流动速度的设计和控制、可换气中空玻璃系统、多维可调遮阳系统等，使得门窗幕墙自身具有更多能够满足智能建筑实现建筑节能需要的功能。此外，还可在门窗幕墙自身的敏感部位设置不同的传感器，将采集到的信息用自动控制的方式改变门窗幕墙的启闭状态、开口度和遮阳构件角度，实现智能门窗和智能幕墙的相应功能。

用绿色植物根植于建筑立面或预留的空间，以达到改善建筑环境、提高建筑节能、节地和美化建筑效果的绿植生态技术（图 10），在建筑设计上已得到初步应用。实测数据表明，具有爬墙植物的墙面，夏季其外表面昼夜平均温度由 35.1℃降到 30.7℃，相差 4.4℃，墙的内表面温度相应由 30.0℃降到 29.1℃，相差 0.9℃。由于建筑周围的叶面蒸发作用而带来的降温效应，还会使墙面温度略低于气温（约 1.6℃）。由此可见，绿植生态技术是未来建筑节能减碳设计的主要技术之一。在建筑幕墙上引入生态绿植技术，用绿植板块替代现有幕墙面板，将绿植构件连接在幕墙的支承结构上，形成具有生态环境的新型绿植幕墙，将可极大地提高幕墙的热工性能，改变建筑周边环境的的空气质量，为建筑带来四季变换的视觉享受。今后，绿植生态技术在建筑幕墙上的应用是必然的趋势，但尚有待于绿植板块技术以及其在幕墙上的连接等技术的进一步发展。

图 10　绿植生态技术

## 4 建筑门窗幕墙装配化技术的深化

单元式幕墙和门窗系统化是建筑行业中最先迈进建筑装配化门槛的产品和技术。建筑门窗幕墙装配化包括了建筑门窗幕墙的设计、制造和现场装配式施工等主要环节，在实现双碳目标的进程中，我们尚需在原有的基础上，对各个环节进行优化和深化，使之更加节省人力资源、提高产品质量和施工效率。单元式幕墙的标准化设计是节省设计人力资源的重要部分，单元式幕墙板块与主体结构的连接构造、板块间的相互插接构造、外遮阳或装饰构件与板块的连接构造、幕墙的收边及密封处理和幕墙的排水系统等，均可依据基本的建筑构造和环境作出标准化的模块设计，从而实现装配化设计，达到省时省力高效准确的效果。门窗幕墙加工制造方面，采用参数化设计将经装配化设计的门窗幕墙大样图直接转换成零件加工图，并与加工设备直接连接，大大提高了加工效率，减少了大量零件加工图的制作。

在现场施工方面，孪生智能测量管理系统正在工程施工中逐步形成和应用（图 11），它基于空间点云智能分析技术、大数据处理技术和云计算技术的自动化、数字化测量管理系统，运用高精度的三维扫描技术，结合人工智能、软件算法、BIM 技术，逆向形成工程现场的数字模型和数字化预拼装效果，呈现虚拟的工程现场与设计模型的实际误差，为门窗幕墙的深化设计，特别是多维度复杂曲面幕墙的精准下料、拼装和安装提供可靠的数据依据，为整个施工流程进行数字化管理，有效实现设计施工过程中的纠偏，可更好地实现 BIM 技术在设计和施工阶段的有效应用，提高工程质量和管理效率，减少材料浪费，降低成本，缩短工期。

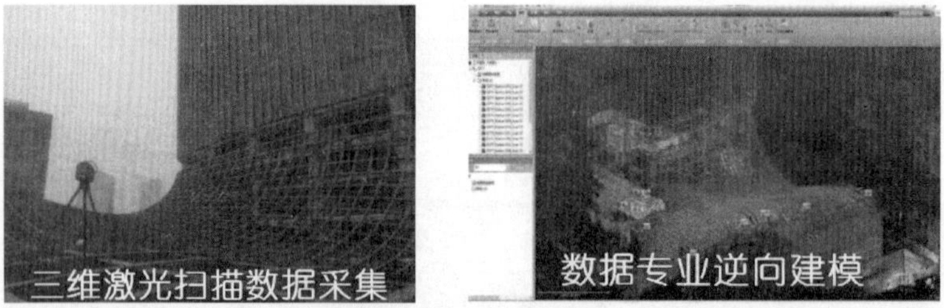


图 11 孪生智能测量管理系统在工程施工中的应用

目前，门窗幕墙施工人工操作和非标设备的使用比例很大，对施工质量和进度影响较大，为助力双碳目标的实现，施工设备的机械化、标准化、智能化尚有待进一步的提高和完善。

## 5 既有建筑门窗幕墙安全维护及节能改造技术

我国建筑门窗幕墙行业从20世纪80年代初开始起步，历经40年来的发展，现已积累了大量的既有建筑门窗幕墙。由于早期建筑门窗幕墙所采用的材料、设计和节能理念落后和缺失，且现存的建筑门窗幕墙有相当大的一部分已达到或超过了建筑设计使用年限的范围，导致既有建筑门窗幕墙中存在诸多的安全和节能问题。通过对既有建筑门窗幕墙实施全面的强化安全检查和维护维修来延长门窗幕墙的有效工作年限，采用新的节能材料和改造技术来减少既有建筑门窗幕墙的能耗，改善室内宜居环境，是助力既有建筑节能的主要技术途径。

延长门窗幕墙的有效工作年限首先要制度化、标准化、实施既有建筑门窗幕墙的日常安全检查和维护维修（图12），确保门窗幕墙保持正常使用功能和安全性，对于主要受力构件和连接部位应定期检查，出现问题应及时维修和加固，对于易损或老化构配件应及时更换；其二，开发更多适用于既有建筑门窗幕墙安全性能现场无损检查、检测的技术和试验方法，如隐蔽部位的连接构造、防火构造，结构性装配的硅酮建筑结构密封胶老化，面板材料及支承构件的连接和超高层建筑外立面门窗幕墙状态等的检查检测；第三，打造“共建、共治、共享”的既有建筑门窗幕墙管理数字化管理平台，采用现代化的管理方法来规范既有建筑幕墙的安全检查维修，确保对既有建筑门窗幕墙的安全状况做到可知、可控、可查、可预测，为实现既有建筑门窗幕墙安全管理规范化开辟新的科学途径和社会治理模式。

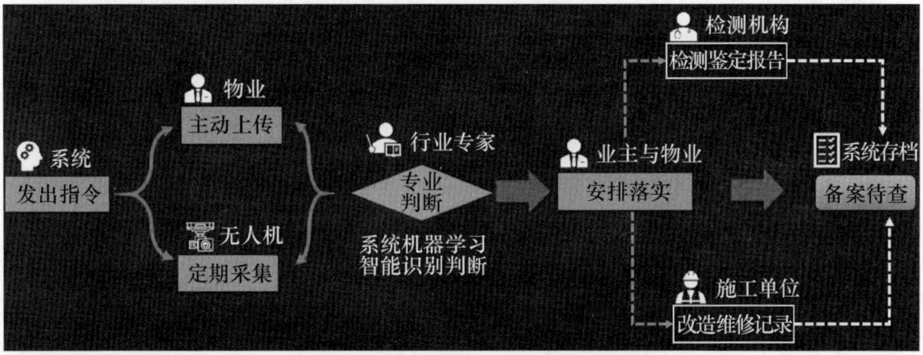


图12 既有建筑门窗幕墙的日常安全检查和维护维修流程图

我国早期的既有建筑门窗幕墙大多是单层热反射玻璃幕墙，基本上只起到一个隔离室内外空间的围护效果，节能效果甚差，对其进行节能改造是迫在眉睫的工作。既有建筑门窗幕墙的节能改造，在不改变既有门窗幕墙结构的条件下，常见的有粘贴玻璃隔热膜、涂覆玻璃隔热涂料、玻璃微中空改造和内通风双层幕墙等技术方法。粘贴玻璃隔热膜和涂覆玻璃隔热涂料是比较简便的施工方法，但其节能效果和老化性能存在较多的问题，在应用中存在一定的局限性。玻璃微中空改造（图 13）是在既有建筑门窗幕墙的玻璃上，使用干燥和密封技术，用一片低辐射玻璃与原有的玻璃一起在幕墙室内侧组合成中空玻璃的节能改造方法，可以大大提高原有门窗幕墙的节能性能和室内环境的舒适度。对于室内侧具有较大空间的玻璃幕墙，我们还可以应用内通风双层幕墙的系统原理，在单层玻璃幕墙的室内侧附加一层玻璃来提高幕墙的保温隔热功能，将两层玻璃中间形成的空气通道与室内空调抽风系统连接并形成有序的空气调节循环系统，通过智能控制来调节室内温度和 $CO_2$ 的含量，达到有效节能和室内环境改善的效果。

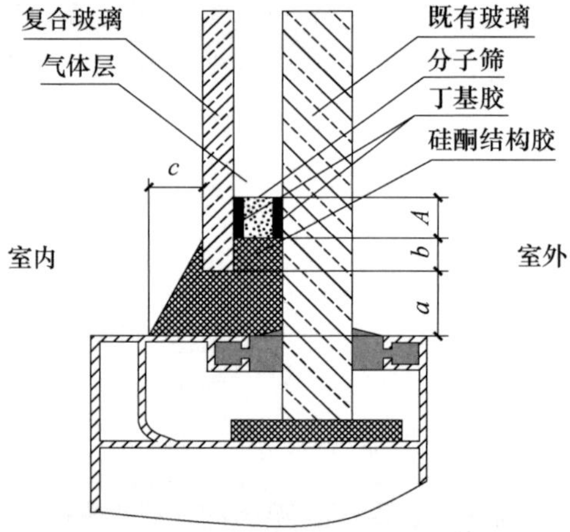


图 13　玻璃微中空改造示意图

## 6　结语

我国现代建筑门窗幕墙行业起始于 20 世纪 80 年，经过 40 年的发展，目前已是世界当之无愧的门窗幕墙大国，具备了一定的技术水平和建造能力。但是在精细化设计和施工，特别是在节能和环保技术方面，我们与国外发达国家的先进技术还是有一定的距离。为了早日实现我国双碳目标的誓言，建筑门窗幕墙行业必须在现有的技术上不断挖潜和开拓创新，坚持走绿色低碳可持续发展的转型道路。在新材应用、节能开源、增效降耗、智能建造、安全维护和既有建筑改造等多方面寻找实现低碳、降碳的新技术，开发更多的节能绿色产品，为建造超低能耗和近零能耗建筑创造有力的条件，在实现双碳目标的道路上不断地探索和发展。

## 参考文献

［1］住房和城乡建设部标准定额研究所．建筑门窗系列标准应用实施指南（2019）［M］．北京：中国建筑工业出版社，2019.

［2］杜继予．既有建筑幕墙规范化管理和工程技术发展探讨［C］// 杜继予．现代建筑门窗幕墙技术与应用：2019 科源奖学术论文集．北京：中国建材工业出版社，2019.

［3］杨占东，杜继予，幸世杰，等．数字孪生城市在建筑幕墙安全管控方面的创新与实践［C］// 杜继予．现代建筑门窗幕墙技术与应用：2021 科源奖学术论文集．北京：中国建材工业出版社，2021.

# 标准化助力设计数字化转型的实践与探索

◎ 梁曙光　胡　博　方　雷

浙江中南建设集团有限公司　浙江杭州　310052

**摘　要**　信息化将原来线下业务流程迁移到线上，是对生产效率和业务效率的第一次提升，通过这种方式也提高了企业生产和管理的可靠性。但随着数字化经济的发展，企业信息化已经不能满足现阶段生产力提高的需要，企业需要进行数字化转型，从而进一步释放数字化带来的价值。标准化及其数字网络化运用无疑能应用在企业数字化的进程中，在设计质量、设计效率以及设计项目管理等方面，带来生产力的第二次提升。

本文描述了标准化与数字化的定义，通过分析二者近年来在建筑及幕墙设计行业内的发展，并以中南幕墙辅助制图系统为例，进一步阐述了标准化与数字化之间的关系。得出数字化会牵动产业的上下游，影响到产业链的效率，从而带动整个生态体系进行提升的结论。

**关键词**　信息化；数字化；标准化；幕墙设计；降本增效

## 1　引言

随着新一轮信息技术与实体经济的不断融合，我国产业数字化规模逐渐扩大，并已成为我国数字经济发展的主要动力。尽管如此，我国许多传统企业对数字技术的利用仍处于探索阶段，2020 年初“新冠肺炎”疫情进一步倒逼传统企业数字化转型。

关于数字化转型的定义、影响因素及转型过程可能面对的困难等内容都是近年来研究的热点。但不少研究者如 Furr&Shipilov 指出，数字化转型最好的结果来自适应而非再造，换句话说就是，通过渐进性的步骤传递数字化的核心价值，并非根本性的重建。

数字化转型是指企业运用数字技术的创新过程，通过改进企业的战略、组织结构、流程、能力和文化，以适应高度变化的数字环境。数字化转型的作用主要表现为促进产品与服务创新、流程创新、商业模式创新，进而实现运营效率和组织绩效的提升。

本文将遵循数字化转型的发展规律，将建筑作为有机体和生命体，探讨以幕墙设计中标准化体系的构建为例子，分享企业在数字化应用和转型中的一些实践与思考。

## 2　建筑的数字化和标准化

### 2.1　建筑数字化

进入 21 世纪之后，计算机的发明和运用，让人们逐渐进入到信息化时代，影响到人们生活和工作的各方面，建筑设计也成为最早使用信息化技术的行业之一，通过将建筑设计本身及相关的数据从传统的手绘和纸质版本记录搬到线上进行，大幅地提高了生产和沟通效率，但信息化的对象和结果都是线性的，信息化无法解决被录入数据的复用及数据的互动问题。

建筑设计是一门应用学科，必然会随着社会的发展而与时俱进，包括建筑设计的方法和理念也在不断演化。建筑本身的特性一个是物质性，另一个是社会性。这两个特性决定了建筑在专注设计本身的同时，也要加强其互动性，让各种信息可以快速有效地传播。人们所追求的不再是单一的某种表现方式，而是向多样化发展。

数字化就是将许多复杂多变的信息转变为可以度量的数字和数据，再通过多种手段和工具，对这些数字、数据建立数字化的模型，进行统一处理，通过一些新科技的媒介，加强建筑与人之间的互动与沟通。对于建筑企业来说，数字化转型的本质在于创新管理模式和提高企业运转效能，通过各种手段让业务和技术进行交互和协同，从而解决各种问题，为客户创造更优质的价值。

### 2.2　建筑标准化

近二十年来，几乎所有的行业都受益于信息化发展的成果，信息化已经成为企业提升市场竞争力并实现可持续发展的重要手段。但是，随着科技和经济的发展，以及人们对于生活品质要求的提高，人们对于建筑的需求不再仅仅反映在“量”上，更多的是“质”的提高，这就要求企业内部，以及企业与相关领域之间能有较强的信息沟通和交流能力，进而提高设计企业的核心竞争力。但是，企业信息化建设模式各异，有些企业级的集成应用不够全面，加上企业的各管理系统的开发手段也不同，有自主开发的、联合开发的或全套引进的，造成了数据在各系统之间无法有效流动，标准化就成为一种必需。

建筑标准化是针对建筑领域制定相关的规章制度或规范标准，传统的建筑标准化思考方式是建立在线性思维的基础上的，辅以计算机和互联网等先进的科技手段，从顶层设计到底层实施开展的建筑体系标准化。虽然传统的建筑标准化对建筑行业的快速发展提供了巨大的支持，在控制建筑原材料的消耗和浪费，及确保建筑工程的质量并提高建筑的经济适用性上提供了强有力的保障，但是在考虑建筑系统中各个因素之间的非线性关系时分析得不够全面具体，在数字化的时代背景下，显示出其自身局限性。

## 3　建筑的数字化转型和标准化升级

### 3.1　建筑的数字化转型

建筑设计作为产品，需要以用户体验、客户需求为导向，将功能和美学融入建筑设计产品。物联网、云计算、大数据、人工智能、知识图谱、5G通信等智能技术作为技术革命中的关键和热点的技术，能很好地辅助建筑设计服务客户。

数字化有利于建筑设计的个性设计与标准化设计的结合，满足用户对建筑的需求。在建筑设计的数字化进程中，数字化不仅带来了工具的提升，还带来了效率和质量的提升，从而能产生一些新的商业模式和盈利模式。

在之前，我们讨论过可视化技术带给建筑和幕墙设计的便利。建筑设计需要率先使用新技术，让知识赋能。以前，设计业务规模的扩大主要依赖人员增加的模式，但如果通过采用数字化的手段与技术，并在内部工作流程改进和专业技术的进化上采用数字化图审来进行设计质量控制、特殊设计的参数化及性能化分析与模拟等方式，会提供给客户更加丰富的建筑设计产品，客户会不仅仅局限于设计成果的形式，更会注重建筑设计成果内容的本身。这些都是数字化转型能带来的改变。

我们可以举一个建筑设计的数字化应用场景及相关技术的例子：

（1）在建筑设计需求调研阶段：

可以通过3D扫描、无人机录像来采集信息；

通过知识管理、大数据分析来进行资料分析；

通过参数化或AI来进行设计方案优化。

（2）在建筑设计过程中：

通过BIM、数字孪生等方式搭建应用平台；

通过协同设计平台完成各专业的设计协同；

通过知识图谱和AI来进行知识管理和图审管理。

（3）在建筑设计沟通与成果交付时：

通过多媒体、App、3D打印来展示和沟通设计成果；

通过VR、AR和MR等技术来辅助设计成果的展示；

通过嵌入式传感器、智慧建筑和建筑能耗管理系统来实现设计的全生命周期服务。

### 3.2 建筑的标准化升级

建筑是一个因为细节能影响到整体的学科，换句话讲，细节性的问题能体现出整个建筑系统的细节美，所以数字化时期的建筑标准化需要特别处理好建筑的重复性和相似性等问题。同时，也要关注建筑系统的整个生命周期内建筑功能性与人的精神需求的结合，尽可能地避免建筑风格和线条的单一，以此来提高人们的体验感，更加丰富人们的生活。

参数化设计就是数字化时期建筑标准化实现的重要方法。将建筑系统的各元素之间的关系抽象成函数关系，进而通过调整数学模型的方式，将重复性和相似性很高的工作批量处理，让建筑师能将更多的精力放在建筑设计中，更加聚焦重点，从而让设计更好地回归建筑。

## 4 幕墙设计的数字化转型

幕墙设计的数字化转型的底层逻辑同建筑设计的数字化转型是一致的。我们引用徐卫国的一句话来重申下数字化转型的意义：“数字技术改变了设计师的设计思考方式，算法是计算的核心内容。数字技术还改变了设计过程，变成了通过构建参数模型反复求解的形式搜寻以及形式优化过程，甚至将建筑设计的成果继续运用到建筑建成后的物业管理及建筑运营中，以上这些变化将缔造一种数字新建筑，它所包含的内容远远不止建筑的形式风格。”

## 4.1 BIM与AutoCAD的数字属性

其实这两个词不应该放在一个维度进行对比，因为BIM是一种概念，而AutoCAD只是一种软件。在这里主要将之分别作为三维和二维的一个代表方便加以说明。

现阶段成功使用BIM的设计院和建设方还是有一定的群体性的，比如大型的国有企业和大型设计院或者对一些重点项目会比较倾向使用BIM来进行设计，而且各自有不同的重点：有的关注用BIM与后期运维的连接，有的关注三维效果和数据的直观展示。

BIM现在主要有三种做法：

逆向设计：翻模，碰撞检测，检查二维图纸的问题。

正向设计：投入较大，大型国有房企和重点项目用得较多。

方案设计：主要是大型公共建筑和桥隧工程。

BIM的核心点在于数据，与二维的区别不是速度快多少，而是各种数据可以多维度利用。但事实上，我们现在大部分的工程项目的设计和实施，主要依托的还是AutoCAD。

所以，在积极推进BIM的同时，我们也应该对现阶段主流的方式进行升级。我们需要考虑的是，如果想要进行多方的协同，那需要解决的第一个问题就是多端浏览的问题——不需要用高性能硬件来支持看图，只需一个轻量化的看图软件。对于AutoCAD来说，这个技术不难，但对于BIM来讲，现阶段也已经有了不少图形引擎支持BIM，相信后面也会有更好的升级。

## 4.2 标准化是数字化转型的基础

标准化管理过程需要信息化支撑，但标准资源利用需要数字化转型。

传统的建筑标准化的思考方式是建立在线性思维下的标准化，其特点是受单因素影响、线性的、缺乏个性化，主张建筑系统中的每个建筑元素都是独立的个体，所以显得较为死板，远不能满足新时代背景下的个性化需求。虽然传统的建筑标准化已经为建筑行业的快速发展提供了巨大支持，但在数字化时期，在考虑到建筑行业各个因素间的非线性关系时，标准化应当是能涵盖到建筑系统的各个元素，且应能包容元素间的相互关联与影响的作用，应当是一个立体的、多维度的标准化。

同时，在数字化时代背景下，建筑标准化也应当在满足建筑功能化的同时，考虑到与外界及上下游的互联，构建一个开放且灵活的系统。

## 4.3　中南幕墙的标准化建设

标准化是数字化转型中的关键点。幕墙设计企业面临的突破方向需要结合自身的需求和特点。企业想要降低成本，必然应当从管理入手，尽量减少人工，提升数字化程度，并且要探寻提高生产效率的方式。标准化是数字化转型中的关键点，也是降本增效及产品品质提升的关键点。

标准化有助于设计协作平台的建立。建立设计协作平台包括四个方面的内容：一个是统一协同设计的标准及设计生产流程；二是统一管理及配置的硬件建设；三是模块化组织可以根据规则，通过权限管理实现单项目和多项目的组合，平台能自动留存工作日志，项目组内成员能及时了解组内成员的工作进度，保证工作的一致性；四是建立和利用“可视化”的数字建筑模型，为设计师、开发商甚至是最终用户提供模型和分析写作平台，从而能实现设计、建造及运营管理的全员参与。

标准化有助于多平台的沟通。前文提到，信息化解决了传统手工设计模式的效率问题，实现了无纸化办公，但企业在生产活动中，会有多种信息的集成、传输、总结和交流。这些数字孤岛需要能有效地被串联起来，才能更大地释放其数据价值。标准化无疑是实现数据流通所必须经过的一道工序或必须遵守的一个规则，再借助数字化的力量使信息和知识在不同的应用系统和数据库之间有效流动。企业一方面存储知识，另一方面扩散和创造新知识，用知识提高企业管理效能，创造一个良性的 PDCA 循环，从而更好地实现知识的集成与创新。

我公司在标准化进程中，已将知识库作为最基础的内容包含且不仅限于：设计案例、标准图库、相关规范和法规等内容；设计项目文档文件、设计生产流程的固化；其中自行研发的中南幕墙辅助制图系统，也是为适应数字化转型战略，同时结合企业标准化建设而开发的一个幕墙设计专业应用。基于幕墙设计专业要求和特点，将幕墙设计工作流程化、模块化，利用数字化和标准化来减少设计师的大量重复劳动，从而带来设计效率的大幅提升。

当然，上述的知识库和标准化的内容还需要遵循相关的数字化标准，以方便数据在不同部门之间的流通和处理，减少转换信息格式所需要的接口成本，能进一步提高企业生产效率，这也是我公司继续努力的方向。

## 5 世界数化、标准云化、设计进化

标准化是规范和简化幕墙设计与管理的基础性工作，通过设计元素的标准化可以保障幕墙设计各步骤的协调性，并对典型产品可以减少重复性工作量，规范工作程序，提高产品研发过程的设计质量，从而逐步构建数字化设计与管理体系。

狭义上讲，标准化是针对专业领域而制定的规章制度或规范标准。前文说到，在数字化工作模式下，数据展示正在从传统的二维人工模式向结构化三维设计模式方向发展，所以数字化模式的转变也带来了设计模块的标准化前置和标准化贯彻的契机。

但广义来说，集合了数字化的标准化，应当是一个能为企业标准化管理人员提供流程化、数字化管理的平台。因此，企业标准化组织机构和人员项目信息直接反映着标准体系建设的成果，是标准化管理过程中的核心数据，这些数据虽然已经实现了信息化，但数据的价值还没有被挖掘利用。标准化需要基于云操作才能实现对数据更好的利用和管理，从而更好地提升数据的价值。

因此，在数字化建设的同时，应当贯彻落实标准化工作思路，将设计标准化与设计工作充分融合，从而提升设计产品的品质，为客户降本增效，其意义重大。

## 6 结语

企业的数字化转型与标准化建设需要双线推进，二者又是相辅相成的。

企业的标准化体系，应当是以产品质量为中心的，从产品研发、生产到服务的全周期的管理构建模式。在企业标准化活动中的各个阶段，产生的数据都应当以结构化的形式沉淀，通过数字化的技术，实现跨部门的系统互通、数据互联，全线打通数据链，为业务赋能。从更大的方面来讲，数字化会牵动产业的上下游，影响到产业链的效率，从而带动整个生态体系提升。

现代建筑业最显著的特点就是规模庞大且复杂性过高，通过标准化与数字化的共同结合与推进，能为企业核心竞争力的提升和安全生产保障提供更有力的支撑，也能为企业持续稳健发展保驾护航。

随着数字化转型的完成及科技的发展，我们也可以对未来抱有更大的期待：当设计标准化完成，基于科技实现某些板块的智能化，在某些工程或是工程的某些方面，是可以实现多专业的融合，进而实现设计成果的一键输出。

# 装配式混凝土外墙拼缝质量检测技术研究

◎ 刘　盈[1,2]　周丽娟[1,2]　张仁瑜[1,2]

1. 建研院检测中心有限公司　北京　100013
2. 中国建筑科学研究院有限公司　北京　100013

**摘　要**　近年来，国家大力发展装配式建筑，装配式混凝土外墙拼缝质量受到业界的普遍关注。采用现场拼装的装配式混凝土外墙会留下大量的拼装拼缝，这些拼缝容易成为水流渗透的通道，因此装配式混凝土建筑的外墙拼缝在防水上具有先天的弱点，造成拼缝防水失效的可能原因包括防水构造设计不合理、密封胶失效等。基于这些先天弱点和技术难题，本文结合实际检测经验，提出装配式混凝土外墙拼缝质量检测技术，为装配式建筑的稳定发展提供技术支撑。

**关键词**　装配式混凝土外墙拼缝质量；嵌缝密封胶与混凝土黏结质量检测；外墙拼缝防水质量检测

## 1　引言

近年来，各地深入贯彻落实中央城市工作会议精神和《国务院办公厅关于大力发展装配式建筑的指导意见》（国办发〔2016〕71号），大力发展装配式建筑。截至2020年底，全国31个省、自治区、直辖市和新疆生产建设兵团新开工装配式建筑共计6.3亿$m^2$，较2019年增长50%，占新建建筑面积的比例约为20.5%，完成了《“十三五”装配式建筑行动方案》到2020年达到15%以上的工作目标。

装配式建筑是以构件工厂预制化生产，现场装配式安装为模式，以标准化设计、工厂化生产、装配化施工、一体化装修和信息化管理为特征，整合研发设计、生产制造、现场装配等各个业务领域，实现建筑产品节能、环保、全生命周期价值最大化的可持续发展的新型建筑生产方式。装配式混凝土建筑作为装配式建筑的主要形式受到业界的普遍关注。装配式混凝土建筑采用现场拼装的预制混凝土外墙，会留下大量拼装拼缝，这些拼缝容易成为水流渗透的通道，嵌缝密封胶与混凝土黏结质量和外墙拼缝防水质量对保障建筑防水密封效果及耐久性至关重要，对装配式建筑推广具有重要意义。20 世纪 80 年代在北京等地推广装配式建筑未获成功，外墙拼缝密封材料不可靠造成外墙漏水，耐久性差与使用不可靠就是主要原因之一。

## 2　装配式混凝土建筑外墙拼缝质量的研究进展

经分析，目前造成拼缝防水失效的可能原因主要包括防水构造设计不合理、安装精度不够、密封胶失效等。为规范装配式建筑外墙拼缝质量，目前已经有相关的装配式混凝土建筑技术标准对此提出要求，例如《装配式混凝土结构技术规程》（JGJ 1—2014）、《装配式混凝土建筑技术标准》（GB/T 51231—2016）、《装配式住宅建筑检测技术标准》（JGJ/T 485—2019）均提到了通过检查现场淋水试验报告对外墙板拼缝的防水性能提出要求，针对密封胶与基材混凝土的黏结质量，只对密封胶的产品质量提出具体要求，均未提及密封胶与基材混凝土现场的黏结质量检测。

近年来，行业内已经开展了大量的装配式建筑密封胶设计、选用、施工及后期维护的研究，已经有装配式混凝土建筑外墙拼缝用的密封胶产品及应用团体标准发布实施，指导装配式密封胶行业的稳定发展，但仅仅依靠密封胶产品的实验室送检无法保证外墙拼缝的质量。目前，拼缝的现场质量检测多以主观观察为主，缺少定量的评定方法。本文将从嵌缝密封胶与混凝土黏结质量和外墙拼缝防水质量两个角度出发，结合实际检测经验，提出装配式混凝土外墙拼缝质量的现场检测技术。

## 3　嵌缝密封胶与混凝土黏结质量检测技术

### 3.1　检测方法

密封胶作为外墙防水的第一道防线，其与混凝土的黏结质量尤其重要。

在现场检测时，宜采用剥离黏结试验的方法（图1）对嵌缝密封胶与混凝土黏结质量进行现场检测。嵌缝密封胶完全固化后方能达到理想的黏结效果，因此，检测应在嵌缝材料完全固化后进行，且密封胶性能受环境温度影响较大，为了保证检测结果的准确性，检测应在5～35℃的气温环境下进行。每500m拼缝作为一个检测区，每个检测区应选取3处进行检测，且应至少包含1处横缝。具体的操作方法如下：

（1）利用切割工具沿混凝土构件与嵌缝密封胶的黏结处切割嵌缝密封胶，为了保证检测设备能有效夹持嵌缝密封胶，切割长度不宜小于75mm，嵌缝密封胶切割深度为注胶深度；在切割时，应选择密封胶外观良好的位置且不对密封胶造成损伤，以免剥离过程中胶体在切割位置处断裂。

（2）在剥离过程中采用位移控制，利用检测仪夹持切割后嵌缝密封胶的一端，以90°方向沿缝剥离嵌缝密封胶，保持剥离速率为100mm/min±10mm/min，剥离时间不宜小于1min。在剥离过程中，如果黏结质量较好，会因剥离力较大导致胶体被拉断。

（3）黏结破坏形式包括内聚破坏和黏结破坏。内聚破坏是指胶体或基材混凝土发生破坏，表明密封胶与混凝土黏结良好；黏结破坏是指密封胶与混凝土构件脱黏，表明密封胶与混凝土黏结质量较差。测量嵌缝密封胶黏结破坏面积的工具可采用网格纸，记录黏结破坏面积百分比，精确至1%。

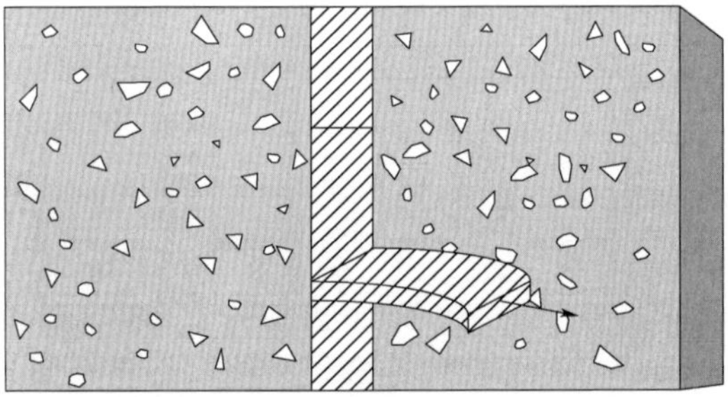

图1　嵌缝密封胶剥离测试示意图

## 3.2　检测结果的判定

（1）当检测点的黏结破坏百分比均不大于20%时，则该检测点嵌缝密封胶与混凝土黏结质量符合要求。

（2）当检测过程中，剥离开始10s内发生断裂或黏结破坏百分比大于20%时，则该检测点嵌缝密封胶与混凝土黏结质量不符合要求。

（3）嵌缝密封胶与混凝土黏结质量检验采用正常二次抽样的方式，当3处检测点嵌缝密封胶与混凝土黏结质量均符合要求，则该检测区的黏结质量符合要求；当有2处及以上检测点不符合要求时，则该检测区黏结质量不符合要求；当有1处检测点嵌缝密封胶与混凝土黏结质量不符合要求时，应再增加2处检测点进行复检，若仍有1处不符合要求，则该检测区的黏结质量不符合要求。

## 4　外墙拼缝防水质量的现场检测

### 4.1　检验批的确定

尽管上述的标准中都提到外墙拼缝防水质量的现场检测应采用淋水试验的方式，但根据我们的实际检测经验，考虑现场检测的成本和难度，对参照《建筑装饰装修工程质量验收标准》（GB 50210—2018）外墙防水工程的检测批内抽样数量进行了缩减，建议相同设计、材料、工艺和施工条件的1000$m^2$外墙应划分为一个检测批，不足1000$m^2$时也应划分为一个检测批，每个检测批应至少选取一个检测区。检测区应选取最不利部位，每个检测区覆盖的拼缝不应少于3条，且“十”字形拼缝不应少于1处，并应包含一个完整的混凝土墙板。

### 4.2　检验装置

检测装置及其布置示意图如图2所示。具体要求如下：

（1）淋水试验装置应安装在被检区域外墙的室外侧，喷水水嘴离外墙的距离不应小于530mm，并应在被检外墙表面形成连续水幕；

（2）每一检测区域喷淋面积应为1800mm×1800mm（3.24$m^2$），喷水量不应小于4L/（$m^2$·min），喷淋时间不应少于15min；

（3）在检测区域范围内，单个喷嘴在外墙上的喷淋直径应为1.06m，4个喷嘴在外墙上的累计喷淋面积应为3.53$m^2$，淋水速率不应小于14L/min。

（4）喷嘴应安装在框架上，框架应采用撑杆与被测外墙连接，水管应与喷嘴连接并引至水源，当水压不足时，应采用增压泵增压，水流量的监测可采用转子流量计或压力表。

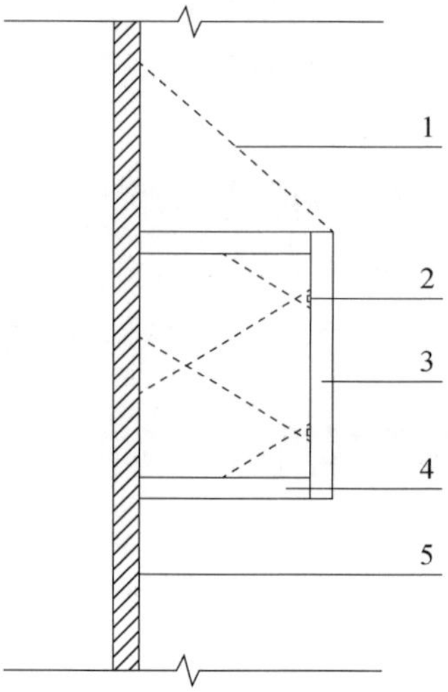


图2　外墙淋水试验检测装置及其布置示意图

1—悬挂链；2—喷嘴；3—框架；4—撑杆；5—外墙

### 4.3　结果评定

淋水试验结束后，应及时检查有无渗漏，若存在渗漏现象，应记录渗漏的部位，并应对渗漏的部位进行修复，修补后应重新进行淋水试验，对怀疑有渗漏的部位，可延长淋水时间。

对墙面隐性渗漏部位，可按照《建筑防水工程现场检测技术规范》（JGJ/T 299—2013）的相关规定，采用红外热像仪进行检查。

## 5　结语

随着我国装配式建筑的发展，装配式混凝土建筑外墙拼缝质量已经得到明显提升，本文在前期装配式混凝土密封胶应用研究的基础上，结合实际经验提出了可操作性强的装配式混凝土外墙拼缝质量现场检测技术，可为装配式混凝土建筑拼缝质量检测提供参考。

# 多维可调连接新技术在建筑复杂表皮中的应用

◎ 李满祥　何　敏　花定兴

深圳市三鑫科技发展有限公司　广东深圳　518057

**摘　要**　为实现空间双曲建筑表皮效果，实施手法不断创新。对空间双曲建筑物实行个性化设计，满足幕墙结构安全的同时还要满足建筑外观和性能要求，这对幕墙的支撑结构和连接系统提出了更高的挑战。本文以两个实施案例作为借鉴资料，详述多维可调支座在适应主体结构位移变形及偏差的同时，还能达到较高的观感质量。

**关键词**　空间双曲表皮；多维可调支座；Grasshopper 技术

## 1　引言

目前，空间双曲建筑日益增多，幕墙实现手法也层出不穷，但是精品案例凤毛麟角。本文通过介绍两个案例，详细叙述空间双曲建筑表皮的具体实施过程。两个案例双曲天幕的顺利实施得益于应用了多维可调支座、连接旋转龙骨、防侧滑可转动玻璃副框的专利技术，下面围绕这些进行阐述。

案例一是澳门美高梅酒店（图 1），位于澳门金光大道，毗邻金沙城中心及澳门东亚运动会体育馆。酒店裙楼玻璃天幕为动感波浪空间双曲造型，其中钢结构为澳门首例马鞍形曲面双向斜交斜放单层大跨度网壳结构形式，最大跨度接近 140m，钢结构玻璃采光顶已获吉尼斯世界纪录，是澳门标志性特色高档酒店建筑之一。

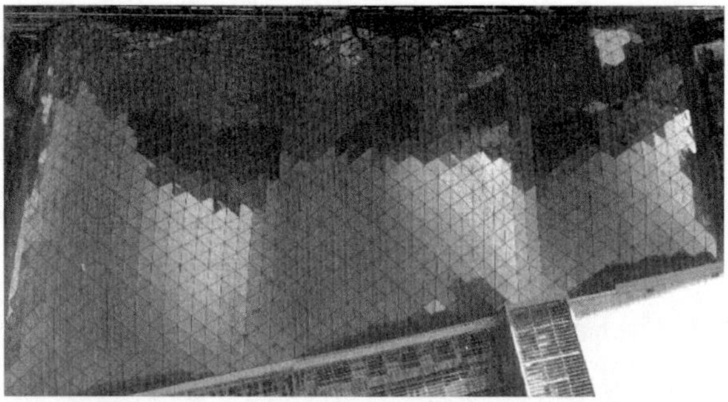

图1 案例一美高梅酒店裙楼玻璃天幕拍摄图

案例二是东莞第一高楼国贸中心项目（图2），项目位于东莞大道和鸿福路路口，毗邻展览中心，项目集甲级写字楼、商业、观光等功能于一体，标志塔楼幕墙高度440m。建筑外立面形成玉兰花造型，以昂扬挺拔、积极蓬勃的八边形造型，为东莞城市天际线增添新的亮点。裙楼三层为两千余平方米“荷叶”状双曲天幕，空间双曲建筑表皮为由六块三角形交会网状划分的六棱柱结构，如图3所示。

图2 案例二东莞国贸中心裙楼“荷叶”天幕拍摄图

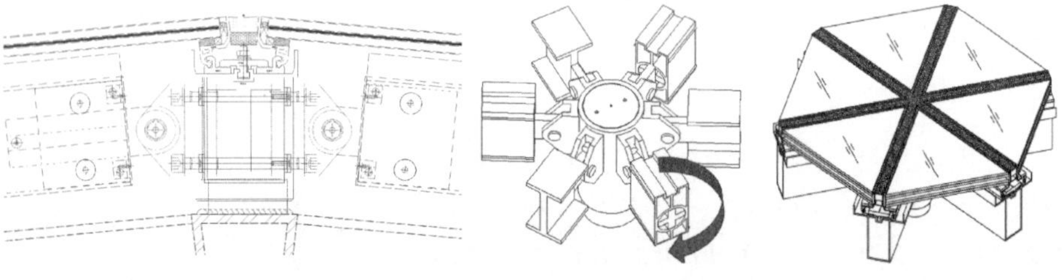

图3 玻璃面板六棱体设计示意图

## 2　玻璃表皮和钢结构特点

### 2.1　玻璃表皮

双曲玻璃表皮采用六片交会三角形网格划分，每个三角形玻璃内角各不相同，且相邻两片三角形玻璃空间夹角各不相同。玻璃边线在主体钢结构的垂直投影线上，基本与钢结构杆件中心线重合。玻璃边线交点到六棱柱表面的垂直投影点与六棱柱中心重合，同一条玻璃边线两端交点到主体六棱柱的垂线不平行。其中，案例一采用中空双夹胶 Low-E 玻璃，玻璃边长 2.7m 左右；案例二采用夹胶镀膜玻璃，玻璃边长 2.1m 左右。（图 4）

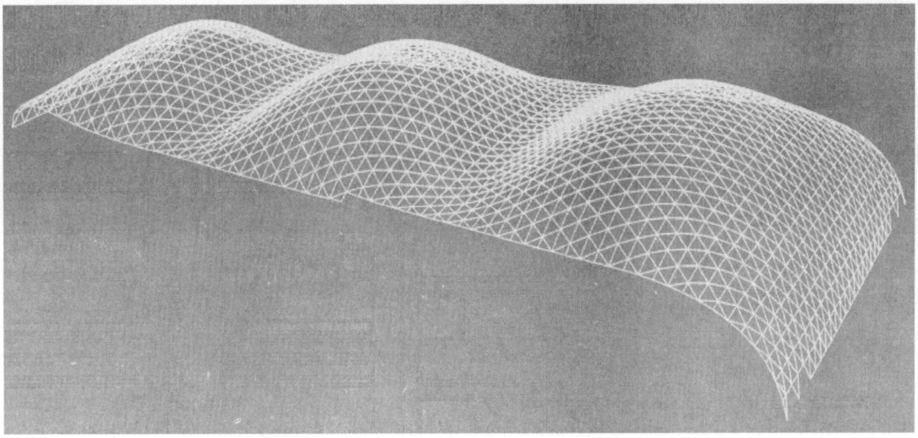

图 4　案例一双曲玻璃表皮示意图

### 2.2　钢结构特点

钢结构的变形量很大，在不同的荷载组合作用下，每个主体钢结构节点的位移量和位移方向不同。同时，钢结构有三次变形会影响到理论模型与实际安装位置的偏差，第一次是钢结构定位安装偏差，第二次是钢结构支撑胎架卸载变形偏差，第三次是幕墙安装后变形偏差。三次位移和偏差叠加后高度偏差将近 40mm，平面定位偏差接近 30mm，钢结构旋转角度偏差接近 3.6°，这就要求幕墙支座空间的可调设计必须适应钢结构的六维变形。（图 5）

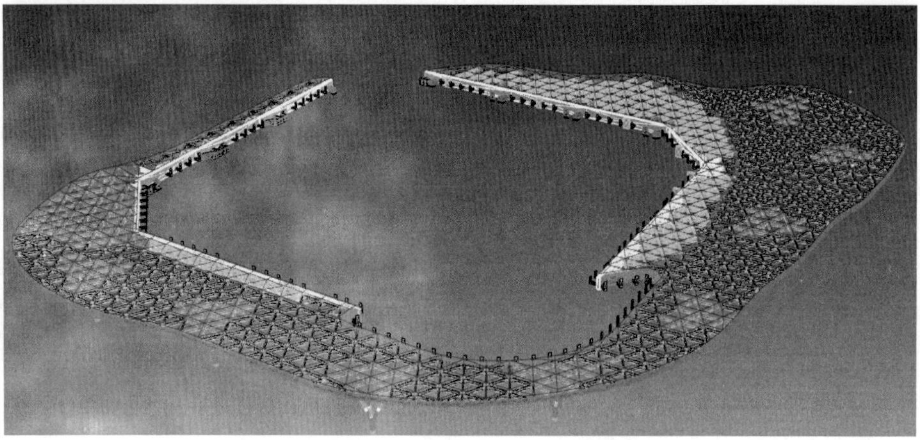

图 5　案例二钢结构模型示意图

## 3　空间双曲幕墙设计

玻璃幕墙基本是由面板、龙骨与主体结构支座等部分组成。所以，下面从多维可调支座、组合旋转横梁、玻璃副框三方面进行分析设计。

### 3.1　多维可调支座设计

根据钢结构特点和偏差变形要求，幕墙支座在整个系统中起到连接玻璃天幕与钢结构的关键作用。支座除了要支撑起玻璃采光顶和承受采光顶传递的荷载，还要能适应各种荷载组合工况下主体钢结构和天幕玻璃系统的相对位移，以及适应主体钢结构的加工和施工安装偏差。

支座由三部分组成：底部可调高度圆管、上部可旋转角度套管、带销轴的耳板，三者组合一体为万向可调变角度专利支座。按理论分析，支座位于主体六棱柱的中心，并垂直于六棱柱上表面。实际安装时，支座也是按照模型理论位置安装。但钢结构施工总会存在偏差，这时需要根据测量数据将圆管底部按实际角度处理，圆管底部的中心也会与六棱柱上表面中心不再重合。支座就是通过这种做法来适应主体钢结构的平面位置偏差及角度偏差。（图 6）

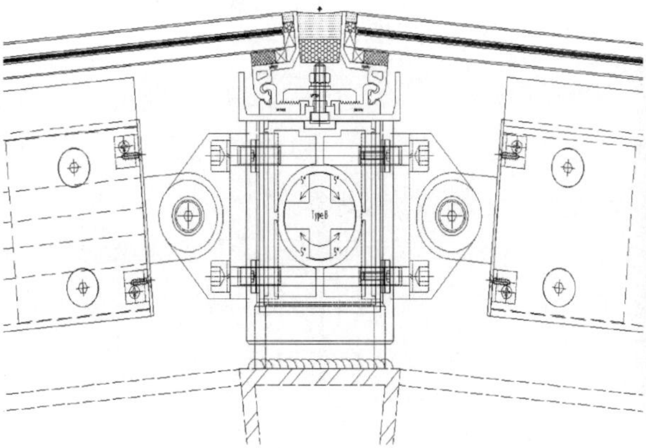

图 6　支座安装示意图

## 3.2　组合旋转横梁设计

玻璃的荷载需要通过横梁龙骨传递到支座。由于相邻的两个六棱柱上表面不共面，所以横梁两端的立柱其实也不是平行的，而是存在空间夹角的。另外，横梁与支座之间的连接还要能适应钢结构和采光顶的各种相对位移和转动。

通过横梁两端设置两种不同的插芯：其中一端是可固定铝插芯，插芯的的另一头连接在支座耳板的销轴上；另外一端的插芯由两部组成，一个是可旋转插芯，同样用两颗螺栓穿过横梁固定，一个是可固定插芯，一头连接在支座耳板的销轴上，另一头插进可旋转插芯中间，利用可旋转插芯实现钢结构和采光顶玻璃幕墙龙骨的转动和伸缩。（图 7）

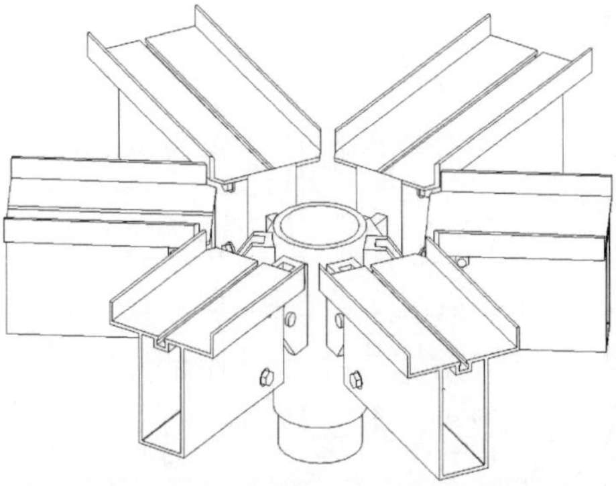

图 7　组合旋转横梁示意图

### 3.3 玻璃副框设计

由于任何两片相邻的玻璃均有大小不同的空间夹角，传统做法是采用玻璃飞边的做法，即内外片玻璃尺寸不一样，但由于每片玻璃的大小和角度均不同，玻璃和铝副框的加工难度极大。经软件模拟结合 Grasshopper 技术分析并汇总玻璃的夹角，最终采用玻璃齐边设计，开模三款不同宽度规格铝副框实现组框设计。将铝副框设计成带球头可转动的分离式副框，可满足工程中所需的各种角度。同时，副框和压块之间通过齿纹咬合，还可承受和传递玻璃的自重，防止玻璃产生侧滑。（图 8）

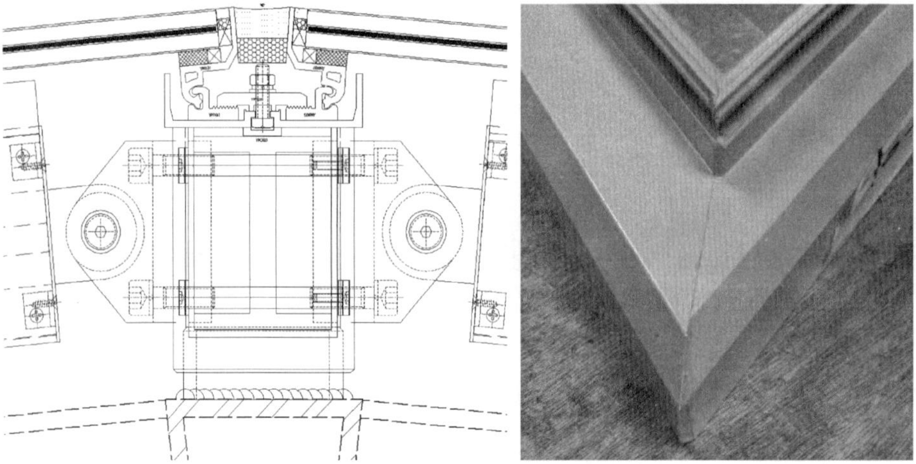

图 8　玻璃副框设计组框示意图

## 4　施工技术要点

### 4.1　测量放线

现场使用测量放线仪器定位支座实际安装中心点，根据理论模型的定位坐标找玻璃交点理论位置。将贴有反光贴的工装放置在钢结构节点表面，测量员在全站仪调出支座中心点坐标值，测量员指导操作人员挪动工装，通过平面内测点法在工装上找到支座中心点并用硬性专用记号笔标记。

通过辅助工装确定玻璃分格交点、支座中心点后，确定支座中心线，点焊固定底座。用记号笔标记辅助工装与底座的旋合高度，安装支座，并旋合

到标记位置。钢结构满焊并卸载后，需要对支座位置进行复测，复测无误后进行支座焊接。(图 9)

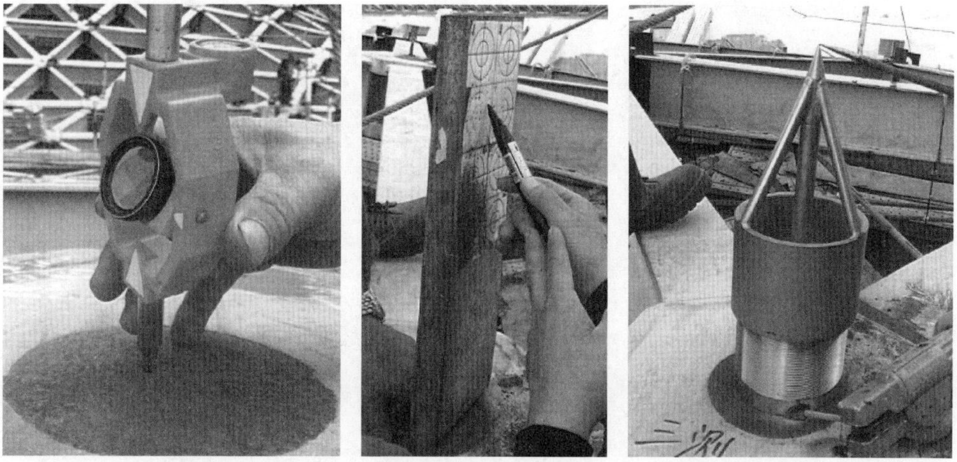

图 9 传统测量定位施工拍摄图

测量定位 BIM 放样机器人：目前，新项目引进 BIM 放样机器人，利用其快速、精准、操作简单、测量员需求少的优势，将模型中的测量数据直接转变为现场精确定位点，且操作过程可视化，初步取得了良好的效果。(图 10)

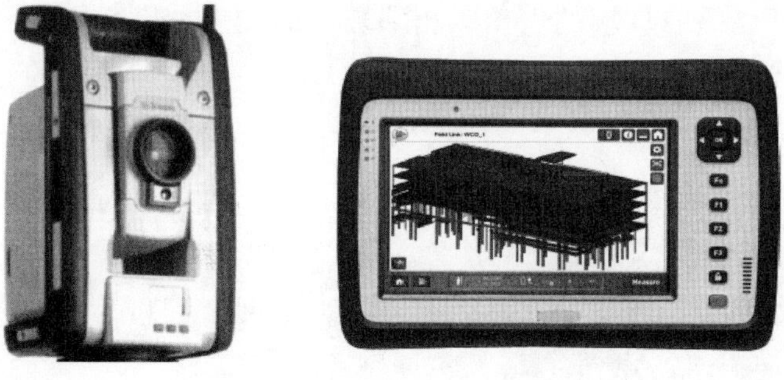

图 10 新型 BIM 放样机器人

## 4.2 玻璃、铝材下单

使用结构计算软件对各种工况下的钢结构进行模拟，将各种工况的模型进行对比分析，发现主体钢结构节点虽然会发生大小不同和方向各异的位移，但整个钢结构是连续变形的，钢结构中心区域的相邻支座的相对位移和转动并不大，玻璃的边长和内角也变化不大，因此中心区域的玻璃和支座可按理

论下单，仅边缘局部位置根据实际测量下单加工，大大缩短了下单时间。（图 11）

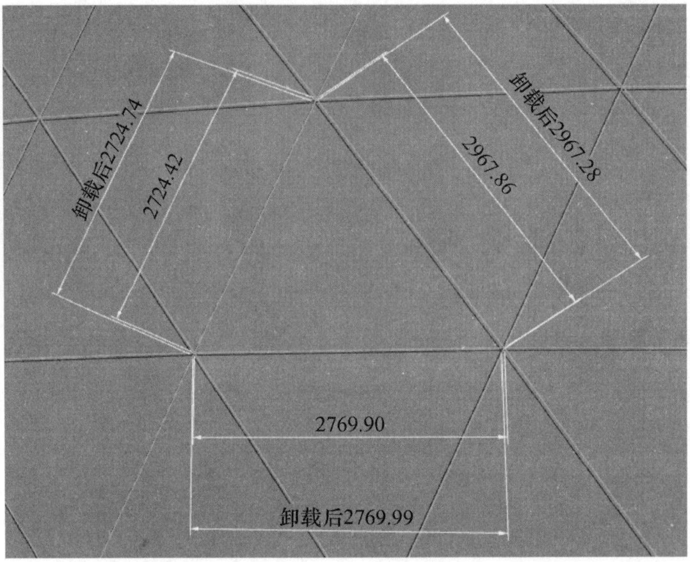


图 11　软件模拟与实际卸载偏差对比数据

另外，由于表皮复杂，玻璃、型材尺寸过多，下单采用 Grasshopper 技术，可以方便地提取玻璃的内角、相邻玻璃的夹角、横梁长度和支座的高度等，也可以自动通过分析角度，直接生成玻璃、副框、横梁的轮廓，实现玻璃、龙骨、支座的放样。（图 12）

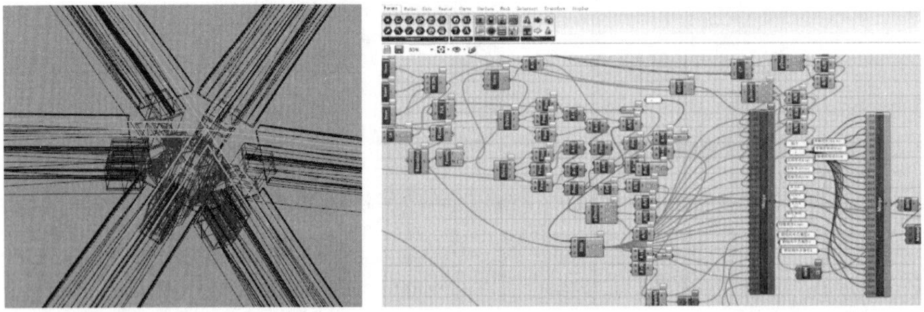

图 12　Grasshopper 插件应用

## 4.3　玻璃组框质量控制要点

由于每片玻璃尺寸和内角均不相同，同一片玻璃三条边的副框可能不同，玻璃副框的组装要保证框的刚度，采用局部加强措施防止角部开裂。同时重点控制三角形玻璃边部磨边工艺，不得崩角或崩边。通过以上技术要点控制三角形玻璃组框质量，并作为玻璃板块质量控制资料进行严格质量控制。

## 5 结语

本项目设计施工通过多维可调支座、连接龙骨和可转动玻璃副框高质量呈现出空间双曲建筑效果。通过 Grasshopper 插件建模下单，大大缩短了设计下单周期，提高了工作效率，降低了人为因素的错误率。另外，通过结构计算软件对钢结构安装偏差、钢结构胎架卸载变形和幕墙安装三种工况下的钢结构进行模拟分析对比，理论结构分析与实际卸载变形量对比，研究得出整个钢结构连续变形的具体情况，分析安装完成后玻璃的边长和内角变化基本和理论研究相差不大，因此中心区域的玻璃和支座大胆地按理论下单，结合现场测量放线、运输吊装具体措施，保证了项目按期完工。

本多维可调支座新技术包括：装配式施工、BIM 技术应用、测量放线、精致建造等。从设计方案、加工组框、现场施工情况都得到项目各方的一致认可，为社会和业主呈现出美观、高品质的复杂建筑幕墙产品。

## 参考文献

[1] 中华人民共和国国家质量监督检验检疫总局，中国国家标准化管理委员会．建筑幕墙：GB/T 21086—2007 [S]．北京：中国标准出版社，2008.

[2] 中华人民共和国建设部．玻璃幕墙工程技术规范：JGJ 102—2003 [S]．北京：中国建筑工业出版社，2004.

## 第一作者简介

李满祥（Li Manxiang），男，1988 年 12 月生，籍贯山东，工程师、学士学位、一级建造师、国家级幕墙优秀设计师。研究方向：超高层、场馆、商业类幕墙设计与施工技术；工作单位：深圳市三鑫科技发展有限公司；通信地址：深圳市南山区滨海大道软件产业基地 5E 座 10 层；邮编：518057；联系电话：18682072879；E-mail：47578757@qq. com。

# 建筑门窗玻璃幕墙抗结露性能与结露

◎ 刘忠伟

北京中新方建筑科技研究中心　北京　100024

**摘　要**　本文解释了建筑门窗玻璃幕墙结露机理，并给出抗结露设计计算方法。详细剖析了实际工程结露的原因，并提出了相应的解决方法。

**关键词**　建筑门窗；玻璃幕墙；结露

## 1　引言

随着国家对建筑节能要求的不断提高，建筑门窗玻璃幕墙的材质越来越好，如断桥铝型材和 Low-E 中空玻璃、三玻两腔中空玻璃已普遍使用，其热工性能越来越高。如今在北方地区，建筑门窗玻璃幕墙的传热系数均小于 2.0W/（$m^2$ · K），且经过结露点设计计算，结果表明不会发生冬季室内结露现象。但实际工程中，许多建筑出现室内结露现象，特别是居住建筑，结露现象比较严重，直接给用户带来困扰，也使设计者感到迷惑、不解。本文针对建筑门窗玻璃幕墙抗结露性能与结露做详细分析。

## 2　结露机理

空气是一种氧、氮和其他少量气体的混合物，它含有少量的水蒸气，这部分水蒸气的分压力可用式（1）表示：

$$p=\frac{P}{1+\frac{0.621}{x}} \tag{1}$$

式中　$p$——水蒸气的分压力（毫米汞柱）；

$P$——大气压力（毫米汞柱）；

0.621——水和空气分子量比值，即 18/28.97；

$x$——单位空气质量中含有水蒸气的质量。

空气中最大水蒸气的含量取决于空气的温度，温度高的空气中水蒸气的含量比冷空气中水蒸气的含量要多。

当空气的湿度达到 100%时，此时的水蒸气压力称为饱和水蒸气压力。饱和水蒸气压力与温度的关系如图 1 所示。如果使一定温度下的饱和空气冷却，则冷却后水蒸气压力高于该温度的饱和水蒸气压力，这样过量的水蒸气就会冷凝成液体水，即结露。

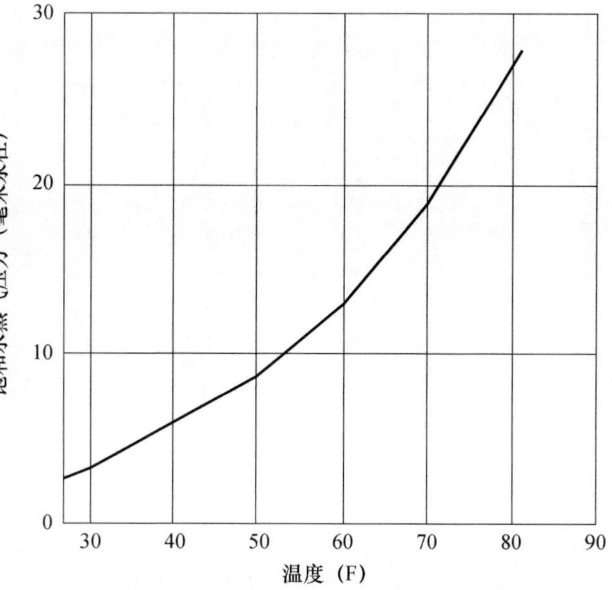


图 1　饱和水蒸气压力与温度的关系

室内相对湿度可用 $p/ps$ 比值表示，$ps$ 称为饱和水蒸气压力。在冬季，特别是北方冬季，一般来讲，室内温度较高，所以室内的相对湿度高于室外，因此室内水蒸气压力高于室外，所以室内的水蒸气总是稳定地从室内扩散到室外。饱和水蒸气压与温度数值对应关系见表 1。饱和水蒸气压所对应的温度即结露温度，简称结露点。

**表 1　不同温度 $t$（℃）下的饱和水蒸气压 $ps$（毫米汞柱）**

| $t$ | $ps$ | $t$ | $ps$ | $t$ | $ps$ | $t$ | $ps$ | $t$ | $ps$ |
|---|---|---|---|---|---|---|---|---|---|
| −20 | 0.772 | 8 | 8.045 | 36 | 44.56 | 64 | 179.3 | 92 | 567.0 |
| −19 | 0.850 | 9 | 8.609 | 37 | 47.07 | 65 | 187.5 | 93 | 588.6 |
| −18 | 0.935 | 10 | 9.209 | 38 | 49.69 | 66 | 196.1 | 94 | 610.9 |
| −17 | 1.027 | 11 | 9.844 | 39 | 52.44 | 67 | 205.0 | 95 | 633.9 |
| −16 | 1.128 | 12 | 10.51 | 40 | 55.32 | 68 | 214.2 | 96 | 657.6 |
| −15 | 1.238 | 13 | 11.23 | 41 | 58.34 | 69 | 223.7 | 97 | 682.1 |
| −14 | 1.357 | 14 | 11.98 | 42 | 61.50 | 70 | 233.7 | 98 | 707.3 |
| −13 | 1.627 | 15 | 12.78 | 43 | 64.80 | 71 | 243.9 | 99 | 733.2 |
| −12 | 1.780 | 16 | 13.63 | 44 | 68.26 | 72 | 254.6 | 100 | 760.0 |
| −11 | 1.946 | 17 | 14.53 | 45 | 71.88 | 73 | 265.7 | | |
| −10 | 2.194 | 18 | 15.47 | 46 | 75.65 | 74 | 277.2 | | |
| −9 | 2.326 | 19 | 16.47 | 47 | 79.60 | 75 | 289.1 | | |
| −8 | 2.514 | 20 | 17.53 | 48 | 83.71 | 76 | 301.4 | | |
| −7 | 2.715 | 21 | 18.65 | 49 | 92.51 | 77 | 314.1 | | |
| −6 | 2.931 | 22 | 19.82 | 50 | 97.20 | 78 | 327.3 | | |
| −5 | 3.163 | 23 | 21.06 | 51 | 102.1 | 79 | 341.0 | | |
| −4 | 3.410 | 24 | 22.37 | 52 | 107.2 | 80 | 350.7 | | |
| −3 | 3.673 | 25 | 23.75 | 53 | 109.7 | 81 | 369.7 | | |
| −2 | 3.956 | 26 | 25.21 | 54 | 112.5 | 82 | 384.9 | | |
| −1 | 4.258 | 27 | 26.74 | 55 | 118.0 | 83 | 400.6 | | |
| 0 | 4.579 | 28 | 28.35 | 56 | 123.8 | 84 | 416.8 | | |
| 1 | 4.926 | 29 | 30.04 | 57 | 129.8 | 85 | 433.6 | | |
| 2 | 5.294 | 30 | 31.82 | 58 | 136.1 | 86 | 450.9 | | |
| 3 | 5.685 | 31 | 33.70 | 59 | 142.6 | 87 | 468.7 | | |
| 4 | 6.101 | 32 | 35.66 | 60 | 149.4 | 88 | 487.1 | | |
| 5 | 6.543 | 33 | 37.73 | 61 | 1156.4 | 89 | 506.1 | | |
| 6 | 7.013 | 34 | 39.90 | 62 | 163.8 | 90 | 525.8 | | |
| 7 | 7.513 | 35 | 42.18 | 63 | 171.4 | 91 | 546.1 | | |

图 2 给出了温度与相对湿度的关系曲线，它和表 1 是计算门窗玻璃幕墙结露点的基础。

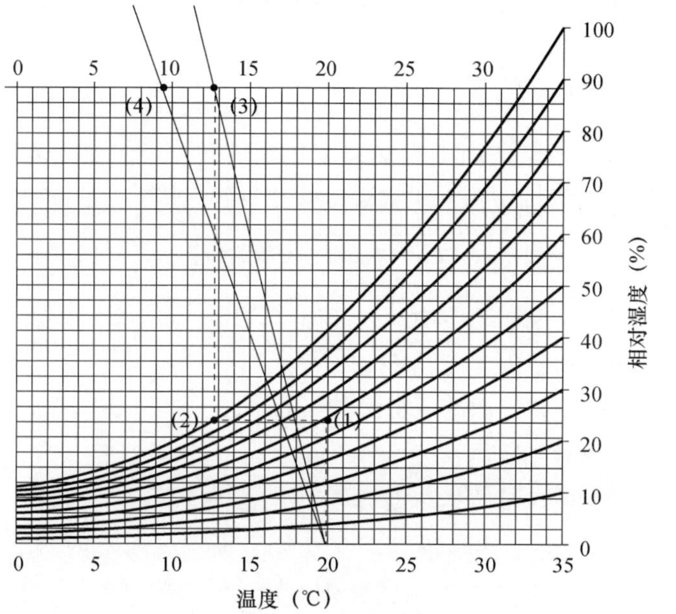


图 2　温度与相对湿度的关系

## 3　结露点计算

门窗玻璃幕墙结露点的计算方法如下：

**方法 1**：（1）根据室内温度可在表 1 中确定该温度下的饱和水蒸气压 $ps$。

（2）室内湿度与该温度下饱和水蒸气压 $ps$ 的乘积等于该温度下的水蒸气分压力 $p$，在表 1 中查找饱和水蒸气压等于该温度下水蒸气分压力 $p$ 的温度，该温度即是室内的结露温度。

例 1：室内温度 21℃，室内湿度 30%。由表 1 可知，21℃条件下的饱和水蒸气压 $ps$ 为 18.65mmHg，18.65×0.3=5.6mmHg。在表 1 中可查得，饱和水蒸气压 $ps$ 为 5.6mmHg 所对应的温度约为 3.0℃，即室内温度 21℃，室内湿度 30%条件下，室内结露点为 3.0℃。

**方法 2**：在图 2 横坐标上确定室内温度，由该温度点垂直向上查到对应的室内湿度曲线，由该坐标点向左平行查到对应 100%的湿度曲线点，由该点向下查到横坐标温度即为结露点。

## 4 抗结露性能设计计算

只要门窗玻璃幕墙室内侧表面温度达到结露点，门窗玻璃幕墙即出现结露现象。门窗玻璃幕墙室内侧表面温度按式（2）计算：

$$T = T_i - \frac{U}{h_i}(T_i - T_e) \quad (2)$$

式中 $T$——门窗玻璃幕墙室内侧表面温度（K）；

$T_i$——建筑物室内温度（K）；

$T_e$——建筑物室外温度（K）；

$h_i$——室内对流换热系数［W/（$m^2$·K）］，可取8；

$U$——门窗玻璃幕墙传热系数［W/（$m^2$·K）］。

由式（2）可见，门窗玻璃幕墙室内侧表面温度与室内温度、室内湿度、门窗玻璃幕墙传热系数和室外温度有关。设计时按式（2）求门窗玻璃幕墙室内侧表面温度，当其大于室内结露温度时，门窗玻璃幕墙不结露；当其小于等于室内结露温度时，门窗玻璃幕墙开始结露。

例2：室内温度为21℃，相对湿度为30%，门窗玻璃幕墙传热系数为2.0W/（$m^2$·K），室外温度为−10℃，室内玻璃表面换热系数为8W/（$m^2$·K）。门窗玻璃幕墙室内表面温度为$T$，根据式（2），有

$$T = T_i - \frac{U}{h_i}(T_i - T_e) = 13.3℃$$

根据例1得知，结露点温度是3.0℃，门窗玻璃幕墙室内侧温度高于结露点温度，因此不会结露。

## 5 结露现象

实际工程中，一些工程经设计计算不会结露，但使用中却结露了，有些居住建筑结露现象很严重。究其原因，有以下几点：

1. 结露点取位不合理

例如在上述例2中，门窗玻璃幕墙的传热系数取2.0W/（$m^2$·K），这是门窗玻璃幕墙传热系数按玻璃和框面积计权平均值，玻璃的传热系数比2.0W/（$m^2$·K）要小，框的传热系数比2.0W/（$m^2$·K）要大。同等条件下，玻璃的室内表面温度会比框的室内表面温度高。对于中空Low-E玻璃，其

传热系数一般为 1.5～1.8W/（$m^2$·K）。对于断桥铝型材，其传热系数一般为 3.0～4.5W/（$m^2$·K）。对于上述例 2，取玻璃传热系数为 1.6W/（$m^2$·K），取框传热系数为 3.5W/（$m^2$·K），计算结果为：玻璃室内表面温度为 14.8℃，框的室内表面温度为 7.4℃。室内的结露点温度为 3.0℃，玻璃和框的室内表面温度均高于结露点，似乎玻璃和框均不会结露。但是框周边有缝隙，如果框与周边密封不好，室外冷空气会渗漏进入室内，进而降低框的温度，造成框周边局部温度低于结露点而出现结露。实际工程中，有些框结露就主要发生在框的缝隙处，并没有出现框整体结露，其原因就在于此。因此门窗幕墙进行室内结露点设计计算时，结露点位置应取门窗玻璃幕墙传热系数最大位置，而不应取其平均值进行计算。

2. 室内湿度取值偏低

如今加湿器已普遍使用，特别是居住建筑，几乎家家在使用。例 2 中室内相对湿度取 30%是指没有使用加湿器的北方冬季室内相对湿度的平均值，如果使用加湿器，室内相对湿度将达到 40%～50%，甚至更高。同等条件下，当室内相对湿度为 40%时，其室内结露温度为 7.0℃，当室内相对湿度为 50%时，其室内结露温度为 10.5℃，两者均高于其设计时的 3.0℃。出现结露就很自然了，这就是居住建筑结露现象甚于公共建筑的主要原因。

3. 极寒和大风天气

近些年，北方冬季经常出现极寒和大风天气。例 2 中，室外气温取－10℃进行设计，如果室外温度下降至－20℃，同等条件下，门窗玻璃幕墙内表面温度会进一步下降，结露条件就会出现。在大风天气、同等气密条件下，空气渗漏量会增加，使得门窗玻璃幕墙内表面温度下降，进一步加剧结露。

4. 采暖方式的变更

过去北方冬季采暖多采用暖气片，且暖气片多位于窗下面。由于暖气片造成室内热空气对流，使得窗内表面温度大于计算值，因此会减少室内结露现象。现在许多建筑采用地暖，室内热源远离窗口，使得窗内表面温度低于计算值，因此会加剧结露现象。

5. 室内窗帘的作用

居住建筑大多有窗帘，卧室的窗帘格外厚重。窗帘的使用对于门窗幕墙的结露也有明显影响。对于采用暖气片采暖的房间，窗帘的使用会使窗内表面温度进一步提高，会减少结露。而对于采用地暖的房间，窗帘的使用会使窗内表面温度进一步下降，会加剧结露。

## 6 结语

解决结露的方法如下：

（1）设计时应尽可能考虑极限条件，如室外温度和室内湿度取值应更符合实际。

（2）提高门窗玻璃幕墙气密性。

（3）使用时不宜过分加大室内湿度，同时合理使用室内窗帘。对于采用地暖的房间，在最寒冷的日子，窗帘不宜拉得太严，这样会提高窗内表面温度，减少结露。这些看似简单的方法，对于降低室内结露会非常有效。

# 整体装配技术在构件式幕墙中的应用

◎ 闭思廉　刘晓烽

深圳中航幕墙工程有限公司　广东深圳　518109

**摘　要**　为提升建筑幕墙工业化和装配化程度，提高幕墙产品的标准化水平，从而提升生产和施工效率，提高产品质量，使幕墙的设计、生产、安装、维护做到更节材、更节能，达到创造更多经济效益和社会效益的目的。

**关键词**　装配式；构件式幕墙；铰接多跨；胎具；整体吊装

## 1　引言

随着建筑幕墙的技术进步，装配式幕墙系统得到越来越多的应用。我们在工程实践中有意对除单元式幕墙以外的幕墙系统进行了装配式改造，均取得良好的效果。本文介绍的是一个进行了装配式改造的幕墙系统应用工程实例，与传统的构件式幕墙系统相比较，该幕墙系统各项性能、装配化程度、生产施工效率等都得到较大提高。本文通过对原幕墙系统方案的分析，以及对新幕墙系统的节点构造设计、施工安装方式、性能提升等方面进行分析，介绍构件式幕墙装配化改造的思路和实施要点。

## 2　装配式石材幕墙工程应用实例分析

### 2.1　工程概况

工程项目位于广东省深圳市，总建筑面积 14.33 万 $m^2$，有四栋塔楼，建筑高度 98.07m，幕墙高度 106m，主体结构形式为钢筋混凝土框架结构。项目施工划分为两个标段，每个标段都有两个塔楼和一个连体裙楼，我公司施工了其中一个标段。

从该项目的立面效果图（图1）不难发现，其建筑外形平直、规整，幕墙种类也不多，主幕墙系统是玻璃与石材线条相间分布的构件式幕墙。我公司承包的标段中，幕墙面积约45000m²，其中石材装饰柱面积约22000m²，几乎占到了全部幕墙工程量的一半。对于此类项目，其实特别适合采用工业化生产、装配式施工的建造模式。但建设单位出于控制成本的原因，在这个项目原来采用了构件式幕墙的设计方案。考虑到合同约定的施工周期很短、总承包单位的脚手架不满足幕墙安装需要、项目垂直运输设施不足等一系列不利因素，我们在项目实施初期就确定了对该幕墙系统进行装配式改造的设计优化方向，以针对性地解决所面对的现实问题。

图1　外立面设计效果图

## 2.2　项目幕墙系统的简介

该项目的幕墙系统为玻璃幕墙与石材幕墙的组合体。横、竖向的石材线条主要分格宽度为800mm，玻璃的分格宽度为1150mm。幕墙局部立面如图2所示。

在这个系统中比较特别的一点是在玻璃部分没有开启窗。石材线条突出玻璃面300mm，石材两侧设置通风百叶，竖向石材线条的内侧设置了开启扇，用于幕墙系统的通风换气。

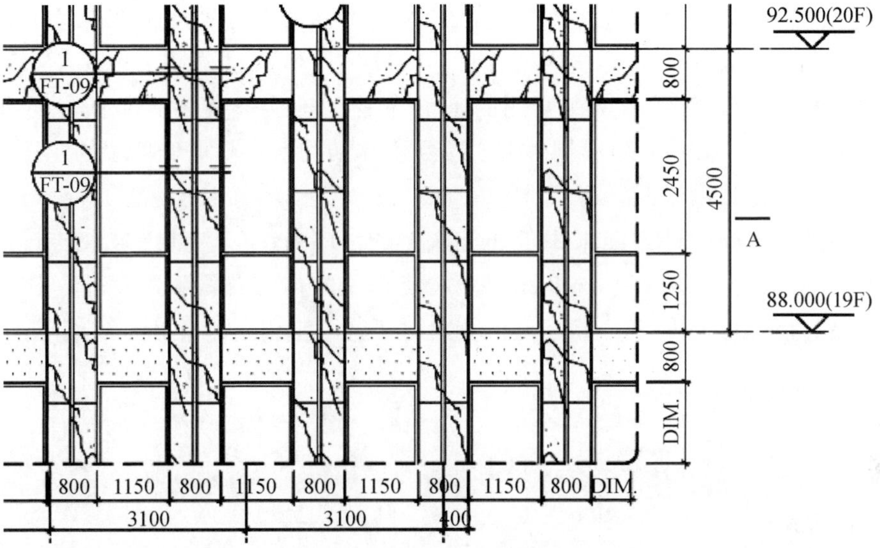


图 2　幕墙局部立面

在原设计方案中，石材幕墙采用传统的背栓连接构造（图 3），由于石材线条的分格尺寸只有 800mm，所以在该方案中无完整横梁，仅通过立柱上悬挑的钢支臂固定石材面板，成本控制非常到位；玻璃幕墙部分是常规做法，支撑系统采用经典的矩形铝合金龙骨，玻璃面板采用全隐框的连接构造，玻璃与铝合金副框通过结构胶黏结，然后采用压扣件固定到龙骨上；石材线条后面设置两扇铝板平开窗，采用常规的折页平开形式。

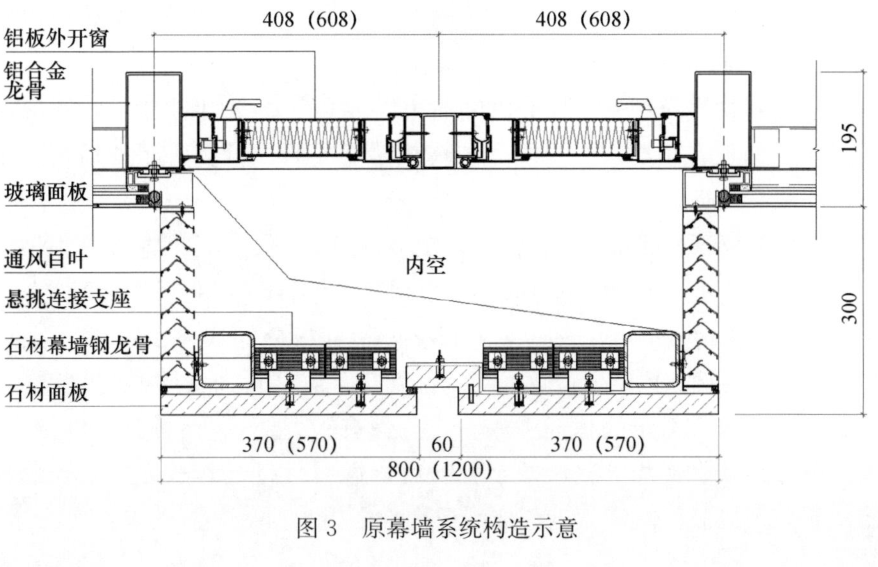


图 3　原幕墙系统构造示意

支撑系统的连接构造稍有变化，其中玻璃幕墙部分采用了双跨梁的力学模型，在梁侧面的上下两端均布置了连接支座；但石材幕墙为单跨梁，采用了简支梁的力学模型，仅在梁侧的下端布置了连接支座。其竖向龙骨通过80mm ×80mm×5mm 矩形钢牛腿连接到主体结构上，与玻璃幕墙的龙骨相对独立，但仍然共用了同一个埋件。

不难看出原设计方案采用了非常成熟的幕墙系统，在处理玻璃与石材混合布置的构造上使两套系统彼此独立，使幕墙的传力路线清晰明了，提升了该幕墙的整体可靠度（图 4）。但该方案对于施工来讲，却存在不少难点：

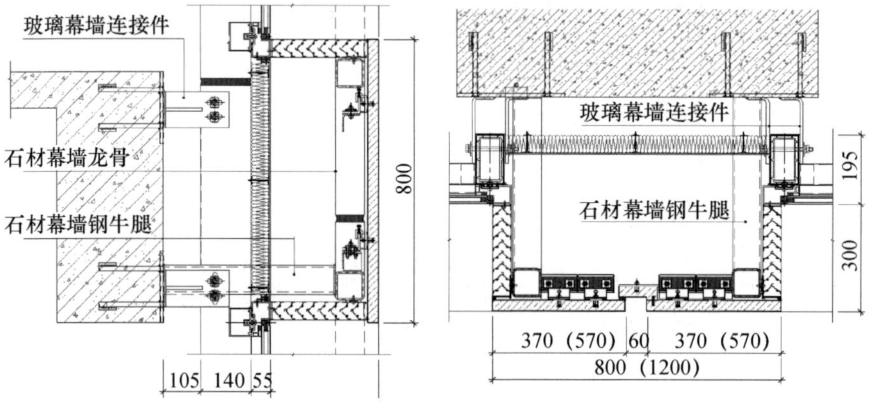


图 4　原幕墙系统的连接构造示意

首先是玻璃幕墙的连接支座与石材幕墙钢牛腿位置重合，相互影响，而且都需要现场焊接。其中石材幕墙龙骨的连接方式不能三维调节，所以钢牛腿的安装精度要求很高。

其次，石材线条的钢立柱突出结构边线 570mm，脚手架距结构边缘的间距已经不能满足安装要求。只能先装玻璃幕墙龙骨，拆完脚手架后再利用吊篮安装石材幕墙龙骨。

第三，竖向石材线条的两根钢龙骨在层高范围内仅上下两端有贯通的横梁，因而钢立柱的间距、平面高低差等均难以保障。800mm 宽的石材线条实际上是由左右两组面板组成且相互独立，造成了两块面板分别只挂在各自的立柱上。这样一来，只要钢立柱产生轻微扭转，就会明显影响石材面板的安装精度。

最后，从这个系统的构成上来讲，龙骨有铝合金龙骨、钢龙骨两种，面板有石材、玻璃、铝板、百叶等多种材料，这些材料有着严格的安装顺序又彼此交错，所以施工效率很低、成品保护难度很大。

## 2.3　装配化改造的思路及最终方案简介

基于对项目特点及施工需求的分析，我们决定对该系统进行装配化改造。原设计方案中将玻璃幕墙系统与石材幕墙系统进行了较为彻底的区分，两者各自保留相对独立的支撑系统，这对我们进行装配化改造奠定了良好的基础。通过对原设计方案的分析，我们意识到玻璃幕墙部分和石材幕墙部分都相对独立，而且自然形成了玻璃单元和石材单元，再加上隐藏在石材线条背后的开启单元，就构成了该系统的全部要素。由此我们确定将这三部分进行单元化改造，然后进行装配化安装的基本思路。

玻璃单元装配化改造（图5）较为简单，最初设想是将玻璃与铝合金框架复合成一个单元整体吊装，但后来发现由于涉及玻璃破损更换、窗槛墙封闭及石材线条安装配合问题，最终方案改为铝合金组框成一个单元，并整体吊装。由于全隐框构造在应用中受到政策限制，所以新方案采用将玻璃面板明框镶嵌的思路，通过百叶框的遮蔽，仍能满足原设计的外观要求。在这个单元化的设计过程中，我们重点将原来玻璃幕墙、石材幕墙与主体结构的连接构造进行了优化。在原设计方案中玻璃幕墙龙骨与石材幕墙龙骨各自独立地与主体结构连接，所以施工过程中需要重复定位、安装。考虑到石材幕墙外挑较远，我们利用石材幕墙的钢牛腿作为主连接构件，通过一次定位即可完成玻璃幕墙铝框单元及石材单元的安装。至于原方案中玻璃幕墙龙骨选择了双跨梁的力学模型的问题，我们选择了“多跨铰接的力学模型”，保留梁底的支座，将上下相邻两根立柱的连接点向上移动。

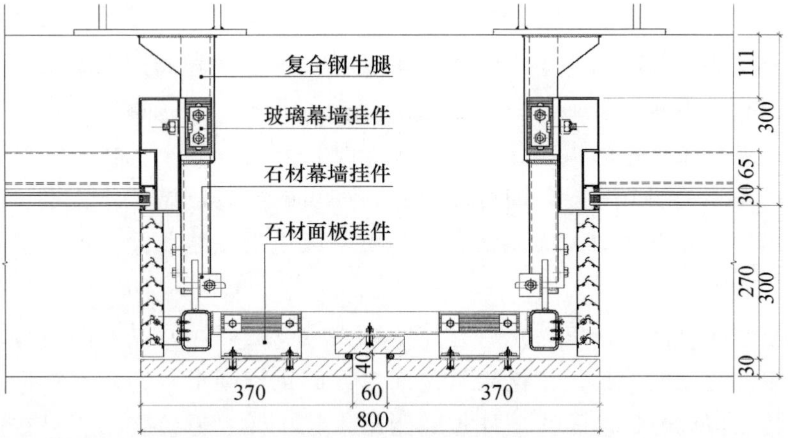


图5　玻璃单元装配化连接构造示意

石材单元是本次装配化改造（图 6）的核心也是难点。考虑到原设计中石材幕墙立柱之间没有连系构件而导致刚度较差，装配化改造时沿石材背栓安装位置设置了钢横梁，并与钢立柱焊接成一个整体钢框架，整体刚度尤其是抗扭能力显著增强。钢框架采用挂接方式连接到钢牛腿上。由于连接点可以实现三维调节，较原设计方案中的施工便利性明显改善。

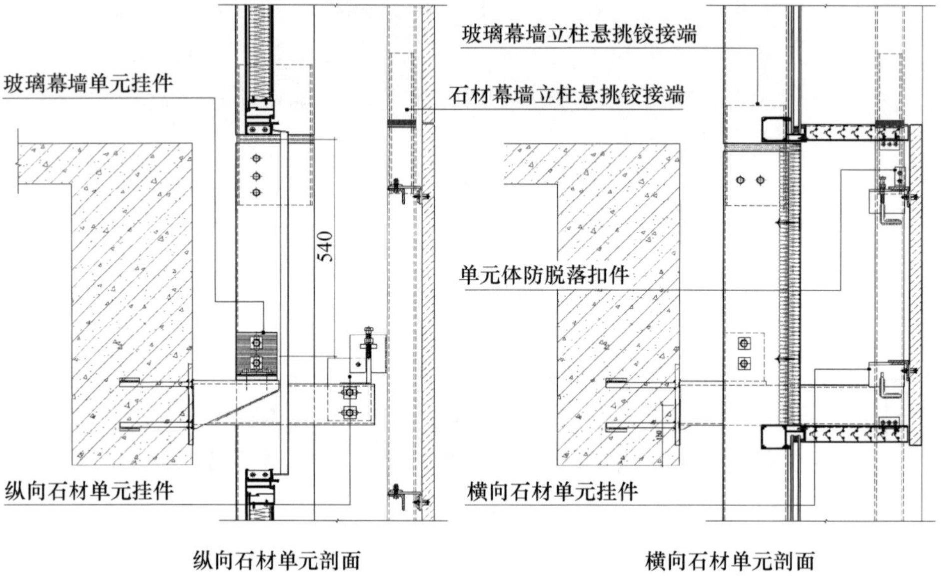


图 6　石材单元装配化连接构造示意

在原设计方案中，800mm 宽的石材线条是由三块石材拼接而成的，其中大的 370mm 宽、小的仅 120mm 宽。装配化改造的一个核心思路就是要降低面板安装难度。我们利用工厂化生产的便利条件，预先制作了胎膜，将石材面板在胎膜上预先铺好，然后再将钢构架放到胎膜上。在重力作用下，连接码件自动贴合在石材面板的背面，无须干预自动完成调平工作，然后只需要简单地锁紧相关调节螺栓，即可完成石材面板的安装调试工作。将整个石材单元从胎膜中取出来即为成品状态，马上可以进行安装，大大提高了安装精度和施工效率。（图 7）

由于竖向石材线条单元化后整体刚度大幅度提高，所以横向石材线条也进行了单元化处理，其直接连接到竖向单元的钢框架上，连接方式仍然采用挂式连接。但考虑到横向线条挂点间距很短且单元自重较轻，所以在连接设计上增加了防脱构造，以增强抗震性能及连接可靠性。（图 8）

图 7　石材面板与钢框架的组装示意

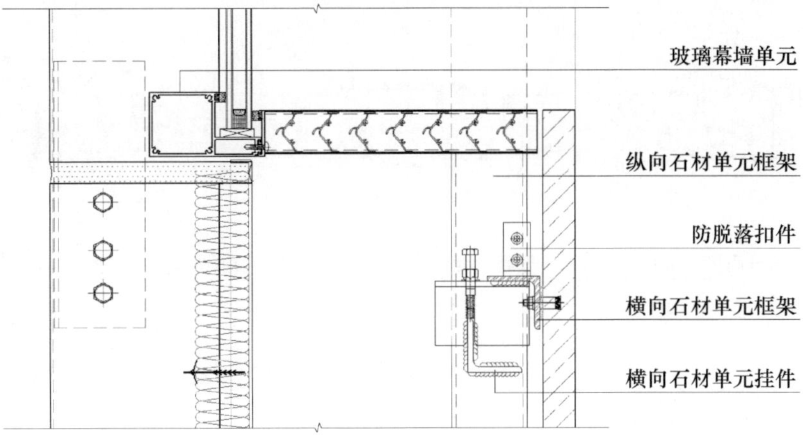


图 8　石材单元组装示意

装配化改造后，标准石材板块规格为：800mm ×4500mm、800mm ×5400mm，质量约 800kg 和 900kg，玻璃幕墙板块主要规格是 1150mm ×4500mm，质量不足 100kg（不含玻璃）。施工时，先安装玻璃幕墙单元，然后吊装石材单元，最后安装玻璃面板及百叶。单元吊装也不困难，采用 2t 小型吊机吊装即可。(图 9)

在两个玻璃单元之间是开启窗单元。开启窗单元基本算是独立的双扇外平开窗，但上下边框做了加强，用以连接中梃。上下开启窗单元之间的空洞是结构梁部位，在开启窗单元安装完成后，该部位采用铝板封堵，完成幕墙的封闭。(图 10)

图9 石材单元吊装示意

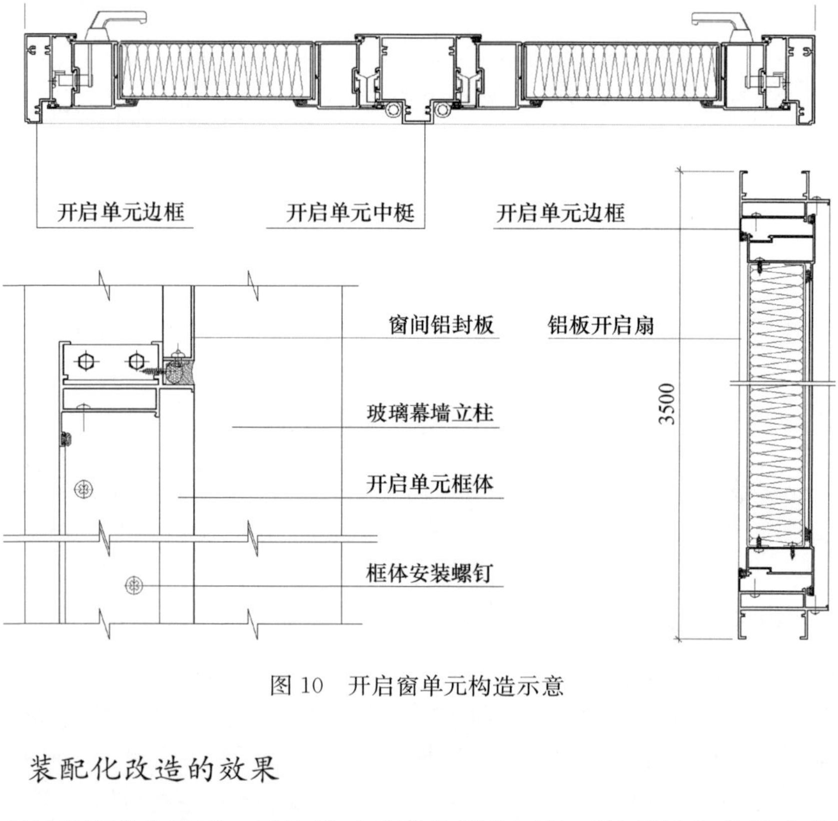


图10 开启窗单元构造示意

## 2.4 装配化改造的效果

经过装配化改造后，无论是玻璃幕墙部分还是石材幕墙部分的安装精度都有显著提升，其中玻璃幕墙的立柱与横梁之间不留间隙，具备单元幕墙一样的室内效果；石材幕墙系统的钢框架在工厂完成，现场无任何焊接，无论是外观质量还是防腐性能均显著提升；石材面板在模具中排版，接缝平直度和面板平整度都非常好。（图 11）

图 11　安装过程及完工照片

在施工效率方面，装配化改造后提升巨大。由于采用了整体吊装的施工方案，我们没有使用总承包单位的脚手架，所以不涉及复杂的配合问题。总承包单位脚手架全部拆除后我们才进场，此时该项目另外一个标段同类型幕墙的龙骨都快装完了。但整体吊装在施工中高效率的巨大优势随即就显现出来了，我们在规定工期前就基本完成了施工任务，而另外一个比我们早进场的标段还在用吊篮装石材线条！

经济效益方面的提升也是显著的。以前建设单位对施工单位的设计优化多存在诸多猜忌，生怕施工单位把“优化”变成“简化”，通过偷工减料来获取利润，所以常出现在结算时死抠材料含量的场景。我们在这次设计优化过程中，整体材料成本持平。但由于施工简便、成品保护容易、施工质量好，所以措施费、人工费用、材料损耗等都大幅度下降，经济效益显著。对此，建设单位、施工单位都开心，通过这样的施工，也能光明正大地获取合理利润。

## 3 结语

以幕墙行业的发展趋势来看，装配式将是主流方向。但在相当长一段时间内，100m 以下的建筑仍然以构件式幕墙为主。对构件式幕墙，尤其是对大的石材装饰线条、装饰柱进行装配化改造，仍有很大潜力可挖。与构件式幕墙的传统做法相比，采用装配化改造，将绝大部分的工序留在了加工厂，避免了现场施工质量控制难、工人现场安装成本高的难题。同时还有助于施工质量的提高，节约了施工现场的安装时间，缩短了施工工期。

我们在构件式幕墙装配化改造方面进行了一些探索和尝试，也取得了良好的回馈。但仍是浅尝辄止，在更进一步的规律性总结、规范性探索以及标准化推广等方面仍涉足不深，些许心得希望能与同行分享，以期共同推进幕墙技术的进步和发展。

# 幕墙装饰构件安全设计要点

◎ 孟根宝力高[1] 张 颖[2] 张立森[3]

**摘 要** 建筑师为了表达建筑个性化外观，普遍采用独特的、具有多样性的外装饰条等幕墙独立外挂构件，试图营造建筑的独特线条化外观感受。如采用与幕墙面板平行、竖向悬挑、横向悬挑或斜向悬挑的构件，并采用新型的材质或加工工艺，如穿孔金属板、玻璃板及其他复合材料等，来打造建筑的轻盈与现代感，通过使用UHPC、石材等来体现建筑的厚重与硬朗的感觉。建筑师借用这些装饰条、穿孔板等塑造新颖美观独特的外立面肌理效果，同时也在安全性方面，提出了更高的设计要求。外装饰条是暴露在室外的构件，如何在确保其自身强度、刚度前提下，使其与幕墙龙骨可靠连接、避免风压或外力作用时产生共振破坏等，是其安全设计过程中必不可少的内容。除此之外，开孔率不同的穿孔板风阻特性和面板强度变化规律，细长装饰构件如格栅在脉动风荷载作用下，是否会产生疲劳破坏，应采取哪些构造措施等都是本文着重讨论的内容。通过抽象化提炼这类典型设计问题，试图提出安全设计原则性建议。

**关键词** 幕墙发展史；肌理幕墙；穿孔板；疲劳分析；国内外规范；装饰条；基振

## 1 引言

随着我国国民经济的持续发展和人民生活水平的不断提高，以及建筑师设计理念“人性之于建筑”的提升，建筑物越来越向节能、环保、精致、高品质、智能化等方向发展。因此，建筑幕墙产品也必须向高新技术和多功能的方向发展，才能满足日渐增强的环保节能的需求，以满足市场对建筑幕墙功能的需求。

从建筑发展视角来看，一种幕墙风格盛行一段时间后产生内在的转向需求，这是人们个性化追求的必然结果。所以，往往一种风格无论是造型、结构体系、材料还是工艺，通过改变风格来满足人们喜新厌旧的审美定位需求，唯独不变的是对安全、舒适和美观、新颖的需求。这一点符合神经建筑学基本原理，同时也与维特鲁威的经典解析——“建筑应基于坚固、实用和美观的三原则进行设计”的观点相一致。

国内幕墙技术风格经历了以下略为互相交错重叠的阶段，每个阶段都将涉及一些核心技术，如今则处于大综合的阶段。

（1）全隐框幕墙：适应了人们追求“无框镜子”隐喻的审美需求。但很快转向多样化装饰条幕墙。因为装饰条幕墙不仅创造了多线条的精致感，还提供了遮阳等实用功能。

（2）开放装配幕墙系统：着重体现工业化产品味道，而单元式幕墙技术为其提供了便于实现的途径；集成石材、金属板、玻璃和装饰条在内的多种构件，满足了兼容装配、节能设计需求。而开放系统在提升幕墙装配感的同时，延长系统的使用寿命成为可能。

（3）点式玻璃幕墙：展现新颖结构美学。随即又转向表皮简洁、大气与结构美学结合方向。

（4）双层幕墙：提供节能、舒适和多样性演绎的可能性，特别是遮阳功能，使更优秀的“准外遮阳”成为可能。

（5）单层索网幕墙：带来柔性简洁结构美学体验，满足了视觉通透和人们探索好奇心的内在需求。

（6）综合集成幕墙：幕墙功能配套与幕墙集成，如通风器、LED多媒体屏幕、光伏BIPV和BMU与幕墙深度一体化成为可能。

（7）自由曲面幕墙：能获得动感体验和亲切感，满足了人们不断转向的审美需求。

（8）肌理幕墙：满足个性化体验和韵律之美，当与通风、光伏发电、LED照明等结合时表现出了更大的适应性。肌理幕墙成为业主和建筑师表征自己独特性的一种设计手法。

无论采用哪一种幕墙方式，其普遍特性为：装饰条越来越多、尺寸越来越大、越来越具有个性化特色。

随着幕墙类型的增多、使用材料的增加，在幕墙设计过程中也产生了越来越多需要解决的问题。如外装饰条结构的风振性能不仅与来流的脉动特性有关，还与结构自身的振动特性有关，因此在风振分析前，有必要对幕墙支承结构的自振频率和振型进行适当的探讨。

穿孔面材穿孔后，所受风压及自身刚度都有所降低，在相同条件下，穿孔率的不同，强度会发生哪些变化；风是作用于幕墙的短期荷载，以脉动风形式作用于结构构件上，是否会使构件产生往复运动，导致疲劳破坏，这些都是我们在幕墙设计中力求解决的问题。在本文中，也将在这些方面进行深入的探讨。

## 2　幕墙装饰条存在形式分析

建筑幕墙上所采用的装饰条，可谓是种类繁多：有采用金属材质的，也有非金属材质的；按形状和形态，有竖向的、横向的；按尺寸区分，有长构件、有短构件；按功能区分，有兼顾通风功能的，也有安装 LED 照明灯起美化作用的。

下面列出具有典型意义的几种装饰条类型。

### 2.1　实体铝合金装饰条

实体铝合金装饰条如图 1 和图 2 所示。

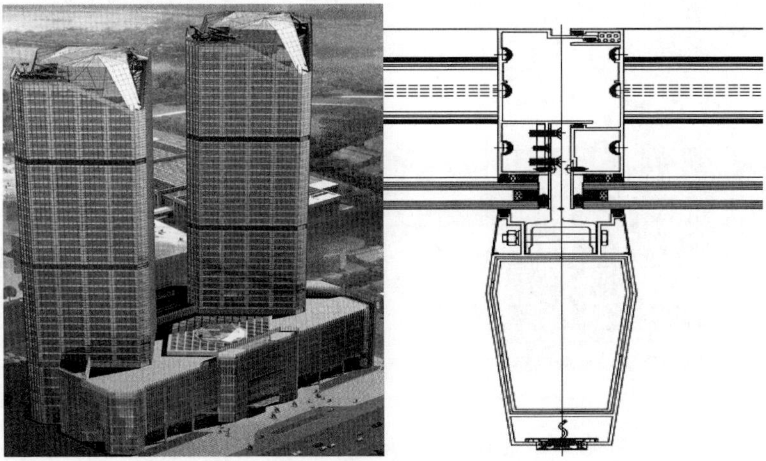

(a)　　(b)

图 1　杭州亚包大厦装有 LED 的集成装饰条

(a) 杭州亚包大厦；(b) 杭州亚包大厦铝合金装饰条

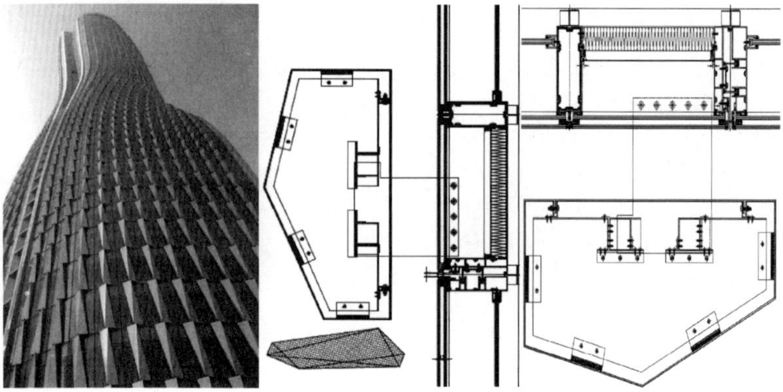

(a) (b)

图 2　杭州来福士大厦外带异型超大装饰条

（a）杭州来福士大厦；（b）杭州来福士大厦铝合金装饰条剖面

## 2.2　玻璃板装饰构件

玻璃板装饰构件如图 3 和图 4 所示。

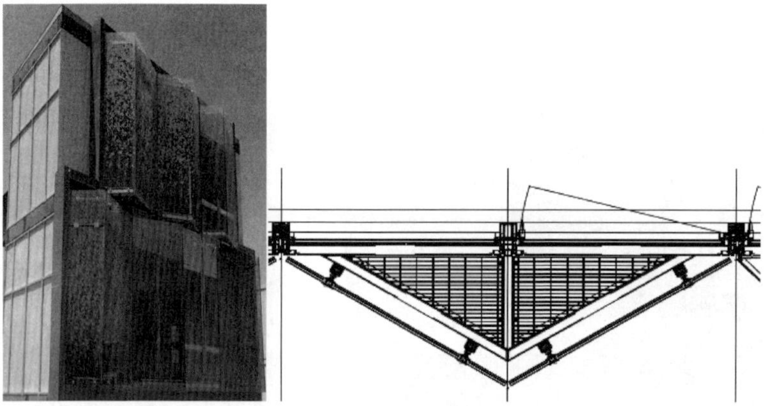

(a) (b)

图 3　南京中芬交流合作中心外挂玻璃面板

（a）南京中芬交流合作中心样板图；（b）南京中芬交流合作中心节点图

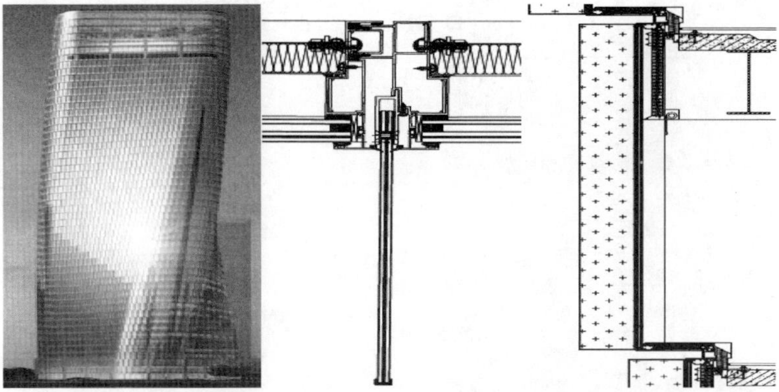

(a) (b)

图 4 宁波中行项目外带玻璃装饰肋

（a）宁波中行项目图；（b）宁波中行项目节点图

## 2.3 穿孔铝板装饰条

穿孔铝板装饰条如图 5 和图 6 所示。

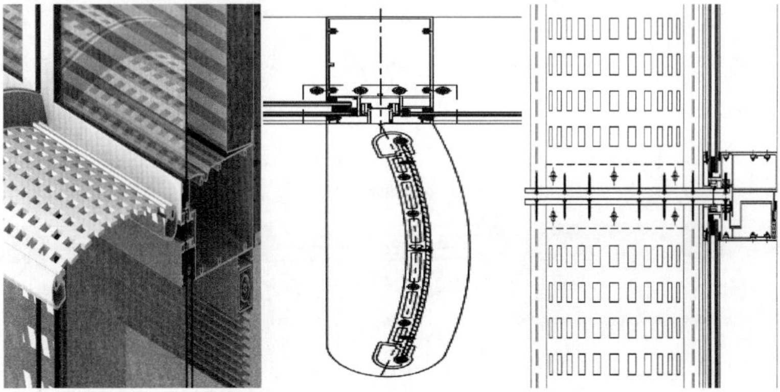

(a) (b)

图 5 招行大厦项目外带超大横竖向遮阳板

（a）招行大厦项目图；（b）招行大厦项目节点图

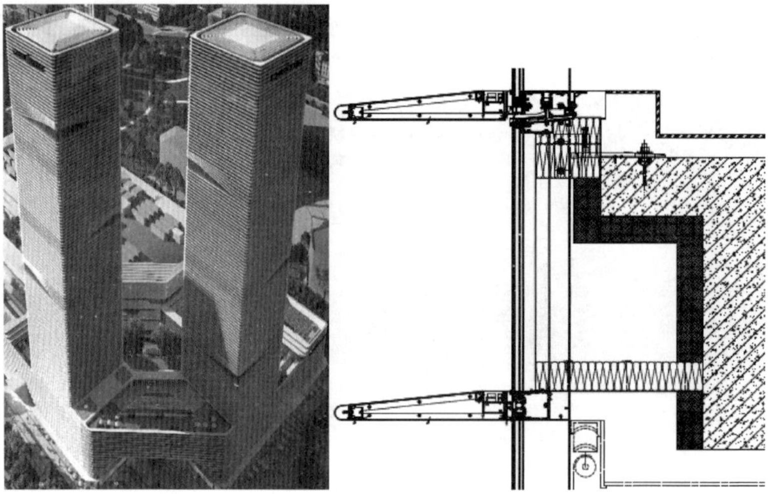

(a) (b)

图6 浙商银行项目外带横向装饰条

(a) 浙商银行项目图；(b) 浙商银行项目节点图

由上可知，装饰条形式多种多样，而本文着重分析装饰条的安全性问题，此处更加关注易出现安全隐患的典型性装饰条，其他类型并不一一列举。

## 3 外装饰玻璃面板模态分析

实例分析：南京某项目（图7)。地质粗糙类型为C类，抗震设防烈度为7度，抗震加速度：0.10$g$，基本风压0.4kPa，基本雪压0.65kPa，准永久值系数0.20，设计使用年限为50年，最高计算高度点99.8m，双层幕墙形式，外层装饰板由玻璃面板构成，外挑斜向突出墙面800mm。由于面板自身刚度较弱，在风荷载或外力作用下，容易受到扰动产生振动，因此确定玻璃面板的自振频率，是判断能否发生共振的关键因素之一。本项中主要应用了两种尺寸及配置的玻璃面板。第一种情况：分格尺寸2m（横向）×6m（竖向)，四点支撑，玻璃配置19mm＋2.28SGP9＋19mm双超白SGP夹胶印刷玻璃。第二种情况：分格尺寸2m（横向）×4.2m（竖向)，四点支撑，玻璃配置19mm＋2.28SGP9＋19mm双超白SGP夹胶印刷玻璃。计算软件采用SAP2000及ANSYS有限元软件，每个面板采用了8个振型进行分析计算。

玻璃配置19mm＋2.28SGP9＋19mm双超白SGP夹胶印刷玻璃面板振型及频率分析如图8和表1所示。

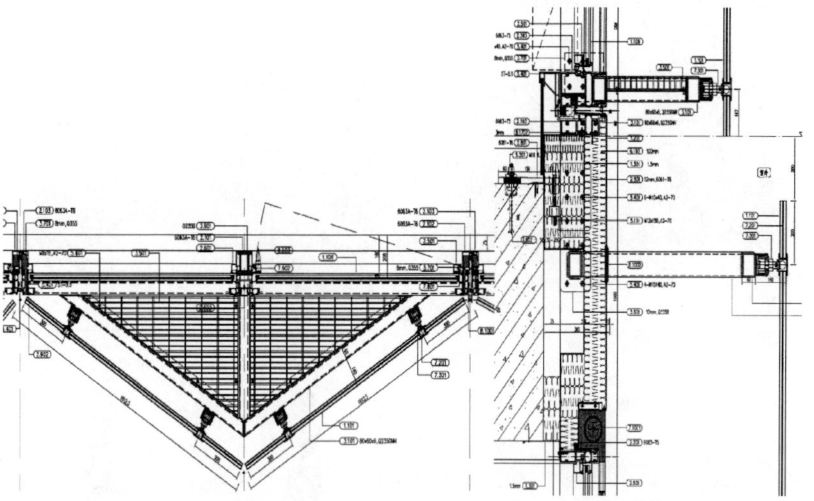

(a)　　　　　　　　　　　　(b)

图 7　南京某项目外带玻璃装饰面

(a) 南京某项目横剖图；(b) 南京某项目竖剖图

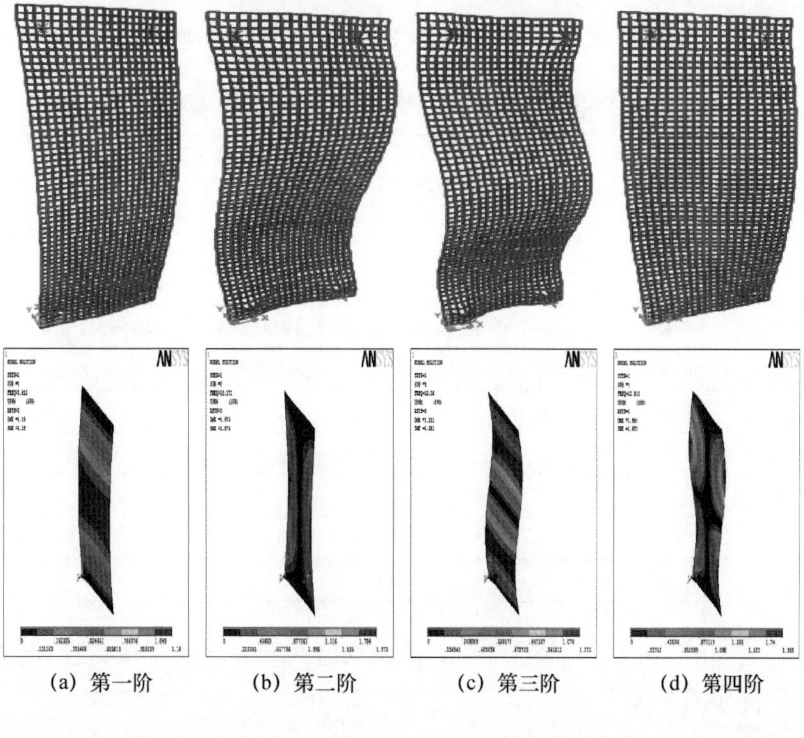

(a) 第一阶　　(b) 第二阶　　(c) 第三阶　　(d) 第四阶

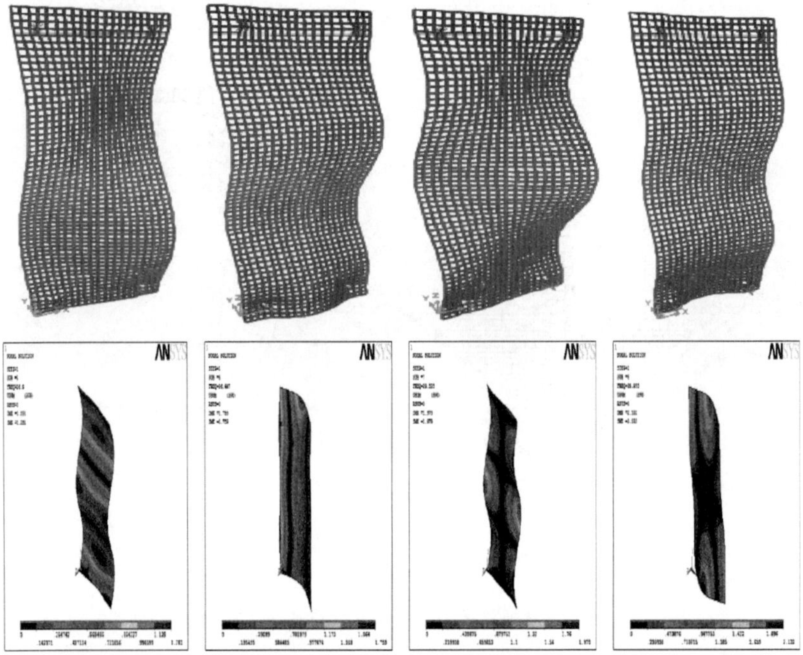

(e) 第五阶　　(f) 第六阶　　(g) 第七阶　　(h) 第八阶

图 8　19mm＋2.28SGP9＋19mm 双超白 SGP 夹胶印刷玻璃振型图

**表 1　19mm＋2.28SGP9＋19mm 双超白 SGP 夹胶印刷玻璃周期及频率表**

| TABLE：Modal Periods And Frequencies | | | | | | |
|---|---|---|---|---|---|---|
| OutputCase | StepType | StepNum | Period | Frequency | CircFreq | Eigenvalue |
| Text | Text | Unitless | sec | Cyc/sec | rad/sec | $rad^2/sec^2$ |
| MODAL | Mode | 1 | 0.13804 | 3.0133 | 45.517 | 2071.8 |
| MODAL | Mode | 2 | 0.069781 | 10.172 | 90.042 | 8107.5 |
| MODAL | Mode | 3 | 0.047495 | 12.060 | 132.29 | 17501 |
| MODAL | Mode | 4 | 0.043229 | 22.811 | 145.35 | 21126 |
| MODAL | Mode | 5 | 0.03764 | 26.567 | 166.93 | 27865 |
| MODAL | Mode | 6 | 0.036776 | 27.192 | 170.85 | 29190 |
| MODAL | Mode | 7 | 0.031914 | 31.334 | 196.88 | 38761 |
| MODAL | Mode | 8 | 0.030543 | 32.741 | 205.72 | 42320 |

玻璃配置 12mm＋2.28SGP9＋15mm 双超白 SGP 夹胶印刷玻璃面板振型及频率分析如图 9 和表 2 所示。

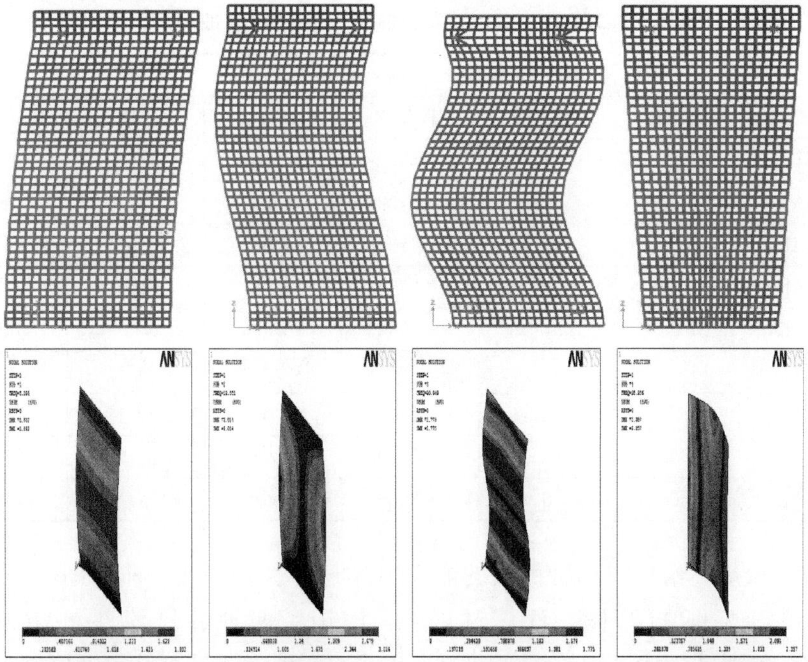

(a) 第一阶　(b) 第二阶　(c) 第三阶　(d) 第四阶

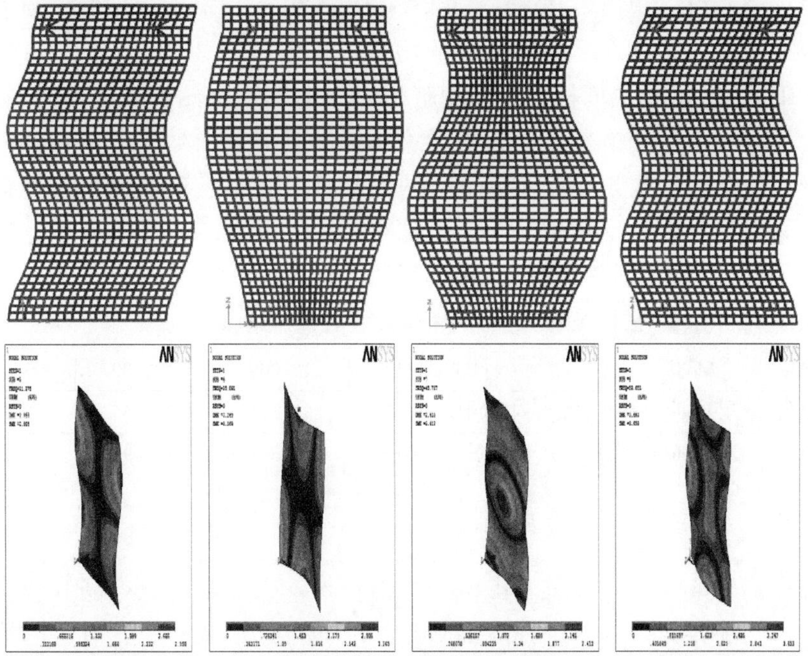

(e) 第五阶　(f) 第六阶　(g) 第七阶　(h) 第八阶

图 9　15mm＋2.28SGP9＋12mm 双超白 SGP 夹胶印刷玻璃振型图

表 2　15mm＋2.28SGP＋12mm 双超白 SGP 夹胶印刷玻璃周期及频率表

| TABLE：Modal Periods And Frequencies | | | | | | |
|---|---|---|---|---|---|---|
| OutputCase | StepType | StepNum | Period | Frequency | CircFreq | Eigenvalue |
| Text | Text | Unitless | sec | Cyc/sec | rad/sec | $rad^2/sec^2$ |
| MODAL | Mode | 1 | 0.184326 | 3.532 | 34.087 | 1161.9 |
| MODAL | Mode | 2 | 0.061882 | 10.354 | 101.54 | 10309 |
| MODAL | Mode | 3 | 0.037823 | 16.949 | 166.12 | 27596 |
| MODAL | Mode | 4 | 0.029623 | 18.386 | 212.1 | 44987 |
| MODAL | Mode | 5 | 0.028035 | 20.278 | 224.12 | 50231 |
| MODAL | Mode | 6 | 0.026899 | 25.091 | 233.59 | 54563 |
| MODAL | Mode | 7 | 0.023309 | 35.717 | 269.56 | 72661 |
| MODAL | Mode | 8 | 0.022665 | 48.681 | 277.22 | 76850 |

表 1 及表 2 给出了两种面板的前 8 阶自振频率及周期。图 8 及图 9 给出每种方案的前 8 阶振型图。计算过程中，应用了两种计算软件 SAP2000 及 ANSYS 分别进行计算和校核，以相互印证，两种方式计算结果非常接近。由以上数据分析可以得出，15mm＋2.28SGP＋12mm 玻璃面板的第一阶基频最低，数据为 3.532，随着板面尺寸的增大，自振频率也逐步减小。19mm＋2.28SGP＋19mm 玻璃面板的第一阶基频为 3.0133，虽然板面厚度有所增加，刚度有所增加，但分格尺寸对自振频率的影响更大，由数据可知，面板随着跨度的增大，其自振频率逐步降低。两种软件分析下，玻璃面板的振型也非常相似，均呈对称及反对称分布，由此可推断，计算结果准确有效。同时由研究结果表明，玻璃面板的自振频率远高于 1.5Hz，不易发生共振，具备一定的安全储备，上述工程的玻璃面板有足够的安全系数。

## 4　穿孔率对穿孔板的影响分析

### 4.1　穿孔板在幕墙中的应用

穿孔铝板可以作为建筑表皮覆盖装饰构件，在城市街道空间和建筑之间形成半透明的界面，可以统一立面效果，从而可以形成完整、有序的城市界面。孔型花样和颜色可以自由选择，根据不同风格及喜好选择不同的孔型或颜色。

金属装饰穿孔板是一种新型的装饰材料，其有着很强的装饰性，凭借它“透”的特性，会出现独特的光影虚实效果。其运用在建筑的外层，不同大小的孔洞实现肌理效果的变化，富有层次感，并且具有一定的透光性，像一层“面纱”，保证良好采光的同时又透露着些许神秘的氛围。这种金属面板结实稳固，是现代外墙装饰的一种较佳选择。

穿孔板多为不锈钢板、铝板、铁板、铜板等，由于材质的限制，所以基本是圆孔、方孔、三角孔等简单的几何图形。在现代生活中应用得非常广泛，运用在建筑上，穿孔板将材料与肌理控制得细致入微，通过大小不同的穿孔和疏密的变化，甚至可以呈现出具体图案的效果。穿孔铝板作为一种金属装饰材料，在凸显建筑物个性特征的同时，又很好地解决了玻璃幕墙所引起的光污染问题，体现出环保节能的优势。（图 10）

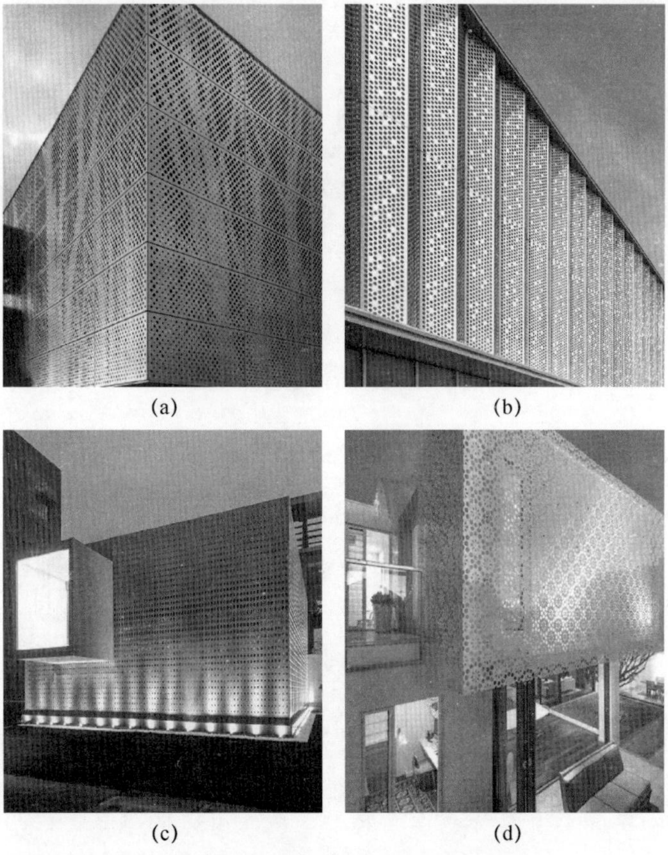

(a)　(b)　(c)　(d)

图 10　建筑外装饰穿孔板建筑图

(a) 平面不同孔径穿孔板；(b) 折面非均匀孔径穿孔板；(c) 较大尺寸穿孔板；(d) 肌理图案穿孔板

穿孔板虽然起着外装饰作用，但自身也起着承受风荷载，将荷载传递到主体结构的作用。下面将对穿孔板的风阻影响进行详细分析，以为穿孔板的设计提供相应的依据。

## 4.2 穿孔率对风阻影响

实例分析：上海某工程。地质粗糙类型为 C 类，抗震设防烈度为 7 度，抗震加速度为 0.10g，基本风压 0.55kPa，基本雪压 0.2kPa，准永久值系数 0.20，设计使用年限为 50 年，最高计算高度点 50m，风压标准值 1.8kPa，双层幕墙形式，内层为标准玻璃幕墙，外层由穿孔铝板作为装饰板构成，板厚 3mm，分格尺寸 0.5m×1m。采用三种情况进行分析：（1）无孔板孔；（2）穿孔板，孔直径 6mm；（3）穿孔板，孔直径 15mm。在相同的计算条件下，分别对三种情况进行分析计算。通过计算结果的对比，分析穿孔率大小与面板强度变化规律。计算软件采用 SAP2000 有限元软件进行分析。

### 4.2.1 穿孔板的受力分析

对于如何确定建筑立面上装饰条所受风压对应的体型系数取值，可以通过按规范或者风洞试验进行确定。不同位置及尺寸的装饰条，风压系数取值也均不相同。（图 11）

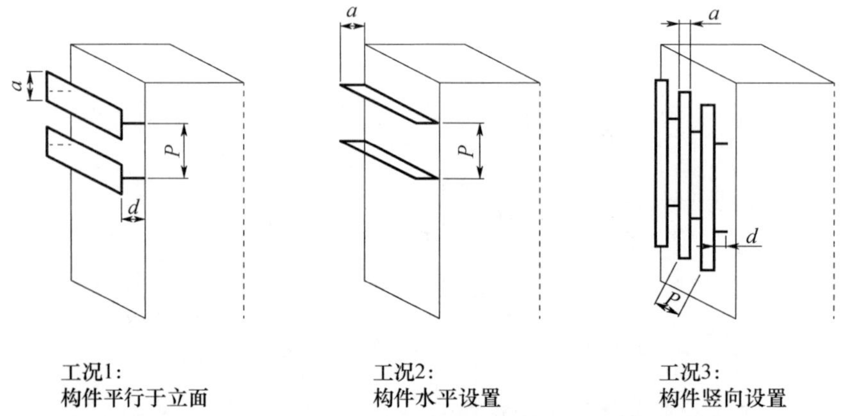


图 11 幕墙外装饰局部风压系数分布图

本文中，根据装饰板所在位置及形式，根据表 3 确定局部系数 $K$ 为 1.1，而临近区域墙体体型系数为 $U_{sl}$ 为 1.6，则由公式确定局部体型系数 $U_S$ 取值为 $K \times U_{sl} = 1.1 \times 1.6 = 1.76$，从而根据风荷载标准值公式，确定风压标准值为 1.8kPa。下文中穿孔板的计算过程中，所需的计算标准值均为 1.8kPa。(图 12)

**表 3　幕墙外装饰局部风压系数 K**

| 工况 | $K$ |
|---|---|
| | 取值区域 |
| 1 | 0.8～1.2 |
| 2 | 1.2～1.4 |
| 3 | 1.0～1.2 |

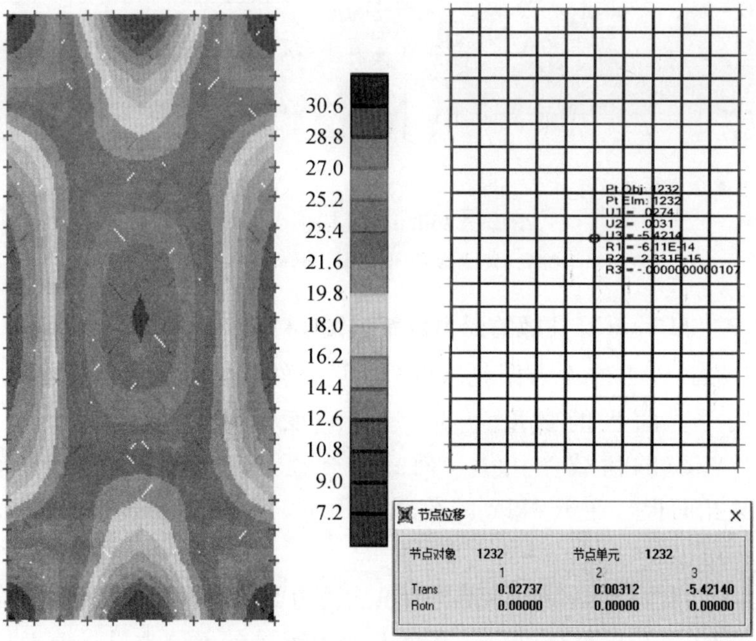


(a)　　(b)

图 12　无孔铝板受力图

(a) 无孔铝板强度值图；(b) 无孔铝板变形值图

#### 4.2.2 $\phi$6mm 穿孔板的受力分析（图 13）

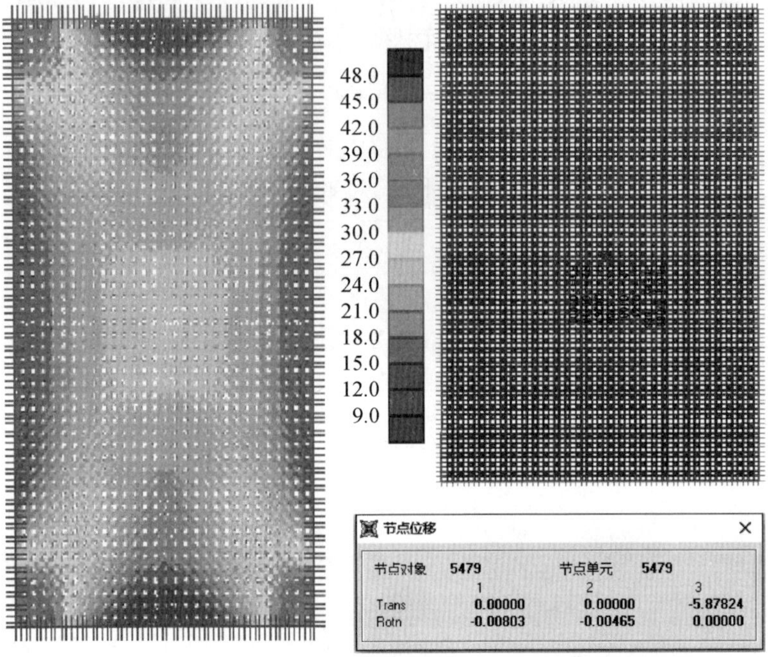


(a) (b)

图 13 $\phi$6mm 穿孔铝板受力图

（a）$\phi$6mm 穿孔铝板强度值图；（d）$\phi$6mm 穿孔铝板变形值图

#### 4.2.3 $\phi$15mm 穿孔板的受力分析（图 14）

通过采用 SAP2000 有限元软件分析后可知，实体无孔铝板在 1.8kPa 的荷载作用下，面板的强度为 30.6MPa，变形为 5.2mm。$\phi$6mm 穿孔面板，在 1.8kPa 的荷载作用下，面板的强度为 48MPa，变形为 5.87mm。$\phi$15mm 穿孔面板，在 1.8kPa 的荷载作用下，面板的强度为 63MPa，变形为 6.73mm。

通过上述数据可以看出，无孔板虽然受力面较大，风荷载 100%全部作用于面板，但由于板的整体性好，强度及变形满足其承载力设计值及挠度限值要求。当采用 $\phi$6mm 穿孔板时，风荷载部分作用于板面上，少量风压由孔穿出，由于孔径小，板的整体性高于大孔径的穿孔板，所以其强度及变形也满足规范要求。当采用 $\phi$15mm 穿孔板时，风荷载作用于面板上的面积有所减小，但强度和变形继续增大。由此可知，在相同条件下，孔径越大，孔间的

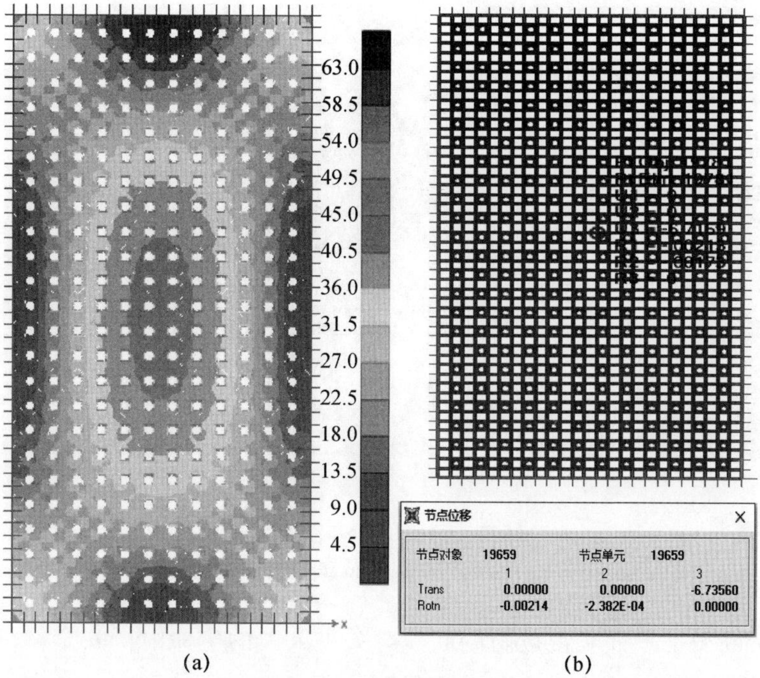


图 14　$\phi$15mm 穿孔铝板受力图

(a) $\phi$15mm 穿孔铝板强度值图；(b) $\phi$15mm 穿孔铝板变形值图

板面面积越小，板面的刚度降低，强度及变形均有所增加，虽然受力面有所减小，但板面的刚度和荷载的大小同时起着主控作用。因此，在设计穿孔板时，对穿孔大小要有适当考量，并非开孔越大越好。

## 5　抗疲劳设计在幕墙领域中的应用分析

材料构件在变动应力和应变的长期作用下，由于累积损伤而引起的断裂现象被称为疲劳破坏。金属材料在往复荷载作用下，即使在其应力远低于强度极限，甚至还低于屈服极限的情况下也会发生断裂破坏。一般疲劳破坏，要经历微裂纹初始形成、裂纹缓慢扩展和裂纹迅速扩展并断裂三个阶段。疲劳破坏时，不会产生明显的塑性变形，直接呈现突然的脆断。(图 15)

对疲劳破坏可能性来说，构件的应力集中、材料表面光洁度很差，有大量杂质、构件的应力储备不足、材料表面强度很低和荷载循环次数过多等不利因素，这些都是产生疲劳破坏的因素。

(a)

(b)

图 15　结构构件疲劳破坏图

(a) 钢材的疲劳破坏；(b) 叶片的疲劳破坏

疲劳断裂是一种非常危险的断裂，关乎人民的生命财产安全，在对风比较敏感的建筑外围护体系中，风荷载对幕墙产生如何的影响，本文中也查阅了国内外的规范，并列出了相关的规定。

BS5950 中第 2.4.3 条规定，由风荷载产生的应力变化可以不予考虑。在美标 ANSI/AISC360-05 中，第 9 条疲劳设计中规定，在常规建筑外抗风体系或外围护体系中，短期风荷载的影响不予考虑。

在我国国内，幕墙中的很多构件，在考虑疲劳作用下时，会采用试验的手段进行测试，以保证在施工及使用过程中的安全性。

虽然规范中没有要求考虑疲劳影响，但不意味着我们可以完全忽略其危害。从定义上讲，风荷载对围护体系产生脉动作用而非往复作用，这一现象与疲劳破坏的相关定义不符，但是对于长细比较大的构件，如格栅、装饰条、金属屋面板等风敏感的轻质构件来说，风的吹动，会使构件产生持续的振动。由于材料在生产制造过程中，不可避免地在结构的某些部位存在局部微小缺陷，如化学成分的偏析、非金属杂质；构件表面上的刻痕、凹凸、分层及制造时冲孔、剪边、毛边、裂纹而产生的应力集中，开口裂隙等问题，在持续的振动下，日积月累，最终会导致疲劳破坏，使结构构件失效。

另外，在连接方面，因在频繁的风荷载作用下，螺栓松动会导致预紧力下降，螺栓应力幅增大。根据公式可知，应力幅对疲劳损害的影响呈指数型增大，从而使螺栓寿命大大降低。当仅考虑疲劳作用时，计算所得的寿命是偏高的，这样可能会因不及时维修或更换螺栓而导致连接破坏，从而引发安全事故。因此，如果同时考虑疲劳和松弛的共同作用，应力时程分析会更加逼近实际情况，可得到更加安全的结果。研究表明，当松弛导致预紧力下降至55%时，我们应定量评估螺栓寿命，同时加大对螺栓的维修养护。这种应用在国内外的项目中，有很多很好的案例，也起到了很好的效果。

这两栋建筑设计理念来自阿拉伯国家抵挡强烈阳光的窗花 Mashrabiya 设计，整座建筑看起来像披上了一层鳞片一样，由三角组合的鳞片，会随着太阳的移动而调整开合。由于构件的不断开合，推拉装置会在往复荷载下进行不断的张拉和闭合动作，因此在设计过程中，也着重考虑了这种往复运动的影响。根据抗疲劳的要求，ADIC 雨伞支撑构件，包括 2100 根不锈钢推拉杆在内的所有不锈钢构件，最终都采用了整体铸造的方式进行连接，而非焊接的形式。通过这种全铸的方式，大大地降低了疲劳破坏的概率，保证了构件在设计使用年限内的安全使用。(图 16)

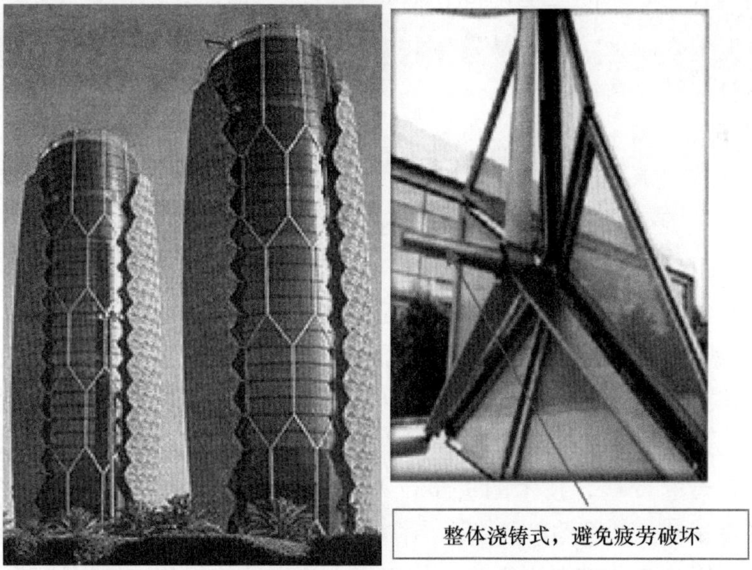


(a)　　(b)

图 16　阿联酋的阿布达比大楼带遮阳伞

(a) 阿布达比大楼实景图；(b) ADIC 雨伞支撑构件图

## 6 结语

建筑幕墙的外表材料随着科技的发展和建筑师的大胆创意，所用材质的选用范围越来越宽泛，玻璃面板及铝合金板、穿孔板通常被用来作为外立面装饰构件，其设计的安全性是整个设计过程中必须考虑的因素。

在常规的设计过程中，人们重点会关注结构的强度及刚度问题，但是随着板块的分格尺寸越来越大，样式越来越多样化，幕墙体系自身的基频如何，是否会发生共振破坏；对于穿孔板材，不同穿孔率对风阻的响应变化如何；在风荷载的作用下，对于薄弱位置的连接构件，是否会因风的频繁作用而产生疲劳破坏，这些问题在本文中均有所体现和探讨。

1. 点式玻璃，自身刚度较低，连接薄弱，在轻微外力作用下容易发生振动。由于自振频率越低，越容易发生共振现象，导致结构发生破坏，因此，确定面板自身的振动频率是动力分析的关键，也是保障安全的手段。对于点式玻璃，影响自振频率的主要因素是面板的尺寸，即面板的固定间距，孔间距越大，自振频率越低，越容易发生共振现象，导致构件破坏脱落，因此确定构件的自身基频非常重要。

2. 穿孔板的穿孔率不同，板面所受到的风阻和自身刚度都发生了衰减，在相同条件下，不同的穿孔率，其面板强度及变形都发生了变化。穿孔板不可一味追求美观效果，也要考虑自身刚度的影响，由于穿孔率越大，孔间距及板面刚度也随之减小，风阻也递减，可知面板的强度及变形由荷载及刚度大的因素起绝对作用，并无绝对性的变化规律。

3. 在规范中，疲劳作用对构件的影响并无明确规定，但也不可忽略其影响，应对连接件及构件连接部位进行局部的加强，同时强化防脱落措施，以防止持续的振动对连接板及构件产生破坏而导致掉落。

随着幕墙的发展、技术的进步，人们对幕墙体系的研究也越来越深入，不仅要考虑规范规定的相关要求，对于其他方面，如构件的抗疲劳性、穿孔面板的风阻影响变化都要进行深入的探索，这样才能促使幕墙行业健康发展。

## 参考文献

[1] Specification for structural steel buildings：ANSI/AISC360-05 [S] . 2005.
[2] Structural use of steelwork in building：BS5950-1：2000 [S] . 2000.

[3] 卫星，汪蓉蓉，温宗意，等. 高铁声屏障连接螺栓松弛对疲劳寿命的影响 [J]. 西南交通大学学报，2021 (08).
[4] 北京金土木软件技术有限公司，中国建筑标准设计研究院. SAP2000 中文版使用指南（第二版）[M]. 北京：人民交通出版社，2012.
[5] 上海市建筑建材业市场管理总站. 建筑幕墙工程技术标准 [M]. 上海：同济大学出版社，2019.
[6] 龚曙光. ANSYS 工程应用实例解析 [M]. 北京：机械工业出版社，2003.

# 双层索结构支承在玻璃幕墙中的应用分析

◎ 王德勤

北京德宏幕墙工程技术科研中心　北京　100062

**摘　要**　本文主要介绍了在我国首次采用的五跨竖向连续受力拉索结构体系的预应力施加、控制和检测，以及曲面幕墙的空间定位、安装精度控制等。回顾深圳市少年宫弧形索结构玻璃幕墙在二十年前设计与施工时总结的经验，介绍了一种经过多年实际使用且安全可靠的玻璃幕墙支承体系的索桁架形式——“鱼尾式索桁架”的工作状态及设计与安装。

**关键词**　预应力索桁架；鱼尾式索桁架；预应力超张拉；配重检测

## 1　引言

2020 年 10 月，我有机会去了一趟正在开放营运中的“深圳市少年宫”。我被那里丰富多彩的活动和小朋友们井然有序的秩序所打动。我这个年龄的人对儿童有着一种特殊的亲切感，我对这栋玻璃建筑有着深刻的印象。深圳市少年宫弧形索结构玻璃幕墙效果图如图 1 所示。

深圳市少年宫位于深圳市福田中心区，建筑面积 5.29 万 $m^2$，工程由少年山、科学山和水晶石大厅组成。水晶石大厅在整个建筑中部，外形为直径 50m，高 30m 的弧形玻璃幕墙。其主要支承结构是由 $\phi$18mm 不锈钢绞线经预张拉形成的双层索系索桁架。这个项目建成于 2001 年 11 月并投入使用。

随着空间索结构设计与施工技术的发展，许多新思想、新技术、新材料和新工艺被开发出来，并成功应用到建筑外围护的设计和建造上，从而使建筑幕墙、玻璃采光顶以及由建筑玻璃为载体的各种大型，有着强烈艺术感染力的造型体，在近年来获得飞速的发展。这些技术给建筑师们提供了有技术含量的艺术表现手段，在建筑艺术的塑造上得到了广泛的应用。

图 1　深圳市少年宫弧形索结构玻璃幕墙效果图

作为不断发展中的前沿建筑技术，索结构是一种较活跃的结构类型。工程师们充分发挥钢材抗拉性能好的特性，利用对钢索的各种布设形式来适应透明玻璃幕墙的造型。

点支式玻璃连接技术，因安全可靠的连接构造早已广泛应用于各类建筑之中。已从刚架、桁架、网架、玻璃肋等刚性支承体系，发展到基于预应力张拉技术的柔性支承体系。柔性结构体系与点支式玻璃结合使用，将二者轻盈、通透的共性发挥到极致，使建筑内外空间自然和谐地融为一体。

我站在水晶石大厅的中央，仰视着由不锈钢索组成的银色结构，支撑着弧形玻璃幕墙和采光顶（图 2），不时地想起在 20 年前我在设计和组织施工这个建筑时的场景，深为感动。

深圳市少年宫建成于 2001 年的 11 月，到今天已经有 20 年了，但无论是从建筑设计、结构造型，还是幕墙的节点形式、工作状态都表现得非常良好，一直都是深圳青少年重要的活动基地。

在现场，我对当年亲自重点测试监控的那几根不锈钢索进行了简单的测试，感到工作状态很好，安全度很高。当年在设计和施工过程中的很多担心是有必要的，迫使我们做了很多细致的工作。今天看来，这些工作都是切实可行的。我还清楚地记得，为了保证这种索结构形式在每一支承段内力均衡，研究了很多方法。最后确定了预应力超张拉的施工方案和配重检测法，为后来索结构玻璃幕墙在国内的广泛应用打下了基础。

这个项目是我在国内最先探索使用了鱼尾式双层索系作为玻璃幕墙的支承结构，并总结了一整套设计与施工技术。我看着玻璃幕墙在经历了 20 年的风雨考验后，仍有着良好的工作状态，真的深感骄傲和自豪。在回看我当年的设计和施工总结时，我觉得有必要将这个项目的一些关键技术再一次介绍出来，给今天的幕墙设计师们一点启发。

图 2　深圳市少年宫弧形索结构玻璃幕墙照片

## 2　预应力索结构的设计

在 20 年前对于这样的项目是没有任何资料可以借鉴的，当时建筑师给的是外立面效果图和钢结构布置图，幕墙的支承体系由我们自行设计。我利用了钢结构的环形梁，布置了双层索系索桁架，以此作为弧形玻璃幕墙的支承结构。

在设计初期布置的是鱼腹式索桁架，但是感觉到矢高有些大，这样会造成腹杆很长，影响视觉效果。经过优化后，将索桁架的前后受力索在中部并拢，形成了一种全新的双层索系支承形式。我们经过对这种索系的 1∶1 实体静力试验和测试确定了方案是可行。由于体型轻盈、造型美观，得到了建筑师的高度赞扬。

由于这样新颖的双层索桁架样式的两端索形像鱼的尾部，所以我们称之为“鱼尾式索桁架”，正好和“鱼腹式索桁架”相对应。深圳市少年宫这个项目就是在国内采用“鱼尾式索桁架”支承的点支式玻璃幕墙的第一个项目。

这个项目的建成也标志着索结构支承玻璃幕墙逐步走向成熟。（图 3 和图 4）

图 3　水晶石大厅鱼尾式索桁架结构玻璃幕墙

图 4　全玻璃采光顶与立面玻璃幕墙

## 2.1　预应力索桁架结构形状与布设

水晶石大厅的圆柱形玻璃幕墙，是由多片曲面玻璃组成，这就要求每个支承点有极高的尺寸精度，每片玻璃的形状和尺寸误差要控制在很小的范围内，施工中尺度精度能否达到设计要求是整个施工成败的关键。

预应力悬索桁架属柔性结构，其支撑刚度是通过预应力的施工而形成的，在索桁架形状确定后，其支承刚度的大小和每榀索桁架的刚度是否一致都取决于施加预应力值和预应力是否均衡。索桁架的空间定位和均衡施加预应力是保证玻璃安装精度和受力平衡的关键工序，是本工程的施工难点。

2.1.1　由于本工程为少年宫，是青少年的活动园地，在索桁架结构形状确定时考虑到结构的形体语言要与建筑主题相适应，选用了具有蓬勃向上为内涵的 Y 形多跨竖向连续受力拉索结构体系，这种结构形式在我国首次被使用在幕墙结构上，如图 5 和图 6 所示。

后受力索 A-A′、前受力索 B-B′、承重索 B-B′都是整根连续索，通过悬空腹杆和固定撑杆上的连接夹块固定钢索形成索桁架结构形状，其中，A′和 B′为固定端，A 和 B 为调整端。

## 2.2　预应力钢索的选用

钢索直径的选定除考虑到能承受 50 年一遇的最大荷载和边缘结构对其影响外；同时考虑到视觉感受及心理因素。本工程的主受力索（前受力索和后受力索）和承重索都选用 1×37，直径为 $\phi$18mm 的不锈钢钢绞线。其最小破断力为 191kN，弹性模量 $E=1.45\times105\mathrm{N/mm^2}$，悬空杆和撑杆及驳接系统均选用 1Cr18Ni9 奥氏体不锈钢。玻璃采用深圳三鑫公司生产的 2442mm×1988mm 的拱高为 30mm 的 10FT＋2.28PVB＋10FT 透明圆弧形曲面弯钢化夹胶玻璃，其透光率为 76% 。（在这里说明一下：在当时中空玻璃还没有大面积推广。为了实现建筑师的高通透、内外呼应的要求，我们选用了夹胶弯钢化玻璃作为水晶石大厅玻璃幕墙的主要材料。）

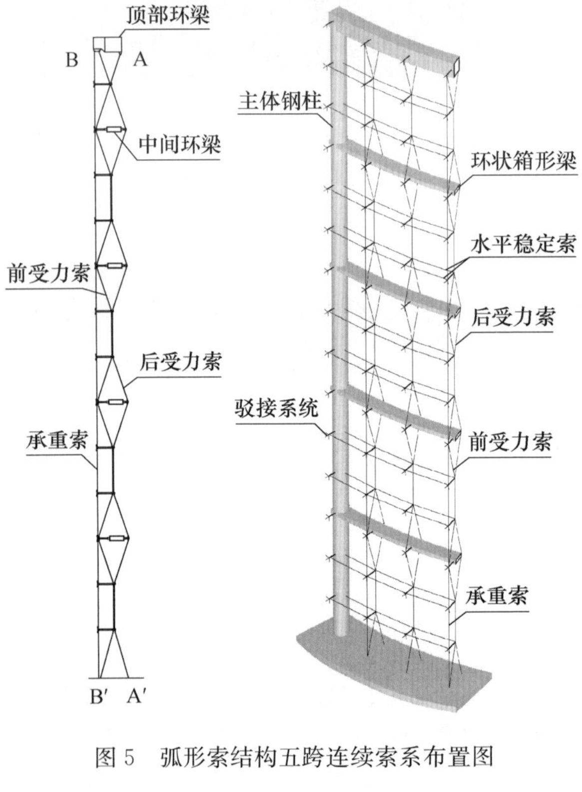


图 5　弧形索结构五跨连续索系布置图

图 6　弧形玻璃幕墙索结构

## 2.3　索桁架预应力值的确定

索桁架预应力值的设定和预应力平衡的施工方案决定着本工程的成败。水晶石大厅的索桁架支撑体系，是由 90 条 $\phi$18mm 的竖向前后受力索、63 条 $\phi$18mm 的垂直承重索和 756 条 $\phi$10mm 的水平稳定索组成，最大高度为 27900mm。竖向前后受力索的预应力值设定考虑的因素有：受最大荷载作用时反向索内力大于零的应力、温度变化应力、保持索桁架刚度的应力（剩余张力)、保持索桁架刚度（50 年）的松弛应力。经 SAP8450 和 ANSYS5.4 电算软件进行平面和空间整体计算确定：在合拢温度在 20～25℃时，前后受力索预拉力 $P_1$＝29kN，垂直承重索的预拉力值 $P_2$＝33kN。（在这里说明一下：在 20 年前能利用有限元软件进行受力分析和安全度的分析，已经是很先进了，是最前沿的技术）（图 7 和图 8）

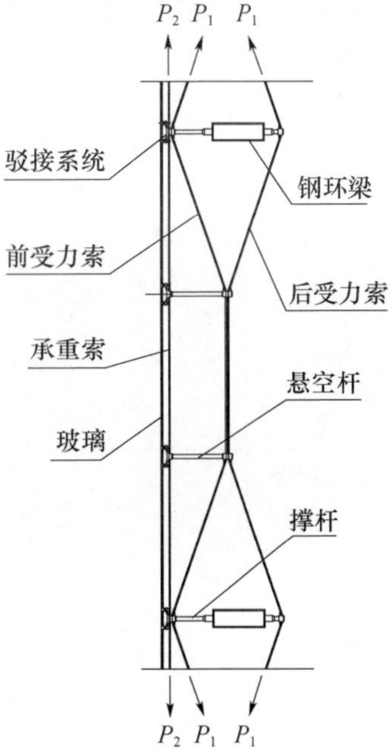

图 7　索桁架预应力分布简图

图 8　索桁架支承玻璃幕墙实体照片

## 3　主要施工安装技术

测量放线空间定位→尺寸精度控制单元的确定→连接耳板固定撑杆安装→前后受力索安装调整→承重索安装调整→索内力检测调整定位→水平索安装定位→驳接系统安装→玻璃安装→调整打胶收口→交验。

这一整套安装顺序今天看来都是索结构玻璃幕墙安装的常规做法。而在当时确实经过了各种情况的分析和步骤推演才确定下来的，为后来在索结构玻璃幕墙施工安装工艺的编写提供了依据。

## 3.1 空间尺寸定位

由于本工程是曲面点驳接幕墙玻璃，靠边缘的四个孔通过驳接系统与索桁架连接，这就对预应力索桁架的安装尺寸精度有着极高的要求，按可调整度确定索桁架上的每个支承定位点误差必须控制在±1.5mm 以内，因此我们采用了三维空间坐标定位的方法。对每一个支承点进行尺寸精度控制，同时设定尺寸控制单元和观测点，防止误差积累，对整体圆弧面进行几何尺寸控制（图 9 和图 10）。每一个尺寸控制单元水平和竖向误差控制在±3mm 以内，对角线误差控制在±5mm 以内。

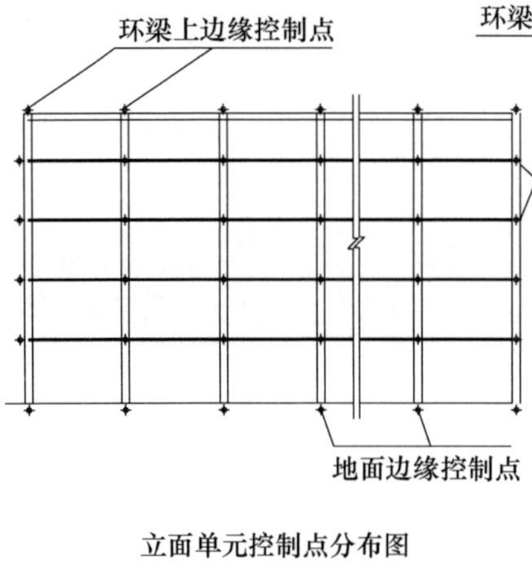


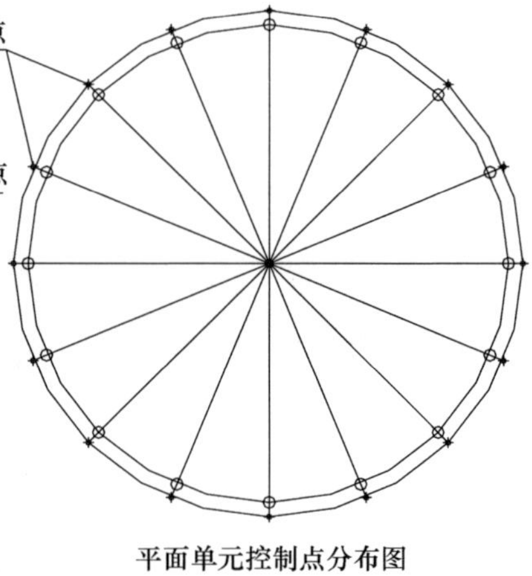


图 9 索桁架支承玻璃幕墙单元控制点分布图

图 10 索桁架支承玻璃幕墙及玻璃采光顶照片

## 3.2 施加预应力

在每榀索桁架内，前受力索和后受力索的预应力值误差要控制在 1.5kN 以内。各榀索桁架中钢索预应力值误差控制在 2.5kN 以内。

### 3.2.1 在国内首次创新采用了超张拉技术达到内力平衡

在索杆布置的初期，我们是将每一个受力跨作为一段索进行分布的。这样就出现了在环形梁的上下都有固定节点，影响视觉效果。同时，在施加预应力时也会由于上下相邻的两跨之间内力不同，对于环形梁会产生一定的附加应力，会影响其稳定性。经过细致的模拟分析和试验，最终确定了采取一根通长的钢索，从下到上整体受力。在环形梁的节点处，采用可滑移的节点设计，使其每跨索结构的内应力保持一致。

竖向受力索桁架是采用整条索通过固定支点形成的多榀桁架。在预拉力施加时只能在一端进行，当预拉力通过固定支点时，因摩擦阻力等因素造成的内力损失，经试验证明每通过一个固定支点其内力损失为 10%左右，会出现内力不平衡的现象，为消除此现象，我们采用了超张拉的方法。

在施加预拉力时根据单根索所通过的固定支点的数量按损失的内力值来确定超张拉力。经 12 小时持荷后将超张拉力松弛到设定的预拉力值后达到内力平衡。

### 3.2.2 预拉力张拉步骤

首先安装垂直承重索并将预应力值一次施加到位，然后安装受力索。前后受力索必须同时在一端张拉，分四步进行：①在张拉索布设结束后先进行第一级张拉，按总预拉力值的 20%控制拉力。②经调整达到内力基本平衡，空间定位基本到位后进行第二级张拉，按总预拉力值的 80%控制拉力。当拉力到位后粗调悬空杆的位置并保持拉力 48h 再进行定位尺寸调整。③当内力稳定后测量每榀桁架的内力损失情况，确定超张拉值进行超张拉，并持荷 12h。④当超张拉内力稳定后将内力放松至 100%的预拉力控制值，经测量调整后使每一榀索桁架的内力均达到预张拉值后将节点固定锁紧并与垂直承重索连接锁紧（图 11 和图 12）。

## 3.3 索桁架检测

经预张拉后的索桁架要按尺寸控制单元进行全面的尺寸精度检测，确保安装节点的精度。索内预拉力值的检测使用索内力测定仪进行 100%检测，并记录在案，同时进行跟踪测量。为确保在玻璃安装后的桁架变形量满足设计要求，必须在配重检测的玻璃安装前进行。配重的质量按玻璃自重的 1.2～1.3 倍。观察支承结构系统的工作性能和抗变形能力。（这里提到的配重检测，也是后来为索结构玻璃幕墙安装工艺的确定提供的第一手资料。）

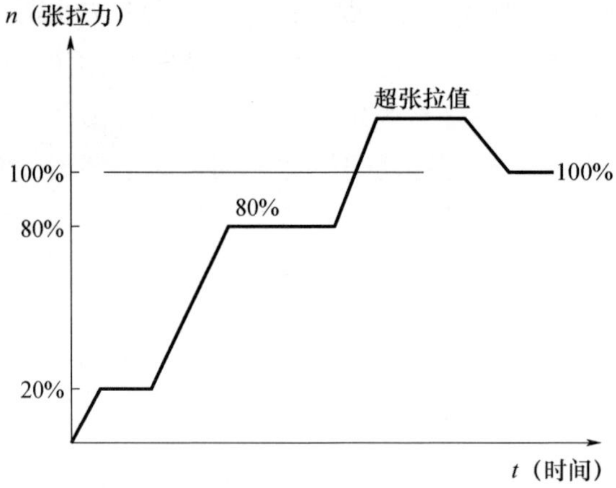


图 11　预应力超张拉梯度坐标图

图 12　预应力超张拉形成的索桁架现场照片

## 3.4 曲面玻璃的质量控制与安装

曲面玻璃的弯曲尺寸必须按模板进行弯钢化玻璃成型检查，与标准弧线吻合度±2.5mm，弦长尺寸公差为±2mm。水平孔位和竖向孔位的尺寸公差为±0.5mm。

弯钢化玻璃必须进行100%的均质处理（引爆处理）以降低钢化玻璃的自爆率，保证玻璃幕墙的使用安全性能。

玻璃安装的原则是先上后下、先中部后边缘，采取边安装边调整的办法，待全部玻璃安装后进行整体调整，达到设计要求后进行打胶收口处理。

深圳市少年宫弧形索结构玻璃幕墙外景照片如图13所示。

图13 深圳市少年宫弧形索结构玻璃幕墙外景照片

# 4 结语

近年来，由于建筑技术的发展和建筑形式的多样化、个性化，促使各种新技术、新工艺、新材料在建筑外围护结构上得到广泛应用。特别是作为不断发展中的前沿建筑结构技术——索结构，是一种较活跃的结构类型。对于建筑师和幕墙工程师来说，索结构支承体系的外围护结构已经成为常见的形式。对于幕墙行业来说对此类幕墙的设计与施工技术也已日趋成熟。但是，新的支承结构体系还将不断出现，仍需要我们去总结新的技术。

值得一提的是，由于当年对该项目的设计到施工各方面的探索和总结，形成了一整套技术资料，为我在后来编写国家标准时提供了第一手技术资料和数据。

本文中所介绍的内容和设计方案都是我在当年方案设计和工程实践中的一点经验总结，如果能给建筑外围护体系设计的同行们提供一些有益的启发也就深感欣慰了。

## 参考文献

[1] 中华人民共和国住房和城乡建设部．索结构技术规程：JGJ 257—2012［S］．北京：中国建筑工业出版社，2012.

## 作者简介

王德勤（Wang Deqin），男，1958年4月生，教授级高工，北京德宏幕墙技术科研中心主任、研究生导师、中国钢铁工业协会空间结构分会索结构专家、中国建筑装饰协会专家、中国建筑金属结构协会专家，是十八项国家专利发明人。

研究方向：建筑幕墙。

# 某工程单层索网幕墙的风振响应分析

◎ 陈　钢　花定兴

深圳市三鑫科技发展有限公司　广东深圳　518057

**摘　要**　拉索幕墙是风敏感结构，特别是单层索网和单拉索支承结构刚度小，自振频率低，对风荷载十分敏感。形状较简单的中小跨度索结构，结构的风动力效应可采用平均风荷载乘以风振系数的方法近似考虑。跨度大于 25m 的平面索网结构或跨度大于 60m 的索桁架结构需要通过风振响应分析确定风动力效应。本文对某工程项目中的单层索网进行风振响应分析，利用 SAP2000 建立有限元模型，将模拟出的风荷载施加到拉索的各个节点上，进行风振响应分析。

**关键词**　单层索网；风振响应分析；风振系数；时域分析法

## 1　引言

单层索网玻璃幕墙具有简洁、通透的特点，广泛运用于大堂、展馆和机场等建筑工程中，满足建筑师对通透性的要求。单层索网具有刚度小、质量轻、自振频率低等特点，因此索网结构对风荷载的作用非常敏感，易产生风振响应。因此在《索结构技术规程》（JGJ 257—2012）中规定：跨度大于 25m 的平面索网结构或跨度大于 60m 的索桁架结构，索结构的基本自振周期大于 1.0s，体型复杂且较为重要的结构，这三类应通过风振响应分析确定风动力效应。

结构风振响应分析方法主要有频域分析法和时域分析法。其中频域分析法就是利用傅里叶变换将风荷载变换为一系列的简谐荷载，最后再将结构在每个简谐荷载下的响应叠加起来得到结构的总响应。这种方法的缺点是不能考虑结构的非线性，计算结果不够精确。时域分析法则是直接运用风洞试验的风压时程或数值模拟时的风压时程作用于计算模型上，通过在时间域内直接求解运动方程得到结构的响应，能够考虑到结构的非线性影响，对于索网结构这种非线性柔性结构有一定的优越性。本文通过四方城的拉索幕墙工程实例，采用时程分析法，运用数值模拟获得风速时程，利用有限元软件 SAP2000 建模，将模拟出的风荷载施加到拉索结构的各个节点上，进行风振响应分析。

## 2 工程概况

某工程位于上海市浦东新区前滩板块，钱家滩路以南、耀龙路以西、海阳路以北、江泳路以东，地上部分建筑物的使用功能为商业、办公，最大建筑幕墙标高为 49.8m，建筑效果图如图 1 所示。拉索幕墙位于两栋塔楼之间，为单层索网结构，如图 2 所示。竖索直径 60mm，预拉力 500kN，跨度 27m，间距 2900mm，顶部连接到主体大钢梁上，底部连接到首层混凝土梁上；横索直径 20mm，预拉力 20kN，跨度 23.5m，间距 4500mm，两端连接到两栋塔楼的楼层梁上，图 3 为平面索网布置图。主体结构的刚度足够大，忽略拉索支座位置主体结构的变形，所以计算时未考虑主体结构变形对索网的影响，假定索网四周的支座都是固定铰支座。

图 1　建筑效果图

图 2　拉索幕墙室内侧效果图

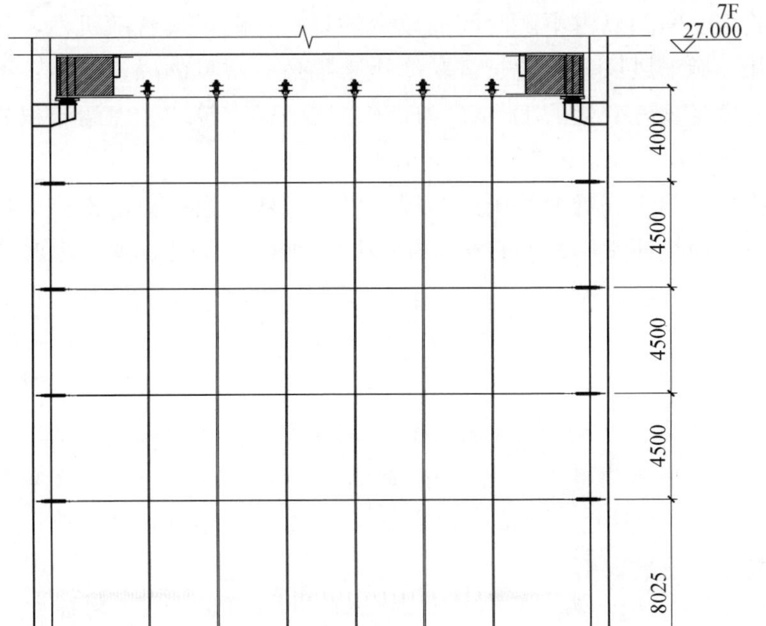


图 3　平面索网布置图

# 3 单层索网风振响应分析

## 3.1 时程分析法

时程分析法的主要步骤为：（1）通过风洞试验或数值模拟来确定风荷载时程；（2）确定结构的质量 $M$、阻尼系数 $C$、刚度 $K$ 等参数，建立有限元模型；（3）将风荷载时程作为外荷载时程作用到有限元模型上；（4）采用瞬态分析方法得出结构的动力响应，从而得到风振系数。

## 3.2 风荷载的模拟

当没有风洞试验数据时，可利用数值模拟来获得风荷载时程。风荷载本质上是一种随时间波动的动力荷载，常把风荷载分为平均风和脉动风。平均风是在给定时间间隔内不随时间而改变的量。脉动风具有随机性，随时间和空间变化。脉动风风速可通过其功率谱来描述。常见的风速谱有：不考虑湍流积分尺度随高度变化的 DaveNport 谱、Harris 谱等；考虑湍流积分尺度随高度变化的 VonKarman 谱、Simiu 谱等。

结构风振响应分析中的风速时程可以通过数值模拟方法得到。相关节点的风速时程曲线通常用自回归法（AR 法）、谐波叠加法、逆傅里叶变换法和小波分析法等方法来模拟。AR 法是一种高效的模拟具有时间相关性和空间相关性的相关节点风速时程方法，具有模拟精确、计算速度快、计算稳定等特点，广泛地应用于实际工程中。本文采用由陈学伟等公开的风时程生成程序，输入相关参数生成脉动风速时程。该小程序就是采用自回归法 AR 模拟脉动风速时程，其中风速谱采用 DavenPort 谱。上海地区 50 年一遇基本风压为 0.55kN/m$^2$，C 类地面粗糙度，地貌指数 $\alpha$=0.22，拉索幕墙位于两栋塔楼之间，局部体型系数取 1.2。

通过 AR 法计算可得到空间点的模拟总风速时程，然后乘以空间点的受风面积和受风面体型系数，可以得到风压时程。风时程生成程序将生成 SAP2000 的时程动力分析代码导入 SAP2000 中进一步进行风振时程分析，图 4 显示了多个节点的脉动风速时程图。

由文献［7］可知，模拟风速谱与目标谱基本吻合，如图 5 所示，虽然在低频率段有所偏离，但是在结构自振频率附近相当吻合，这表明采用 AR 法模拟的脉动风速时程是合理有效的。

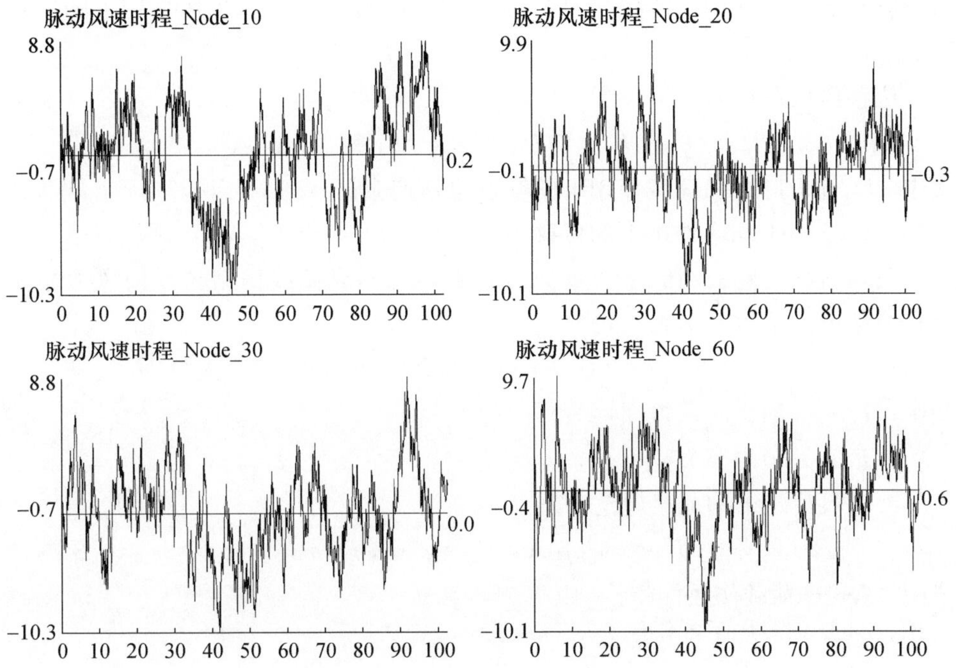


图 4　空间点的脉动风速时程图

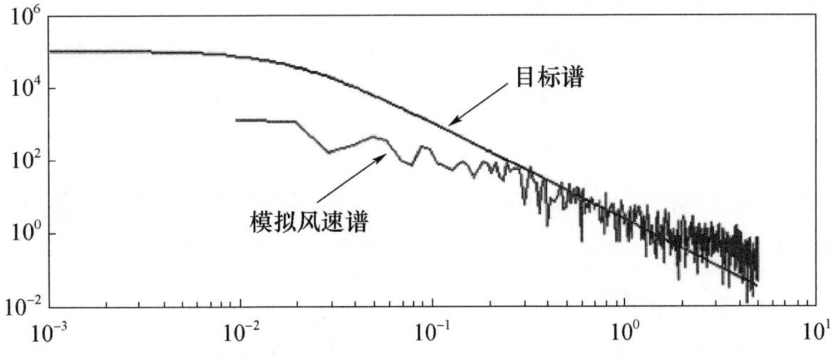


图 5　模拟风速谱与目标谱的比较

## 3.3　风振系数计算

风振系数包括荷载风振系数和位移风振系数。关于单层平面索网结构风振响应的非线性特性研究已表明，索网第一阶模态在所有模态中占较大比重，因此可以采用基于响应的位移风振系数。结构在风荷载作用下的峰值响应

$U_{max}$与平均风作用下的静位移$U_s$之比就是位移风振系数。风荷载作用下的峰值响应$U_{max}$等于脉动风荷载作用下的峰值位移响应$U_d$与平均风作用下的位移$U_s$之和。

位移风振系数为

$$\beta=U_{max}/U_s=(U_d+U_s)/U_s=1+U_d/U_s$$

式中 $U_d$——脉动风荷载作用下的峰值位移响应；

$U_s$——平均风作用下的位移。

我国荷载规范采用的是荷载风振系数，总的风荷载作用与平均风力之比就是荷载风振系数，其表达式为

$$\beta=(F_d+F_s)/F_s=1+F_d/F_s$$

式中 $F_d$——第1阶风振惯性力峰值；

$F_s$——平均风力，

参考《建筑结构荷载规范》有

$$F_s=w_0\mu_s\mu_zA,\ F_d=g(2\pi f)^2m\sigma_q$$

式中 $A$——荷载作用面积；

$g$——峰值因子，取2.5；

$f$——第1阶自振频率；

$m$——对应的质量；

$\sigma_q$——第1阶位移均方根。

拉索的非线性表现为变形越大其刚度越大，所以荷载和变形不是线性关系。拉索的荷载-位移曲线如图6所示，设荷载$F$作用下的位移为$d$，则$2F$作用下的位移为$k\times d$，其中$k<2$。所以在计算位移风振系数时如果用总位移响应除以平均风作用下的静位移，得到的值是小于实际风振系数的，应该是按$1+(U_d/U_s)$计算。

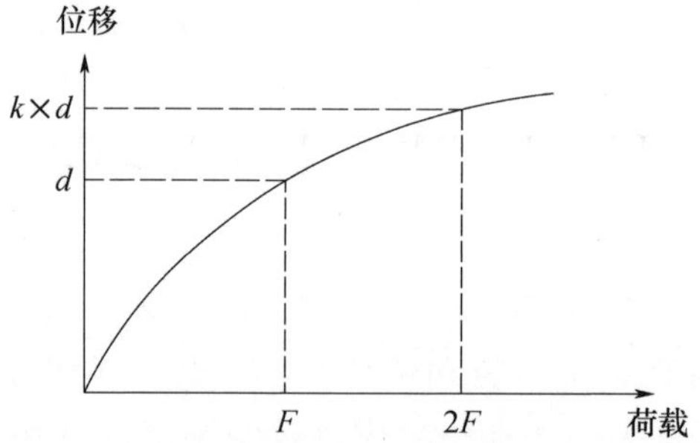


图6 拉索的荷载-位移曲线

采用有限元软件SAP2000建立计算模型，拉索选用索单元，竖索直径为60mm，预拉力为500kN，横索直径为20mm，预拉力为20kN，不考虑主体结构的变形，索网四周的支座均为固定铰支座。荷载加载到各个节点上。脉动风荷载和平均风荷载分别加载。脉动风荷载由上述数值模拟所得的风压时程进行加载。平均风根据荷载规范不考虑风振系数计算得到：基本风压取0.55kN/m$^2$，C类地面粗糙度，30m标高处的风压高度变化系数取0.88，风荷载局部体型系数取1.2，连乘得到平均风荷载为0.58kN/m$^2$，再乘以每个节点的受荷面积得到集中力，把集中力加载到计算模型中进行计算。

平面索网节点较多，提取侧边和中间两个拉索上的几个典型节点进行分析，所提取节点分布如图7所示。表1列出各典型节点的位移风振系数、荷载风振系数及按荷载规范计算的阵风系数。

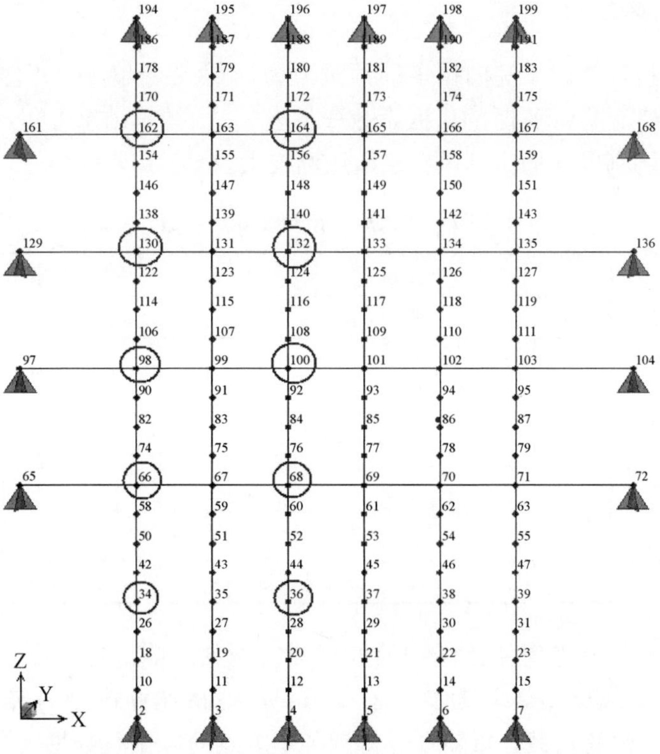


图7　平面索网有限元模型及节点编号

**表 1　典型节点位移风振系数、荷载风振系数及阵风系数**

| 竖索编号 | 竖索 1 | | | | | 竖索 2 | | | | |
|---|---|---|---|---|---|---|---|---|---|---|
| 节点编号 | 34 | 66 | 98 | 130 | 162 | 36 | 68 | 100 | 132 | 164 |
| 位移风振系数 | 1.83 | 1.83 | 1.83 | 1.82 | 1.81 | 1.99 | 1.97 | 1.95 | 1.92 | 1.87 |
| 荷载风振系数 | 1.52 | 1.78 | 1.79 | 1.68 | 1.45 | 1.65 | 2.03 | 2.01 | 1.88 | 1.54 |
| 阵风系数 | 2.05 | 2.05 | 2.05 | 2.01 | 1.96 | 2.05 | 2.05 | 2.05 | 2.01 | 1.96 |

由上述计算数据可知，边部拉索的风振系数较小，拉索跨中的风振系数最大，其原因是横索对边部的拉索帮助更大，其刚度较大，对应的风振效应就较小。荷载风振系数各个点的变化较大，位移风振系数相对稳定，位移风振系数和荷载风振系数的均方根基本一致，工程中可以用位移风振系数计算风荷载。以下分析仅考虑位移风振系数。

## 3.4　进一步分析计算

以上分析仅考虑了竖向拉索的预拉力为 500kN 的情况，当竖索的预拉力分别为 300kN、100kN 时的风振系数详见表 2。由计算结果可知，随着预拉力的减小，索网刚度变弱，其风振系数逐渐变大。

**表 2　节点风振系数及阵风系数**

| 竖索编号 | 竖索 1 | | | | | 竖索 2 | | | | |
|---|---|---|---|---|---|---|---|---|---|---|
| 节点编号 | 34 | 66 | 98 | 130 | 162 | 36 | 68 | 100 | 132 | 164 |
| 预拉力 500kN 风振系数 | 1.83 | 1.83 | 1.83 | 1.82 | 1.81 | 1.99 | 1.97 | 1.95 | 1.92 | 1.87 |
| 预拉力 300kN 风振系数 | 1.86 | 1.86 | 1.86 | 1.84 | 1.83 | 1.99 | 1.97 | 1.95 | 1.92 | 1.87 |
| 预拉力 100kN 风振系数 | 1.97 | 1.98 | 1.98 | 1.96 | 1.92 | 2.06 | 2.07 | 2.05 | 2.01 | 1.95 |
| 阵风系数 | 2.05 | 2.05 | 2.05 | 2.01 | 1.96 | 2.05 | 2.05 | 2.05 | 2.01 | 1.96 |

以上分析没有考虑主体结构的变形对索网的影响。进一步分析，考虑顶部钢梁在风荷载作用下竖向变形有 20mm，则在计算模型的竖索顶部施加 20mm 的竖向位移荷载，重新计算得到各个节点的风振系数见表 3。此工况下索网的第一自振周期 $T$=3.22s，而预拉力 100kN 时索网的第一自振周期 $T$=3.25s，两种工况的自振周期相近，通过表 2 和表 3 的相应数据比较可知其风振系数也基本一致。

**表 3　节点风振系数及阵风系数**

| 竖索编号 | 竖索 1 | | | | | 竖索 2 | | | | |
|---|---|---|---|---|---|---|---|---|---|---|
| 节点编号 | 34 | 66 | 98 | 130 | 162 | 36 | 68 | 100 | 132 | 164 |
| 固定约束风振系数 | 1.83 | 1.83 | 1.83 | 1.82 | 1.81 | 1.99 | 1.97 | 1.95 | 1.92 | 1.87 |
| 20mm 竖向位移风振系数 | 1.96 | 1.97 | 1.98 | 1.96 | 1.92 | 2.06 | 2.06 | 2.05 | 2.01 | 1.95 |
| 阵风系数 | 2.05 | 2.05 | 2.05 | 2.01 | 1.96 | 2.05 | 2.05 | 2.05 | 2.01 | 1.96 |

横索直径改为 60mm，预拉力取 500kN，竖索还是直径 60mm，预拉力取 500kN，计算风振系数如表 4 所示。由计算结果可知，横索加大直径和预应力，使得整个索网的刚度有所提高，风振系数比原来横索直径为 20mm 时的数值为小。

**表 4　节点风振系数**

| 竖索编号 | 竖索 1 | | | | | 竖索 2 | | | | |
|---|---|---|---|---|---|---|---|---|---|---|
| 节点编号 | 34 | 66 | 98 | 130 | 162 | 36 | 68 | 100 | 132 | 164 |
| 横索直径 60mm 风振系数 | 1.80 | 1.82 | 1.81 | 1.80 | 1.77 | 1.92 | 1.88 | 1.85 | 1.83 | 1.79 |
| 横索直径 20mm 风振系数 | 1.83 | 1.83 | 1.83 | 1.82 | 1.81 | 1.99 | 1.97 | 1.95 | 1.92 | 1.87 |

表 5 对以上计算结果进一步汇总比较，可知索网的第一自振周期越小，风振系数也对应减小。本工程索网的跨度为 27m，与索结构技术规程规定的 25m 相差不大，当不考虑主体位移时，自振周期为 1.5s，风振系数可取 1.9；当考虑主体竖向位移 20mm 时，索网自振周期 3.2s，风振系数应取 2.0。

**表 5　各索网的风振系数**

| 竖索直径（mm） | 竖索预拉力（kN） | 横索直径（mm） | 横索预拉力（kN） | 顶部支座竖向位移（mm） | 第一自振周期（s） | 边部竖索风振系数均方根 | 中部竖索风振系数均方根 |
|---|---|---|---|---|---|---|---|
| 60 | 500 | 60 | 500 | 0 | 1.21 | 1.80 | 1.84 |
| 60 | 500 | 20 | 20 | 0 | 1.54 | 1.82 | 1.93 |
| 60 | 300 | 20 | 20 | 0 | 1.97 | 1.85 | 1.93 |
| 60 | 100 | 20 | 20 | 0 | 3.25 | 1.96 | 2.02 |
| 60 | 500 | 20 | 20 | 20 | 3.22 | 1.96 | 2.02 |

## 4 结语

单层索网属于柔性结构，对风荷载敏感。通过对某工程平面单层索网的风振响应分析，分别计算比较了索网在不同预拉力及边界条件下的风振系数，可以得出以下结论：

（1）荷载风振系数在索网上下左右边部区域的数值较小，在中间区域最大，和文献［3］推导出的结论基本一致。位移风振系数相对稳定，也表现为边部较小、中部最大。荷载风振系数的均方根与位移风振系数基本一致，所以在工程中可以用位移风振系数来计算风荷载。

（2）拉索的预拉力对索网的刚度影响大，预拉力越大，索网刚度越大，其风振系数取值可以减小。

（3）考虑主体结构的变形对索网的影响，拉索的预应力有损失，导致索网的整体刚度变弱，根据计算结果比较，得到的风振系数会增大。

（4）本工程索网跨度27m，与《索结构技术规程》（JGJ 257—2012）规定的25m相差不大，当不考虑主体位移时，自振周期1.5s，风振系数可取1.9；当考虑主体竖向位移20mm，索网自振周期3.2s，风振系数应取2.0。

（5）由于单索结构体系对支承边界条件比较敏感，为了准确获取风振系数，建议进行索网计算时将支承边界结构和索网结构合成一体分析。

## 参考文献

［1］中华人民共和国住房和城乡建设部．索结构技术规程：JGJ 257—2012［S］．北京：中国建筑工业出版社，2012.

［2］蔡建国，冯健，曹华兵，等．单层索网玻璃幕墙的风振响应分析［J］．沈阳工业大学学报，2010，32（3）：355-360.

［3］姚金满，段洪涛．玻璃幕墙单层索网结构的风振与实用设计［J］．建筑结构，2012，42（1）：677-681.

［4］王莺歌，李正农．索桁式玻璃幕墙风荷载时程模拟及风振响应［J］．昆明理工大学学报（自然科学版），2011，36（2）：26-31.

［5］季俊杰，陈红宇，苏骏，等．预应力单层索网幕墙结构的风致响应计算［J］．建筑钢结构进展，2011，13（3）：37-41.

［6］武岳，冯若强，沈世钊．单层平面索网幕墙结构的风振响应分析及实用抗风设计方法

［J］. 计算力学学报，2007，24（5）：633-637.
［7］陈学伟，韩小雷，郑宜，等. 高层建筑结构风振时程分析软件的技术研究［J］. 华中科技大学学报（城市科学版），2008，23（3）：136-139.
［8］张文元，郑朝荣，张耀春，等. 某景观烟囱顺风向风振响应分析与风振系数确定［J］. 建筑结构，2010，40（2）：97-99.
［9］汪楚清，孙清，王虎长，等. 拉线塔风振系数取值研究［J］. 钢结构，2016，5（31）：31-36.
［10］杨霄，葛家琪. 荷载风振系数和位移风振系数关系的初步研究与设计建议［J］. 工业建筑，2008：1815-1821.
［11］魏德敏，李杰超. 大跨索网结构风振系数分析［J］. 华中科技大学学报（城市科学版），2008，25（3）：17-19.
［12］张建胜，武岳，沈世钊. 单层网壳结构的风振响应与抗风设计［J］. 武汉理工大学学报，2006，28（7）：63-66.
［13］吴丽丽，王元清，石永久. 单层平面索网结构风振响应的几何非线性特性研究［J］. 振动与冲击，2007，26（4）：30-34.
［14］中华人民共和国住房和城乡建设部. 建筑结构荷载规范：GB 50009—2012［S］. 北京：中国建筑工业出版社，2012.

## 作者简介

陈钢（Chen Gang），男，1987 年 1 月生，籍贯：浙江省金华市，主任设计师，研究方向：幕墙结构；工作单位：深圳市三鑫科技发展有限公司；地址：深圳市南山区滨海大道软件产业基地 5 栋 E 座 10 楼；联系电话：15967981196；E-mail：490549397@qq. com。

# 数字化打通幕墙制造车间生产工业化 4.0

◎ 刘玉琦[1]　王　鹏[2]

1 天津奥福威工程管理咨询有限公司　天津　300102
2 天津远景弘建筑设计有限公司　天津　300102

**摘　要**　随着数字化在建筑幕墙制造行业的应用，建筑市场对幕墙行业的要求也越来越高。解决如下问题：幕墙 BIM 方案基于云的优势，幕墙行业提供全面视图；提供云的现代项目控制系统；实现工程项目数字化的设计图、模拟检测、加工图、零件图、项目进度管理、付款管理、文档信息库和后期维护流程等；确保系统安全性。减少设计人员劳动强度及数字化准确性，工作简洁，设计后直接进入设备加工生产，提高了工作效率。

**关键词**　建筑幕墙；数字化；工业化 4.0；BIM

## 1　我们课题带来的幕墙技术优势和幕墙企业生产效益

（1）从幕墙施工图到幕墙加工图，可以一键生成出所需要的幕墙工艺图纸。(图 1)

（2）节省了下料和编程的人力、物力，机器下料准确性提升。

（3）提供 LOD300～LOD500 幕墙解决方案，可以用于数据交付以及视觉展示，提高企业竞争力。

（4）提供幕墙工业化 4.0 的基础数据流，设计后直连生产。

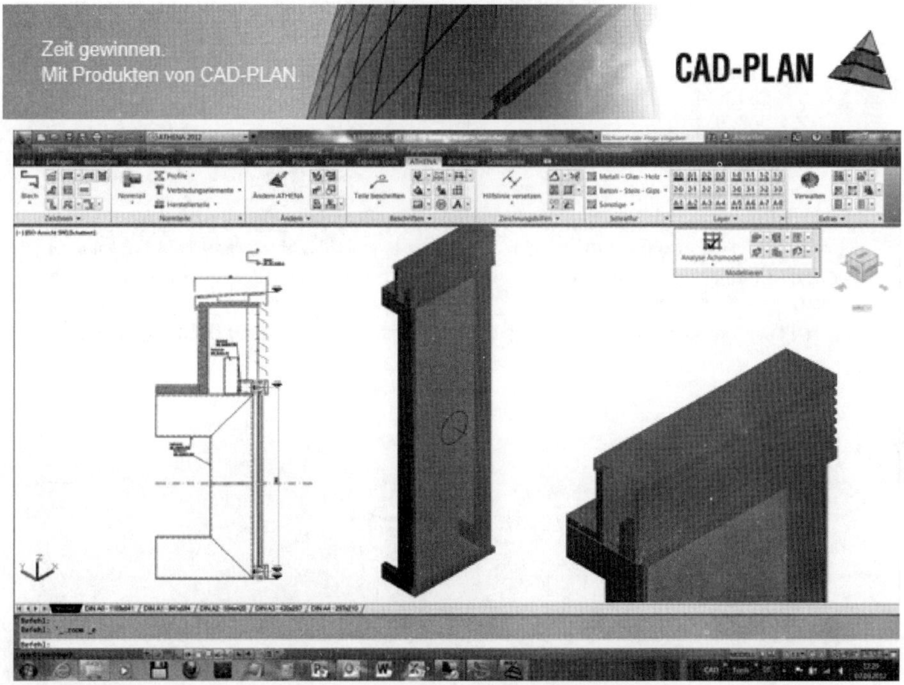


图 1　生成三维幕墙图纸

## 2　如何打通数据化 LOD500 设计驱动生产工作流

（1）传统幕墙生产流程

第一步幕墙方案设计，第二步对施工图进行深化设计，第三步在施工图基础上出加工图也就是下料图，第四步给到车间数控机床进行指令编程，生产成品。

我们编程通常为 UG 编程或者 solidworks 的 CAMWorks 编程，然后转换为机加工生产设备可对接的文件或直接编程。（图 2）

图 2 为某机床控制面板，通过编程控制刀轨以及换刀的命令。

（2）图 3 为 UG 机加工命令。

（3）图 4 为 solidworks 机加工编程

每个型号的型材杆件，都需大量人员去处理下料，又要专人去做机加工编程，浪费了很多的人力、物力。

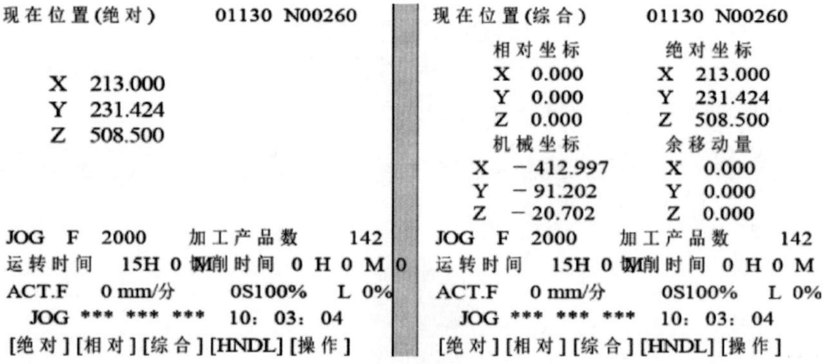


图 2　机床控制面板

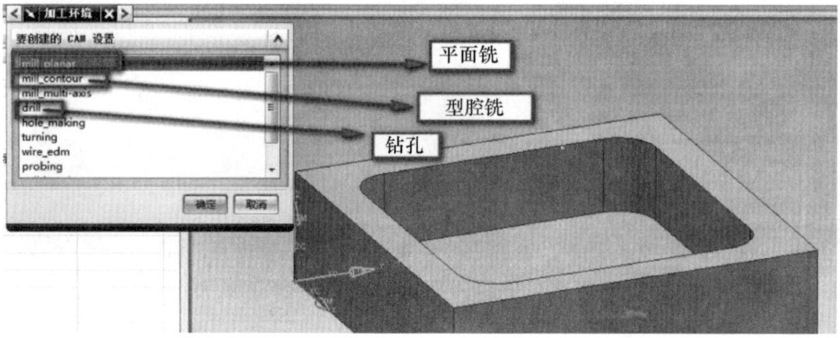


图 3　UG 机加工命令

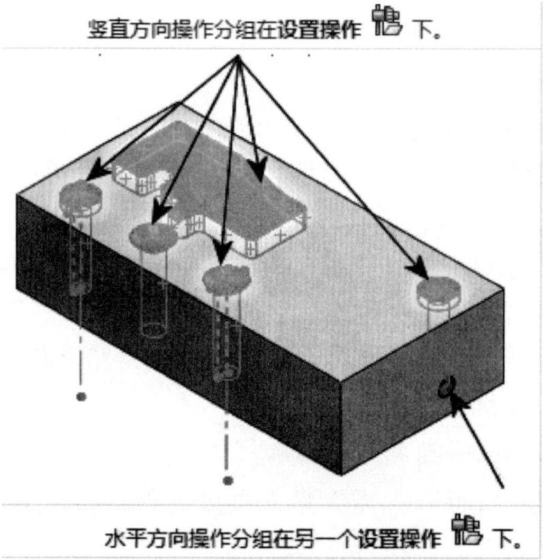


图 4　solidworks 机加工编程

## 3　Athena 案例实施

Athena 从方案到施工图到自动化生产全链条打通。

第一步，Revit 回传洞口块。（图 5）

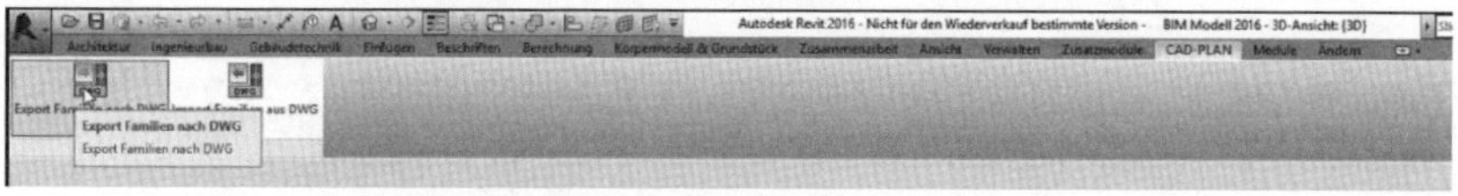


图 5　Revit 回传洞口块

第二步，一键确定幕墙分格。（图 6）

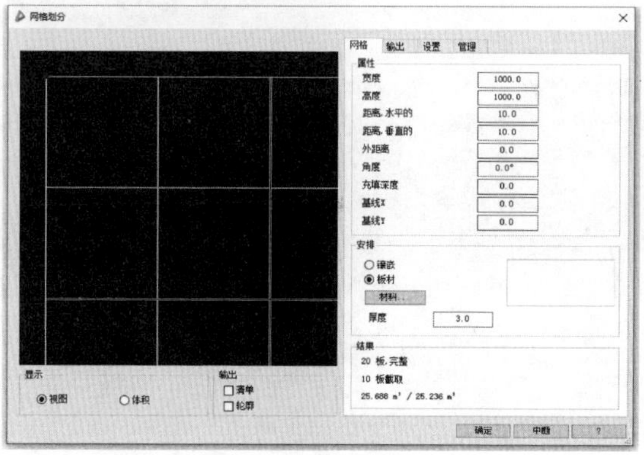


图 6　确定幕墙分格

第三步，一键附上杆件模型。（图 7）

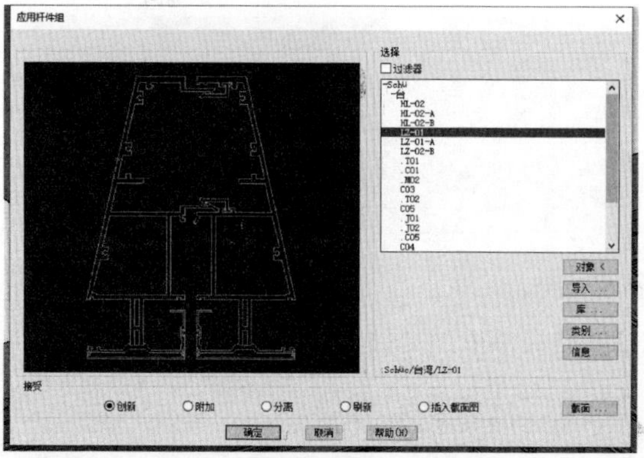


图 7　一键附上杆件模型

第四步，确定杆件交接模式以及内部连接件。（图8）

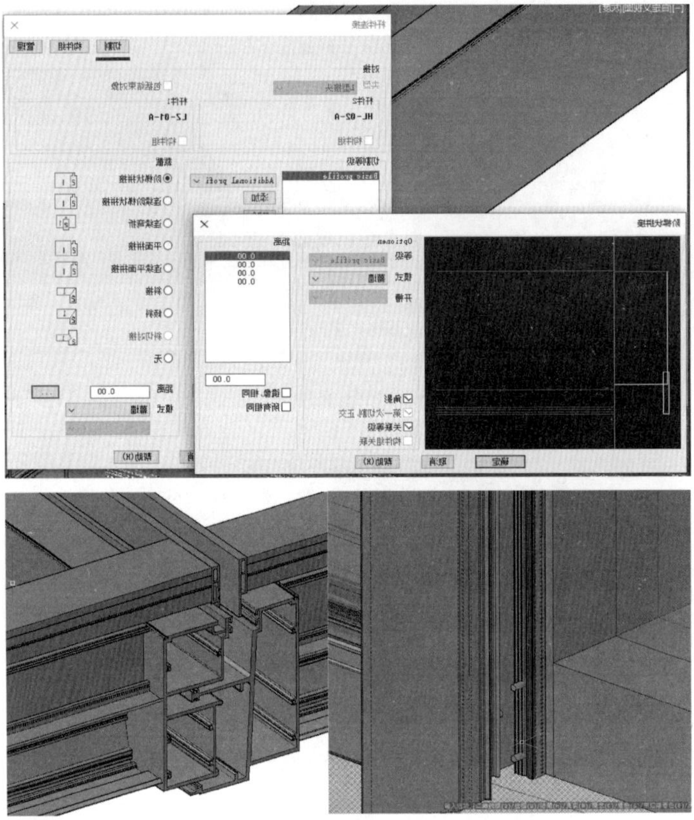

图8　确定杆件交接模式及内部连接件

第五步，一键确定所有玻璃安装。（图9）

图9　确定玻璃安装

第六步，给所有杆件设置其他螺丝螺孔和埋件芯套，完成 LOD500 设计。（图 10）

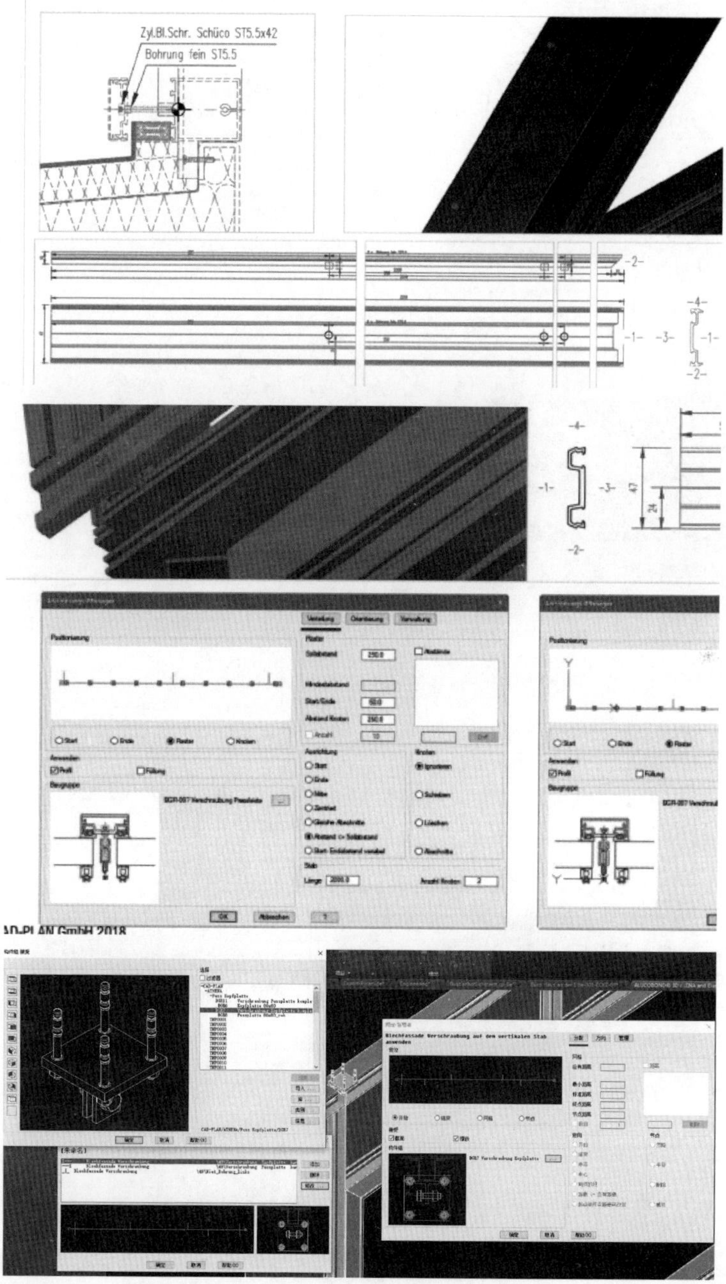


图 10　设置螺丝螺孔和埋件芯套

第七步，批量导出 ncw 及 BOM 单（或 sat 机加工模型或 erp 兼容文件或耶鲁设备 elucad 兼容文件）编程模型。也可导出平立剖面图，批量分类导出下料图，批量分类导出物料清单。LOD500 回传 Revit 与其他专业完成 BIM 合模。

一键生成 cnc 机加工文件（ncw 和 xml）（图 11）

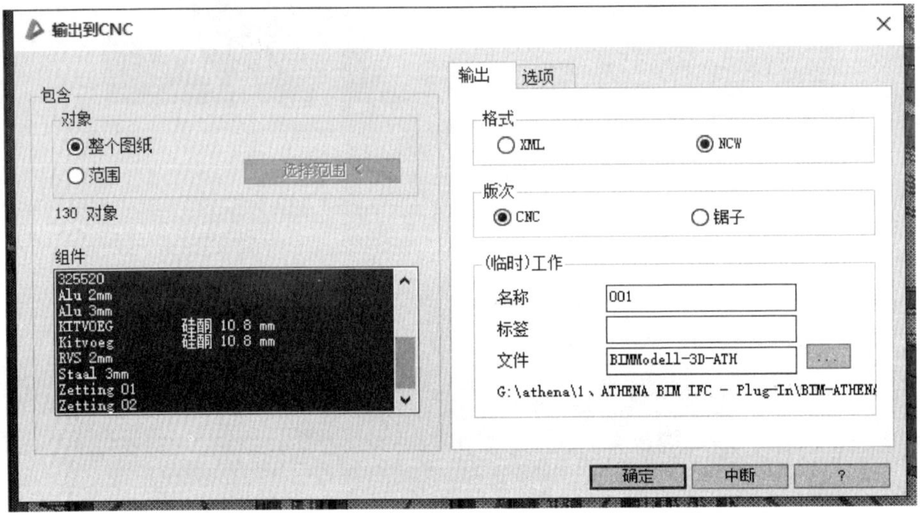


图 11　批量导出 ncw 文件

一键出 BOM 单（图 12）

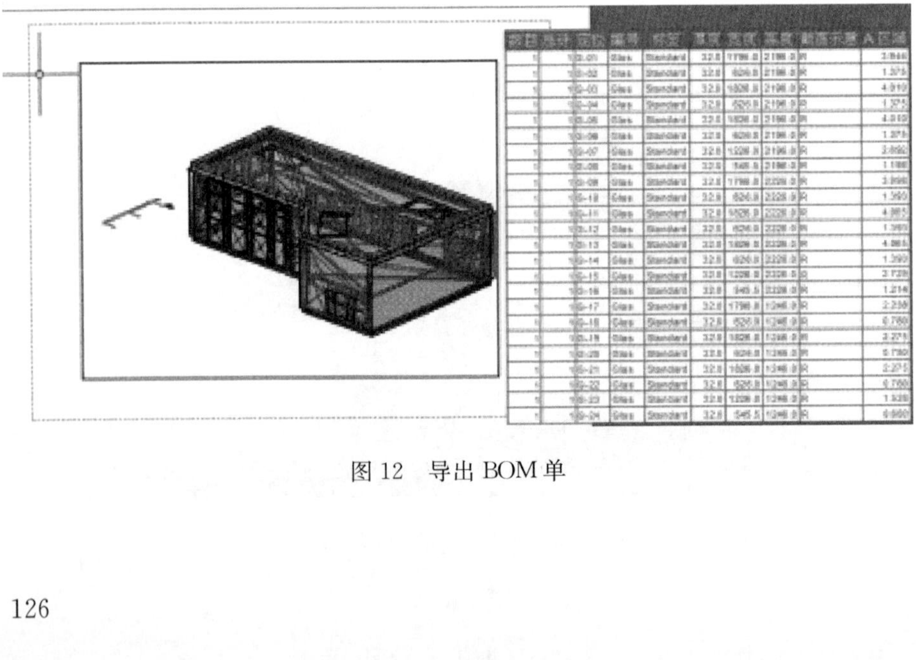

图 12　导出 BOM 单

一键出图（图 13）

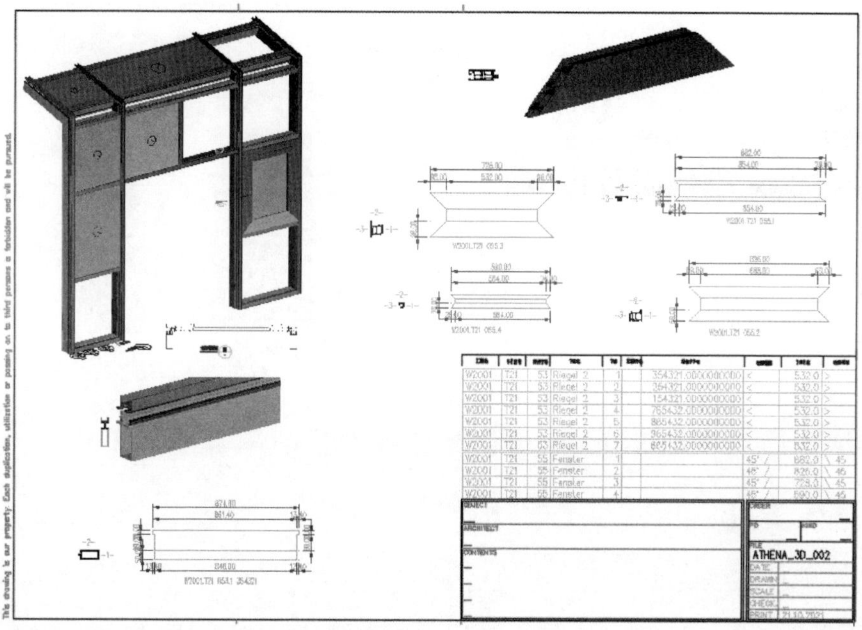


图 13　出图

如果是对接德国耶鲁幕墙加工设备，一键输出耶鲁设备 EluCAD 机加工文件（图 14）

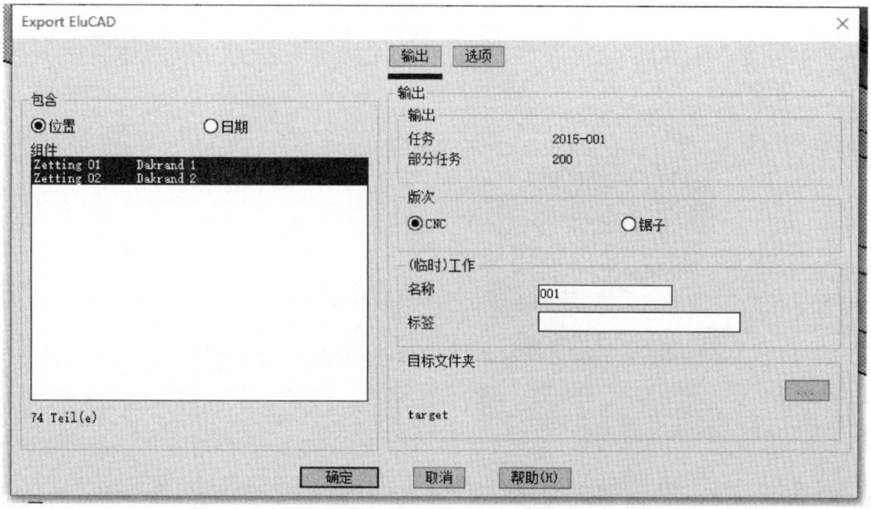


图 14　输出 EluCAD 文件

如果需要SAT机加工，一键输出机加工SAT文件（图15）

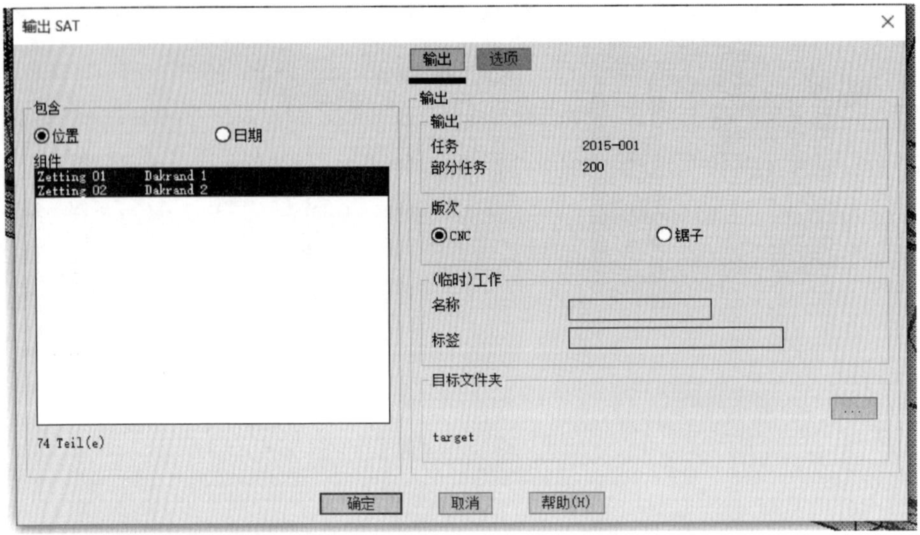


图15　输出SAT文件

对接智能工厂ERP，一键输出ERP对接智慧化工厂（图16）

图16　输出到ERP

我们来看看机加工文件格式，通过 ncw viewer 查看（图 17）

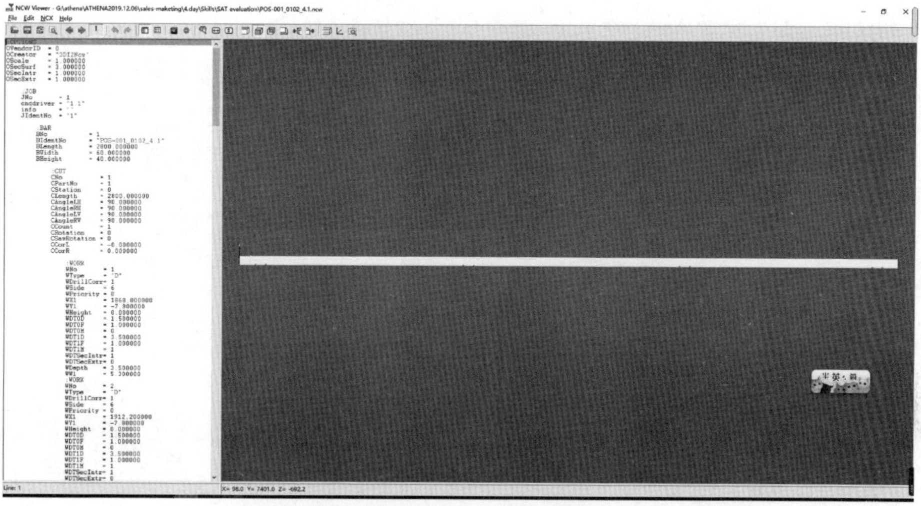

图 17　通过 ncw viewer 查看

G 代码包含端头切、割铣孔等工序，已经完成自动化编程。

第八步，导入 camprox 输出机代码（图 18）

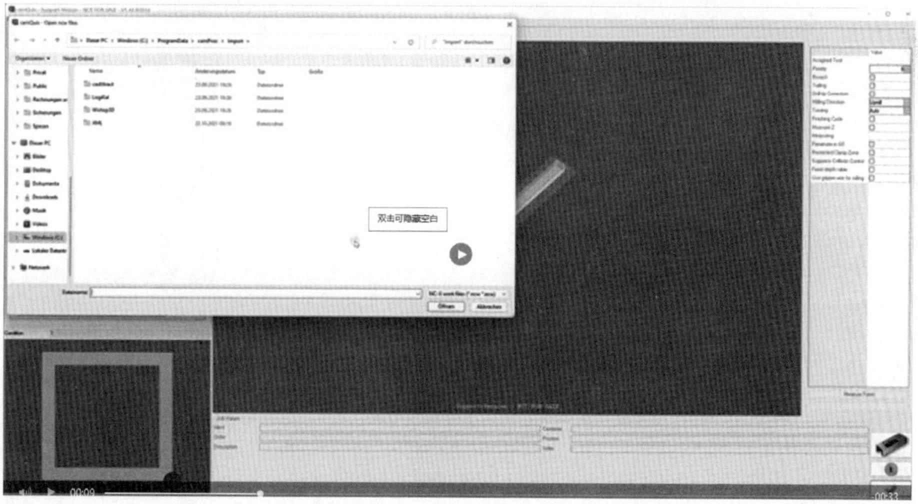


图 18　导入 camprox 输出机代码

选择机床。模拟生产如下（ncw 自带工艺不需要人工编程）（图 19）

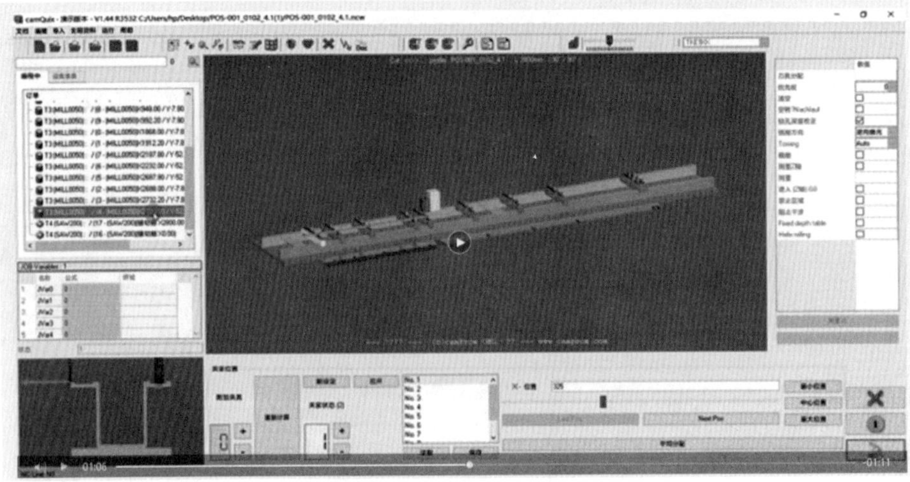

图 19　机加工模拟生产

生成加工时间预览如下（图 20）

图 20　机加工时间预览

一键回车安排生产。

## 4　输入 MES（系统相互支援）

BOM 单、加工图、组装图、G 代码，传入 MES 管理系统，由 MES 安排生产。

BIM 打通全产业链条，自动提 BOM 单，下料杆件模型。（图 21～图 23）

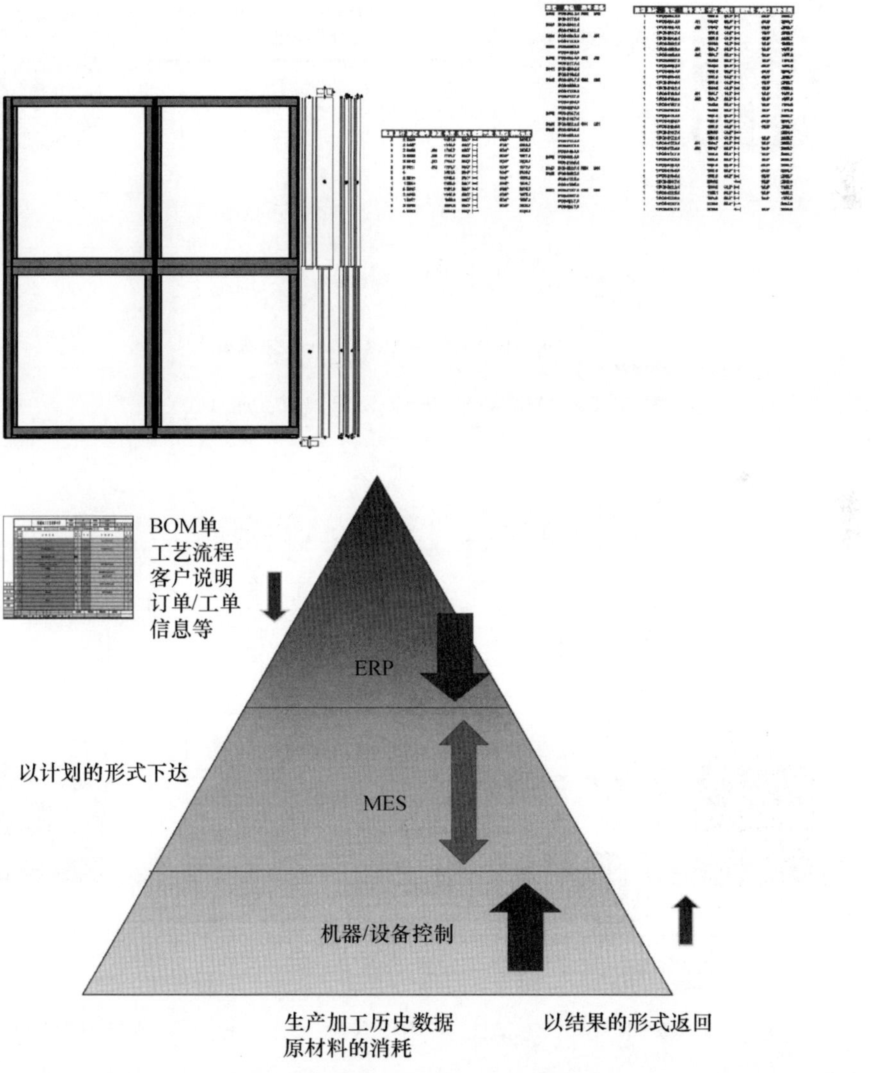


图 21　Athena \ MES \ ERP 集成互通（一）

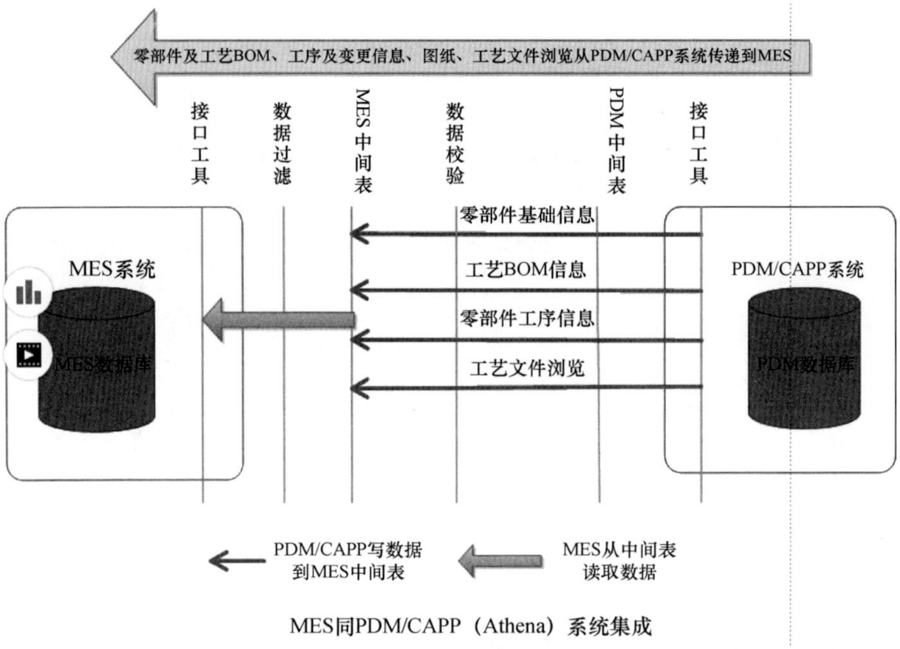


图 22　Athena \ MES \ ERP 集成互通（二）

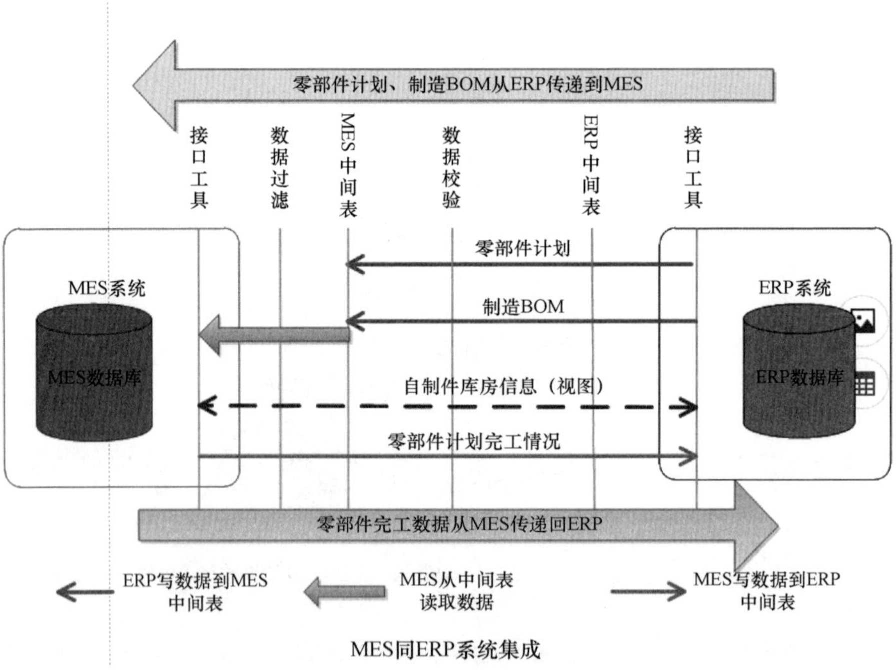


图 23　Athena \ MES \ ERP 集成互通（三）

# 5　数据流程

1. 基础数据抓取（图 24）

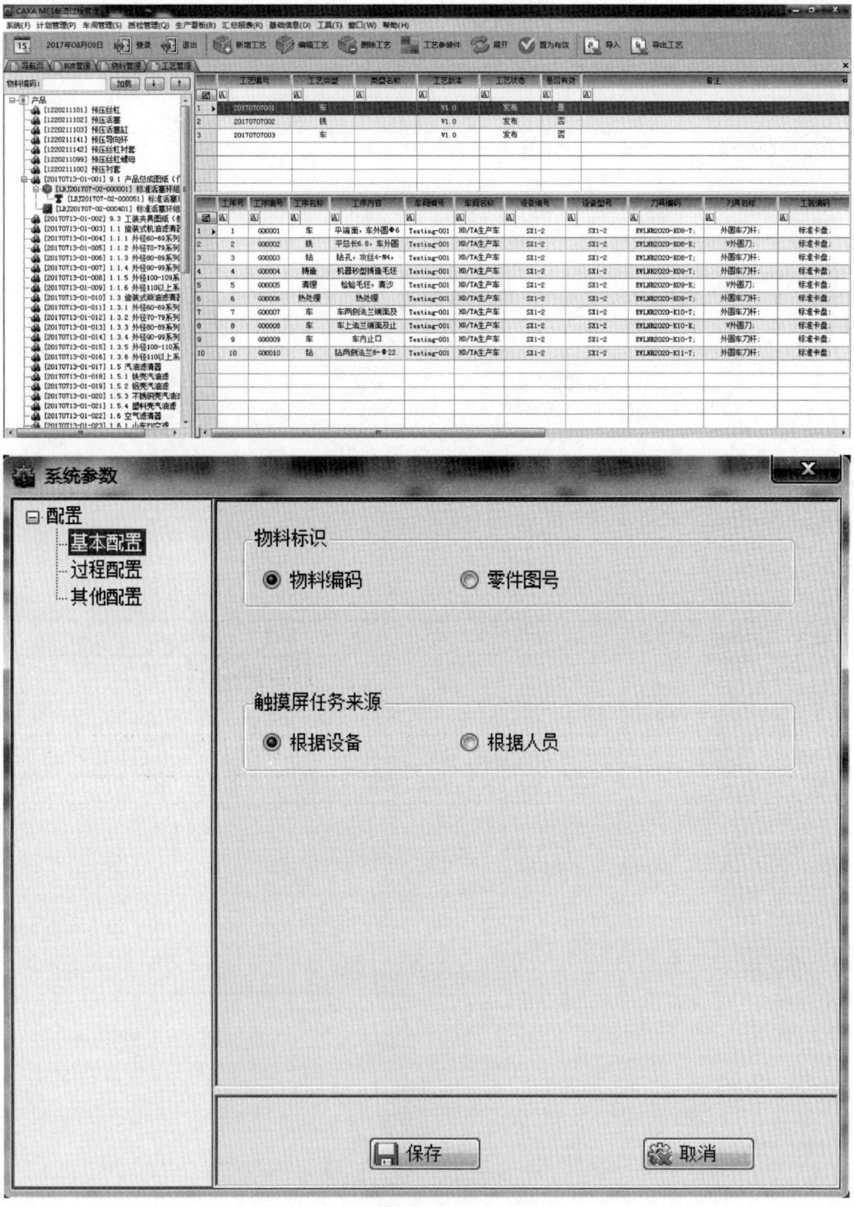


图 24　基础数据抓取

2. 计划下发（图25）

图25　计划下发

3. 工单状态（图26）

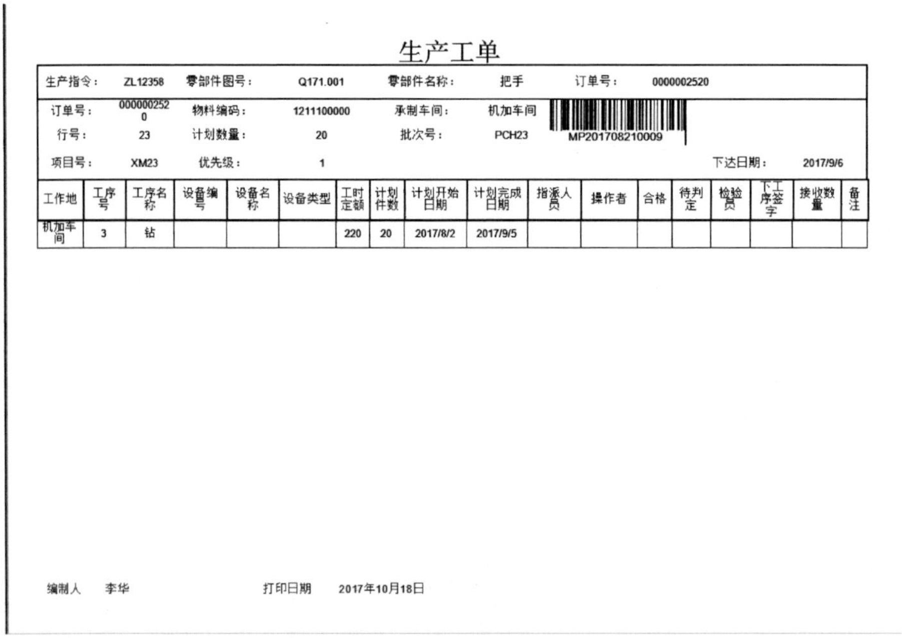

生产工单

生产指令：ZL12358　零部件图号：Q171.001　零部件名称：把手　订单号：0000002520

订单号：0000002520　物料编码：1211100000　承制车间：机加车间

行号：23　计划数量：20　批次号：PCH23　MP201708210009

项目号：XM23　优先级：1　下达日期：2017/9/6

| 工作地 | 工序号 | 工序名称 | 设备编号 | 设备名称 | 设备类型 | 工时定额 | 计划件数 | 计划开始日期 | 计划完成日期 | 指派人员 | 操作者 | 合格 | 待判定 | 检验员 | 下工序签字 | 接收数量 | 备注 |
|---|---|---|---|---|---|---|---|---|---|---|---|---|---|---|---|---|---|
| 机加车间 | 3 | 钻 | | | | 220 | 20 | 2017/8/2 | 2017/9/5 | | | | | | | | |

编制人　李华　　打印日期　2017年10月18日

图26　工单状态

4. 派工处理（图 27）

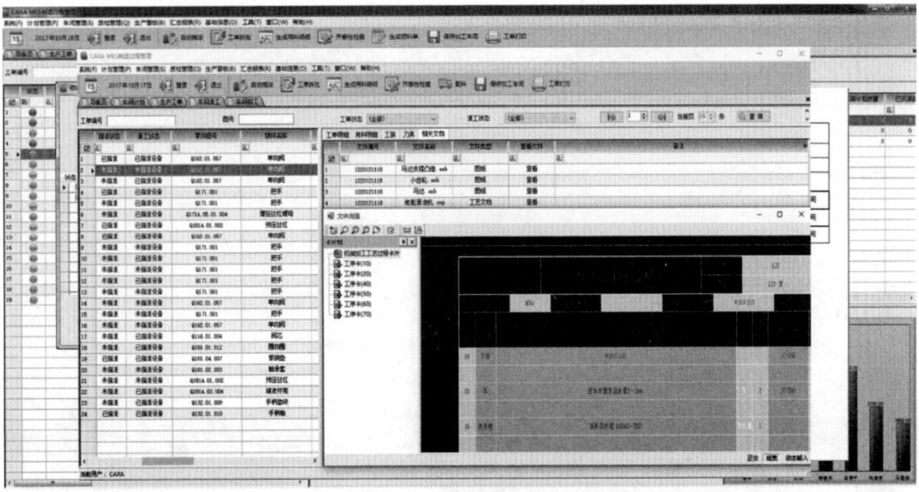

图 27　派工处理

5. 工单管理（图 28）

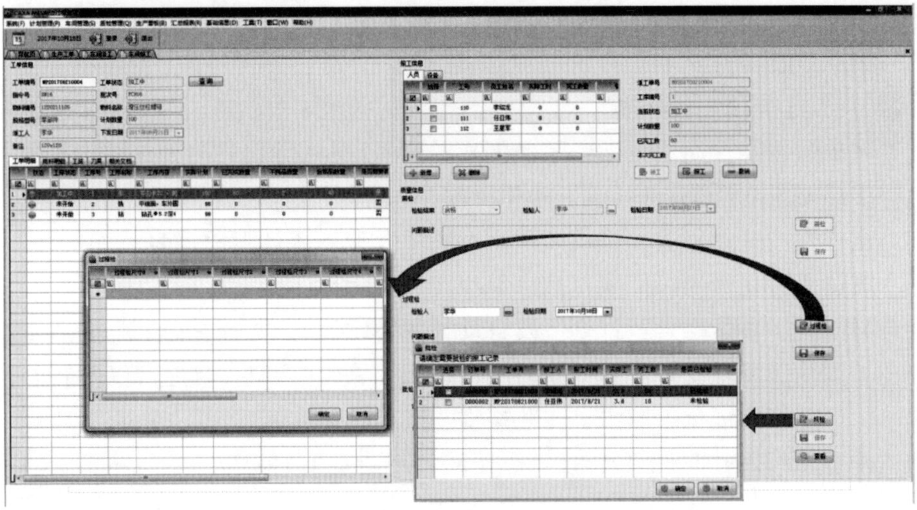

图 28　工单管理

6. 决策分析（图 29）

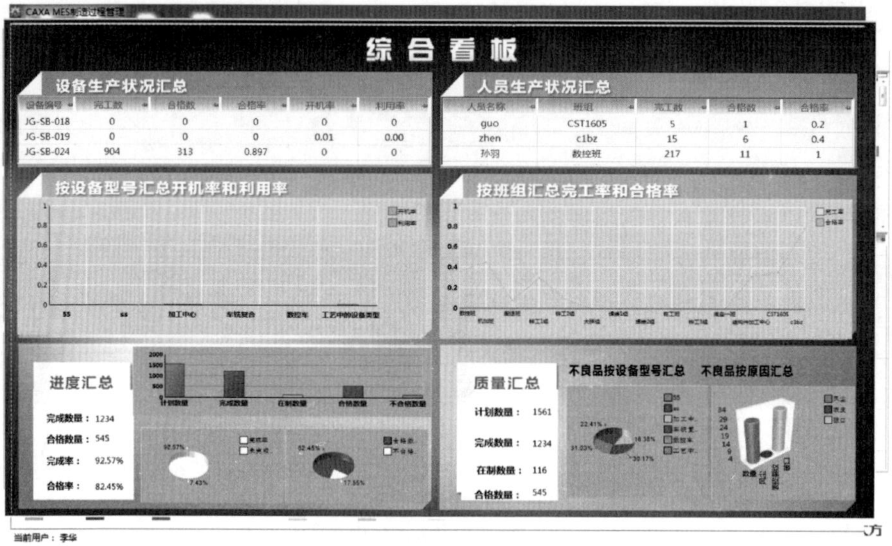


图 29　决策分析

## 6　数据功能特点

基础数据维护简单灵活：手动创建；Excel 导入导出；与其他系统集成

多终端进度反馈：PC 端、触摸屏端

多样性的统计报表：提供多种生产决策及业务统计汇总报表

支持多种生产组织模式：按订单生产；按库存生产

MES 与 DNC 融合：计划下发自动指派 NC 代码

关键功能流程支持配置：物料唯一标识；领料/配料；顺序/乱序加工

生产现场无纸化：图纸、工艺文件、NC 文件浏览

基于 EAP 的统一平台：设计、工艺、制造基于 EAP 平台

## 7 价值体现

（1）计划调度更准确。

（2）交期可控。

（3）管理决策更及时准确。

（4）及时处理异常。

（5）质量数据有记录、可追溯。

## 8 效率提升

（1）现场无纸化——图纸、工艺文件跟生产工单关联，现场直接查看电子化技术文件。

（2）现场物料管理更规范——物料配送，减少生产准备时间，效率提升。

（3）丰富的多维度的决策分析报表、多样化图形化的看板展示——统计报表。

（4）同 CAXADNC 系统间融合更紧密——NC 程序随计划指派 ，MDC 采集数据融合到 MES。

# 9 MES 系统实施产生的效益

大幅提高生产效率

—简化工单调度与派工过程。
—减少设备待机时间。
—工单流转实时可视。

改进产品制造质量

—制造数据流转过程可控，减少差错。
—制造过程历史数据可追溯。

降低产品制造成本

—合理利用设备与人力资源。
—通过挖掘历史数据，改善工艺过程。

优化生产管理流程

—减少车间在制品数量。
—减少加工准备和零件流转时间。

# 第三部分

# 市场热点分析

# 主材价格上涨对幕墙工程造价的影响分析

◎ 曾晓武

深圳市建筑门窗幕墙学会　广东深圳　518031

**摘　要**　近两年，建筑幕墙主要材料价格飞速上涨，但对幕墙工程造价的影响究竟如何？本文通过某工程的推算，大致分析对工程造价的影响及相应对策。

**关键词**　幕墙主材；上涨；造价影响

## 1　引言

从2020年一季度开始，建筑幕墙主要材料价格不断上涨，期间新冠肺炎疫情、房地产行业受控等国内大环境的多重影响，使我国建筑幕墙行业受到前所未有的冲击，严重影响到企业的正常经营。为了解本次幕墙主要材料不断上涨对幕墙施工企业的影响，深圳市建筑门窗幕墙学会（以下简称“学会”）对深圳十多家主要幕墙施工企业进行了调研，这些幕墙施工企业的年产值占全国幕墙行业的10%～15%，通过对这些幕墙企业的主要材料采购价格进行数据分析，可推算出此次幕墙材料上涨对国内幕墙行业的影响。

## 2　调研过程及数据整理

幕墙主要材料价格调研共进行了两次，第一次在2021年5月，鉴于材料价格还在不断上涨，且与2020年同期结果相比，涨幅更大，于是在2021年10月学会又进行了第二次调研。两次调研的条件相同，都选取了当时幕墙市场上最常用的五种主要幕墙材料和规格，包括玻璃、铝型材、铝板、钢材和硅酮结构密封胶。由于这五种幕墙材料的规格较多，为客观、科学地进行比较，统一选取了以下最典型的材料规格进行报价：玻璃选用6+12A+6中空单银Low-E双钢化超白玻璃、铝型材选用氟碳喷涂铝型材、铝板选用3mm厚氟碳喷涂铝板、钢材选用120mm×80mm×5mm镀锌钢、密封胶选用双组分硅酮结构密封胶，具体调研表内容见表1。各幕墙施工企业填完表后，盖公章交学会进行汇总和统计。

**表1　幕墙主要材料价格调研表**

| 幕墙材料 | 2019年12月 | 2020年6月 | 2020年12月 | 2021年5月 | 2021年10月 |
|---|---|---|---|---|---|
| 6+12A+6中空单银Low-E超白玻璃（元/平方米） | | | | | |
| 氟碳喷涂铝型材（元/吨） | | | | | |
| 3mm厚氟碳喷涂铝板（元/平方米） | | | | | |
| 120mm×80mm×5mm镀锌钢（元/吨） | | | | | |
| 双组分结构结构胶（元/100升） | | | | | |

需要说明的是，由于各幕墙施工企业自身规模、议价能力、材料供应商规模等不同，施工企业间价格相差较大，所以，学会根据各施工企业的回复数据，先按不同材料进行分类，进行一定的分析和筛选后，再对各幕墙施工企业提供的不同幕墙材料按算术平均值进行统计汇总，具体汇总结果见表2。

**表2　幕墙主要材料价格上涨汇总表**

| 幕墙材料 | 2019年12月 | 2020年6月 | 2020年12月 | 2021年5月 | 2021年10月 | 2021年10月较2019年年底增长 |
|---|---|---|---|---|---|---|
| 玻璃 | 191 | 190 | 217 | 251 | 284 | 48.45% |
| 铝型材 | 26994 | 26875 | 29290 | 33964 | 38773 | 43.64% |
| 铝板 | 239 | 239 | 256 | 295 | 356 | 49.22% |
| 钢材 | 6304 | 6225 | 6824 | 8234 | 8824 | 39.97% |
| 硅酮胶 | 3130 | 2942 | 3142 | 3705 | 6393 | 104.24% |

从表 2 可以看出，从 2020 年 5 月开始，幕墙主要材料开始上涨，且涨幅不断加大，与 2019 年年底相比，到 2021 年 10 月，幕墙主要材料涨幅从 39.97%～104.24%不等，其中钢材涨幅最小，为 39.97%，硅酮结构密封胶涨幅最大，为 104.24%。所以，幕墙主要材料总体涨幅惊人，已远远超过幕墙施工企业可以承受的材料成本波动范围。

图 1～图 5 分别列出幕墙各材料价格涨幅趋势图。

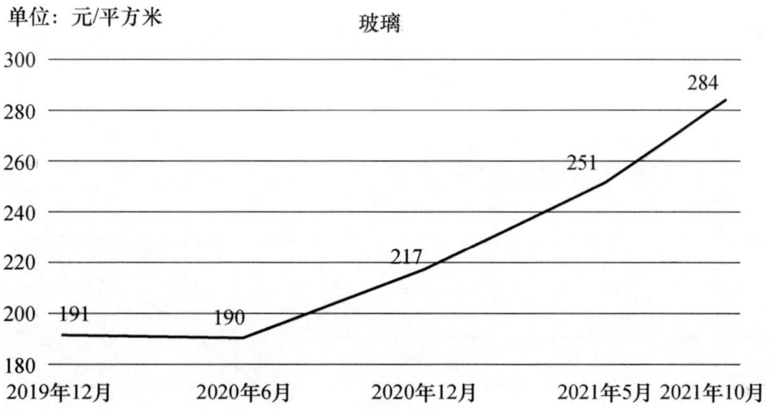


图 1　玻璃价格涨幅趋势图

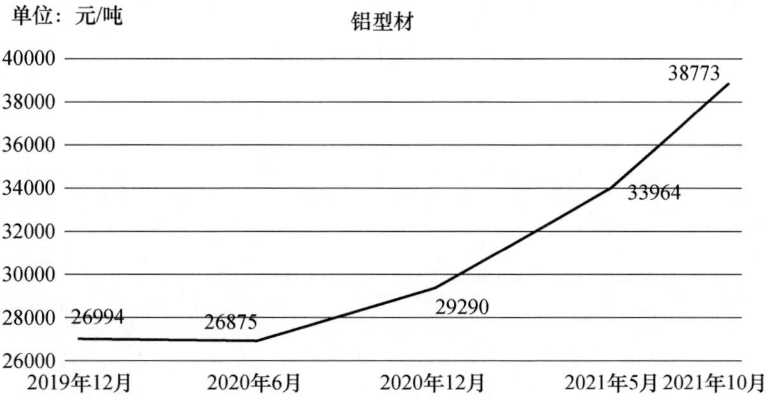


图 2　铝型材价格涨幅趋势图

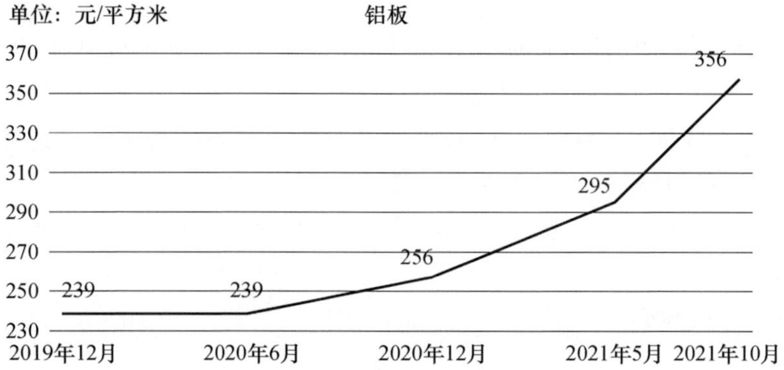


图 3　铝板价格涨幅趋势图

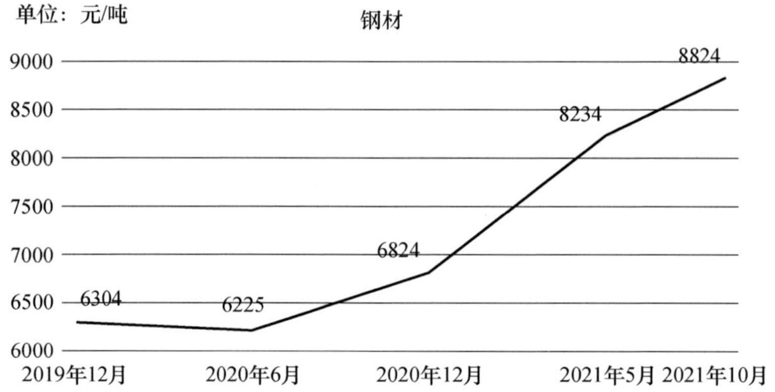


图 4　钢材价格涨幅趋势图

图 5　硅酮结构密封胶价格涨幅趋势图

## 3 对幕墙工程造价的影响

不同的幕墙系统中主要材料的所占比率不同，如单元式幕墙支承结构主要以铝型材为主，而裙楼框架式幕墙往往是钢材，要准确分析各主要材料对整个幕墙工程材料成本的影响难度很大，只能采取估算的方法。下面以深圳某甲级高档写字楼进行推算，选取了最有代表性的幕墙系统，包括单元式幕墙和框架式幕墙两种，这些幕墙系统的具体幕墙材料配置情况如下：

（1）塔楼为单元式玻璃幕墙，透光部分为中空夹层玻璃，层间部位为夹层玻璃，后衬铝背板，支承结构为铝合金型材；

（2）裙楼采用框架式，分别为大跨度钢结构玻璃幕墙，采用中空夹层玻璃；铝板幕墙，采用氟碳喷涂铝板，支承结构均为钢结构；

（3）为简化计算，各材料均套用调研数据进行推算分析。

① 塔楼单元式幕墙

通过对该幕墙工程的报价分析表可以得出，玻璃、铝型材等占单元式幕墙系统材料成本的比率分别为 48.1%、31.4%，而幕墙材料成本占工程造价的比率为 70.7%。考虑近期的材料涨幅，即可推算出单元式幕墙材料价格上涨后对原工程造价的影响。

比如，该幕墙工程玻璃占材料成本的 48.1%，占工程造价的比率为 48.1%×70.7%＝34.0%。材料涨价后，占工程造价的比率上升为 34.0% ×（1＋48.45%）＝50.5%。以此类推，得出幕墙主要材料价格上涨后对工程造价的影响，具体见表 3。

**表 3 单元式幕墙主要材料价格上涨对原工程造价的影响**

| 材料名称 | 占材料成本比率 | 占工程造价比率 | 材料涨幅 | 涨后占工程造价比率 |
|---|---|---|---|---|
| 玻璃 | 48.1% | 34.0% | 48.45% | 50.5% |
| 铝型材 | 31.4% | 22.2% | 43.64% | 31.9% |
| 铝板 | 4.6% | 3.3% | 49.22% | 4.9% |
| 钢材 | 2.1% | 1.5% | 39.97% | 2.1% |
| 硅酮结构密封胶 | 2.5% | 1.8% | 104.24% | 3.7% |
| 合计 | 88.7% | 62.8% | | 93.1% |

通过表 3 可以看出，在工程造价不变的情况下，这五种材料占工程造价的比率已从 62.8%上升到 93.1%，增加 30.3%。

② 裙楼大跨度钢结构玻璃幕墙

按塔楼单元式幕墙相同方法进行推算，裙楼大跨度钢结构玻璃幕墙材料成本占工程造价的比率为 68.9%，得出大跨度钢结构玻璃幕墙系统材料上涨后对原工程造价的影响，具体见表 4。

**表 4　大跨度钢结构玻璃幕墙主要材料价格上涨对原工程造价的影响**

| 材料名称 | 占材料成本比率 | 占工程造价比率 | 材料涨幅 | 涨后占工程造价比率 |
|---|---|---|---|---|
| 玻璃 | 48.0% | 33.1% | 48.45% | 49.1% |
| 铝型材 | 7.7% | 5.3% | 43.64% | 7.6% |
| 铝板 | 2.9% | 2.0% | 49.22% | 3.0% |
| 钢材 | 26.6% | 18.3% | 39.97% | 25.6% |
| 硅酮结构密封胶 | 6.9% | 4.8% | 104.24% | 9.8% |
| 合计 | 92.1% | 63.5% | | 95.1% |

通过表 4 可以看出，在工程造价不变的情况下，这五种材料占工程造价的比率已从 63.5%上升到 95.1%，增加 31.6%。

③裙楼铝板幕墙

铝板幕墙材料成本占工程造价的比率为 67.7%，按以上方法进行推算，得出裙楼铝板幕墙系统材料上涨后对原工程造价的影响，具体见表 5。

**表 5　铝板幕墙主要材料价格上涨对原工程造价的影响**

| 材料名称 | 占材料成本比率 | 占工程造价比率 | 材料涨幅 | 涨后占工程造价比率 |
|---|---|---|---|---|
| 玻璃 | 0.0% | 0.0% | 48.45% | 0.0% |
| 铝型材 | 4.9% | 3.3% | 43.64% | 4.7% |
| 铝板 | 56.2% | 38.0% | 49.22% | 56.7% |
| 钢材 | 13.3% | 9.0% | 39.97% | 12.6% |
| 硅酮结构密封胶 | 4.3% | 2.9% | 104.24% | 5.9% |
| 合计 | 78.7% | 53.2% | | 79.9% |

通过表 5 可以看出，在工程造价不变的情况下，这五种材料占工程造价的比率已从 53.2%上升到 79.9%，增加 26.7%。

综上所述，因幕墙主要材料价格上涨，按深圳某甲级写字楼的报价，原单元式幕墙、框架式玻璃幕墙和铝板幕墙造价分别增加了 30.3%、31.6%和 26.7%，远远超出国内幕墙工程的 3%～5%行业平均利润率水平。如幕墙工程为不可变动的闭口合同，幕墙施工企业将无法按合同继续履约，经营风险巨大，势必严重影响幕墙工程的正常进行。由于所推算的幕墙工程系统比较有代表性，具有较好的参考作用，所以，从这些数据可以看出这三种幕墙系统价格上涨的大概情况，具有一定的参考价值。当然，每个幕墙工程应根据具体情况重新提交预算后进行比较分析，才能得出准确结果。

## 4　相应措施

幕墙施工企业现在面临着上游材料价格大幅上涨、下游建设单位又存在不调价的双重挤压，造成幕墙订单越多、亏损越严重的怪异现象，严重影响到合同的正常执行。目前，施工企业只能一方面与材料供应商友好协商，本着长期合作的精神，双方力求达成一定的让步，但效果有限，毕竟材料供应商也同样面临着原材料涨价的压力；与材料供应商相比，建设单位就不容易协商了，只能通过摆事实、讲道理协商解决。如幕墙工程为民营地产公司的项目，业主可能迫于工期、资金、进度的压力，通过友好协商，会适当进行调价，幕墙施工企业能减少一些损失。如果幕墙工程为政府或国企的项目，项目投资来源可能涉及地方住建厅、财政、审计等多重政府职能部门的严格管控，要修改已签订的幕墙施工合同必须通过政府的相关政策支持才可进行。一旦地方政府未能因应当前形势而制定相关价格和合同调整政策，建设单位则没有履行调整项目施工合同的合法依据，无法进行调价，致使幕墙施工企业陷入两难的境地，幕墙项目就难于继续执行，只能等待地方政府尽快制定并发布相关的政策文件。

2021 年，国内主要省市政府相关职能部门发布了关于加强建设工程材料价格风险控制的通知（表 6），明确了玻璃、铝型材等幕墙材料价格上涨对幕墙工程影响的提导意见，使当地幕墙工程得以顺利进行。但是，也有不少地方政府未发布或未明确相关政策，使得许多幕墙项目陷入停顿或拖延状态，国内年产值达 2400 多亿元的建筑幕墙行业也将受到严重影响。

**表 6　国内主要省市政府部门发布的相关通知**

| 序号 | 省市名称 | 发文内容 | 发文字号 |
|---|---|---|---|
| 1 | 北京市 | 《关于加强建设工程施工合同中人工、材料等市场价格风险防范与控制的指导意见的通知》 | 京建发〔2021〕270 号 |
| 2 | 浙江省 | 《关于做好建筑材料价格异常波动风险防范化解工作的通知》 | 浙建建发〔2021〕33 号 |

续表

| 序号 | 省市名称 | 发文内容 | 发文字号 |
|---|---|---|---|
| 3 | 江苏省 | 《关于做好防范和化解建筑材料价格异常波动风险相关工作的通知》 | 苏建函价〔2021〕253号 |
| 4 | 安徽省 | 《关于加强建筑工程材料价格风险控制的指导意见》 | 建市函〔2021〕507号 |
| 5 | 苏州市 | 《关于加强建设工程材料价格风险管控的通知》 | 苏住建建〔2021〕23号 |

总结此次幕墙材料涨价给建筑幕墙行业带来的巨大影响，我们除了要寻求政府管理部门的政策支持外，作为幕墙行业自身，同样需要有更多的应对措施。

（1）坚守契约精神。在遵守国家相关法律的前提下，认真、负责、保质、保量地按合同要求完成各幕墙工程。

（2）规范竞争机制。在合法、公平、有序竞争的前提下，积极做好企业自身综合实力建设和团队建设，共同维护行业正常生态，共同维护企业正常经营，共同维护员工正常权益，创建有序、合理的市场经营环境。

（3）提高风险意识。比如霸王条款和无限风险条款的风险较大，应有妥善、严谨的应对措施；严格控制或抵制商业承兑汇票等，以规避幕墙工程在合同执行过程中不可控风险因素影响到工程的正常执行和企业的正常经营。

（4）调整管理体系。从管理上、技术上、创新上要效益，推行信息化、数字化、自动化的管理和技术体系，以提高企业整体运营效率。

## 5 结语

近年来，幕墙施工企业面临的问题和困难越来越多，承受着众多合作方的压力，包括业主、总承包商、建筑设计、顾问公司、同行、材料供应商等，如何在激烈竞争的市场环境中健康地发展下去，需要我们幕墙人静下心来好好想想了。

# 重生|旧改项目的市场潜力与幕墙新机遇

◎ 牟永来 李书健

苏州金螳螂幕墙有限公司 江苏苏州 215105

**摘 要** 随着大规模基础建设高峰期的结束和老建筑幕墙使用年限的到来，新建幕墙项目将逐步减少，未来会进入以改造项目为主的新阶段。改造项目的大量出现是新的机遇同时也是挑战，要求我们在保证安全为首要前提下，结合美观性、热工性能、环保及文化留存等因素，综合确定改造方案。要做好老材料的重复利用，减少能源浪费和固废污染，充分利用数字化、3D扫描、装配式等新技术，以工匠精神进行建筑的升级改造，打造精品建筑。

**关键词** 幕墙；改造；废旧材料；数字化

## 1 引言

漫步在欧洲的街头，各种各样的老房子让整个城市的历史厚重感扑面而来。建筑作为城市的载体，起到了文化传承的作用，老建筑能够让城市更真实、更有韵味。一些有几百年历史的老建筑也并不是一成不变的，定期的维修和改造是建筑得以留存的重要原因。从 1953 年联合国大厦玻璃幕墙完工至今，已经有 69 年的历史，目前，有大量采用幕墙的建筑面临着改造升级。（图 1 和图 2）

图 1　欧洲城市

图 2　联合国大厦

## 2　幕墙为什么需要改造升级

老建筑的幕墙需要升级改造主要基于以下几个原因：

（1）幕墙设计使用年限和主体年限的差别

根据规范要求，幕墙设计使用年限为 25 年，而普通建筑结构设计使用年限为 50 年，特殊地标性建筑为 100 年。幕墙寿命远低于建筑自身的寿命，需要在使用年限到期之后进行维护改造升级，避免安全隐患。

（2）幕墙技术的进步及规范的不断更新

从早期的《金属与石材幕墙工程技术规范》（JGJ 133—2001）、《玻璃幕墙工程技术规范》（JGJ 102—2003）到目前地方幕墙规范如上海市工程建设规范《建筑幕墙工程技术标准》（DG/TJ 08—56—2019），有大量在工程中通过实践得出的宝贵经验在新规范中开始实施。因为早期规范的不完善，很多隐患存在于目前的建筑中，主要列举如下：

① 全隐框玻璃幕墙结构胶长期受力；

② 层间防火高度及防火封堵措施不完善；

③ 早期石材固定方式采用的钢销、T 形挂件、挑件等产生的安全隐患；

④ 大悬挑雨篷和倒吊点式雨篷等产生的安全隐患；

⑤ 大装饰条直接固定在压板上引起的安全隐患；

⑥ 隔热条受拉引起的安全隐患；

⑦ 后锚固件不满足新规范要求引起的安全隐患。

（3）早期建筑材料的缺陷

通过对早期幕墙的检查，发现了很多质量问题，如胶条硬化、密封胶失效、玻璃中空密封失效、玻璃夹胶脱胶等，这些缺陷主要是幕墙刚开始出现的时候技术还不成熟，材料性能无法满足幕墙的物理性能及耐久性的要求。（图3～图5）

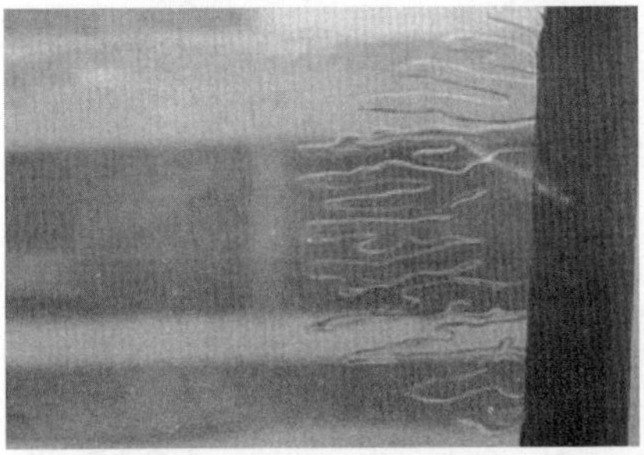

图3　夹胶玻璃脱胶

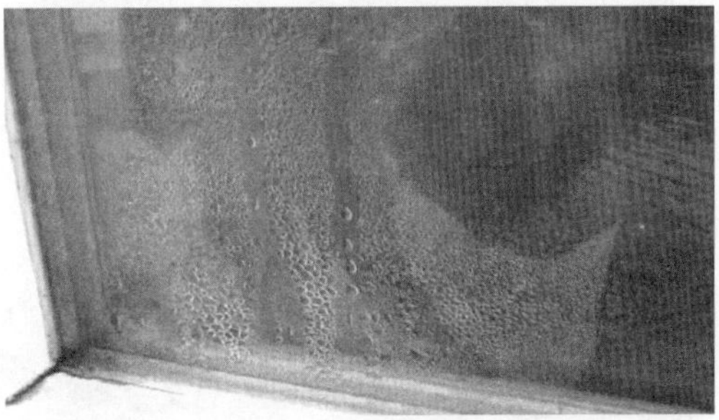

图4　中空玻璃密封失效

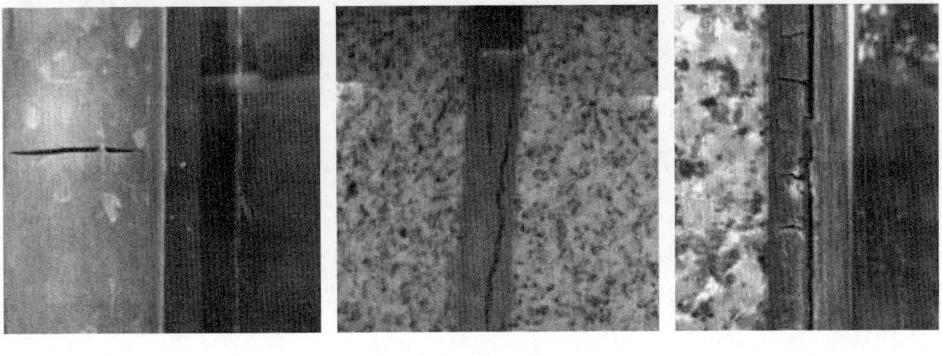

图5　密封胶老化失效

（4）建筑节能的需要

随着国家节能减排政策的逐步推进，建筑节能目标走过了30％、50％、65％，目前一些城市已经在推进75％的节能目标，幕墙热工参数要求越来越高，北方地区玻璃配置已经大量采用双中空配置。早期的幕墙热工性能比较差，好的玻璃配置是中空玻璃配单银Low-E玻璃，一些早期比较差的配置甚至采用单片玻璃配阳光控制膜，玻璃热工参数相比目前的双中空及三银Low-E玻璃差别很大。早期的幕墙隔热措施不到位，很多没有采用隔热条的项目存在大量的冷桥，冬天会出现结露等情况，影响了建筑的使用。

（5）建筑外观效果的提升需要

早期的建筑设计是手绘图，建筑效果大多比较简单和重复。建筑表皮的材料主要是玻璃、石材和铝板，分格划分和效果处理均比较单一。随着幕墙技术的发展，建筑表皮的表现形式越来越丰富，出现了很多新材料。借助于三维软件，建筑立面的表达方式越来越丰富和多样。老的建筑只有进行效果的提升才能更好地融入日新月异的城市中。国家会展中心西厅改造项目如图 6 所示。

图 6　国家会展中心西厅改造项目

## 3　幕墙表皮改造的方式

（1）保留部分外墙，通过新老表皮材料的碰撞，激发建筑新的活力。

优雅的老建筑才有旧时代的灵魂，有些材料经过岁月的洗礼会留下时间的印记，形成独特的建筑效果。（图 7）

图 7　上海民生码头八万吨筒仓改造

（2）拆掉所有老的外墙，全部更换为新的外墙。（图 8）

图 8　上海仁爱医院体检中心

（3）保留老的外墙，新的外墙将老墙进行包覆。（图 9）

图 9　泰州工商银行

（4）在老建筑的基础上新增加建筑，新老建筑相互融合。（图 10）

图 10　英国谢菲尔德肖勒姆街 192 号

## 4　幕墙改造的意义

（1）历史的留存

随着城市化的快速推进，在中国广袤的大地上涌现出了无数的新建筑，各个新城从无到有，在一片片空地上拔地而起。以苏州为例，继园区之后，规划和正在建设的新城有苏州湾太湖新城（含吴中和吴江两个片区）、高铁新城、科技城、平江新城。苏州真正意义上的老城被严格限制在了护城河内，护城河以内是苏州的根，护城河以外是苏州的未来。（图 11）

图 11　苏州相门古城墙

住在城市里的人每天都是快节奏，短暂离开，回来后就能感受到城市新的变化，这个是好事，说明城市有活力，正在自我进化。但同时对于生活在城市的人会带来归属感上的危机。熟悉的地方不久之后没有了，熟悉的朋友们各自离开了，城市不属于任何一个人，每个人都是客人。城市太新了，没有了烟火气。

这个问题已经引起了国家层面的注意，其中 2021 年 8 月 30 日，发布了《住房和城乡建设部关于在实施城市更新行动中防止大拆大建问题的通知》，其中提到了“坚持应留尽留，全力保留城市记忆”“保留利用既有建筑”“保持老城格局尺度”“延续城市特色风貌”。城市只有不断地修补才能发展出自己的特色，形成自己的文化。不拆除建筑，对建筑进行升级改造会成为以后的大趋势，会有越来越多的建筑需要改造，作为建筑的表皮，幕墙行业会迎来新的机遇。

（2）节能减排

经常可以看到的新闻是投入使用只有几年或者十几年的建筑被拆除了，使用的时间远远低于设计的 50 年使用年限。随意的拆建是对资源和社会成本的浪费。建筑的改造相比拆除后的重建会大大降低能源消耗，减少产生的建筑垃圾，有利于社会的长期可持续发展。同时限制随意拆建会促使社会将有限的建设人力和物力投入到项目建设中，提高建筑品质，最终形成良性循环。

## 5　幕墙改造应该注意的事项

（1）避免对室内的影响

有些项目要求外立面改造过程中，室内基于营业和办公考量，这就对幕墙改造方式提出了很高的要求。

（2）对老建筑资料的收集和确认

因为电脑绘图基本在 21 世纪初期随着个人电脑的普及和 CAD 软件的成熟开始逐步取代了手绘图，20 世纪建造的项目留存下来的基本都是手绘的蓝图。早期的手绘图因为制图难度的问题，图纸数量相比现在上千张的图纸要少得多，会存在一些部位表达不清楚的问题，这就需要对建筑进行局部拆除，用于确认一些结构信息。（图 12）

（3）复杂项目的 3D 扫描和空间测量定位

一些复杂的老建筑早期的施工工艺很多依赖手工，最终建筑完成的情况

图12　改造建筑拆除后的结构复核

可能与设计的图纸有较大的差距，这些部位需要利用3D扫描仪，结合全站仪等空间测量仪器对老建筑进行测绘，重新绘制定位图纸，为新的建筑表皮提供更加准确的生根依据。（图13）

图13　巴黎圣母院3D扫描模型

（4）新老交接部位的处理

为了确保新的幕墙表皮和老的建筑表皮的精准对接，在幕墙设计过程中要考虑将交接部位的板块最后安装。板块加工之前先进行测量，依据测量数据进行定制加工，确保交接精度。同时在设计的时候对交接部位做法进行特殊考虑，弱化因为交接精度可能产生的不美观问题。（图14）

（5）新幕墙表皮的生根安全

改造项目一般生根到建筑老的结构上，生根安全主要考虑以下几点：

① 原有结构的检测及加固

要对原有的结构进行检测，如混凝土的等级、钢结构的规格及性能等。根据新的幕墙方案，将幕墙产生的反力施加到老结构上，对老结构进行校核，

地面
Ground

坡道
Ramp

门洞入口
Door entrance

屋檐及山墙收口
Eaves and gables

图 14　国家会展中心西厅改造项目交接部位的定制加工及安装

确保老结构能够承受幕墙的荷载。对于不能满足受力要求的老结构，要进行老结构的加固。（图 15）

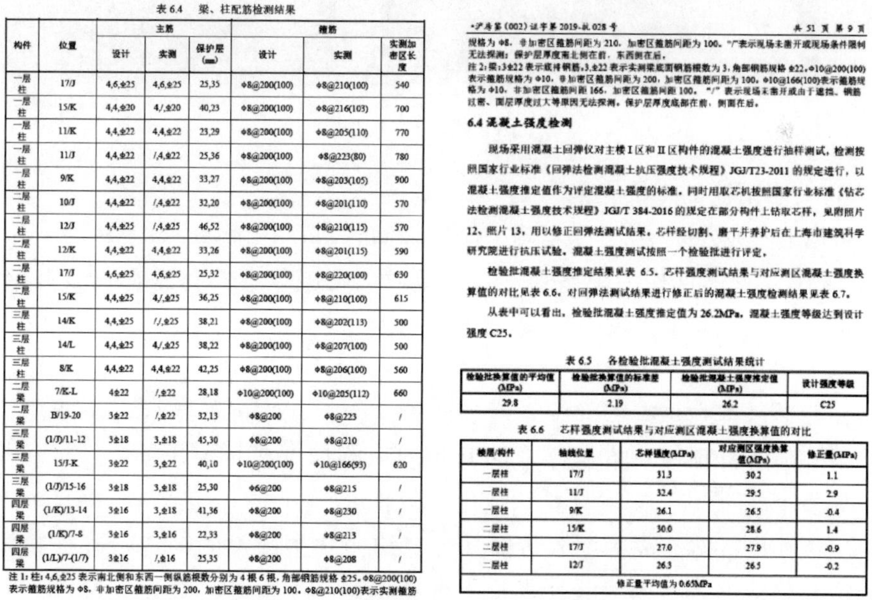

表 6.4　梁、柱配筋检测结果

| 构件 | 位置 | 主筋 | | | 箍筋 | | |
|---|---|---|---|---|---|---|---|
| | | 设计 | 实测 | 保护层(mm) | 设计 | 实测 | 实测加密区长度 |
| 一层柱 | 17/J | 4,6,⏀25 | 4,6,⏀25 | 25,35 | Φ8@200(100) | Φ8@210(100) | 540 |
| 一层柱 | 15/K | 4,4,⏀20 | 4,/,⏀20 | 40,23 | Φ8@200(100) | Φ8@216(103) | 700 |
| 一层柱 | 11/K | 4,4,⏀22 | 4,4,⏀22 | 23,29 | Φ8@200(100) | Φ8@205(110) | 770 |
| 一层柱 | 11/J | 4,4,⏀22 | /,4,⏀22 | 25,36 | Φ8@200(100) | Φ8@223(80) | 780 |
| 一层柱 | 9/K | 4,4,⏀22 | 4,4,⏀22 | 33,27 | Φ8@200(100) | Φ8@203(105) | 900 |
| 二层柱 | 10/J | 4,4,⏀22 | /,4,⏀22 | 32,20 | Φ8@200(100) | Φ8@201(110) | 570 |
| 二层柱 | 12/J | 4,4,⏀25 | /,4,⏀25 | 46,52 | Φ8@200(100) | Φ8@210(115) | 570 |
| 二层柱 | 12/K | 4,4,⏀22 | 4,4,⏀22 | 33,26 | Φ8@200(100) | Φ8@201(115) | 590 |
| 二层柱 | 17/J | 4,6,⏀25 | 4,6,⏀25 | 25,32 | Φ8@200(100) | Φ8@220(100) | 630 |
| 二层柱 | 15/K | 4,4,⏀25 | 4,/,⏀25 | 36,25 | Φ8@200(100) | Φ8@210(100) | 615 |
| 三层柱 | 14/K | 4,4,⏀25 | /,/,⏀25 | 38,21 | Φ8@200(100) | Φ8@202(113) | 500 |
| 三层柱 | 14/L | 4,4,⏀25 | 4,/,⏀25 | 38,22 | Φ8@200(100) | Φ8@207(100) | 500 |
| 三层柱 | 8/K | 4,4,⏀22 | 4,4,⏀22 | 42,25 | Φ8@200(100) | Φ8@206(100) | 560 |
| 二层梁 | 7/K-L | 4⏀22 | /,⏀22 | 28,18 | Φ10@200(100) | Φ10@205(112) | 660 |
| 二层梁 | B/19-20 | 3⏀22 | /,⏀22 | 32,13 | Φ8@200 | Φ8@223 | / |
| 三层梁 | (1/J)/11-12 | 3⏀18 | 3,⏀18 | 45,30 | Φ8@200 | Φ8@210 | / |
| 三层梁 | 15/J-K | 3⏀22 | 3,⏀22 | 40,10 | Φ10@200(100) | Φ10@166(93) | 620 |
| 三层梁 | (1/J)/15-16 | 3⏀18 | 3,⏀18 | 25,30 | Φ6@200 | Φ8@215 | / |
| 四层梁 | (1/K)/13-14 | 3⏀16 | 3,⏀18 | 41,36 | Φ8@200 | Φ8@230 | / |
| 四层梁 | (1/K)/7-8 | 3⏀16 | 3,⏀16 | 22,33 | Φ8@200 | Φ8@213 | / |
| 四层梁 | (1/L)/7-(1/7) | 3⏀16 | /,⏀16 | 25,35 | Φ8@200 | Φ8@208 | / |

注 1：柱：4,6,⏀25 表示南北侧和东西一侧纵筋根数分别为 4 根 6 根，角部钢筋规格 ⏀25。Φ8@200(100)表示箍筋规格为 Φ8，非加密区箍筋间距为 200，加密区箍筋间距为 100。Φ8@210(100)表示实测箍筋

•沪房鉴(002)证字第 2019-执 028 号　　共 51 页 第 9 页

规格为 Φ8，非加密区箍筋间距为 210，加密区箍筋间距为 100。"/"表示现场未凿开或现场条件限制无法探测；保护层厚度南北侧在前，东西侧在后。

注 2：梁：3⏀22 表示底排钢筋，3,⏀22 表示实测梁底面钢筋根数为 3，角部钢筋规格 ⏀22。Φ10@200(100)表示箍筋规格为 Φ10，非加密区箍筋间距为 200，加密区箍筋间距为 100。Φ10@166(100)表示箍筋规格为 Φ10，非加密区箍筋间距 166，加密区箍筋间距 100。"/"表示现场未凿开或由于遮挡、钢筋过密、面层厚度过大等原因无法探测。保护层厚度底部在前，侧面在后。

**6.4 混凝土强度检测**

现场采用混凝土回弹仪对主楼 I 区和 II 区构件的混凝土强度进行抽样测试，检测按照国家行业标准《回弹法检测混凝土抗压强度技术规程》JGJ/T23-2011 的规定进行，以混凝土强度推定值作为评定混凝土强度的标准。同时用取芯机按照国家行业标准《钻芯法检测混凝土强度技术规程》JGJ/T 384-2016 的规定在部分构件上钻取芯样，见附照片 12、照片 13，用以修正回弹法测试结果。芯样经切割、磨平并养护后在上海市建筑科学研究院进行抗压试验。混凝土强度测试按照一个检验批进行评定。

检验批混凝土强度推定结果见表 6.5。芯样强度测试结果与对应测区混凝土强度换算值的对比见表 6.6。对回弹法测试结果进行修正后的混凝土强度检测结果见表 6.7。

从表中可以看出，检验批混凝土强度推定值为 26.2MPa，混凝土强度等级达到设计强度 C25。

表 6.5　各检验批混凝土强度测试结果统计

| 检验批换算值的平均值(MPa) | 检验批换算值的标准差(MPa) | 检验批混凝土强度推定值(MPa) | 设计强度等级 |
|---|---|---|---|
| 29.8 | 2.19 | 26.2 | C25 |

表 6.6　芯样强度测试结果与对应测区混凝土强度换算值的对比

| 楼层/构件 | 轴线位置 | 芯样强度(MPa) | 对应测区强度换算值(MPa) | 修正量(MPa) |
|---|---|---|---|---|
| 一层柱 | 17/J | 31.3 | 30.2 | 1.1 |
| 一层柱 | 11/J | 32.4 | 29.5 | 2.9 |
| 一层柱 | 9/K | 26.1 | 26.5 | -0.4 |
| 二层柱 | 15/K | 30.0 | 28.6 | 1.4 |
| 二层柱 | 17/J | 27.0 | 27.9 | -0.9 |
| 二层柱 | 12/J | 26.3 | 26.5 | -0.2 |
| 修正量平均值为 0.65MPa | | | | |

图 15　上海某改造项目老结构检测

② 原有埋件问题

对于拆除原有幕墙、安装新幕墙的项目，有些部位原有的埋件也可以被新的幕墙使用。老的埋件因为锈蚀及混凝土缺陷等问题有安全隐患，且不易

进行检测。尽量不要利用老的埋件来固定新的幕墙。

② 锚栓的拉拔试验

采用后置锚栓固定新的幕墙结构，这是因为锚栓是在老的混凝土结构上生根的，有不确定性，在施工之前要进行后置锚栓的拉拔试验，确保生根安全。(图 16)

图 16　锚栓拉拔试验

③ 关于雨篷的生根安全

根据上海地方标准《建筑幕墙工程技术标准》(DG/TJ 08—56—2019) 18.4.7 条，“采用后置埋件作为雨篷固定端连接时，雨篷悬挑长度不应大于 1.5m”，改造项目的雨篷安全为重中之重，生根问题要进行特殊考虑。

⑤ 新结构和老结构的区分

在改造过程中，有些部位会增加新的结构，在增加的结构部位能够预埋的建议提前进行预埋，减少后补埋件的使用。

⑥ 新的幕墙构造对主体结构变位的吸收

应该根据改造完成的主体结构（含老结构和新增加的结构）进行整体建模分析，确定整体结构的线性数据。根据主体结构的变形数据，按照最不利的情况，对增加的幕墙构造进行分析，确保幕墙的构造尺寸能够满足 3 倍的主体结构层间位移角的要求。

## 6　废旧幕墙材料的回收及二次利用

幕墙材料主要包括玻璃、石材、铝板等面板材料，铝合金、钢材等金属龙骨材料，胶条、密封胶等有机材料。这些拆换下来的材料如果直接丢弃，会对环境造成很大的污染，目前这些建筑材料有以下回收及二次利用措施。

（1）玻璃

幕墙的玻璃均为定制产品，根据不同的项目进行不同尺寸及配置的加工。且玻璃为钢化处理，钢化完成后无法再进行切割加工，所以玻璃主要是捣碎后进行原材料的回收利用。主要包括以下回收方式：

① 用于制作玻璃纤维类材料，如玻璃棉、石棉瓦等；

② 将废旧玻璃研磨后，作为混凝土骨料、建筑用砖等原材料使用；

③ 将废旧玻璃加工成粗碎及细碎，给玻璃制造厂，用于回炉再加工。

（2）石材

从墙面拆下来的废旧石材主要有以下用途：

① 翻新后用于其他项目的立面

石材作为建筑的非透明部位面板材料，正常会划分为均匀的分格，如600mm×1000mm等，拆下来的石材在不破损的情况下理论上可以二次利用。正常石材厚度为30mm，规范规定光面石材的最小厚度为25mm，毛面石材的最小厚度为28mm。原来30mm的石材可以对表面进行二次打磨翻新，满足25mm的最小要求。同时因为老的石材固定方式均为T形挂件、钢销等连接方式，拆下来的石材需要根据新的石材安装要求进行开槽或者开孔处理。如果要在背面开槽，需要避开原来的槽口，如果可以的话，可以将石材竖向安装，在原来石材没有槽口的两个边加工新的槽口。

② 用于铺路石

将石材表面进行处理后作为铺路石使用。铺路石板块不宜太大，可以将面板切割为小块铺路。

③ 碾碎后使用

碾碎后的石材可以作为混凝土、人造石（图17）等材料的骨料。

（3）废旧金属材料

废旧金属材料的可回收性很强，几乎可以100%回收。回收的时候需要对材料进行分类，去除可能影响合金组成的材料，然后进行回炉重新生产。经过测算，利用废弃铝再生的能耗只有传统铝材生产能耗的3%～5%。

图17　人造石

## 7　幕墙改造新趋势及新技术展望

（1）新建项目系统设计对后期改造的预先考虑

早期因为幕墙系统设计及安装技术的局限，老建筑的幕墙很多只能暴力拆除。暴力拆除会造成资源的浪费，不利于材料的二次利用，且拆除风险大，要做好更多的防护工作。相信随着技术的逐步成熟，新建项目会越来越多地考虑后期的升级改造，主要进行以下特殊设计：

① 单元幕墙玻璃面板带附框设计

单元幕墙的玻璃面板采用附框固定，打钉的部位在室内侧，方便在室内对玻璃进行单独更换。（图18）

② 石材厚度进行特殊考虑

石材厚度适当做厚，为后期表面翻新提供基础。

③ 装配式龙骨及全螺栓连接

现场焊接会破坏材料的防锈层，增加现场的火灾隐患，且在后期需要改造的时候很难拆除，只能进行分体切割，不利于材料的二次利用。后期幕墙

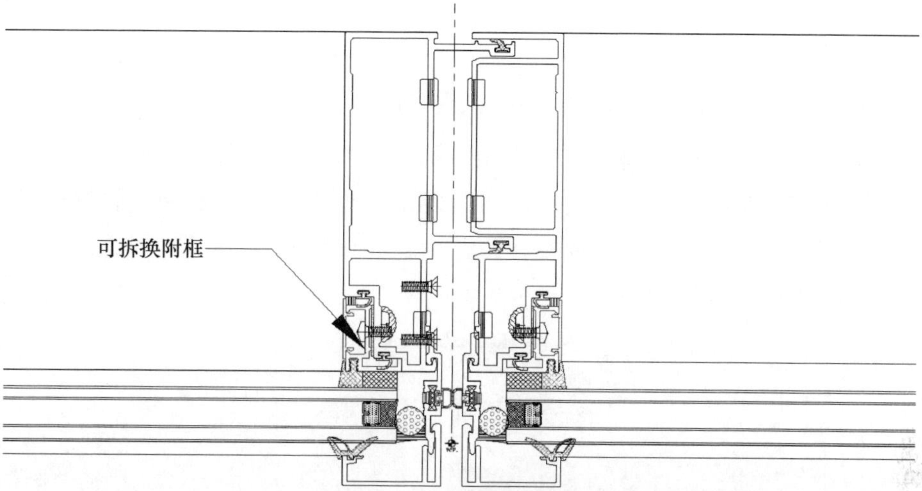


图 18 单元幕墙可拆换附框

会朝着逐步取消现场焊接的方向发展。因为受力需要必须刚性组框的构件会在工厂进行预制，其他构件会采用螺栓连接。这就需要对钢构件的加工精度及现场的安装精度提出很高的要求。(图 19)

图 19 观音圣坛单元龙骨及螺栓连接

④ 开启扇快拆及胶条可更换设计

胶条老化是老项目漏水的主要原因，开启扇因为重复开启，胶条和五金都是可能需要更换的部件，后期设计中会出现相比目前方案更加容易更换的设计。

（2）老材料的重复利用率逐步提高

改造并不意味着建筑效果的全部改变，大部分项目会倾向于对出现的隐患的排除和表面材料的翻新。参考中国古建筑的大修，只需要更换很少一部分材料，大部分材料还是原来的材料。避免能源浪费，减少固体废物垃圾，材料的重复利用是很好的方法。这同时要求我们的新建建筑一定要做到精品化，避免廉价重复建筑，做百年建筑，为建筑的留存和老材料的重复利用提供基础。（图20和图21）

图20　古建筑修复

图21　拆下来的构件进行编号

（3）数字化改造

目前老建筑资料不全，有些地方只有拆除后才知道结构及交接关系，不利于建筑的翻新改造。随着数字化BIM技术的发展，BIM模型作为每个实体建筑的虚拟建筑会保存下来。后期的改造会完全基于原有的BIM模型进行智能化改造。可以精准地确定哪些杆件或者面板要更换，对应的详细的加工数据都可以自动生成，大大降低了后期建筑改造升级的难度。

（4）改造项目的小型化、精品化

经历过基础设施建设高峰期后，大项目会越来越少，城市建设进入维护和修补阶段，大面积的拆迁已经不允许了，只能针对各个单体建筑进行改造和修复。未来幕墙造价动辄上亿元的项目会越来越少，大量出现的是体量小、要求高的精品化改造项目，这就需要幕墙公司的对应团队能够提高机动性和活力，用于适应小型化、精品化的幕墙改造项目。（图22和图23）

（5）对住户及路人的零干扰改造

相比目前新建项目的成片开发，未来的项目周围均为成熟的生活工作片区，项目的施工条件会很严苛，要在有限的空间内，在不对周围环境造成大的影响的前提下完成建筑的升级改造。（图24）

图 22 上海龙美术馆

图 23 南京蒋山渔村

图 24 正常营业的改造建筑

## 8 结语

相比新建建筑的自由发挥，改造建筑更像是命题作文，只能围绕着主题进行发挥。打破束缚，让老建筑重新变得优雅、灵魂得以传承，是建筑改造的方向。作为幕墙设计师，我们要用不一样的思路来对待改造项目，给予它更多包容、更多耐心，用工匠精神配合现代技术，打造有灵魂的精品传世建筑。

## 作者简介

牟永来（Mu Yonglai），男，1968年9月生，研究方向：中国建筑金属结构协会铝门窗幕墙委员会专家组专家、全国建筑幕墙顾问行业联盟专家组专家、上海市建筑科技委员会幕墙结构评审组专家、苏州金螳螂幕墙有限公司设计总院院长；工作单位：苏州金螳螂幕墙有限公司；地址：江苏省苏州市吴中区临湖镇东山大道888号；邮编：215105；联系电话：13788905158；E-mail：1477329048@qq.com。

李书健（Li Shujian），男，1984年5月生，研究方向：苏州金螳螂幕墙有限公司设计所所长、一级建造师、高级工程师；工作单位：苏州金螳螂幕墙有限公司；地址：江苏省苏州市吴中区临湖镇东山大道888号；邮编：215105；联系电话：13776102802；E-mail：376150207@qq.com。

# 浅谈区块链技术在建筑幕墙行业中的应用（下）

◎ 陈 峻

华建集团华东建筑设计研究总院 上海 1000097

**摘 要** 本篇以幕墙行业应用场景为例，从区块链技术在幕墙建造产业链应用出发，覆盖社会公开招投标、工程建造、数据溯源、变更签证、数字化互联和支付、行业监管以及诚信体制建立等应用场景，分析讨论了区块链应用的操作框架、信任机制、实施流程等方面的内容。为加强行业健康有序、高质量理性管理，提出了新的概念和思路。

**关键词** 区块链；智能合约；框架模型

## 1 引言

由文章《浅谈区块链技术在建筑幕墙行业中的应用（上）》可以看到，区块链是一种底层数据库的基础设施，它具备去中心化、去信任、数据集体维护难以篡改、数据信息易查验可追溯的特点。区块链最本质的特征是让不同主体之间的数据通过特有的信任机制实现可查验、易查验，从而提升整体信息交流的效率。

区块链上不直接存原始信息（数据库），而是被调用方将需要验证的内容进行加密计算后得到的特征值存入区块链中，调用方请求得到特征码（解码）后，仅需将特征码与区块链中的特征值进行比对，匹配后即可使用在分布式存储器上的数据。几十亿字节大小的文件，最终对应的特征值类似：

0x138429hfweytwf485604764thjd497b1209afootfefiqf1719562386523597

特征值具有体积小、存储成本低、保存时间长、自动执行校验等特点，使得不同数据库之间大型数据交换的可行性成为可能。可以实现：

- 同一份数据有且仅有一份；
- 可只提供数据中的一部分供其使用；
- 同一份数据能够供各方同时使用；
- 各方可简单验证所获得的部分数据来自某一确定的数据源；
- 数据更新后，各方得到的数据总保持一致；
- 数据更新后，其所有历史版本均可查验，且可附加各类信息说明。

基于以上特点，区块链除了可以完全胜任企业单层面数据库的需求，以及融合不同层次数据库之间需求和信息交换，可将企业对内对外支付、库存、开票和 OA、ERP、CRM 和项目管理系统相结合，而且，它可将不同企业或同一行业或不同细分市场的数据信息的交换和应用需求整合，从而对整个幕墙行业带来革命性的变革。

## 2 工程项目公开招标预审

工程项目社会公开招标中资格预审时，需要项目信息侧链的信息提供，包括：企业诚信分值，建设规模，施工、设计资质，人员规模，人员资质，项目团队、人员信息，幕墙类型，系统难度，材料信息，奖项，法律纠纷，“运维”回访等内容。设计的证明文件来自建设方、设计方、施工方、监理方、质监站、法院、保险、银行、财税、政府监管等多部门的参与。涉及相互之间的信任、信息真伪鉴别、已查验等显著特点，要求各方信息数据来源均相同，仅各方能够读取的部分不同，信息更新时，各方信息均同步更新，各方对同一信息交叉验证，减少造假概率，属于典型的区块链技术问题。

社会公开工程招采信息公链可参考如下模型建立。(图 1)

目前在资格预审阶段，通过专家评审进行，通过投标企业的诚信的单方凭证进行判定，同时也需要政府授权的第三方招标代理中介的参与，遇到投标单位多的项目（如 50 个以上)，资格预审是一个极其漫长的过程，在时间、人力、物力方面都会占据大量的社会资源。通过招采信息公链和各个企业项目信息侧链的建立，做到信息及时更新、数据难以篡改、去中心化，通过智能合约的程序自动执行资格预审的流程，取消评审会，形成可靠合理的短名单进入第二阶段的招标流程。

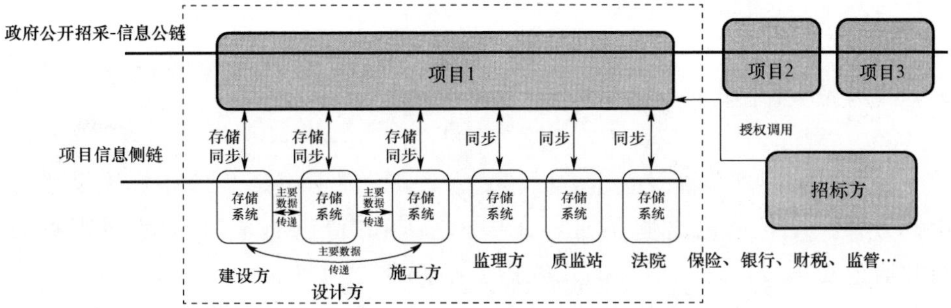


图1 工程招采信息公链模型

操作流程如下：首先每个企业建立自己的项目信息侧链，招投标代理或政府采购相关部门建立招采信息公链，针对不同项目招采需要，通过智能合约提取不同类别的信息，程序自动计分，实时优选出合适项目的短名单。通过区块链技术可避免评审的主观因素，取消现场预审流程，提高项目效率。

项目信息侧链同样也可与监管系统结合在一起应用，模型框架如图2所示。

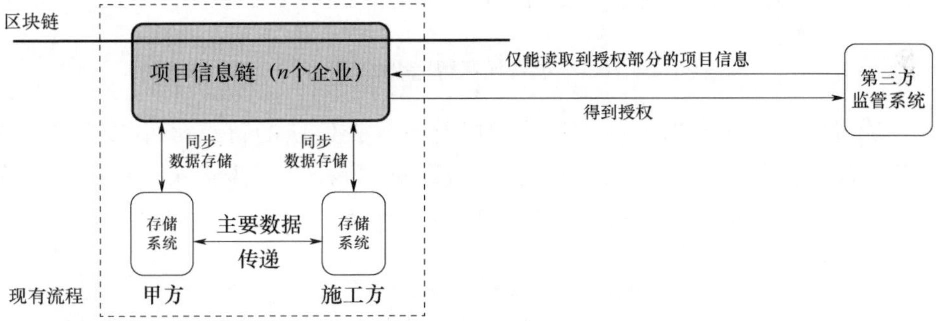


图2 项目信息调用智能合约模型

目前，工程实施前流程存在政府审批难、政府部门责任重、流程长、效率有待提升等问题，通过上链，可由智能合约自动执行、实时执行需要监控的内容，并可精确定位；项目信息不可被篡改；监管看到的信息与各方看到的信息始终一致；同时可依托5G、物联网、遥感、数据分析、人工智能等手段，实现实时风险预警、可疑项目报警等功能。

通过数据库扁平化的区块链技术，可充分发挥市场的主导地位，为事前审批减少不可控因素，为事中、事后监管提供有力可靠的技术工具，提升整体社会效率，优化营商环境。

## 3 公开招标评审

目前，方案评审涉及技术方面，专家评审无法避免，但是中标决策信息、中标方案、评审结论这些信息，在中标后期的监管查验往往是不透明的。对政府公建项目，这些信息的查验需要给同业竞争和幕墙行业提供一个公平的监督平台，建立健康且良性循环的评审机制。相关查验公链模型如图3所示。

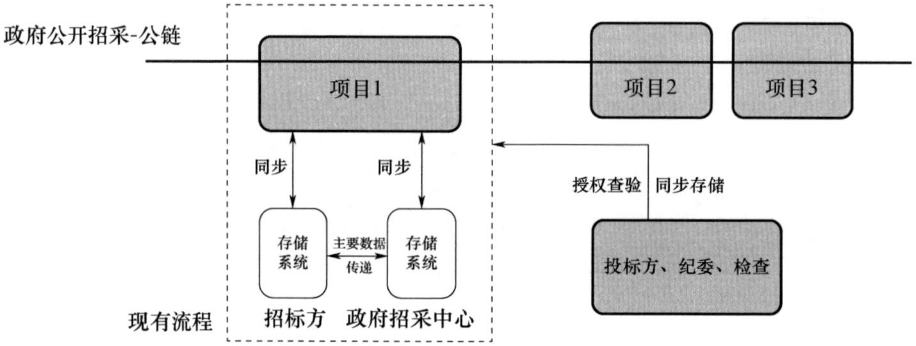


图3 项目评标智能合约模型

通过区块链的数据集体维护、难以篡改、去信任的特点，可以做到评审过程中相关的信息透明，减少投诉率，授权的投标方同步记录，提高腐败成本，同时杜绝投标方案抄袭，标后中标方案抄袭非中标方案的情况，提高政府或行业的公信力。

## 4 区块链溯源

幕墙的建造是由原材料采购、深加工（设备采购）、运输仓储、施工、验收、运维等阶段组成。这些环节由不同的主体实施和执行相关众多的合同形成完整的产业链。它包含了原材料企业、加工企业、运输企业、设计施工企业、使用业主等多方的参与，工程精细化管理和项目全过程生命周期的管理需要社会、政府、建设方等在不同的阶段调用不同的信息，用于去伪存真、事故调查、招投标、评优等活动，这都需要原始数据的调研。传统的跨部门、跨公司、跨细分行业的调研，是以人为干预为主的工作，通过上级管理部门的许可批准，才能通过被调研部门的人去访问相应的数据库，还要靠人去查验原始合同和存单，这个过程需要多处留档、领导批示审核，使得周期极其漫长，降低了社会运行的总效率。

区块链技术的应用克服了这个障碍，建造主链 SC11 模型框架如图 4 所示。

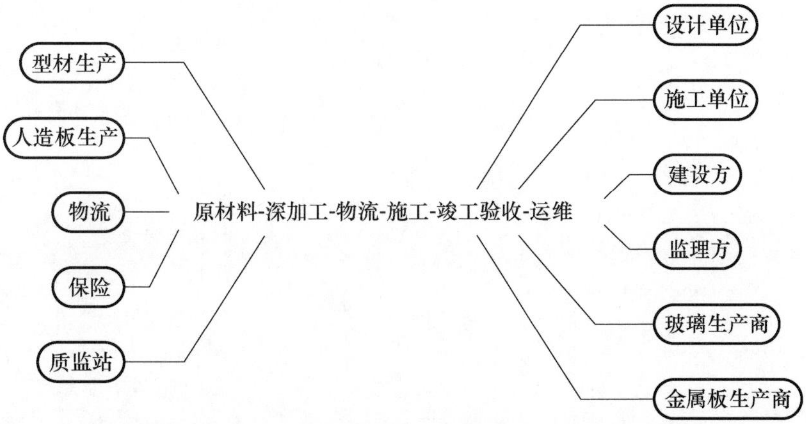


图 4　工程建造智能合约主链 SC11 模型

在这个幕墙建造区块链上，参与方根据智能合约约定的条款，将加密后的信息特征值上传到链上。同样根据事前约定的要求，调用方需要调用时，将请求在链上向被调用方发出申请，由于事前已经约定好权限，被调用方审核确认后，系统会向相关授权方发出广播并向请求方发出特征码，待相关授权方全部确认同意后，请求方得到特征码，便可使用被调用方的数据和信息。系统同时会作为节点记录此事件，并向全网广播，从而完成这个操作。

由于有智能合约的约定，省去了人为申请审批的过程，节约了时间；特征码只有供需双方才可以看到，保守住了秘密；相关授权方的协同批准，确保了信息交流的合规性、合法性；全网广播，也杜绝了信息不对称引发的一系列问题。通过上链，市场上的问题如材料贴牌、材料替换、招标与中标、中标与现场、现场与竣工、后期维护安全过程中信息的丢失或替换也会杜绝发生。

例如，在施工阶段，监理通过现场勘查，鉴别材料存在问题，需要溯源的数据信息参考表 1。

表 1　工程材料信息内容表

| 内容 | 原材料～深加工出厂 | 合格品出厂物流～仓储 | 设计图纸 | 进场～竣工交付 | 项目运营 |
| --- | --- | --- | --- | --- | --- |
| 玻璃、石材、人造板、钢材、铝材、密封胶、胶条、岩棉、附件…… | · 生产厂家<br>· 材料名称<br>· 品牌<br>· 型号/标号<br>· 主要性能指标<br>· 批号（数量）<br>· 检测报告<br>· 合格证<br>· 保质期<br>· 出厂时间<br>…… | · 材料名称<br>· 品牌<br>· 型号/标号<br>· 批号（数量）<br>· 销售、运输信息<br>…… | · 材料名称<br>· 性能指标<br>· 使用部位<br>· 签证变更 | · 生产厂家<br>· 材料名称<br>· 品牌<br>· 型号/标号<br>· 批号（数量）<br>· 检测报告<br>· 合格证<br>· 保质期<br>· 出厂时间<br>· 销售方信息<br>· 进场报验、取样、复验<br>· 加工、使用信息<br>…… | · 保养<br>· 维修<br>· 拆除<br>· 更换<br>…… |

监理向各方发出申请，经过相关授权方的确认后，通过事前编好的智能程序根据任务需求自动校验数据的真伪，如果出现同一类型数据不一致或缺乏信息支撑时，会提示问题发生环节，以及上传方和审批方的背景资料，便于发现问题所在，为整改提供数据支撑。

实际上在每个工程实施阶段上链的过程中，都需要各相关授权方的确认，信息的准确性和一致性可以通过区块链自身的特性得以保证。

## 5　设计变更签证

设计变更是设计方或现场问题，或建设方新的调整后产生的。相关变更签证智能合约侧链模型如图 5 所示。

首先要明确合同图纸方案和造价，然后提出变更原因，变更方案与造价的确认和审核，然后回到建造主链。采用变更签证可作为对主链 SC11 的一个补充，形成侧链 SC211。设计变更中工程造价、方案变更的合法合规性是责任管理的要点，通过上链，确保各方确认或审批的时间实时同步上链，在后期实施和项目审计中降低追责的时间成本、人力成本，同时容易发现问题环节，提高项目推进的效率。

另外一方面，项目施工方由于种种原因低价中标后，寻找设计、业主造假签证，突破预算要求，导致早期预算造价控制失败，浪费社会资源。同样，施工方高价中标后，进行设计、施工方优化变更，因专业化程度高，业主难以实现项目控制。通过上链，形成多方监管，提高变更操作成本，明确各方责权利，提高成本管理的控制水准。

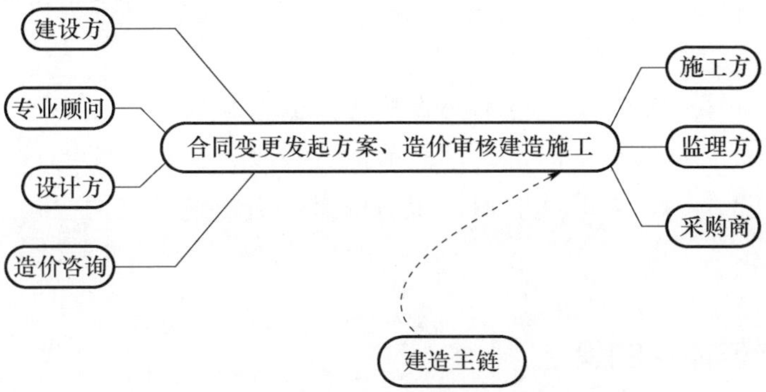


图 5 变更签证智能合约侧链模型

## 6 智能支付

工程的交易包括两个方面的内容，一个是商品和服务的交换，即结算；另一个是资金（非实物部分）的清算，清算往往在结算完成后进行。（图 6）

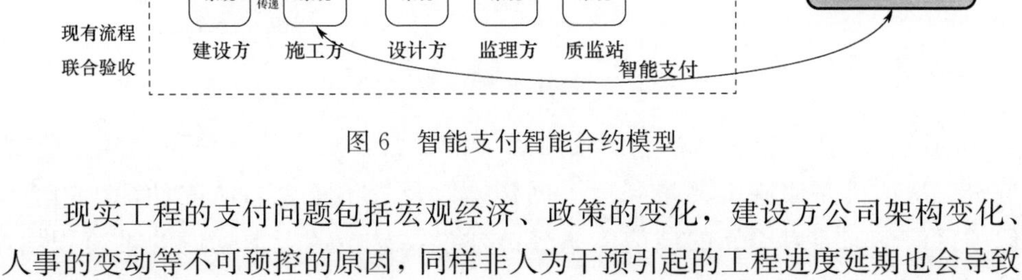


图 6 智能支付智能合约模型

现实工程的支付问题包括宏观经济、政策的变化，建设方公司架构变化、人事的变动等不可预控的原因，同样非人为干预引起的工程进度延期也会导致支付问题的发生。项目公链上的联合验收节点完成，智能合约系统会直接进行资金的划转，而并非考虑建设方或甲方自身财务状况出现问题的情况，甲方的财务问题可能会引起其银行借贷、融资、保险、违约索赔等一系列问题的发生，但不管如何，可至少保证项目的资金到位而正常运行。虽然看上去甲方短期内没有实现资金的最大利用率，缺乏管理的灵活性和利益最大化，但这正是区块链的魅力所在，它是保证整个项目或社会共同效率的最大化，而不是保护单一方面的利益独赢，是一个工程管理组织行为方式的革命性变革。

实际操作中，银行系统可不必直接接入到区块链中，交易各方只需要提供区块链中的交易信息，即可通过当前的银行系统进行资金的划转。银行也可直接接入区块链，自动读取相关交易信息，最终在当前的银行系统中进行资金划转。

## 7 行业诚信体系的建立

以工程项目信息链为子链单元建立的行业诚信体系公链，旨在彻底解决信息不对称或数据更新不及时导致的诚信失真或虚假问题。模型如图 7 所示。

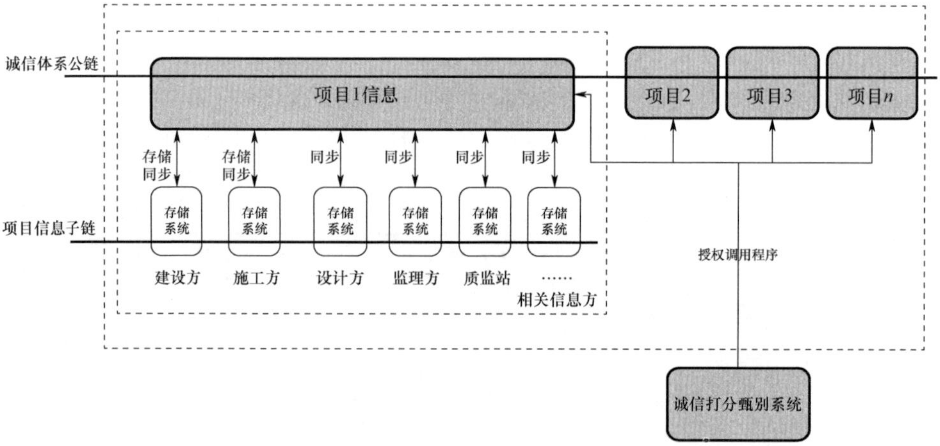


图 7 诚信体系智能合约模型

同样，信息内容包括社会征信所需要的要素，从人员到设备、从企业到资金、从项目完成施工质量到运维回访，以及失信证明、法院仲裁等内容。以项目信息子链为单元的诚信体系公链建设，易于链上数据库的迅速积累，快速提高信息的完整性，达到记录真实、记录及时、记录全面、记录易查验的目标要求。通过调用程序，可轻松地选出不同层级要求的诚信企业短名单，为工程建设采购选择合适的材料和承包商，提供强有力的保障。

## 8 结语

从操作层面上看，企业额外并没有增加许多工作量，这是因为企业管理ISO的普及在中国已经成熟，其核心基础也是一种类型的数据库管理。针对区块链的输入，企业并没有要求专门针对上链而增加额外的上传工作量，而是每一项数据按照事先智能合约的规定，仅输入一次，然后智能合约根据不同的区块链要求进行信息的分类和整理，用于不同的合约。同样也与ISO、OA、ERP、CRM等数据库互通，根据不同的任务要求进行信息互通调用，做到一数多用。而在执行层面会大大减少审查会、授权、盖章等人为活动的环节，提升项目总体执行效率和完成度。

本文简要叙述幕墙行业工程建设中7个常用的应用场景和展望，对基本的智能合约进行了基本的介绍，并对使用区块链技术前后对工程影响做了初步的分析和总结。区块链作为一个底层数据库的基础设施，并不是一个实物的创新，但它是一种新的策略、新的行为组织模式，随着区块链技术的普及和发展，将极大影响幕墙行业工程项目的管理和运行，势必助力行业乃至社会整体效率和诚信的提升，是一个崭新的行业发展方向。

愿本文为区块链在建筑幕墙行业的应用提供有益的思路和借鉴。

## 参考文献

[1] 陈峻．浅谈区块链技术在建筑幕墙行业中的应用（上）[C] // 董红．2020—2021年度中国门窗幕墙行业主流技术与市场热点分析报告．北京：中国建材工业出版社，2021.

## 作者简介

陈峻（Chen Jun），男，1972年生，高级工程师，研究方向：玻璃幕墙抗爆炸冲击波、幕墙结构、文化建筑表皮及材料；工作单位：华建集团华东建筑设计研究总院；地址：上海市中山南路1799号；联系电话：021-63217420；E-mail：jun _ chen@ecadi. com。

# 建筑幕墙设计行业的数字化转型

◎郑　平

龙湖集团商业研发中心　北京　100029

**摘　要**　近年来，伴随着房地产行业的高速发展，以及国家对行业的宏观调控，多地陆续出台限购限贷政策等，房地产行业内外部环境均发生了诸多转变，对企业的管理也产生了巨大影响。依靠高杠杆扩张的时代终结，房企分化加大，如何在低利润率、行业竞争加剧的市场大环境下继续保持健康发展，为房企找到新的增长业务点是今后关注的焦点？由于土地、资金成本的压力加大和利润空间的下滑，房企需要向管理要红利，积极推动企业的数字化转型，在信息化的基础上，通过全面的在线化连接和数据化洞察实现投资决策、规划设计、施工建造、采购、项目管理、营销等各个业务环节的效率优化和项目整体投资回报率提升。设计、建造、供应链作为房企大运营体系的关键部门应积极推进数字化，建筑幕墙作为大运营体系的一环，幕墙顾问和施工单位需主动推动自身的数字化转型，占据先机。

**关键词**　数字化；建筑幕墙设计；BIM；封装

## 1　引言

数字化转型，就是利用数字化技术来推动企业组织转变业务模式、组织架构、企业文化等的变革措施。数字化转型旨在利用各种新型技术，如移动、Web、社交、大数据、机器学习、人工智能、物联网、云计算、区块链等一系列技术为企业组织构想和交付新的、差异化的价值。数字化转型的企业，一般都会去追寻新的收入来源、新的产品和服务、新的商业模式。因此数字化转型是技术与商业模式的深度融合，数字化转型的最终结果是商业模式的变革。

## 2 房企为什么进行数字化转型

（1）房企降本提效压力凸显，急需借助数字化手段实现精细化运营转型。由于土地、资金成本的压力加大和利润空间的下滑，房企开发业务需要向管理要红利，在信息化的基础上，通过全面的在线化连接和数据化洞察实现投资决策、规划设计、施工建造、采购、项目管理、营销等各个业务环节的效率优化和项目整体投资回报率提升。

（2）数字化助力房企实现业务转型和商业模式创新，进行多元化发展。面对存量化趋势，房企积极推进业务多元化转型，布局物业服务、商业地产、家装服务、养老、教育等业务。在推进业务创新和商业模式转型过程中，数据中继平台、大会员运营平台等数字化平台建设可以赋能房企加速经营能力转型，实现多元业务的资源打通和协同发展，重塑业务增长引擎。

（3）房地产存量市场的资产管理、物业管理等场景将成为房地产数字化投入的重要方向。中国房地产存量资产规模已超过 200 万亿元，且存量资产运营处于起步阶段，效率亟待提升，围绕资产运营和服务的诸多场景都存在数字化应用的机会。运营优化带来的价值创造不断凸显，将推动物联网、人工智能等技术的应用落地。

## 3 房企如何做好数字化转型

数字化转型四个阶段：

业务数据化⟶数据资产化⟶资产应用化⟶应用场景化

第一阶段业务数据化，也叫信息化阶段，其核心是构建业务系统，除了能够实现降本增效外，还能将投资、开发、运营、销售过程中的业务数据沉淀到系统中。

第二阶段数据资产化，主要包括数据资产盘点、数据仓库/中心/中继平台建立为核心的数据梳理、数据治理、数据通道等工作。将第一阶段沉淀在各个业务系统中的数据进行集中管理和储存，为第三阶段数据资产应用打好基础。

第三阶段数据资产应用化，侧重点在于做好企业的数据分析应用，即各种数据报表、数据看板和管理驾驶舱等。前两个阶段大多数是数据底层相关的工作，从第三个阶段开始数据将从底层走向前端。

第四阶段应用场景化，强调数据应用结合业务场景，为企业创造业务价值。

从当前来看，大多数房企目前已经进入了第二阶段中后期，因此，我们主要对第一阶段、第二阶段房企数字化转型对建筑幕墙设计行业的影响谈一谈一些认知。

## 4　建筑幕墙行业的未来

新设计：在实体建筑幕墙生产之前，数字化模拟全过程：协同设计、虚拟生产与施工、虚拟交付等都呈现在全数字化产品中。

新建造：将业主、开发商、生产制造、物流、施工等整合形成数字化的生产线，将幕墙原材料、加工厂与施工现场在线连接，实现构（部）件生产大规模与柔性化。

新运维：基于BIM＋大数据技术分析，通过空间战略规划、空置面积分析、空间优化组合等，科学合理地利用空间，降低运营成本，提高空间收益；同时，为用户提供高效、适宜的空间使用布局，提高工作效率和协作效率。

## 5　幕墙数字设计

在传统的设计模式下，幕墙设计以分散的、孤立的方式开展。幕墙设计过程重度依赖建筑设计图纸质量和幕墙设计师经验，幕墙设计质量难以保证。在项目实施过程中，因为项目周期紧、设计工作量大、修改频次高、且图纸不交圈和版本迭代不及时，导致幕墙设计效率低，设计人员价值感低；而在项目管理过程中，设计、生产、施工、运维各环节相互割裂，专业内标准不统一，过程管理依赖“人治”，缺乏信息系统支撑，项目协同成本高；而对设计企业而言，设计数据难以有效沉淀和复用，设计企业标准化程度低，规模化效应难发挥，造成设计企业的利润呈现逐年下滑的态势；而从行业看，行业法律法规及准入制度尚需完善，监管体制与企业发展诉求存在错位，设计审查机制存在争议，知识产权及保障力度弱，设计行业监管落实也存在困难。（图1）

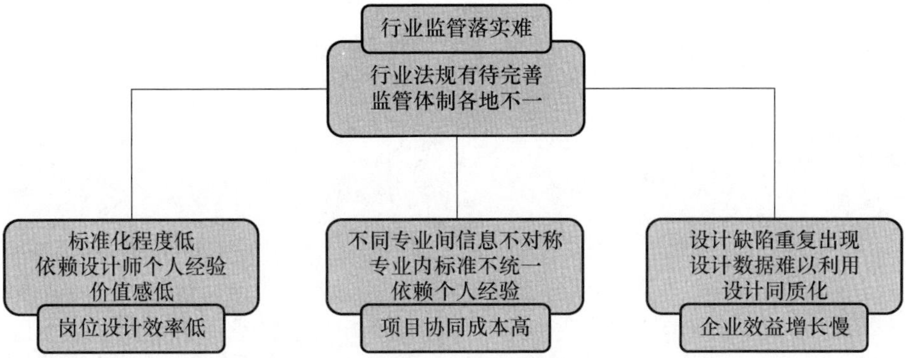


图 1　传统的设计模式遇到的问题

幕墙数字设计是建筑幕墙绿色化、数字化、工业化在设计阶段的深度融合，通过数字化驱动幕墙设计和工程数据融合，建立幕墙设计全过程、全要素、全参与方的一体化协同工作模式，支撑施工和运维场景在设计阶段前置化模拟，打造全数字化样品，进行集成化交付，从而提升设计效率、增强项目协同、扩展企业业务、提高行业监管水平，最终赋能幕墙设计行业数字化转型升级。幕墙数字设计的提出，极大地丰富了数字建筑理论体系，为建筑幕墙设计行业数字化转型提供了理论指导。

## 6　建筑幕墙设计行业的未来

作为房企数字化转型的领先企业，龙湖、融创、华润等头部企业已经完成了门窗幕墙设计数字化底层数据的搭建，如华润融创的门窗标准化，基本完成了门窗洞口尺寸、门窗分格尺寸、构造节点、加工下料单，设计经理只需要选取功能 $K$ 值、位置、门窗类型，软件计算自动生成下列数据：门窗编号、窗型、区间、系列、玻璃配置、成本，操作参数选取图如图 2 所示。

| 门窗初选表 | | | | | |
|---|---|---|---|---|---|
| K值 | 位置 | 门窗类型 | 型材系列 | | 计算生成 |
| _3.4 | 南卧室 | 推拉门 | 推拉门--断热95系列铝材 | | |
| 门窗编号 | 窗型 | 区间 | 系列 | 玻璃配置 | 成本(元) |
| L-TL-A01 | 窗型详见大样图 | 1600~2400mm | 推拉门--断热95系列铝材 | 5+12A+5全钢化 | 559.37 |

图 2　操作参数选取图

打开【窗属性】后界面如图3所示：显示玻璃配置、铝合金型材、钢材、开启附件、密封胶条、耐候密封胶、发泡剂、其他附件共8项，此8项列入材料费中。

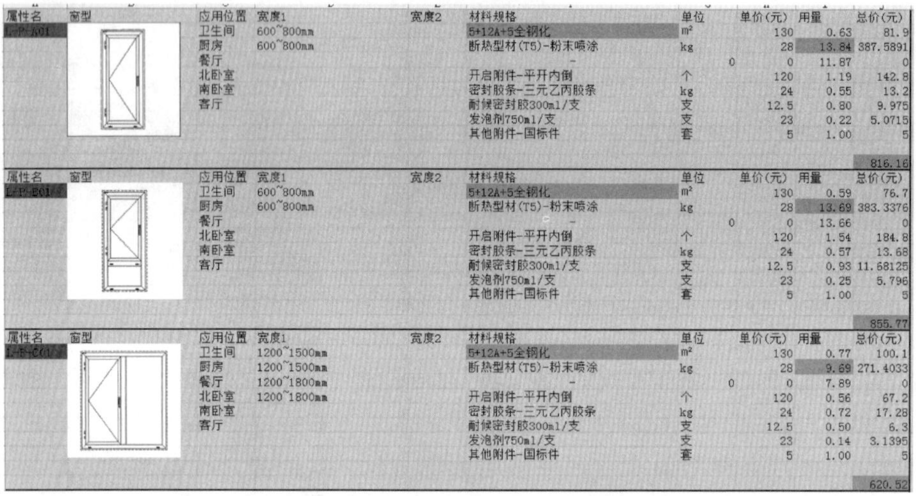

| 属性名 | 窗型 | 应用位置 | 宽度1 | 宽度2 | 材料规格 | 单位 | | 单价(元) | 用量 | 总价(元) |
|---|---|---|---|---|---|---|---|---|---|---|
| L-P-A01 | | 卫生间 | 600~800mm | | 5+12A+5全钢化 | $m^2$ | | 130 | 0.63 | 81.9 |
| | | 厨房 | 600~800mm | | 断热型材(T5)-粉末喷涂 | kg | | 28 | 13.84 | 387.5891 |
| | | 餐厅 | | | - | | 0 | 0 | 11.87 | 0 |
| | | 北卧室 | | | 开启附件-平开内倒 | 个 | | 120 | 1.19 | 142.8 |
| | | 南卧室 | | | 密封胶条-三元乙丙胶条 | kg | | 24 | 0.55 | 13.2 |
| | | 客厅 | | | 耐候密封胶300ml/支 | 支 | | 12.5 | 0.80 | 9.975 |
| | | | | | 发泡剂750ml/支 | 支 | | 23 | 0.22 | 5.0715 |
| | | | | | 其他附件-国标件 | 套 | | 5 | 1.00 | 5 |
| | | | | | | | | | | 816.16 |

| 属性名 | 窗型 | 应用位置 | 宽度1 | 宽度2 | 材料规格 | 单位 | | 单价(元) | 用量 | 总价(元) |
|---|---|---|---|---|---|---|---|---|---|---|
| L-P-B01 | | 卫生间 | 600~800mm | | 5+12A+5全钢化 | $m^2$ | | 130 | 0.59 | 76.7 |
| | | 厨房 | 600~800mm | | 断热型材(T5)-粉末喷涂 | kg | | 28 | 13.69 | 383.3376 |
| | | 餐厅 | | | - | | 0 | 0 | 13.66 | 0 |
| | | 北卧室 | | | 开启附件-平开内倒 | 个 | | 120 | 1.54 | 184.8 |
| | | 南卧室 | | | 密封胶条-三元乙丙胶条 | kg | | 24 | 0.57 | 13.68 |
| | | 客厅 | | | 耐候密封胶300ml/支 | 支 | | 12.5 | 0.93 | 11.68125 |
| | | | | | 发泡剂750ml/支 | 支 | | 23 | 0.25 | 5.796 |
| | | | | | 其他附件-国标件 | 套 | | 5 | 1.00 | 5 |
| | | | | | | | | | | 855.77 |

| 属性名 | 窗型 | 应用位置 | 宽度1 | 宽度2 | 材料规格 | 单位 | | 单价(元) | 用量 | 总价(元) |
|---|---|---|---|---|---|---|---|---|---|---|
| L-P-C01 | | 卫生间 | 1200~1500mm | | 5+12A+5全钢化 | $m^2$ | | 130 | 0.77 | 100.1 |
| | | 厨房 | 1200~1500mm | | 断热型材(T5)-粉末喷涂 | kg | | 28 | 9.69 | 271.4033 |
| | | 餐厅 | 1200~1800mm | | - | | 0 | 0 | 7.89 | 0 |
| | | 北卧室 | 1200~1800mm | | 开启附件-平开内倒 | 个 | | 120 | 0.56 | 67.2 |
| | | 南卧室 | | | 密封胶条-三元乙丙胶条 | kg | | 24 | 0.72 | 17.28 |
| | | 客厅 | | | 耐候密封胶300ml/支 | 支 | | 12.5 | 0.50 | 6.3 |
| | | | | | 发泡剂750ml/支 | 支 | | 23 | 0.14 | 3.1395 |
| | | | | | 其他附件-国标件 | 套 | | 5 | 1.00 | 5 |
| | | | | | | | | | | 620.52 |

图3　不同配置成本计算图

窗成本＝直接费＋管理费＋利润＋税金（实际费用构成以业主的成本取费计算）

直接费＝材料费＋运输及包装费＋安装费＋加工费

管理费＝直接费×管理费率

利润＝直接费×利润率

税金＝（直接费＋管理费＋利润）×税率

安装费、加工费、管理费、利润，可根据工程所在地进行修改。通过洞口固化、型材封装和门窗数字化，消除门窗的二次深化设计、门窗单位集采，达到降本提效保质目的。

龙湖地产已经完成商业立面和幕墙模块的数字化封装，分为楼栋、空间、部品、构件和物料等8级，完成几万个模块的封装，可快速实现商业项目平立面的快速拼装，15天完成商业项目报规。（图4）

数字化为商业项目设计提速打下了坚实基础，此外，商业项目全面推行正向BIM设计，各专业在方案前期强交圈，减少后期变更。通过立面成本神经网络测算成本，“数模”即时联动，成本一键测算，立面方案阶段立面成本动态控制，通过数字化手段减员增效。（图5）

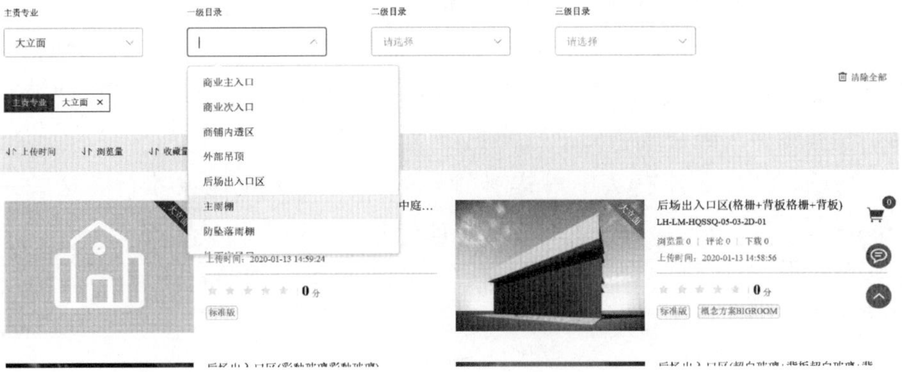


图 4　操作界面

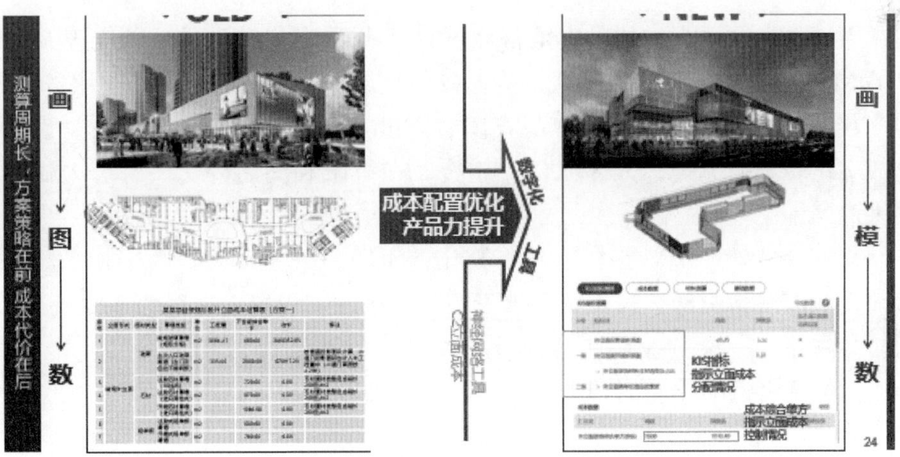


图 5　数字化设计示意图

房企为了应对外部环境的变化，筑基强身，通过数字化向管理要利润，幕墙顾问面临的竞争也会越来越激烈，如何对接房企的数字化需求是幕墙顾问行业面临的现实问题。很多幕墙顾问企业依然是传统的作业方式，等建筑设计院的扩大初步设计图后开始作业，依赖于项目设计经理的个人经验开展设计，导致同一公司出图质量差异太大，在同一个公司得到的评价不一。同时，幕墙设计行业薪资吸引力不足，从业人员素质越来越低，若没有新的工具来进行管理，顾问行业也将会走入一个死胡同。我们也欣喜地看到，在顾问行业涌现了一批数字化方面领先的企业，如 RFR、EFC、中南幕墙等，如 EFC 在昆明时代天街通过正向 BIM 设计，与建筑、结构、机电、泛光专业强交圈，多轮碰撞，样板完美落地；中南幕墙通过天津梅江项目的幕墙正向

BIM设计，也展现了在顾问行业数字化领先的能力。

幕墙设计行业推动数字化，绝对不可能像那些烧钱砸数据的互联网企业，设计行业经过大建设周期后，设计要求越来越高，内容增加，设计费反而下降，没有更多的经济实力实施数字化转型。

幕墙设计行业唯有实施可提升管理效率的数字化建设才行，这关系到“人事物”管理与工作协同数字化的全面提升，应以职能管理为主导。

幕墙设计行业的数字化转型只能以解决问题为导向、项目策划来推动，以数字化转型项目进行有目的推动。

## 7 结语

BIM/Rhino/Revit技术应是幕墙设计行业数字化转型的主线与基础，应以BIM/Rhino/Revit的技术成果为基础衍生出更多的数字化产品与服务。

数字化转型绝不是单兵作战，BIM/Rhino/Revit技术队伍建设是设计行业数字化转型的关键。人才队伍应整合，在有限利润之外让一部分人做一些未来的事。

数据是基础，BIM是核心，可视化是手段。毫无疑问，数字技术将开创幕墙数字经济新天地，这也是幕墙设计顾问企业实现换道超越的历史机遇。

建筑幕墙设计行业应顺应时代，在碳达峰与零排放历史时期迎接挑战，融入与拥抱幕墙数字化时代，引领房地产企业幕墙数字化变革。

# 地产项目大区级幕墙门窗管控分析

◎陈　勇　袁居敏

弗思特建筑科技有限公司　江苏南京　210019

## 1　质量的困惑：什么是质量？

地产项目管理者如是说，

- 我们都认同质量的重要性
- 我们有详细的制度
- 我们有质量管理体系
- 我们在现场频繁地做着施工监督的工作
- 项目交付前我们会仔细地进行各项验收
- ……

但是，投诉依然不断，客服、维修忙个不停（图1）……

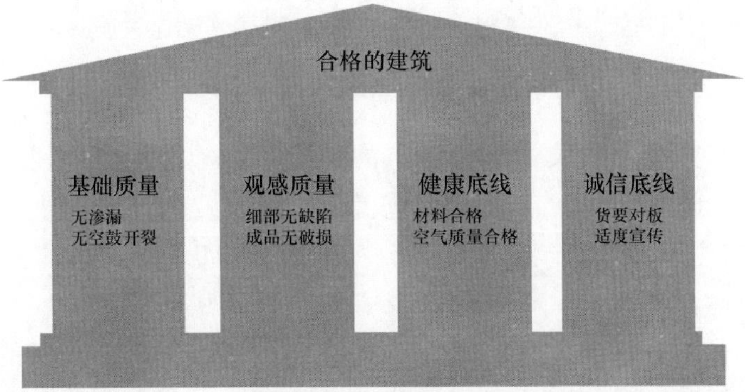


图1　合格的建筑要素

建筑地产行业的规模大，数据量大，同时也是大规模且不经济的行业。建筑业规模巨大却不透明，存在着资源浪费、能耗过高，项目管理能力不足、效益低下等一系列问题。

彼德·德鲁克曾说："如不可衡量，就无法管理。"受当今新兴技术的影响，从工程数据资源的系统整合入手，推动建筑行业品质提升和管理升级，是解决当前问题的重要工具与手段。

作为中国建筑幕墙施工、夜景照明及门窗项目品质控制技术方面领先的外墙咨询公司，弗思特建筑科技有限公司拥有丰富的各类公建、商业综合体、酒店、住宅（以下简称弗思特）质量品质控制和测评经验。同时，我们也在主流地产公司进行地产开发项目的过程测评和质量检查，工作包括项目深度的品质管控，并提供具体的解决方案。我们深知如何将顶级建筑师的创意在项目落地，同时也知道如何通过质量管理和具体检查测评来提升项目质量。质量管理体系层级示意图如图 2 所示。

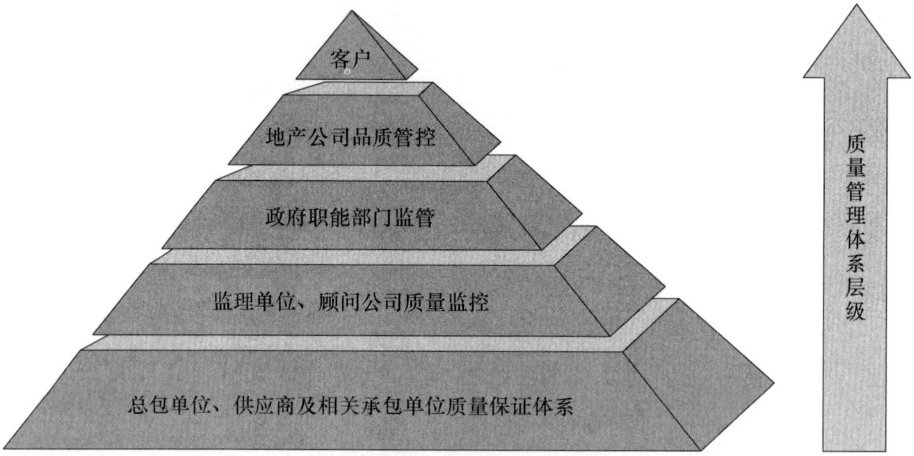


图 2　质量管理体系层级示意图

在经济形势快速增长、部分城市的房价快速上涨的背景下，房地产的投资属性被大幅放大，一定程度上掩盖了产品本身的质量问题。而随着限购限价、"房住不炒"的政策来临及流动性收紧，房地产市场逐步降温，回归居住的属性，高负债、高周转背景下的工程质量问题频发，再次引发大众关注。在背景下，各个房地产公司海量项目扎堆交房，众多的楼盘被曝质量问题，频繁出现的商品房质量危机，无疑给房地产公司和业界敲响了警钟（图 3）。

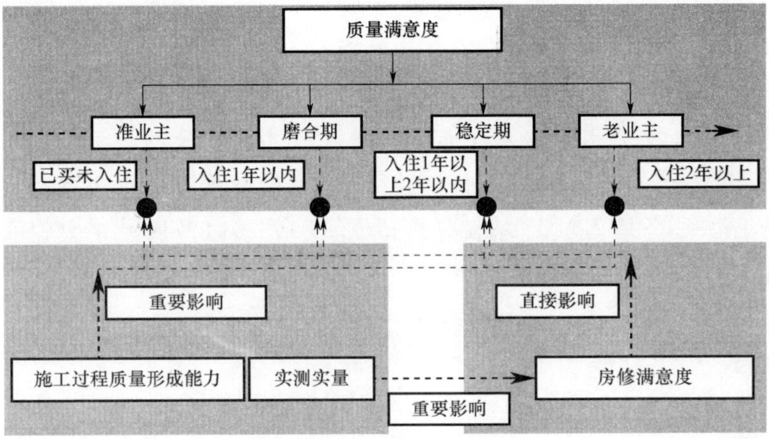


图 3　房屋质量满意度

在“房住不炒”的政策引导下，未来房地产行业必将重新回归产品品质与服务时代，房地产公司在调整经营策略的同时，更应严控产品质量。在新冠肺炎疫情发生之后的将近两年中，我们汇总了各个典型地产公司区域级的项目品质管控的情况，就建筑幕墙和门窗工程质量做了深入评估研究，提出比较明确的质量评估方法和流程，供业主方和从业同行参考。行业内部分地产公司区域级项目幕墙门窗工程评估得分现状如图 4 所示。

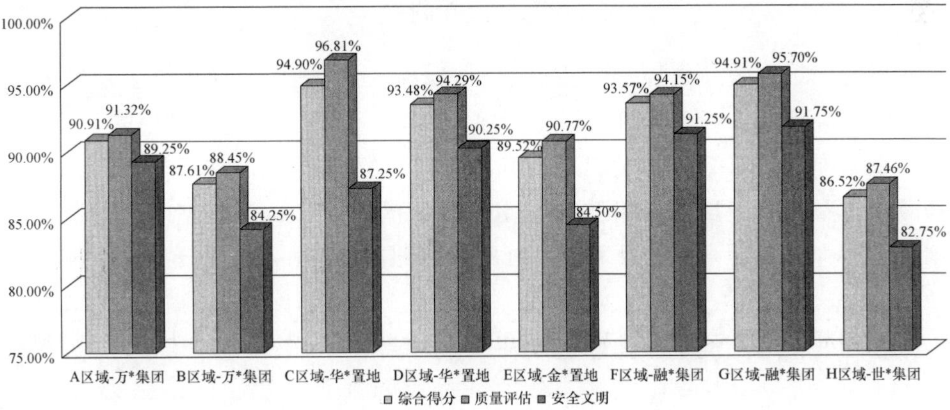


图 4　幕墙门窗工程评估得分

客户的质量需求日益高涨，控制好质量是唯一的出路，排名前 50 的开发商，超过七成的房地产公司推行了建筑质量检查评估体系，其中部分主流地产龙头推行幕墙、门窗、保温、精装修的专项品质控制检查。

## 2 质量管理目的

通过对房地产公司从集团和大区层面进行的具体各城市公司和事业部的项目幕墙品质巡查，可以促进项目的幕墙工程质量管理水平迅速提升，进而推动房地产公司下属各项目、各事业部或城市公司以及区域平台提升幕墙产品整体品质（图5）。

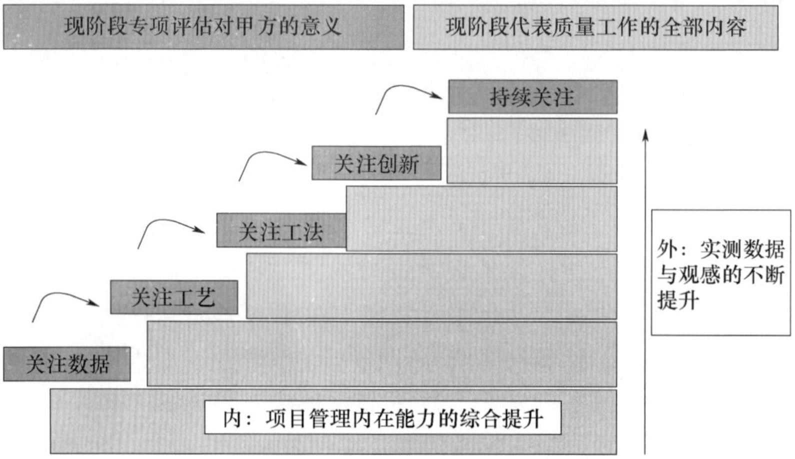


图5　专项评估

借助建筑幕墙品质控制、质量检测以及技术评估的成熟方法，协助开发商和业主来规范幕墙工程自设计、招标、加工、安装至交付全过程的管理。

根据国内最新的幕墙发展工艺和规范标准，不断修改完善幕墙门窗管理和测评体系，通过量化的第三方技术测评、横向评比、落实整改，促进幕墙项目管理水平的提升，进而取得良好的幕墙项目的品质，取得客户的认可。

## 3 幕墙和门窗的质量管理目的

• 通过发布幕墙门窗管理办法，规范房地产公司各区域、各项目的幕墙门窗工程品质标准和管理体系。

• 通过对质量测控点的科学抽查，规范建筑幕墙和外门窗的材料选用，推行幕墙和门窗加工工艺标准，确保安装无质量缺陷，最终全面提升建筑部品的产品品质。

• 通过质量测评阶段的合理设置，有效地实施过程控制，获知各项目的质量现状。第一时间反馈给管理平台，及时安排整改返工，减少项目后期的质量隐患。

• 通过测评，房地产公司下属各项目可进行横向比较，促进承包商间的相互学习提升。

• 汇总本年度各承包商承揽的各个项目测评点，得出承包商的资源得分。资源得分可进行年度排名，供房地产公司筛选合格供方名录。

## 4 幕墙门窗工程质量管理原则和具体工作要求

1. 基本测评单位选择

以区域公司所管辖的每个项目各分期（或地块）内的幕墙门窗分包工程为基本测评单位。不管这家分包单位在该分期（或地块）内承包了多少楼栋或多少业态（公建、商业、住宅等），也不管所承包各栋楼进度是否同步，都按一个基本测评单位计算。

2. 幕墙门窗质量测评的随机性原则

根据各个基本测评单位的施工进度，弗思特在现场随机抽取测区（包括建筑楼栋、具体楼层和测点等）。每次测评应随机抽取 2 个测区（楼层或楼栋）进行测评。每次测评内容为上次测评后至本次测评期间内施工的内容，但如现场条件具备，还需要对上次测评问题进行局部复测。

3. 幕墙门窗质量测评的代表性原则

每次所选取的幕墙测区（建筑楼栋和楼层）具有代表性。每次测评所选的测区（建筑楼栋和楼层）应尽量分散在不同楼栋（业态）和楼层；如果该分包单位同一（进度）阶段仅有一栋楼在施工，应随机抽取不相邻的楼层进行测评。

4. 幕墙质量测评的效率原则

在选取幕墙测区（建筑楼栋和楼层）时，要充分考虑各项实测指标的可测性和全覆盖，尽可能涵盖该分包单位所承包楼栋的所有幕墙实测指标（包括埋件、龙骨、挂件及面板施工），以提高实测效率。

如果在所选测区内不能测满表格中各检查子项的所要求的测点数量，可在同一楼栋的其他楼层补测并填满剩余数据。根据现场情况，也可在堆放区对原材料基本参数、主材和辅材加工质量进行随机抽测。

在测评前应掌握各项目各家分包单位的幕墙基本信息、参数，包括面板、龙骨及埋件、转接件、密封胶、五金、保温材料、防火材料及避雷材料等。

5. 幕墙门窗质量测评的完整性原则

每次幕墙测评过程中，具备条件的必须全部测评，不得有遗漏项，并且要保证测满表格中各检查子项的测点要求数量。可根据现场情况随机选取堆料区对幕墙材料和加工质量进行实测。总而言之，一不得漏项，二必须测满表格中要求的测点数量。

6. 幕墙门窗质量的复查复检机制

如项目进度和条件具备，在测评中要对上一次测评中质量较差的各检查子项进行复查。复查内容包括材料、加工质量、埋件安装、龙骨体系（含细部节点）、隐蔽工程等。前后两次测评的测区选择要避免重叠。

若复查复检时，上述需要复查子项已经隐蔽的，各检查子项要随机抽检2处破坏复查。

7. 幕墙门窗质量测评的真实原则

数据应反映各家分包单位的真实质量。针对每个测评子项，每块面板（每根龙骨、每个埋件）至多选取1个测点，首先要全面观察全幅面板（每根龙骨、每个埋件）的（材质、加工和安装）的整体情况，然后判断选取每个检测子项质量最差的或偏离标准最大的1个测点进行实测。

第三方测评单位在实测过程中，若发现刚刚修补或刻意掩盖的行为而不能客观反映实测数据的，要临时随机更换测区，并对分包单位提出警告，也可视情节严重程度做扣分处理。

8. 幕墙门窗质量测评的可追溯原则

对幕墙进行测评的各项目每家分包单位的具体楼栋号、楼层、单元及立面位置等信息做好书面记录。实测实量数据要求及时、真实、完整填写并保存。

实测过程中的不同意见要在所测测区内提出并当场解决。实测过程中，各检查子项的质量问题（隐患）至少留两张照片并在末次会中对区域平台、项目和参评分包单位进行讲解、分析。

在离开测评项目之前，向平台、项目、分包单位及监理单位当场公布本次测评合格点数和总检查点数，并由三方（项目或平台，幕墙分包单位和第三方测评单位）当场签字确认。

9. 幕墙门窗质量测评的常态原则

具体各项目各家单位的幕墙工程施工要保持常态化，不得采用停工的方式迎检。

10. 幕墙门窗质量测评的公正原则

第三方测评单位要严格遵守职业操守，客观、公正、真实地完成每次测评工作。

针对每个项目的每家分包单位，所涉及各检查项的实测数据要按照测评表格要求的数量测全、填满，不得有漏项，不得随意减少测点数量，不得随意更改实测数据。

11. 具体各阶段的管理职能和工作划分

以房地产公司大区级管控为例，幕墙质量管理动作和要求可参考表1。

**表1　幕墙质量管理动作和要求**

| 序号 | 项目阶段 | 质量管理动作 | 项目<br>公司 | 大区<br>品质管控部门 | 集团<br>品管部门 |
|---|---|---|---|---|---|
| 1 | 幕墙招投标 | 将集团和大区的“幕墙质量标准”和管理要求等技术文件作为招标和合同的技术要求 | ★★★ | ★★检查 | ★确定招标和合同的技术要求 |
| 2 | 签订施工合同 | 材料封样的确认（此处专指施工封样，不是投标封样） | ★★★ | ★★检查 | ★封样符合性测评 |
| 3 | 幕墙施工图审核 | 幕墙施工图纸会审 | ★★★ | ★★测评前幕墙施工图评审 | |
| 4 | 幕墙工艺样板 | 工艺样板确认<br>（安装细部节点的展示） | ★★★ | ★★过程品质测评 | ★集团测评 |
| 5 | 幕墙过程施工 | 材料验收及取样送检<br>加工质量验收<br>施工过程（隐蔽）验收 | ★★★ | ★★过程品质测评 | ★集团测评 |
| 6 | 幕墙过程施工 | 内业资料审查<br>材料试验<br>安全性试验验证 | ★★★ | ★★过程品质测评 | |
| 7 | 幕墙交付验收 | 淋水试验验证<br>交付验收 | ★★★ | ★★交付品质测评 | ★集团测评 |

项目服务阶段参考划分见表2。

**表2　项目服务阶段参考划分**

| 序号 | 服务阶段 | 主要内容 |
|---|---|---|
| 1 | 幕墙施工图审核 | 按照招标要求、国家规范，检查所有外墙系统的施工图和计算书。<br>提交成果：幕墙审图报告。 |
| 2 | 模型测试旁站 | 幕墙承包商模型测试过程的旁站工作。<br>提交成果：模型测试旁站评估报告，视觉样板观察报告。 |
| 3 | 过程测评阶段 | 检测和评估项目重要的施工节点，包括埋件施工、龙骨安装、隐蔽工程、面板安装、五金调试、打胶密封等。<br>旁站和重要评估项目的性能测试，包括埋件测试、淋水测试、现场气密水密测试、玻璃现场撞击测试等。<br>参加工地相关会议，监督解决在工地视察中发现的外墙问题，关键节点需在工地和加工厂视察，以保证正确的加工和安装质量。<br>提交成果：项目过程检测和评估报告、加工厂巡查报告。 |
| 4 | 交付测评阶段 | 施工完成后，协助业主完成幕墙交付评估，并通知业主与承包商跟进任何需要修补或改进的工作。提供含数码照片的综合视察报告为项目备案。<br>如果项目需要，弗思特可审查竣工图、维护手册和保证书等，确定与原幕墙性能技术要求一致。<br>提交成果：项目交付检测和评估报告、项目完工汇总报告。 |
| 5 | 多项目评比 | 对于大区下属多城市多项目之间幕墙工程质量，每季度进行“评比促优”、横向评比、落实整改，促进项目管理水平的提升，努力提升产品品质。<br>提交成果：季度报告（如需）、半年度报告、年度报告。 |
| 6 | 品控交流培训 | 以半年为周期，就当期内出现的幕墙材料、加工、安装、成品保护等常见质量问题，以及优秀做法案例和缺陷问题案例，对房地产公司的幕墙工程管理人员以及相关专业人员进行品质管控交流培训。<br>提交成果：专项培训交流课件。 |

建筑幕墙、建筑门窗质量检查和检测评估的具体实施流程如下：

## 5 管理要求和检测内容

1. 幕墙门窗施工图评审

以单个测评项目为单位，在每一个参评项目幕墙门窗施工图纸设计完成后，开始图纸评审工作。

主要评审内容如下：

(1) 图纸完整性：幕墙门窗施工图纸应包含埋件图纸、封面、目录、设计说明、平面图、立面图、大样图、节点图、型材断面图、结构计算书、节能计算书。

(2) 图纸技术性和图面表达深度：

• 埋件图：埋件的平面位置应定位明确，施工定位尺寸及精度应准确。

• 设计说明：应包含准确的工程概况、设计参数、系统说明、物理性能、材料技术说明。

• 平面图：平面图应准确表达主体结构、平面分隔、立柱位置、幕墙轮廓等设计内容。

• 立面图：立面图应详细表达建筑幕墙立面设计效果、幕墙材料及其应用部位、高度分格尺寸等。

• 大样图：不同类型的幕墙包括面板材料、结构形式和做法，以及幕墙立面或平面比较复杂的部位，均应绘制大样图。

• 节点图：节点图应能清楚地表现完整幕墙的材料及构造做法，对节点做法应表达完整清晰。节点图应清晰准确地表达幕墙的具体做法及全部材料，采用的材料均应在节点图内详细表达并标注清晰。

• 节点图应包括但不限于：标准节点、系统节点、连接节点、安装节点、功能节点、其他节点等。

• 节点图应表达清楚、标注详细、表达完整的设计思想，主要节点应将所有的要求及尺寸标注清楚，所有材料名称需标注清楚。

• 对主要系统要进行详细设计，对墙脚和墙面区、高区和低区应分开设计，节点做法应安全、经济。

• 节点图应考虑施工工艺的合理性、是否满足结构安全性要求，各专业交叉搭接是否合理等。

• 节点图中无法表达清楚的部位应绘制放大节点图。对于构造特别复杂的节点，宜绘制透视详图。

• 型材图：为保证图纸的完整性，应有型材断面图，并表明型材型号、型材牌号、型材线密度、外轮廓尺寸、壁厚等。

（3）其他图纸审图流程要点：幕墙门窗承包商的施工图，应提交设计单位、项目公司或第三方进行审核，施工图通过审核并经签字确认后方可施工。

2. 项目施工过程资料检测

进场材料检测：包含材料规格、材质、品牌、厂家、外观质量、涂膜厚度、技术性能、加工精度、防腐措施、加强构造措施、成品保护措施、存放方式以及现场加工、预支类材料的检查。此阶段检查主要以内业资料为主，主要检查上述材料的合格证明及相关的检测报告，材料堆放是否合理。

实体工程施工过程检测：本阶段检查主要涵盖埋件安装阶段、龙骨安装阶段、面板安装阶段和细部收口及交付验收前现场主要材料的使用是否满足设计及相关规范要求；各种材料的加工工艺及精度是否符合结构安全及现场安装要求；现场各阶段的安装工艺是否与设计图纸一致，且安装质量是否满足相关要求。

工艺样板：主要检查样板材料规格、材质是否与封样及设计要求一致，建筑效果、细部节点安装工艺是否与节点图一致，是否能够满足指导大面施工要求。

工程技术资料：此阶段主要检查项目是否按照要求进行自检，自检记录表、质量评定表、隐蔽验收记录表、中间验收交接记录表、淋水试验记录、四性试验及三性报告是否齐全。

3. 检测目的和结果目标的建议

• 通过第三方测评，确定幕墙门窗质量管理依据，建立幕墙门窗品质管控体系，规范各项目幕墙门窗工程自设计、招标、加工、安装至交付全过程的管理。

• 依据第三方测评建立项目内部测评体系，通过第三方量化测评，横向评比、落实整改，促进项目管理水平的提升，进而提升产品品质。

• 通过测评，对各项目所选用幕墙资源测评进行量化考评，并可将测评成绩作为业主筛选合格供货方的依据。

# 6　技术要求

1. 检查工作和测评工作的组织

（1）具体检测流程（图6）

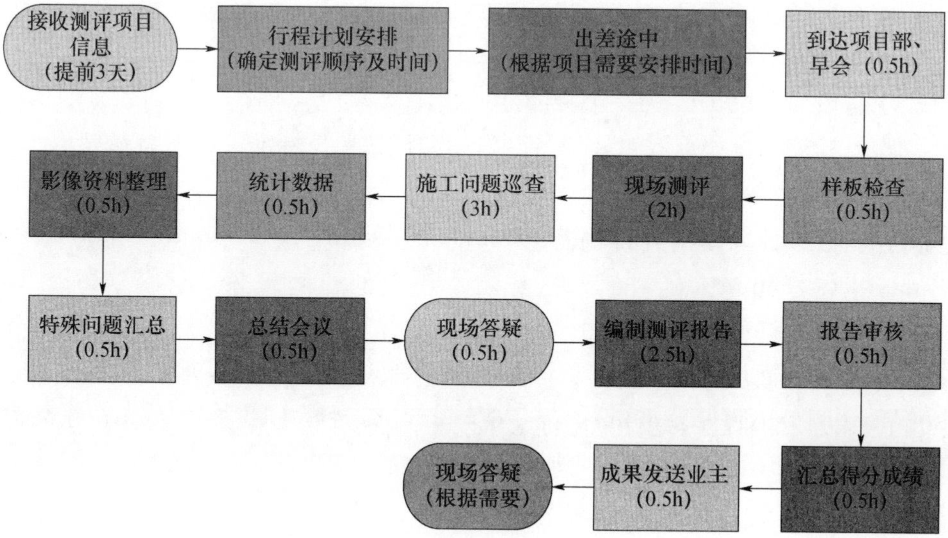


图6　具体检测流程

（2）检测系统划分

根据项目幕墙门窗设计情况，按照幕墙门窗体系和类型，可分为：

门窗系统、玻璃幕墙系统、金属板幕墙系统、石材幕墙系统、采光顶幕墙系统、陶板幕墙系统、单元体幕墙系统、仿石一体板幕墙系统，以及其他幕墙系统（雨篷、屋面格栅、百叶、栏杆、消防救援窗、防火幕墙系统等）。

（3）检测测区划分

根据各个基本测评单位的施工进度，由第三方测评单位在现场随机抽取测区（包括楼栋、楼层、立面、测点等）。交付阶段（在交付前一个月左右测评）应随机抽取增大测区面进行测量。每次选取测区不得重复。

在选取测区（楼层或套房）时，要充分考虑各项实测指标的可测性和全覆盖，尽可能涵盖该资源所承包楼栋的所有实测指标，以提高实测效率。如果在所选测区内不能测满表格中各检查子项所要求的测点数量，可在同一楼层相邻房间或相邻楼层补测并填满剩余数据。根据现场情况，也可在堆放区对原材料基本参数、加工工艺进行随机抽测。

• 以一个楼层或者一大面为采样区：

• 埋板安装阶段以一块埋板为一个测区；

• 横梁、立柱、转接件、插芯安装阶段以每根构件为一个测区；

• 石材加工开孔质量以一块石板为一个测区；

• 面板安装阶段以 $1m^2$ 为一个测区；

• 打胶质量以 $1m^2$ 为一个测区。

（4）检测标准确立（具体详各开发商和评估单位标准，以下为参考）

① 埋板主要检测标准

• 符合设计要求。允许偏差：$5mm<T\leqslant 8mm$，±0.60mm；$8mm<T<15mm$，±0.65mm。

• 规格允许偏差为±5mm。

• 埋件表面应进行热浸镀锌/氟碳漆喷涂处理；镀锌膜厚：$3mm\leqslant T<6mm$，实测最小膜厚≥55μm；若 $T\geqslant 6mm$，实测最小膜厚≥70μm；氟碳涂膜厚度≥45μm；目测有锈蚀，则直接判定为不合格。

• 距边尺寸≥$2d_0$（$d_0$ 为螺栓或螺钉的孔径）。

• 每个后置埋件上不得少于 2 个锚栓，宜采用化学锚栓与机械锚栓交叉布置；基层应为结构构件，不得埋置在砌体内，埋件处混凝土不得有蜂窝、孔洞、露筋、烂根等质量缺陷。

② 钢立柱、横梁、转接件、角码、插芯主要检测标准

• 尺寸规格符合设计图纸要求。

• 镀锌膜厚：$3mm\leqslant T<6mm$，实测最小膜厚≥55μm；若 $T\geqslant 6mm$，实测最小膜厚≥70μm；氟碳涂膜厚度≥45μm；目测有锈蚀，则直接判定为不合格。

• 芯柱与下柱之间应采用不锈钢螺栓固定，下端固定、上端自由。上下立柱之间应有≮15mm 的缝隙。芯柱与立柱间空隙处做密封处理。

• 横梁与立柱两端连接，横梁应有位移功能，至少有一端栓接。

③ 铝合金横梁、立柱、芯柱、框、梃主要检测标准

• 横梁不大于 1.2m 时，$t\geqslant 2.0mm$；横框大于 1.2m 时，$t\geqslant 2.5mm$。立柱开口部位的厚度 $t\geqslant 3.0mm$；闭口部位的厚度 $t\geqslant 2.5mm$。

• 粉末喷涂≥40μm，氟碳喷涂（2 涂层）≥30μm，氟碳喷涂（3 涂层）≥

40μm，阳极氧化，不低于 AA15，平均膜厚≥15μm，局部膜厚≥12μm。

• 芯柱与下柱之间应采用不锈钢螺栓固定，下端固定、上端自由。上下立柱之间应有≮15mm 的缝隙。芯柱与立柱间空隙处做密封处理。

④ 挂件主要检测标准

• 挂件的规格符合工程当地规范要求；

• 挂件膜厚、壁厚符合设计要求。

⑤ 锚栓、胶、泡沫棒、保温、螺栓、背栓材料等主要检测标准

• 品牌、规格、保质期、材质符合图纸设计要求。

⑥ 石材材料主要检测标准

• 符合设计要求；≥25，允许偏差：＋2.0，－1.0；粗面（火烧）板≥28，允许偏差：＋3.0，－1.0。

• 吊顶石材或 100m 以上建筑幕墙应采取背网形式或其他防脱落、防脆裂措施。砂岩、洞石都要做背网。

• 石材开槽尺寸、数量、背栓孔径、深度。

• 石材表面防护、石材加强拼接。

• 石材基本性能参数：吸水率、抗冻系数、弯曲强度、色泽/纹理。

⑦ 铝板主要检测标准

• 铝板颜色符合设计/合同要求；

• 铝板厚度要求：若 1.6mm＜$T$≤2mm，允许偏差±0.11；2mm＜$T$≤2.5mm，允许偏差±0.12；2.5mm＜$T$≤3.2mm，允许偏差±0.14；

• 阳极氧化，不低于 AA15，平均膜厚≥15μm，局部膜厚≥12μm；粉末喷涂≥40μm；氟碳喷涂（2 涂层）≥30μm；氟碳喷涂（3 涂层）≥40μm；

• 加劲肋布置符合设计要求，铝板加劲肋固定螺钉无松动脱落现象。

⑧ 面板主要检测标准

• 铝板、玻璃表面质量不得出现明显划伤；

• 玻璃平面度允许偏差 2.5mm/2m；

• 胶缝应饱满、连续，无开裂、无起皮、无脱落；

• 玻璃、铝板打胶宽度允许偏差 2mm。

⑨ 拉索幕墙主要检测标准

• 玻璃拼缝宽度尺寸偏差≤2mm，玻璃拼缝处两相邻面板接缝高低差≤1.0mm；

• 拉索直径的尺寸偏差≤1mm。

⑩ 采光顶、金属屋面主要检测标准

• 主龙骨、次龙骨分格尺寸测量检查，允许偏差±2mm；焊缝长度和焊高满足设计要求，利用卷尺和焊缝检验规检查；

• 天窗坡度符合设计要求且应≥3%，坡度允许偏差±10%；

• 排水天沟坡度，应≥1.5%，坡向排水孔，测量3处。

⑪ 陶板幕墙系统主要检测标准

• 陶板成品厚度偏差检查，允许偏差±2.0mm；陶板成品长度允许偏差±1.0mm，陶板成品宽度允许偏差±2.0mm；

• 拼接缝宽度偏差≤2mm；相邻面板接缝高低差检查，靠尺及塞尺检查10处；立柱垂直度检查，1层高允许偏差≤2.0mm，2层、3层允许偏差≤4.0mm；同高度内横龙骨高度差检查，允许偏差≤5mm

⑫ 单元幕墙系统主要检测标准

• 横竖框的拼接缝隙≤0.5mm，横竖框高差 $t$≤0.3mm；分格长度、宽度允许偏差：≤2m时±1.5mm；≥2m时±2.0mm；对角线允许偏差：≤2m时±2.5mm，>2m时±3.5mm；

• 焊角高度应满足设计要求，利用焊缝检验规检查；横框、竖框室内拼缝尺寸偏差≤2mm；横框、竖框室内拼缝尺寸偏差≤2mm；

• 单元体层间背板涂层厚度、板厚和表面质量，符合设计要求。

⑬ 门窗系统主要检测标准

• 门窗内侧对角尺寸差：$L$<2m时2.0mm；2m≤$L$<3.5m时3.0mm；$L$≥3.5m时4.0mm；

• 门窗型材框、扇接缝表面高低差，相同截面型材±0.3mm，不同截面型材±0.5mm；

• 玻璃压条与主型材的装配间隙≤0.3mm，与主型材的表面高低差应均匀一致，偏差≤0.3mm；

• 玻璃压条的角部对接方式应符合设计要求，装配间隙≤0.3mm，表面高低差≤0.3mm。

## 7 检测工具配置

表3所列仪器均符合行业相关计量或认证标准，并满足现场幕墙检测需要，测量数据准确、可靠。

**表 3　检测仪器**

| 序号 | 仪器、设备名称 | 规格型号 | 数量 |
|---|---|---|---|
| 1 | 直角尺 | 30cm×12.5cm | 1 |
| 2 | 卷尺 | 3m×12.5mm | 1 |
| 3 | 角焊缝尺 | mg-11 凸轮型焊缝量规 | 1 |
| 4 | 片形塞尺 | 14pcs | 1 |
| 5 | 楔形塞尺 | 0～15mm | 1 |
| 6 | 数显面差尺 | C1-30P（±30mm） | 1 |
| 7 | 磁性线锤 | 3m×300g | 1 |
| 8 | 游标卡尺 | CD-P15S | 1 |
| 9 | 墙面水分测试仪 | MD917 | 1 |
| 10 | 数字万用表 | 15B | 1 |
| 11 | 涂层测厚仪 | XRD210 | 1 |
| 12 | 十字螺丝刀 | 6×150mm | 1 |
| 13 | 一字螺丝刀 | 6×150mm | 1 |
| 14 | 照相机 | DMC-TS30 | 1 |
| 15 | 金属锤 | | 1 |

## 8　检测方法及措施（以单次测评为统计基准）

1. 检测人员工作划分

每个幕墙测评的检查，由两名专业检测人员组成，其中一名组长、一名组员，上午两人配合进行项目测评工作及数据记录工作；下午两人分别完成整个项目项目巡查、发现问题记录及影像资料采集工作。数据采集完成后，在会议室对收集的资料进行汇总筛选，然后由组长对当天幕墙门窗测评情况进行总结。

2. 检测项与对应检测方法

（1）材料项检测：

• 材料项品牌、材质、配置：对比设计图纸、采购清单、合格证、产品说明书进行验证；

• 材料规格（构件、面板、辅备材）：对照设计图纸，使用卷尺测量构件平面尺寸，数显卡尺测量构件壁厚；

• 材料膜厚（钢型材、铝型材的表面处理）：根据国标要求及业主测评要求，使用专业涂膜测厚仪测量型材构件表面涂膜厚度；

• 材料加工（后置埋件、转接件开孔、横梁立柱芯柱下料）：根据国标要求，使用数显卡尺测量开孔加工直径及距边尺寸，卷尺测量下料精度；

• 材料保质期（化学锚栓试剂、密封胶保质期）：核对材料箱体上生产日期、质保期、材料合格证是否一致；

• 材料堆放及成品保护：目测材料现场堆放、成品保护措施；

• 石材面板加工：使用特制槽宽尺、卷尺测量开槽宽度、深度、距边距离、背栓开孔尺寸等加工项；

（2）安装项检测：

• 面板安装朝向：使用专用照射工具观测玻璃面板 Low-E 面安装朝向；

• 面板固定质量：目测面板材料和龙骨连接方式与图纸要求是否相符，连接工艺是否符合规范要求；

• 面板密封措施：目测面板密封措施是否完善，密封胶条安装质量、密封胶是否存在开裂；

• 面板安装平整度：使用 2m 靠尺及塞尺对面板完成面进行平整度检测，要求符合对应国家标准；

• 上墙材料成品保护：目测已上墙可视材料外观是否存在磕伤、变形、划痕等；

• 层间防火及“封修”质量：目测层间防火施工质量及“封修”效果是否符合规范要求；

• 埋件安装质量：使用水平仪及铅垂线核实埋板安装定位情况，目测固定螺栓安装质量；

• 龙骨体系安装质量：使用小钢锤检测龙骨体系焊接位置焊接质量，目测龙骨体系连接方式是否与设计图纸及国家规范相符；

• 幕墙防雷设置：使用万用表测量幕墙体系避雷效果是否达到规范要求。

（3）现场数据记录

现场使用特定纸质表单进行记录，实测实量工作完成后录入计算机进行数据统计及得分计算；并对应业主测评表单（如有），通过系数折减方式得到最终测评得分（图 7～图 9）。

| 分类 | 测评主项 | 一级子项 | 二级子项 | 计量单位 | 设计值/合同要求 | 合格标准 | 测评方法/工具 | 测点选择 | 测点数量 |
|---|---|---|---|---|---|---|---|---|---|
| 材料 | | | 芯柱 | | | 符合设计要求。 | 明书 | 接件、连接件）抽一个测点 | 2 |
| 材料 | | | 横梁 | | | | | | 4 |
| 材料 | | | 配套螺栓 | | | 符合设计要求，不锈钢，严禁有锈蚀。 | | | 4 |
| 材料 | | 壁厚（T） | 转接件 | | | 符合设计要求。 | 卡尺实测 | 每个构件（立柱、横梁、转接件、连接件）抽一个测点 | 4 |
| 材料 | | | 连接角码 | | | | 卡尺实测 | | 4 |
| 材料 | | | 立柱 | | | 符合设计要求。 | 卡尺实测 | | 4 |
| 材料 | | | 芯柱 | | | | 卡尺实测 | | 4 |
| 材料 | | | 横梁 | | | | 卡尺实测 | | 4 |
| 加工 | | 规格 | 转接件 | | | 长度B×截面尺寸（W×H）符合设计要求。。 | 钢卷尺实测 | 每个构件（立柱、横梁、转接件、连接件）抽一个测点 | 4 |
| 加工 | | | 连接角码 | | | | 钢卷尺实测 | | 4 |
| 材料 | | | 立柱 | | | 截面尺寸（W×H）符合设计要求。 | 钢卷尺实测 | | 4 |
| 材料 | | | 芯柱 | | | | 钢卷尺实测 | | 4 |
| 材料 | | | 横梁 | | | | 钢卷尺实测 | | 4 |
| 材料 | | | 配套螺栓 | | | 直径D×长度L符合设计要求。 | 卡尺，钢卷尺实测 | | 8 |
| 材料 | | 表面防腐及膜厚 | 转接件 | | | 钢型材表面应进行热浸镀锌处理，膜厚要求：若1.5mm＜T＜3mm，实测最小膜厚≥45μm；3mm≤T＜6mm，实测最小膜厚≥55μm；若T≥6mm，实测最小膜厚≥70μm。表面及切断面严禁有锈蚀。 | 膜厚仪 | 每个构件（立柱、横梁、转接件、连接件）抽一个测点 | 16 |
| 材料 | | | 连接角码 | | | | | | 16 |
| 材料 | | | 立柱(芯柱) | | | | | | 16 |
| 材料 | | | 横梁 | | | | | | 16 |
| 加工 | | 开孔加工 | 转接件 | | | 开孔数量符合设计要求；开孔方式符合相应构件的位移调节功能；开孔大小与配套螺栓匹配；开孔要规范，严禁使用电焊等灼烧开孔。 | 目测，卡尺实测 | 每个构件（立柱、横梁、转接件、连接件）抽一个测点 | 8 |
| 加工 | | | 连接角码 | | | | | | 8 |
| 加工 | | | 立柱 | | | | | | 8 |
| 加工 | | | 芯柱 | | | | | | 4 |
| 加工 | | | 横梁 | | | | | | 8 |
| 安装 | 龙骨体系 | 转接件与埋件的连接 | 连接质量 | | | 符合设计要求；焊接：焊缝长度、高度符合设计要求，且无焊瘤、夹渣等质量缺陷；栓接：配套螺栓规格、长度符合设计要求，且配件齐全、紧固。 | 目测，放大镜、焊缝量规实测；目测，卡尺/钢卷尺实测 | 每个埋件抽一个测点 | 32 |
| 安装 | | 立柱与转接件的连接 | 立柱布置间距 | m | | 符合设计要求。 | 钢卷尺实测 | 每个立柱抽一个测点 | 8 |
| 安装 | | | 连接质量 | | | 连接方式符合设计要求；配套对穿螺栓规格（直径、长度）符合要求，垫片（垫圈）设置，紧固、限位。 | 目测，卡尺/钢卷尺实测 | | 32 |
| 安装 | | 芯柱安装 | 立柱间伸缩缝 | mm | | 符合设计要求；上下立柱之间应有≤15mm的缝隙，并应采用芯柱连结。 | 钢卷尺实测 | 每个芯柱抽一个测点 | 4 |
| 加工 | | | 芯柱长度 | mm | | 符合设计要求：芯柱总长度≥400。<br>上海：插芯单端与立柱的结合长度应不小于型材长边边长，且≥120mm天津：芯柱长度≥250mm。 | 钢卷尺实测 | 每个芯柱为一个测点 | 4 |
| 安装 | | | 安装质量 | | | 符合设计要求：芯柱与下柱之间应采用不锈钢螺栓固定，下端固定、上端自由。<br>上海：插芯一端与立柱固定连接，另一端应能滑动伸缩。天津：芯柱一段应于立柱连接，另一端的连接方式不应限制立柱的轴向位移。 | 目测 | 每个芯柱为一个测点 | 4 |

图 7　测评表单（一）

门窗质量评估表—铝、铝木门窗

| | | | | |
|---|---|---|---|---|
| 在建项目名称 | | 测评标段名称 | | 门窗施工单位 |
| 测评批次、日期 | 第 ___ 次　______年 ___月 ___日 | 测评所属阶段 | □钢附框进场&安装　□窗框扇进场&安装　□工厂飞检　□窗户安装完成，五金调试结束 | |
| 门窗施工面 | | 取样套房位置（各测评批次的取样套房，位置均不得重复） | 套房A位置：_____楼 ____层 _____房<br>套房C位置：_____楼 ____层 _____房 | 套房B位置：_____楼 ____层 _____房<br>套房D位置：_____楼 ____层 _____房 |

套房 实测记录

| 测评主项 | 测评子项 | 测评标准 | 测区 | 测点 | 选点规则 | 类别 | 套房 | 测点Ⅰ | 测点Ⅱ | 测点Ⅲ | 测点Ⅳ | 测点Ⅴ | 测点Ⅵ | 测点Ⅶ | 测点Ⅷ | 测评工具 |
|---|---|---|---|---|---|---|---|---|---|---|---|---|---|---|---|---|
| | | | | | | | D | | | | | - | - | - | - | |
| 37. 铝窗框固定（干法安装） | 371. 伸缩缝尺寸 | 宽度5mm～8mm，严禁铝窗框与钢附框直接接触。 | 2 | 4 | 一个门窗洞口作为一个测区，取点位置为洞口的下口和任一侧边，一个测区取2个测点。 | 实测值 | A | | | | | - | - | - | - | 塞尺 |
| | | | | | | | B | | | | | - | - | - | - | |
| | | | | | | | C | | | | | - | - | - | - | |
| | | | | | | | D | | | | | - | - | - | - | |
| | 372. 边框调整件布置间距 | 角部布置间距≤150mm | 3 | 6 | 一个门窗洞口作为一个测区，取点位置为洞口的下口和任一侧边，一个测区取2个测点。 | 实测值 | A | | | | | | | - | - | 钢卷尺 |
| | | | | | | | B | | | | | | | - | - | |
| | | | | | | | C | | | | | | | - | - | |
| | | | | | | | D | | | | | | | - | - | |
| | | 大面布置间距≤400mm | 3 | 6 | | | A | | | | | | | - | - | |
| | | | | | | | B | | | | | | | - | - | |
| | | | | | | | C | | | | | | | - | - | |
| | | | | | | | D | | | | | | | - | - | |
| 38. 铝窗框密封（干法安装） | 381. 发泡胶密封质量 | 应连续施打一次成型，溢出的胶体应在固化前塞回缝隙中；确保胶体无二次切割，外膜完好无破损； | 2 | 4 | 一个门窗洞口作为一个测区，取点位置为洞口的下口和任一侧边，一个测区取2个测点。 | 目测结果 | A | | | | | - | - | - | - | 目测 |
| | | | | | | | B | | | | | - | - | - | - | |
| | | | | | | | C | | | | | - | - | - | - | |
| | | | | | | | D | | | | | - | - | - | - | |
| | 382. 硅酮胶密封质量 | 施打应饱满平直，角部收口圆顺无孔洞。 | 3 | 6 | | | A | | | | | | | - | - | |
| | | | | | | | B | | | | | | | - | - | |
| | | | | | | | C | | | | | | | - | - | |
| | | | | | | | D | | | | | | | - | - | |

图 8　测评表单（二）

幕墙质量测评表——石材幕墙

| | | | | | |
|---|---|---|---|---|---|
| 在建项目名称 | | 测评标段名称 | | 幕墙施工单位 | |
| 测评批次、日期 | 第___次　____年 ___月 ___日 | 测评取样位置（不得重复） | 测区A位置：______楼 ____层______。 | 测区B位置：______楼 ____层______。 | |
| 幕墙施工面 | | | | | |

| 分类 | 幕墙类别 | 测评主项 | 一级子项 | 二级子项 | 计量单位 | 设计值/合同要求 | 合格标准 | 测评方法/工具 | 测点选择 | 测区 | 测点数量 | 测点Ⅰ | 测点Ⅱ | 测点Ⅰ | 测点Ⅰ | 测点Ⅰ | 测点Ⅰ | 测点Ⅰ | 测点Ⅰ |
|---|---|---|---|---|---|---|---|---|---|---|---|---|---|---|---|---|---|---|---|
| 材料 | 幕墙 | 预埋件 | 预埋件板式 | 埋板厚度（T） | mm | | 符合设计要求。允许偏差：3≤T≤5，±0.55，5＜T≤8，±0.60；8＜T＜15，±0.65。 | 卡尺实测 | 每个埋件抽一个测点 | | 8 | | | | | | | | |
| 材料 | 幕墙 | 预埋件 | 预埋件板式 | 平面尺寸 | mm | | 符合设计要求；满足转接件的安装要求。边长允许偏差为±5mm。 | 目测，钢卷尺实测 | 每个埋件抽一个测点 | | 8 | | | | | | | | |
| 材料 | 幕墙 | 预埋件 | 预埋件槽式 | 品牌，材质 | | | 符合设计（合同）要求。 | 目测，检查产品合格证和说明书 | 每个埋件抽一个测点 | | 4 | | | | | - | - | - | - |
| 材料 | 幕墙 | 预埋件 | 预埋件槽式 | 规格 | | | 符合设计要求；不允许负偏差。 | 卡尺/钢卷尺实测 | | | 4 | | | | | - | - | - | - |
| 材料 | 幕墙 | 预埋件 | 预埋件槽式 | 壁厚（T） | mm | | 符合设计要求；最小实测壁厚≥4.0mm，不允许负偏差。 | 卡尺实测 | | | 4 | | | | | - | - | - | - |
| 材料 | 幕墙 | 预埋件 | 预埋件槽式 | 密封条 | | | 符合设计（合同）要求；宜采用聚乙烯（LDPF）材料。 | 目测，检查产品合格证和说明书 | | | 4 | | | | | - | - | - | - |
| 材料 | 幕墙 | 预埋件 | 预埋件槽式 | 表面防腐处理及膜厚 | μm | | 符合设计（合同）要求；埋件的表面及槽内应进行热浸镀锌处理；镀锌膜厚：3mm≤T＜6mm，实测最小膜厚≥55μm；若T≥6mm，实测最小膜厚≥70μm；目测有锈蚀，则直接判定为不合格。 | 目测，膜厚仪实测 | | | 4 | | | | | - | - | - | - |
| 材料 | 幕墙 | 预埋件 | 预埋件槽式 | 配套螺栓材质 | | | 材质符合设计（合同）要求。 | 目测产品合格证书 | | | 4 | | | | | - | - | - | - |
| 材料 | 幕墙 | 预埋件 | 预埋件槽式 | 配套螺栓规格（直径） | mm | | 规格符合设计（合同）要求。 | 卡尺实测 | | | 4 | | | | | - | - | - | - |
| 材料 | 幕墙 | 后置埋件 | 埋板 | 埋板厚度T | mm | | 符合设计要求，厚度允许偏差：3≤T≤5，±0.55；5＜T≤8，±0.60；8＜T＜15，±0.65。 | 卡尺实测 | 每个埋件抽一个测点 | | 8 | | | | | | | | |
| 材料 | 幕墙 | 后置埋件 | 埋板 | 埋板平面尺寸W×H | mm | | 符合设计/规范要求；满足转接件的安装要求。边长允许偏差为±5mm。 | 钢卷尺实测 | | | 8 | | | | | | | | |
| 材料 | 幕墙 | 后置埋件 | 埋板 | 埋板表面防腐及膜厚 | μm | | 符合设计（合同）要求；埋件表面应进行热浸镀锌/氟碳漆喷涂处理；镀锌膜厚：3mm≤T＜6mm，实测最小膜厚≥55μm；若T≥6mm，实测最小膜厚≥70μm；氟碳涂膜厚度≥45μm；目测有锈蚀，则直接判定为不合格。 | 目测，膜厚仪实测 | | | 8 | | | | | | | | |
| 材料 | 幕墙 | 后置埋件 | 埋板 | 锚栓孔的大小、方向 | mm | | 符合设计/规范要求；应开长条孔，开孔要规范，大小与固定螺栓规格匹配，且满足双向调节功能。严禁使用电焊等设备随意开孔。 | 目测，卡尺实测 | | | 8 | | | | | | | | |
| 材料 | 幕墙 | 后置埋件 | 埋板 | 锚栓孔的位置及距板边尺寸 | mm | | 开孔位置符合设计要求；距边尺寸≥2d0（d0为螺栓或螺钉的孔径）。 | 目测，钢卷尺实测 | | | 8 | | | | | | | | |
| 材料 | 幕墙 | 后置埋件 | 锚栓 | 机械锚栓材质、品牌 | | | 符合设计（合同）要求； | 目测，检查产品合格证和说明书 | 每个螺栓抽一个测点 | | 4 | | | | | - | - | - | - |
| 材料 | 幕墙 | 后置埋件 | 锚栓 | 机械锚栓规格（直径d0、长度） | mm | | 符合设计（合同）要求；<br>上海：D≥10mm；天津：D≥12mm。 | 卡尺实测 | | | 4 | | | | | | | | |
| 材料 | 幕墙 | 后置埋件 | 锚栓 | 药剂与化学螺栓的匹配性 | | | 符合设计（合同）要求；化学药剂应与化学螺栓配套使用，此项要求不满足，化学锚栓项均不合格 | 目测，检查产品合格证和说明书 | | | 4 | | | | | | | | |

图 9　测评表单（三）

4. 问题图像采集

现场采用专业三防数码相机进行影像数据采集工作，采集完成后转入计算机，人工对采集资料进行筛选，挑选出各类问题最具代表性图像进行讲解。

5. 特殊问题记录

对现场发现的一些特殊部位、特殊工艺及其他表单中不能涵盖的问题及时进行书面记录，并做好图像、影视资料采集工作。

# 实现净零能耗建筑的边界条件研究

◎罗　多　李　进　曾泽荣

珠海兴业绿色建筑科技有限公司　广东珠海

**摘　要**　在低能耗建筑大力示范推广的今天，“零能耗”建筑被提上研究和示范日程，《近零能耗建筑技术标准》（GB/T 51350—2019）和《近零能耗建筑测评标准》（T/CABEE 003—2019）开始实施，给各方参与者有了技术和指标的指导。如何能在现有技术下实现“净零能耗”，除了卓越的建筑本体设计、适宜技术的科学应用外，建筑体型高度不可忽略，本文最终研究了这一边界条件。

**关键词**　“净零能耗”建筑；被动式建筑；主动式建筑；被动技术；主动技术

2019年年底，国家标准《近零能耗建筑技术标准》（GB/T 51350—2019）和团体标准《近零能耗建筑测评标准》（T/CABEE 003—2019）开始实施，明确规定了“超低能耗建筑”“近零能耗建筑”“零能耗建筑”以及“产能建筑”在满足标准要求的室内环境条件下的能效指标，在超低能耗建筑大力示范推广的今天给更高能效标准的建筑以更明确的定义和指导。用“被动优先，主动优化”的设计理念建造“零能耗”建筑已经得到国内外学者和建筑节能从业人员的普遍认同。在欧洲，甚至分为“被动建筑”和“主动建筑”两个流派，但最终导向还是二者主要技术的综合应用以实现“零能耗”建筑的总体目标，只是技术侧重点有所不同。

被动房崇尚节能、经济、舒适和建筑美学的有机融合，通过优化建筑方式，减少供暖和制冷能源需求。主要措施包括保温良好的围护结构、高效节能门窗、夏季遮阳、防止结构热桥、高气密性的外围护结构和有组织的室内新风供应和热回收系统。但是，要实现“近零”和“净零”，必须加入可再生能源进行建筑的自我能源的生产，从而全部或部分抵消建筑自身的能耗。由于在建筑本体中生产可再生能源是有相当大的局限的，所以，一方面我们必须尽可能地进行建筑本体的节能，另一方面建筑的“6个面”都应考虑利用自然资源，进行充分的能源交换，最终，通过耗能和产能的完全平衡，实现建筑全年的“零”能耗指标。

即便如此，据不完全了解，在美国，能实现“零能耗”的最高建筑是位于西雅图这个温和地区的“ILFI（International Living Future Institute，生命建筑）”公司总部大楼，该项目于2013年竣工，是6层商业办公建筑，总建筑面积约4831m$^2$。实现了“净零能耗”、“净零水耗”和“净零废弃物”的目标，是一栋无须支付能源费用、并通过生产能源实现收益的建筑。（图1）

图1　ILFI公司总部大楼

可以看到，为了实现“零能耗”，这个非四边形的建筑在屋顶顶了一个超出建筑立面3～5m的“光伏大帽子”，总面积达1329m$^2$，使得该项目实际运行能耗为31kW·h/（m$^2$·a）（相较于西雅图能源法令2009年建筑能耗要求低79%）的前提下，通过光伏发电每年生产可再生电能超过15万kW·h，满足了建筑全年用能而实现“零能耗”需求。

通过上述例子可以看出，利用现有的建筑科学技术建造本体实现“零能耗”的建筑是有一定局限性的，这也是中美清洁能源联合研究中心在建筑节能领域中需要通过不断的技术研发来扩展实现“零能耗”建筑的边界。根据现有的标准和技术，本文分析了在公共建筑中实现“零能耗建筑”的前提条件。

## 1　建筑高度

“零能耗建筑”是通过“开源节流”来实现全年的能源平衡的，也就是尽可能少地使用能源和尽可能多地生产可再生能源。从最易集成和使用的可再生能源——光伏发电技术的使用条件来讲，建筑屋顶无疑是最宝贵的资源，南立面是次一级选择，根据地域条件，东西立面为再次一级选择。如果想要增加立面的太阳能利用面积，无论是增加建筑的开间还是进深，都同时增加了建筑面积，从而同等比例地增加了建筑能耗。因此，从建筑的尺度上来说，高度或者层数是决定能否实现“零能耗”的至关因素，显然越高的建筑越难以实现“零能耗”。

## 2　建筑功能

从国家现行标准《民用建筑能耗标准》（GB/T 51161—2016）中可以看出，不同建筑功能的建筑能耗差别是很大的，同一地区的公共建筑，如温和地区：A 类的党政机关办公楼约束值是 50kW·h/（$m^2$·a），而 B 类的大型超市约束值却是 100kW·h/（$m^2$·a），相差足足一倍；夏热冬冷地区：A 类的党政机关办公楼约束值是 70kW·h/（$m^2$·a），而 B 类的购物中心的约束值却达到了 260kW·h/（$m^2$·a），是前者的 3.7 倍。因此，若要推广“零能耗建筑”，应从办公类的公共建筑着手，无论是技术成熟度还是增量投资还是运行管理，这类建筑都应属于首选，尤其是自运营的办公建筑。其后的数据分析则以 A 类的党政机关办公楼为建筑载体。

## 3　太阳能资源

近 10 年，光伏组件与传统的光伏系统的价格降低了近 80%，标准光伏组件甚至降到了 1.5 元/瓦，不到 300 元/$m^2$。这就加大了光伏组件集成到建筑构件中的可能性。光伏的度电成本已经实现用户侧全面平价，电力行业内有一句话叫作：由于光伏有“即发即用”的优势，所以可以说是用户侧全网最廉价电力。这就进一步揭示了光伏能源与建筑结合具有巨大的技术优势和经济潜力。根据美国劳伦斯伯克利实验室在 SCI1 区 *Renewable and Sustainable Reviews* 杂志发表的论文 *A review of net zero energy buildings in hot and humid climates experience learned from 34 case study buildings* 中可以看到，在全球湿热地区称为“净零”的建筑全部采用了光伏发电技术，以补充建筑运行的能源消耗。（图 2）

因此，光伏发电技术作为建筑可再生能源应用最经济、最成熟的主动技术，几乎成为“零能耗建筑”的必备。太阳能资源的区位优劣也就决定了建筑的产能强度。我国太阳能资源根据丰富程度划分为五类地区，从一类地区的每平方米面积上一年内接受的太阳辐射总量6680～8400MJ到五类地区的3344～4190MJ，太阳能资源相差了一倍，也就是同样的光伏电池年发电量相差了一倍。因此，太阳能资源越好的地区越容易实现“零能耗”。

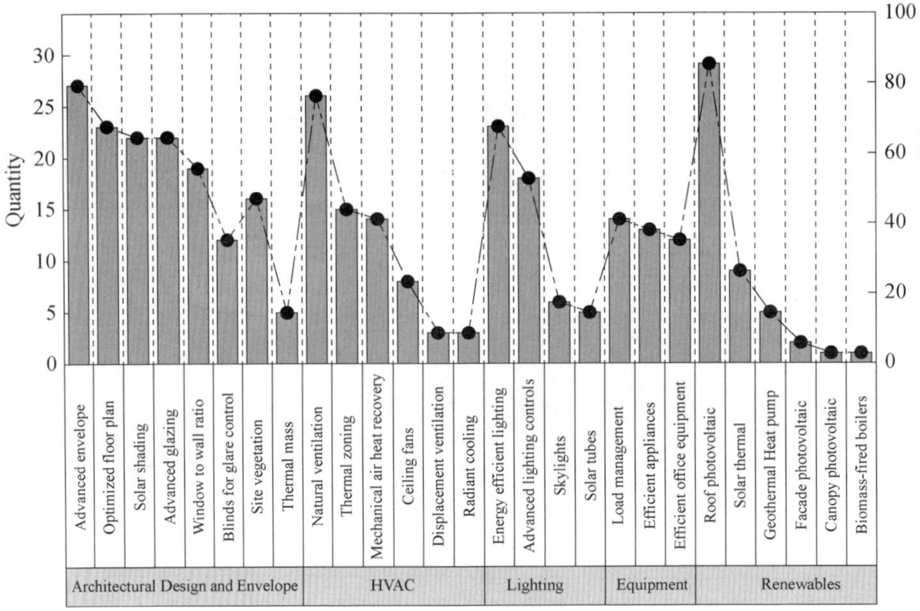


图2 关键技术的使用频率

## 4 地域条件

根据我国不同气候带的气候条件，国家现行标准《民用建筑能耗标准》（GB/T 51161—2016）给出了同样建筑类型不同的能耗约束值，如A类的党政机关办公楼：温和地区的约束值是50kW·h/（$m^2$·a），而夏热冬冷地区的约束值却是70kW·h/（$m^2$·a），增加了40%，所以，气候越舒适的地区，越容易实现“零能耗”。

## 5 经济发达程度与能源消耗强度

实现“零能耗建筑”显然需要建设阶段的增量投入，虽然在未来运营阶段，“零能耗”的运行成本对投资方有一定的诱惑力，但估计10%以上的增量成本，5～10年甚至更多年的投资回报率显然还无法吸引资本的关注。更何况大部分的建筑投资方和使用方并不是同一个单位，因此“零能耗建筑”还在研究和示范阶段，需要政府的支持和鼓励。其接纳程度也与各地市的经济条件密切相关，与各省的建筑能耗强度密切相关。

如图3所示，2001—2016年全国建筑能耗占能源消费总量的比重在17%～21%区间内波动。建筑能耗比重的波动与经济波动总体上呈现反向关系。经济发展越快，GDP增速变大，建筑能耗比重则变小，反之亦然。2002—2007年间，GDP增速逐年增大，达到2007年顶峰的14.23%，而建筑能耗比重则从2002年的最高峰20.15%，下降到2007年的最低谷17.68%；2007—2014年，GDP增速存在一定波动，建筑能耗比重则相应发生反向波动。2010年后GDP增速逐年下降，建筑能耗比重则逐年上升。

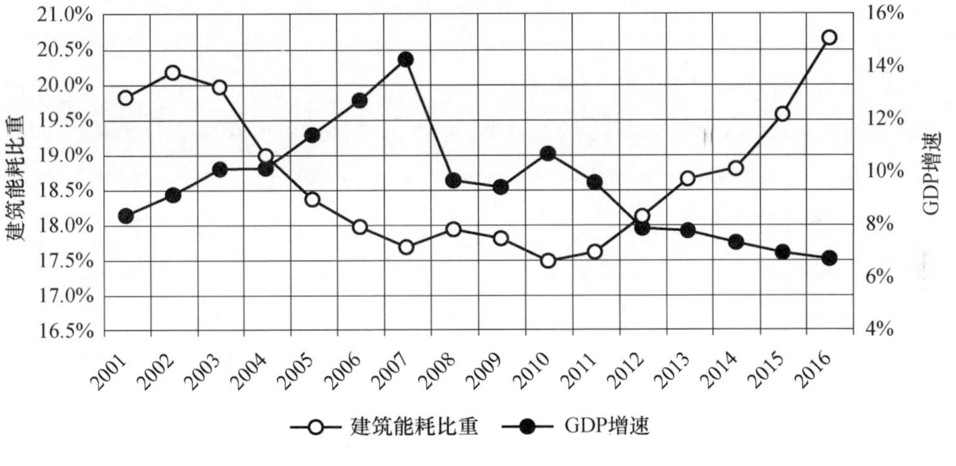


图3 中国建筑能耗比重与GDP增速比较

这就说明建筑能耗的降低需要更多的经济投入来实现，经济不发达的地区，只可能以牺牲舒适度来换取能耗的降低，而不是依靠技术提升所需的增量投资。所以，推动“零能耗建筑”的示范建设要从经济发达的一二线城市开始。

综上5个主要因素，我们建立了一个简单的建筑模型，分析了什么类型的建筑是推动“零能耗建筑”示范建设的首批建筑，界定条件为“光伏比”（光伏年发电量/建筑年耗电量）≥1。模型的边界条件为：

（1）建筑尺度：取建筑模型宽度为30m，该尺度被认为是建筑内部能实现自然采光的临界尺寸，长度取50m，5∶3的黄金尺寸。长度方向南北放置，宽度方向东西放置。通过逐级变化宽度和长度发现长度变化对“光伏比”完全无影响，宽度变化影响甚微。层高取4m，变量从3层到7层。

（2）建筑功能：取党政机关办公建筑，如前述分析，这类建筑的建筑能耗要求最低，也是容易被指定为“零能耗”示范建筑的类型。

（3）地域：按照《公共建筑节能设计标准》（GB 50189—2015），分别取5个气候带具有代表性的5个城市（哈尔滨、北京、上海、贵阳、广州）做预测能耗分析，而这5个城市又分别代表了太阳能资源区的四、三、四、二、五区。

（4）能耗预测：参考《民用建筑能耗标准》（GB/T 51161—2016）的“约束值”作为按照《公共建筑节能设计标准》（GB 50189—2015）标准设计的能耗指标，包括了建筑空调、通风、照明、生活热水、电梯、办公设备以及建筑内供暖系统的热水循环泵电耗、供暖用的风机电耗等建筑所使用的所有能耗。而按照《近零能耗建筑测评标准》（T/CABEE JH—2019004）评估“零能耗建筑”时的能耗，只包括建筑供暖、通风、空调、照明、生活热水、电梯的终端能耗量，设备插座等不包括，根据大量的数据监测得知，正常设计和运行时，办工设备和插座的能耗约占总建筑能耗的30%。根据《近零能耗建筑测评标准》（T/CABEE JH—2019004）对公共建筑的评价要求，严寒和寒冷地区的本体节能率需≥30%，其余地区≥20%。以此预测评估“零能耗建筑”时建筑本体的总能耗。

（5）光伏预测：假定屋面可以全部用来设置BAPV（Building Attached Photovoltaic）系统，南立面20%的面积用于设置BIPV（Building Integrated Photovoltaic）系统。预估屋面150W/m$^2$安装功率，立面100W/m$^2$安装功率；高纬度地区哈尔滨、北京立面是最佳倾角发电量的70%，低纬度地区广州、贵阳是最佳倾角发电量的55%，而位于中间的上海取60%。以上述边界条件预测评估“零能耗建筑”时的最大光伏发电量。

（6）“光伏比”：如果将光伏年发电量/建筑年耗电量作为建筑的光伏比，当光伏比大于等于1时，实现建筑本体的“零能耗”甚至“产能”目标；当光伏比小于1时，则不能实现建筑本体的“零能耗”目标。当然无论是国内还是国际，目前都暂时认可可提供“使用可再生能源”证明的“off site（非本体）”的“零能耗”形式存在。本论证仅就本体而言。

根据以上6个元素的假设，分析现阶段采用现有建筑技术能做到的层数，见表1。

**表 1 "零能耗"建筑层高分析表**

| | 太阳辐射资源 | 层数 | 长 | 宽 | 高 | 屋面面积 | 建筑面积 | 单位面积能耗（参考建筑） | 单位面积能耗（设计建筑） | 总能耗 | 屋面光伏 | 南墙光伏 | 屋面每瓦年发电量 | 屋面光伏年发电量 | 南墙光伏年发电量 | 光伏发电量 | 光伏比 |
|---|---|---|---|---|---|---|---|---|---|---|---|---|---|---|---|---|---|
| | | | m | m | m | $m^2$ | $m^2$ | kW·h/($m^2$·a) | kW·h/($m^2$·a) | kW·h/a | kW | kW | kW·h/(W·a) | kW·h/a | kW·h/a | kW·h/a | |
| 严寒地区——哈尔滨 | 四 | 3 | 50 | 30 | 12 | 1500 | 4500 | 90.625 | 44.41 | 199828 | 225 | 12 | 0.9 | 202500 | 7560 | 210060 | 1.05 |
| | | 4 | 50 | 30 | 16 | 1500 | 6000 | | | 266438 | 225 | 16 | 0.9 | 202500 | 10080 | 212580 | 0.80 |
| | | 5 | 50 | 30 | 20 | 1500 | 7500 | | | 333047 | 225 | 20 | 0.9 | 202500 | 12600 | 215100 | 0.65 |
| | | 6 | 50 | 30 | 24 | 1500 | 9000 | | | 399656 | 225 | 24 | 0.9 | 202500 | 15120 | 217620 | 0.54 |
| | | 7 | 50 | 30 | 28 | 1500 | 10500 | | | 466266 | 225 | 28 | 0.9 | 202500 | 17640 | 220140 | 0.47 |
| 寒冷地区——北京 | 三 | 3 | 50 | 30 | 12 | 1500 | 4500 | 78.75 | 38.59 | 173644 | 225 | 12 | 0.9 | 202500 | 7560 | 210060 | 1.21 |
| | | 4 | 50 | 30 | 16 | 1500 | 6000 | | | 231525 | 225 | 16 | 1.1 | 247500 | 12320 | 259820 | 1.12 |
| | | 5 | 50 | 30 | 20 | 1500 | 7500 | | | 289406 | 225 | 20 | 1.1 | 247500 | 15400 | 262900 | 0.91 |
| | | 6 | 50 | 30 | 24 | 1500 | 9000 | | | 347288 | 225 | 24 | 1.1 | 247500 | 18480 | 265980 | 0.77 |
| | | 7 | 50 | 30 | 28 | 1500 | 10500 | | | 405169 | 225 | 28 | 1.1 | 247500 | 21560 | 269060 | 0.66 |
| 夏热冬冷地区——上海 | 四 | 3 | 50 | 30 | 12 | 1500 | 4500 | 70 | 39.2 | 176400 | 225 | 12 | 1 | 225000 | 8400 | 233400 | 1.32 |
| | | 4 | 50 | 30 | 16 | 1500 | 6000 | | | 235200 | 225 | 16 | 1 | 225000 | 9600 | 234600 | 1.00 |
| | | 5 | 50 | 30 | 20 | 1500 | 7500 | | | 294000 | 225 | 20 | 1 | 225000 | 12000 | 237000 | 0.81 |
| | | 6 | 50 | 30 | 24 | 1500 | 9000 | | | 352800 | 225 | 24 | 1 | 225000 | 14400 | 239400 | 0.68 |
| | | 7 | 50 | 30 | 28 | 1500 | 10500 | | | 411600 | 225 | 28 | 1 | 225000 | 16800 | 241800 | 0.59 |

续表

| | 太阳辐射资源 | 层数 | 长 | 宽 | 高 | 屋面面积 | 建筑面积 | 单位面积能耗（参考建筑） | 单位面积能耗（设计建筑） | 总能耗 | 屋面光伏 | 南墙光伏 | 屋面每瓦年发电量 | 屋面光伏年发电量 | 南墙光伏年发电量 | 光伏发电量 | 光伏比 |
|---|---|---|---|---|---|---|---|---|---|---|---|---|---|---|---|---|---|
| | | | m | m | m | $m^2$ | $m^2$ | kW·h/（$m^2$·a） | kW·h/（$m^2$·a） | kW·h/a | kW | kW | kW·h/（W·a） | kW·h/a | kW·h/a | kW·h/a | |
| 夏热冬暖地区——广州 | 二 | 3 | 50 | 30 | 12 | 1500 | 4500 | 65 | 36.4 | 163800 | 225 | 12 | 1.1 | 247500 | 9240 | 256740 | 1.57 |
| | | 4 | 50 | 30 | 16 | 1500 | 6000 | | | 218400 | 225 | 16 | 1.1 | 247500 | 9680 | 257180 | 1.18 |
| | | 5 | 50 | 30 | 20 | 1500 | 7500 | | | 273000 | 225 | 20 | 1.1 | 247500 | 12100 | 259600 | 0.95 |
| | | 6 | 50 | 30 | 24 | 1500 | 9000 | | | 327600 | 225 | 24 | 1.1 | 247500 | 14520 | 262020 | 0.80 |
| | | 7 | 50 | 30 | 28 | 1500 | 10500 | | | 382200 | 225 | 28 | 1.1 | 247500 | 16940 | 264440 | 0.69 |
| 温和地区——贵阳 | 五 | 3 | 50 | 30 | 12 | 1500 | 4500 | 50 | 28 | 126000 | 225 | 12 | 0.75 | 168750 | 6300 | 175050 | 1.39 |
| | | 4 | 50 | 30 | 16 | 1500 | 6000 | | | 168000 | 225 | 16 | 0.75 | 168750 | 6600 | 175350 | 1.04 |
| | | 5 | 50 | 30 | 20 | 1500 | 7500 | | | 210000 | 225 | 20 | 0.75 | 168750 | 8250 | 177000 | 0.84 |
| | | 6 | 50 | 30 | 24 | 1500 | 9000 | | | 252000 | 225 | 24 | 0.75 | 168750 | 9900 | 178650 | 0.71 |
| | | 7 | 50 | 30 | 28 | 1500 | 10500 | | | 294000 | 225 | 28 | 0.75 | 168750 | 11550 | 180300 | 0.61 |

由表2分析可以得出结论：

（1）分别调节建筑体型的长和宽，对“光伏比”的影响微乎其微直至消失。

（2）由于北方严寒地区的建筑总体能耗较高，大概率的只能3层及以下建筑能够实现本体建筑“零能耗”，其余地区原则上均能建设4层的“零能耗”建筑。

（3）要实现更广范围的“零能耗”建筑还必须研究更先进、更高效的建筑技术，使得建筑能耗进一步降低，建筑产能越来越高。如中美清洁能源联合研究中心建筑节能联盟正在研究的“零能耗”技术——根据一年四季气候变化可调围护结构性能的智能幕墙，基于光伏发电和燃料电池的交直流混合微电网，基于人行为自学习的末端智能控制系统等。

# 浅谈“双碳”目标下建筑外围护系统升级方向

◎孟　迪

沈阳远大铝业工程有限公司　辽宁沈阳　110023

**摘　要**　随着中国迅速崛起成为世界第二大经济体，未来几十年，“碳达峰”“碳中和”将成为宏观和产业政策制定的指导原则，并将全面纳入经济结构性改革、投资政策和创新等领域。建筑领域如今是我国甚至是世界上碳排放占比最大的领域，在建筑建造及运行过程中做好“碳达峰”“碳中和”工作是我国现阶段的首要任务。作为建筑载体的建筑外围护系统应从清洁能源利用、低碳节能、绿色环保等方面进行全面的产品升级。

**关键词**　碳达峰；碳中和；建筑围护系统；清洁能源利用；低碳节能产品升级

## 0　引言

当前的建筑围护系统正处在一个重大的变革时期，不再是满足基础性能的保障，更多地被赋予了高节能、舒适性、城市更新等诸多属性。在“碳达峰”“碳中和”的战略背景下，建筑围护系统如何实现低碳节能应用，能否实现绿色发展、实现“双碳”目标，对整个国家的可持续发展有重要意义。这意味着要实现“双碳”目标，建筑行业的产品升级将成为未来10年碳减排的重中之重。

## 1　“碳达峰”与“碳中和”

2016年各国家领导人在联合国总部签署的《巴黎协定》掀起了全球绿色

低碳的转型大潮。2020 年 9 月，习近平总书记在第七十五届联合国大会一般性辩论上的讲话中提出，“中国将提高国家自主贡献力度，采取更加有力的政策和措施，二氧化碳排放力争于 2030 年前达到峰值，努力争取 2060 年前实现碳中和”。

我国碳排放与发达国家相比存在达峰晚、总量大的问题，因此建立绿色低碳循环发展的经济体系，确保实现“碳达峰、碳中和”工作目标是势在必行的。我国是世界上最大的发展中国家，也是世界上最大的建造商，我们有义务也有能力做好“双碳”工作，这是中国作为负责任的大国对世界的承诺与担当（图 1）。

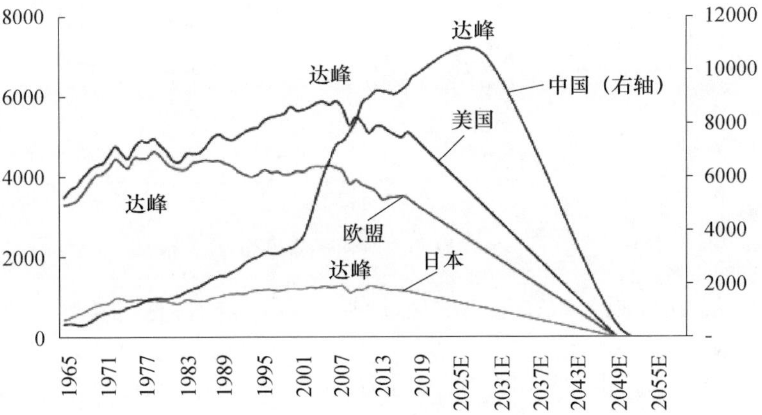


图 1　碳达峰时间

## 2　全球及我国碳排放现状

最近 20 年，全球变暖、冰川融化、海平面上升、雾霾天气等一系列现象表明温室效应带来的气候变化正严重影响着人类生存环境。地球上的碳一直在参与碳循环过程，它包括碳固定与碳释放两个阶段。前者是从大气中吸收 $CO_2$ 的过程，称为碳汇；后者是向大气释放 $CO_2$ 的过程，称为碳源。在这个过程中，人类活动的影响至关重要，燃烧化石能源会向大气中释放 $CO_2$，而毁林开荒等行为则会减弱碳汇过程，从而造成平衡的破坏，导致大气中的 $CO_2$ 浓度过高，气温升高。

21 世纪以来，全球碳排放量增长迅速，2000—2019 年，全球 $CO_2$ 排放量增加了 40%。2019 年，全球碳排放量达 343.6 亿吨，创历史新高。

2020年，受全球新冠肺炎疫情影响，世界各地区碳排放量普遍减少，全球碳排放量下降至322.8亿吨，同比下降6.3％（图2）。

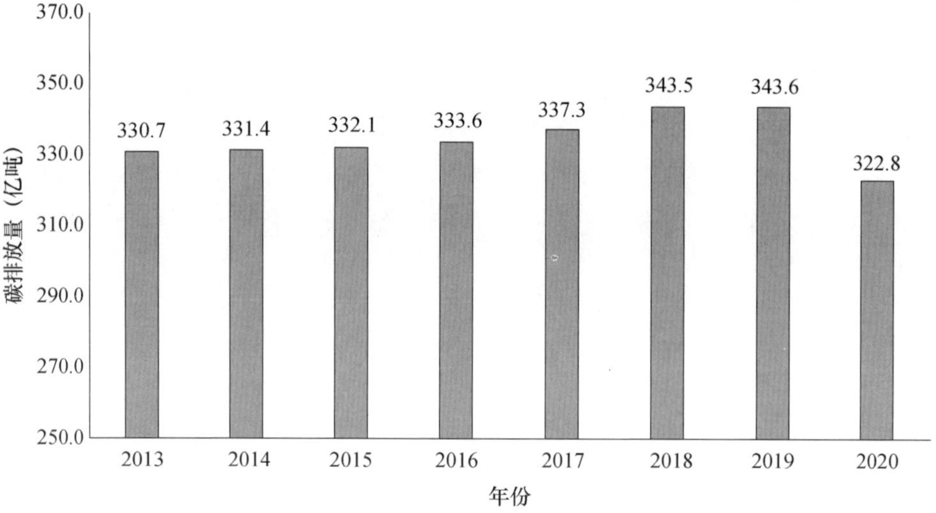


图2　世界各地区碳排放量趋势

根据相关研究报告，在过去的三十年中，我国的温室气体排放量增长了两倍多。2020年，中国的碳排放是100亿吨，约占全球碳排放的30％，美国占比14.7％，欧盟占比8.2％，印度占比6.6％，其他各国占比39.5％。

## 3　建筑行业能耗问题

工业、建筑、交通是碳排放的三大重点领域。虽然从能源终端碳排放来看，建筑领域的碳排放量与工业和交通领域大体相当；但若从建筑全过程的碳排放来看，建筑领域所占据的比重较大。

根据中国建筑节能协会公布的数据，全国建筑全过程碳排放总量占全国碳排放总量比重近半数，其中建筑材料（钢铁、水泥、铝材等）占比28％，运行阶段（城镇居建、公共建筑、农村建筑）占比22％，施工阶段占比1％（图3）。

从我国目前的城市化进程来看，城镇化率已经突破60％，预计2035年城镇化率将达到75％左右。根据发达国家经验来看，城镇化和经济水平的不断提升，将推动建筑行业的运行，碳排放比重也将不断增长。可见“碳中和”背景下，我国建筑行业的减碳之路任重道远。

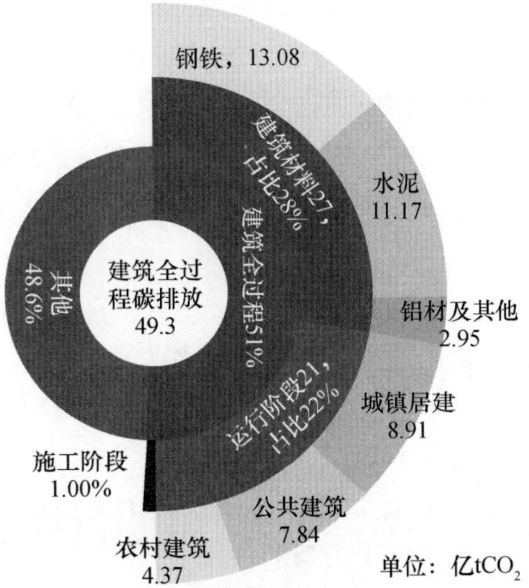


图 3 建筑全过程碳排放

## 4 政策导向与行业标准

针对上述问题，我国在提出“双碳”目标后，发展改革委、生态环境部、国家能源局、工业和信息化部、中国人民银行等多部委多领域均为实现“双碳”目标加紧制定行动方案，陆续推出“碳中和”相关政策和制度。主要集中在调整能源结构、产业结构转型、提升能源利用效率、低碳技术研发推广、健全低碳发展体制机制、增加生态碳汇等领域。

其中在必须推动以化石能源为主的能源结构进行转型的基础上，工业、建筑、交通等能源消费端需要做出更大贡献。实现“碳中和”目标，不单是能源企业的事情，也需要消费端的技术突破。工业、建筑、交通等传统高碳排放行业是额外减排贡献的重点潜在来源，仅供给端的清洁化发展无法直接实现净零碳排放，必须配合消费端通过低碳技术脱碳。工业和信息化部提出绿色制造，加快推进新能源高质量发展，引导光伏企业加强技术创新、提高产品质量、降低生产成本。住房城乡建设部提出绿色建筑，不断提高新建建筑中绿色建筑的比例，并对绿色建筑标识的申报和审查程序、标识管理等做了相应规定和管理办法。

目前，世界许多国家都有相关的绿色建筑标准，如美国的 LEED 评价体系，英国的 BREEAM 评价体系等。我国也在积极推进绿色生态建筑，各部委及行业协会推进幕墙门窗产品的绿色标准及规范。各地区提出不同的建筑节能指标，包括京津冀地区提出的门窗传热系数 1.1W/（$m^2$·K），2021 年实施节能 80%目标等。《绿色建筑评价标准》（GB/T 50378—2019）已在全国正式施行。接下来将进一步加快与国际标准和认证进行接轨，提高建筑节能的规范功效。

## 5　建筑围护系统幕墙产品的节能发展趋势

（1）建筑幕墙主要能耗表现

① 原材料生产过程中的碳排放。幕墙系统中大量使用的玻璃、钢材、铝材等，在原材料生产过程中产生大量的碳排放。

② 生产加工过程中的能耗损失。幕墙产品的加工、组装、运输、安装等各环节都消耗大量的资源（电能、废料等）。

③ 幕墙产品使用中的能耗损失。幕墙使用过程中，存在巨大的能源损耗。气密性、保温性、保证透光率等基本要求下的热损失严重。

④ 非可再生资源的资源损失。建筑幕墙中如玻璃、密封胶等材料为非可再生资源，还无法实现回收利用。

（2）建筑幕墙节能发展趋势

推广绿色建筑理念，推动绿色建筑幕墙在工程中的应用，在建筑生命周期中，以最节约能源、最有效利用资源的方式，在最低环境负荷的情况下建造最安全、最健康、最高效及最舒适的使用空间。

① 推动建材行业尽早“碳达峰”，引导建材行业向轻型化、集约化、制品化、低碳化转型。鼓励建材企业使用粉煤灰、工业废渣、尾矿渣等作为原料或水泥混合材，多采用可回收利用及复合材料。加快推进绿色建材产品认证和应用推广，推广节能技术设备，开展能源管理体系建设，实现节能增效。

② 建筑体型和空间处理上减少不必要的空间浪费及产品生产及使用的能耗损失；将建筑空间转化为高品质、高舒适度、完美形式的空间，并达到人工环境与自然环境的协调统一，以及解决好建筑、环境、功能、能源、美学的关系，满足可持续发展的要求。

A. 减少为追求建筑外观造型而忽略空间利用的幕墙设计。

B. 建筑轻量化及产品的节能性能提升。

C. 加工、生产、安装过程中的资源节约。

③ 充分利用自然能源；包括自然采光，自然通风，光、风、水的清洁能源利用及城市融合，建筑集成。依据生态建筑的理念，创造融于自然环境的建筑内部空间，将自然生态的循环过程整合于建筑之中，使其具有生物体的有机特性。强调建筑外墙围护结构中门窗、幕墙的多功能性，发挥透光、遮阳、蓄热（包括利用太阳能和保温材料）、通风等多功能。

④ 增加使用保温材料技术，降低能耗。减少使用传统材料，推广使用复合材料、断热材料，提升热工性能，降低热传递。通过控制传热的途径和增加保温遮阳系统来实现节能。

## 6 低碳节能建筑围护产品的应用方向

面对“碳达峰、碳中和”双碳目标，机遇与挑战并存。严控新建项目的能耗物耗及碳排放，加快节能降碳先进工艺技术和设备应用；在产品结构上，全力开发绿色低碳环保型产品，加快提升高端幕墙产品供给水平，确保“十四五”绿色幕墙产业形成规模。针对上述目标，应从如下方面进行幕墙系统的减碳、固碳研究工作：

（1）产品性能升级，实现结构热工节能

建筑围护产品的高性能主要体现在提高密封性能和采取良好的保温隔热结构上。其中保温隔热主要研究的就是热量传递问题。建筑物的传热是通过对流传热、导热传热、辐射传热三种途径综合作用的结果。玻璃幕墙的节能设计重点是在上述三种传热方式中设计合理的控制热通道的手段，以减少热损失，达到节能的目的。下面从几个基本结构及材料的选择上提出几点基础性的参考数据。

① 选用热工性能高的面材。

对于铝合金窗及玻璃幕墙来说，由于玻璃的面积占据立面的绝大部分，可以参与热交换的面积较大，就决定了面材玻璃是门窗幕墙节能的关键。在目前玻璃选择中多采用 Low-E 中空玻璃或多层中空玻璃比较合适，中空层厚度为 12mm 最为适用，即达到阻隔传导作用又避免产生对流。当然这是一个结合成本、使用环境、构造要求的综合过程。下面通过基本的试验与计算，从几方面验证了面材对热工性能的影响。

A. 玻璃厚度对热工性能的影响（图4）。

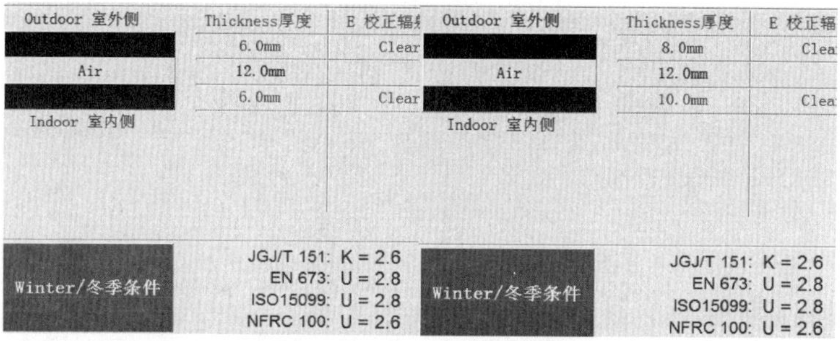


图4　玻璃厚度对热工性能的影响

结论：玻璃内外片厚度增加，对 $K$ 值影响细微，几乎无变化。

B. 玻璃中空层厚度对热工性能的影响（图5）。

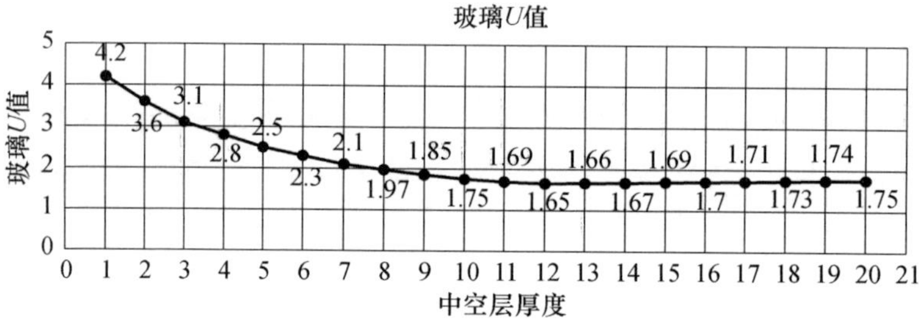


图5　玻璃中空层厚度对热工性能的影响

结论：随中空层厚度增加，玻璃 $U$ 值的变化如图5所示。玻璃空气层从1～9mm变化时，$K$ 值下降明显，从9～12mm下降速度开始变缓，13mm以后，$K$ 值反而有轻微回升。（这里指从单中空构造上进行的数据模拟）

C. 玻璃中空层个数对热工性能的影响（图6、图7）。

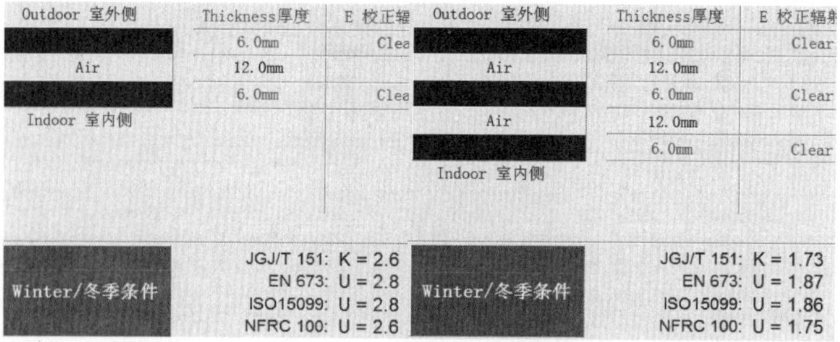


图6　玻璃中空层个数对热工性能的影响

结论：毋庸置疑，在中空玻璃其他配置相同时，中空层多，玻璃 $U$ 值越好，考虑综合效益，目前三玻两腔玻璃为主导产品。

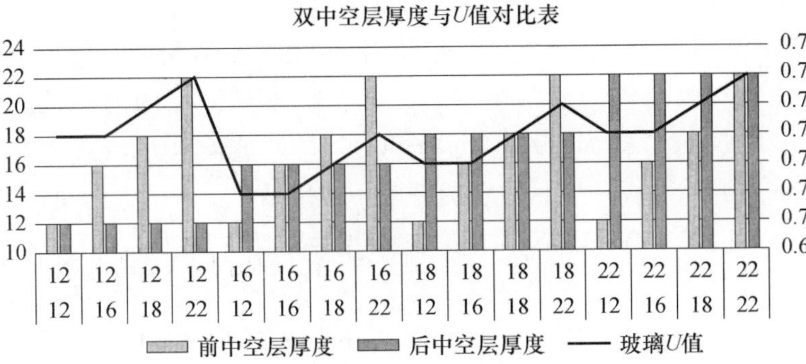


图 7　双中空层厚度与玻璃 $U$ 值对比变化曲线图

通过不同双中空层厚度与玻璃 $U$ 值对比变化曲线图分析，在典型玻璃配置双中空层厚度中，前中空层 12mm 后中空层 16mm 为 $U$ 值最佳且性价比最高。例如 6mmLow-E（2＃）＋12Ar＋6mmLow-E（4＃）＋16Ar＋6mm 的玻璃选配。

D. Low-E 膜在不同玻璃号面对热工性能的影响（图 8、图 9）。

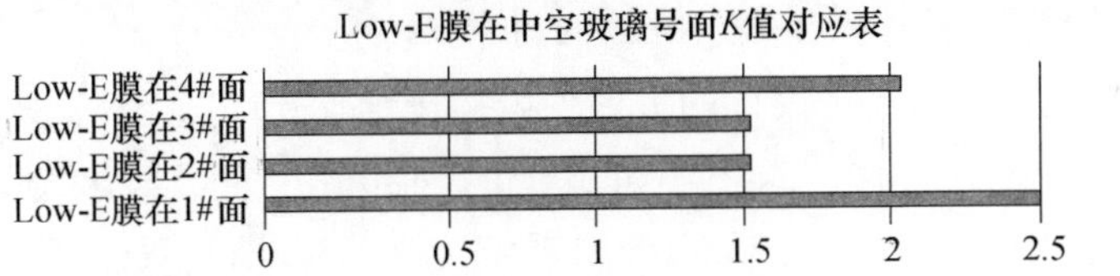


| | Low-E膜在1#面 | Low-E膜在2#面 | Low-E膜在3#面 | Low-E膜在4#面 |
|---|---|---|---|---|
| ■ K | 2.4 | 1.5 | 1.5 | 1.97 |

图 8　Low-E 膜在不同玻璃号面对热工性能的影响

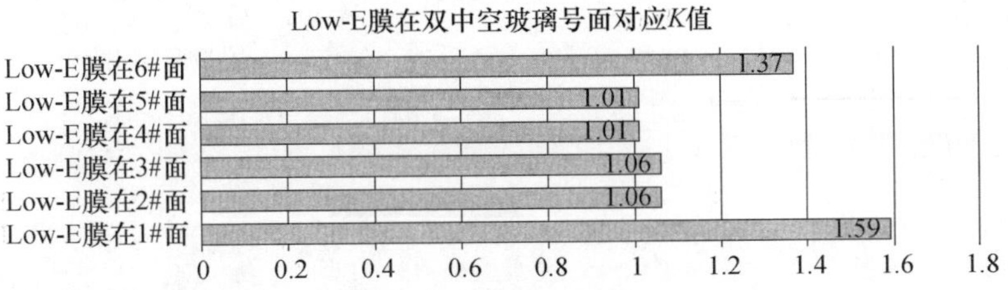


图 9　Low-E 膜在双中空玻璃号面对应 $K$ 值

结论：以 6＋12Ar＋6mm 中空玻璃为例，中空玻璃在 2＃与 3＃镀膜热工效果最佳且一致，考虑遮阳效果可镀膜在 2＃为宜。

结论：以6＋12Ar＋6＋12Ar＋6mm双中空玻璃为例，双中空玻璃4＃与5＃镀膜热工效果最佳且一致，考虑遮阳效果可镀膜在4＃为宜。

② 选用热工性能高的支承框材及新型保温材料。

A. 铝合金型材在窗及幕墙系统中，不但起着支承龙骨的作用，而且对节能效果也有较大影响。通常情况下，铝合金型材采用的为高性能隔热条结构。隔热条选用材料为聚酰胺尼龙66加25%玻璃纤维，其传热系数为0.3W/（$m^2$·K），远小于铝合金的传热系数160W/（$m^2$·K），而力学性能指标与铝合金相当。这样形成“断桥”，可增大热阻，减少热传导，从而形成隔热幕墙产品。即使在炎热的夏季，当太阳暴晒的情况下，断热型材室外部分表面温度通常可达35～85℃，而室内仍可维持在24～28℃，有效地减少了传到室内的热量，可减少制冷费用；而在寒冷的冬季，室外铝材的温度可与环境温度相当（一般－28～－20℃），而室内铝材仍然可达到8～15℃，从而减少了热量损失，节约了冬季取暖的费用，从而达到节能目的。

B. 在整个门窗幕墙系统内部构造上可增加热工性能好的保温材料，如岩棉或气凝胶垫等。气凝胶垫的导热系数低至0.016W/（m·K），大大提高了整体的保温性能。在框架和构件选择上可进一步推广使用树脂型材、碳纤维型材、玄武岩纤维型材等导热系数较低材料。

③ 幕墙系统产品构造设计的节能保障措施。

A. 遮阳系统是现代建筑中不可或缺的一部分，它已经融合到建筑的节能、环保标准中去。一套完整的遮阳系统完美而和谐地统一了屋顶或玻璃幕墙的采光与遮阳节能。如电动遮阳系统可收缩自如，能在阴雨天让柔和的自然光射入室内，减少照明能耗。双重节能的设计，既遮阳实用又能保持建筑设计的风格。总结起来，建筑遮阳分为构造遮阳和材料遮阳两类。构造遮阳主要通过结构造型、装饰翼、遮阳百叶等途径实现内外遮阳效果。材料遮阳主要通过面材的材料选择，包括调光玻璃、温变玻璃、织物面材等，既达到建筑整体美观效果，又实现了阻隔室外大部分阳光进入室内（图10）。

图10　各形式建筑遮阳

B. 双层通风幕墙、热通道幕墙等。它由内、外两道幕墙组成，与传统的单层幕墙相比，它的最大特点是由内外两层幕墙之间形成一个通风换气层。通风换气层形成自下而上的空气循环，使内侧幕墙玻璃温度达到或接近室内温度，从而形成优越的温度条件，达到节能效果，同时对隔声、减小光污染等带来显著改善，也可通过系统构造设计实现空气质量的微气候控制调节，实现多种循环形式的通风，改变微气候，包括普通通风、过滤通风、有氧新风、节能防霾、养生通风的应用等，改善宜居环境（图 11、图 12）。

图 11 双层幕墙

图 12 微通风系统

④ 幕墙系统产品提高热工性能的低碳效益分析。

目前，幕墙系统 $U$ 值一般在 2.1W/（$m^2$ · K）左右，为了提高产品节能性能，应从系统构造及选材等方面入手，以将系统 $U$ 值降低至 1.1W/（$m^2$ · K）左右为基本目标。经初步估算，以沈阳地区为例，冬季供暖期为 11 月至次年 3 月（共 151 天），平均室外气温为－9.7℃。夏季空调制冷期一般为三个月（共 92 天），平均室外气温为 27.2℃。拟按一栋幕墙面积为 10 万 $m^2$ 的建筑计算，在保持建筑室内恒温 20℃的情况下，$U$ 值由 2.1W/（$m^2$ · K）降低至 1.1W/（$m^2$ · K），理论可减小能量损失计算如下：

冬季供暖期共计 151 天，室内外平均温差为 29.7℃，通过降低幕墙系统 $U$ 值，理论可减小能量损失：（按 60%使用率估算）

（2.1－1.1）W/（$m^2$ · K）×100000$m^2$×29.7℃×（151×24）h×60%

＝ 6457968000W · h＝ 6457968kW · h

＝645.80 万度电

夏季空调制冷期共计 92 天，室内外平均温差为 7.2℃ ，通过降低幕墙系统 $U$ 值，理论可减小能量损失：（按 60%使用率估算）

（2.1－1.1）W/（$m^2$ · K）×100000$m^2$×7.2℃×（92×24）h×60%

＝ 953856000W · h＝ 953856kW · h

＝95.39 万度电

一栋幕墙面积为10万$m^2$的建筑，系统$U$值由2.1W/（$m^2$·K）降低至1.1W/（$m^2$·K）后，可实现年度节能741万度电，单年节约用电费用589万元。按幕墙设计寿命25年计算，就可节约1.85亿度电，按商业电价0.795元/度计算约合1.47亿元。等效节约标准煤6.48万吨，减少$CO_2$排放18.5万吨（每发1度电需消耗0.35千克标准煤，排放0.997千克$CO_2$）。

2. 清洁能源在建筑围护产品中的综合应用

随着石化能源的日益枯竭和人类生存环境的日益恶化，清洁能源如太阳能、风能等可再生能源的开发利用成为今后发展的主流。我们幕墙行业将借此机遇，让光伏发电、风力发电技术与幕墙系统完美结合，实现建筑幕墙系统的低碳减排。

① BIPV光伏建筑一体化技术的应用。

A. 从产品类型来说，BIPV组件的种类日益丰富，能够满足建筑师对透光性、颜色、形状等各方面的建材设计要求，也推动了建筑界对于光伏建筑一体化的建设理念。根据预测，未来十年BIPV市场的复合增速将达到40%，BIPV的存量市场规模在万亿元级别。在过去一段时间，我国的BIPV发展进程比较缓慢，主要受限于光伏建设的高成本，而且我国电价远低于海外发达国家，当时的光伏发展不具备经济性。但随着光伏产业规模不断扩大，目前我国常规光伏已步入平价，为BIPV大规模推广提供了重要的基础条件。近年来，光伏产业逐步发展成熟，全行业在迈向平价上网过程中的产品价格快速下降，效率持续提升，由于供给侧结构改革，建材的价格近年来有所上涨，两者共同提高了BIPV的性价比。在“十四五”期间，解除光伏成本和协同两大限制因素后，装机容量可能达到30～50GW，对应市场规模在1500～2500亿元。

B. 利用光伏发电技术与幕墙系统相结合，在建筑的屋面、层间、立面及采光顶等部位设置发电单元，充分利用太阳能的清洁无污染特性。光伏组件的主要分类及选择包括：晶体硅电池（包括单晶硅、多晶硅和带状硅等）、非晶硅电池、薄膜光伏电池（包括铜铟镓硒、碲化镉等）。其中晶硅类组件是目前发展最为成熟并应用最为广泛的光伏组件，在应用中处于主导地位，占据了80%左右的市场份额。近年来，薄膜电池大放异彩、备受追捧，被行业认为是未来有可能取代晶硅电池的下一代太阳能电池技术。薄膜组件因其具有弱光发电的特性及具有优越的外观效果，如碲化镉薄膜电池可以制作出不同的色彩效果，同时可以制作出仿石材、仿金属等外观效果等，由于其色彩均匀、美观，整体感强，特别适合于对美观度要求较高的建筑上使用，尤为适合建筑幕墙行业面材的替代选用（图 13）。

晶硅组件采光顶　碲化镉组件采光顶　晶硅组件屋面　晶硅组件立面　晶硅组件遮阳

图 13　发电单元位置

C. 光伏系统安装之后，用户最关心的就是发电量，因为它直接关系到用户的投资回报。影响发电量的因素很多，例如组件转换效率、逆变效率、电缆的线损、组件安装朝向、方位角、倾角、灰尘、阴影遮挡、组件和逆变器容配比系统方案、线路设计、施工、电网电压等诸多因素。

a. 一般光伏组件的转换效率（包含晶硅类和碲化镉薄膜组件）基本上目前理论数据均可达到 15%至 20%左右［转换效率＝标称功率（W）/（组件面积（$m^2$）×100%）］。逆变效率基本上可以达到 97%左右，电缆线损一般在 2%左右。

b. 光伏组件的安装角度包含两个角度：即倾角和方位角。倾角（高度角），即光伏组件与水平地面之间的夹角；方位角，即光伏组件的朝向与正南方向的夹角。无论是倾角的变化，还是方位角的变化，都会对光伏系统发电量造成直接影响，当然，倾角及方位角变化对发电量的影响同时与纬度相关。这是一个综合因素的分析过程，这里对简单的数据做一对比（图 14、图 15）。

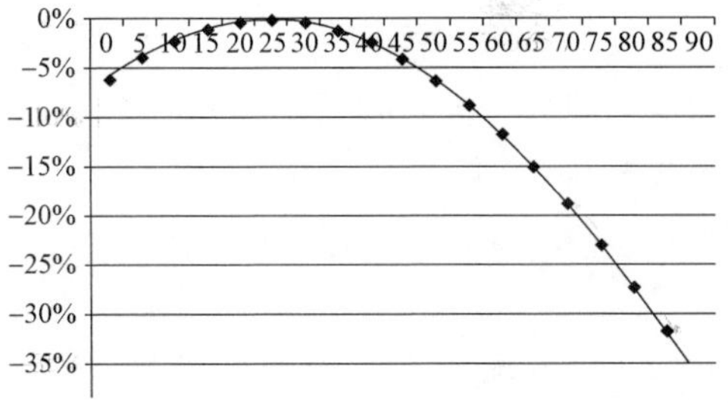


图 14　倾角 0°～90°变化时对发电量的影响曲线

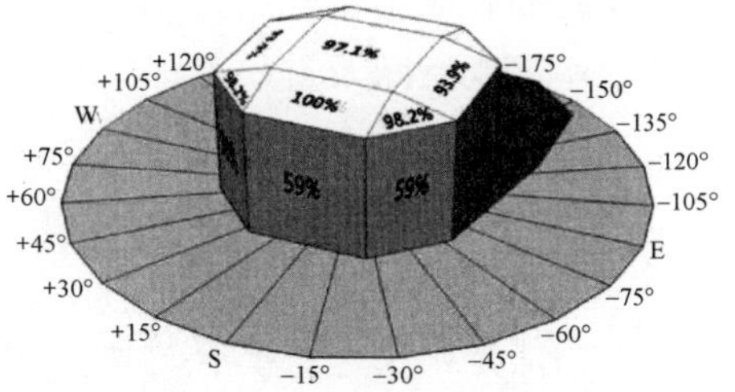


图 15　光伏组件各个朝向不同的效率图

在不同纬度下，平铺（0°）和垂直（90°，南立面）时，倾斜面上辐射量与最佳倾角时的差值见表 1：

表1　平铺和垂直时倾斜面上辐射量与最佳倾角时的差值

| 纬度 | 40 | 37 | 32 | 21 |
|---|---|---|---|---|
| 平铺 | 17.5% | 13.0% | 5.9% | 2.6% |
| 垂直 | 24.2% | 30.9% | 36.5% | 43.6% |

C. 光伏组件在组串发电时，为使系统获得最大效率，在确定光伏组件串联数量时，应主要考虑接至同一台逆变器的光伏组件的规格类型、串联数量及安装角度应保持一致。同时，逆变器电压越接近额定工作电压，效率越高，发电量收益越好，则串联数量最佳。因此，在确定系统最佳组串时，需同时考虑光伏组件电气特性及逆变器额定工作电压值。二者达到最佳匹配时，才能实现能量转换效率的最大化。

D. 针对光伏幕墙系统的应用分析经济及社会效益。以薄膜太阳能组件作为发电单元为例，市场常规薄膜组件面积为 $1.6m\times1.2m=1.92m^2$，发电功率为250W，光电转换率为13%，每 $1m^2$ 组件发电功率约为130W。按三类地区太阳能辐射量测算（我国按日照时长共分为五类地区），年光照时长约为2600h，组件应用于建筑采光顶位置，每 $1m^2$ 光伏组件年发电量为 $130\times2600=338kW\cdot h=338$ 度电，以一座 $1000m^2$ 的采光顶建筑面积为例，考虑采光顶坡度倾角、方位角及衰减损耗等因素，按80%效率考虑（如立面等位置考虑倾角问题会有更大折减），年发电总量为 $338\times0.8\times1000=270400$ 度电。按商业用电电费（0.795元/度）计算，年产生收益为 $270400\times0.795=21.50$ 万元。

按目前市场幕墙用光伏系统增加建设成本7元/瓦（即910元/$m^2$，其中包含逆变器、配电箱等相关配套设备及加工安装费用等）计算，总成本约91万元，则回收成本年限约为 $91\div21.50=4.3$ 年。综合考虑太阳能电池组件光电转换率逐年衰减及过程养护成本等因素，回收成本年限估计在5～7年。

按组件一般寿命25年测算，可产生发电收益约537万元，节约一次性能源约2366tce，可减排二氧化碳6739t，二氧化硫58.4t，烟尘41.2t，煤渣1066t。

太阳能光伏与建筑结合的优点可以从三个方面来看，分别是建筑、经济和技术。从建筑上看，可以最大限度地利用建筑面积，无须额外占用建筑空间和土地资源；从经济上看，太阳能光伏可以就近发电、用电，极大限度地节约电站建设和电力输送投资成本；从技术上看，只需将太阳能光伏组件安装在建筑幕墙或屋顶即可，可极大地提高建筑的附加价值。

② 风能的利用。

将风力发电技术与幕墙相结合，利用风能资源实现幕墙系统的低碳运行。将建筑物作为风力强化和收集的载体，将风力与建筑物有机地结合成一体。风能与太阳能一样，是一种取之不尽、用之不竭的可再生绿色清洁能源。近20年来，太阳能与建筑一体化设计发展迅速，而风能由于其不稳定性和噪声污染等问题，很少大规模地与建筑进行一体化设计。近年来，在建筑幕墙行业，小型微风风力发电在遮阳百叶或格栅系统中的应用是一个全新的技术创新，在产生绿色能源的同时兼顾了建筑美学。

（3）轻量化、装配式产品升级及绿色环保材料的应用

在建筑一体化设计上重点考虑满足结构强度的前提下，进行轻量化、装配式设计，节省材料，降低能耗。

① 轻量化是指采用减轻产品自重且可以提高产品综合性能的材料，指的是在满足机械性能的前提下，将材料质量减轻。面材轻量化如 ETFE、透明亚克力、发泡铝等应用。框料轻量化包括树脂框、碳纤维铝框等应用。

② 装配式建筑是指把传统建造方式中的大量现场作业工作转移到工厂进行，在工厂加工制作好建筑用构件和配件，运输到建筑施工现场，通过可靠的连接方式在现场装配安装而成的建筑。装配式幕墙的使用，如整体阳台、整体 GRC 质窗口等模块化的产品设计。

③ 新型绿色环保材料的应用是将基本无毒无害型或低毒、低排放型材料、环保节能新型技术应用在幕墙上，提倡绿色低碳应用方向。面材上环保材料的应用包括采用新型环保材料如陶土板、石材蜂窝板、AEP 板、千思板、水泥发泡板及发泡石材等。框材上环保材料的应用主要为采用新型环保材料，如玻纤增强聚氨酯复合材料、发泡铝、树脂型材、碳纤维铝型材及高强度钢型材等。表面喷涂上环保材料的应用有免烧釉面涂料 NSGC、环保型涂料、无铬钝化的环保镀锌、免喷涂材料等。绿色环保的密封材料应用包括 MS 环保胶、生物乳胶漆、无甲醛的异氰酸酯黏合剂等。

④ 推进标准化产品应用及工业工程自动化。利用标准化、工业工程、冲切法、自动化提升效率，降低成本，降低能耗。

A. 采用标准化产品后，减少了产品不必要的差异化，大大减少了材料的种类及单位材料用量。单从型材单位用量推算，如每 1$m^2$ 型材用量综合下降 1kg，按单体建筑 3 万 $m^2$ 的幕墙型材用量计算，约降碳 530t。（每生产 1 吨电解铝，需消耗电能 13500kW·h，折合为需燃烧 4.7tce，产生 13.4 吨 $CO_2$，

另外，电解过程中产生 1.8 吨 $CO_2$。每挤压 1 吨铝型材，约排碳 2.48 吨。算得每生产 1 吨铝型材，合计排碳 17.68 吨。）

B. 通过标准化产品的推广应用，进一步采用工业工程手段，通过生产线自动化改进及采用冲切法的标准简易加工等，提高整体工作效率，降低生产加工时间，达到降碳目的。同时便于包装，节约空间，降低运输成本，安装简便，降低安装成本等。

（4）与建筑融合的城市绿植幕墙系统应用

依托垂直绿化技术，开发绿植幕墙系统，改善建筑微气候环境，实现固碳功能。绿植幕墙，是指依托幕墙系统进行垂直绿化的技术，将绿植沿建筑幕墙外立面攀附固定形成的立面的绿化。其可以为城市增加有效的绿化面积，有效扩大城市的绿化范围，提升绿化覆盖率，在空间维度上实现建筑的吸碳运行，从而实现真正意义的“碳中和”。

① 绿植和幕墙结合形态（图 16）。

建筑立面的垂直绿化　　建筑屋面绿化　　既有建筑外墙改造

图 16　绿植和幕墙结合形态

② 绿植幕墙系统构成。

绿植幕墙系统主要包括：定植结构；支撑框架；自动微滴灌系统；补光系统及各类相关附件等。其外延配套还可以与雨水收集系统、光伏发电系统相结合。

③ 绿植幕墙的意义。

生态效益：改善空气质量，吸收碳排放；调节温度和湿度；控制噪声。

社会效益：拓展绿化空间、城市多样化需要；减少光污染；保护建筑物。

经济效益：绿植幕墙自身的使用价值；装饰绿化后的景观效益；景观功能所产生的吸引人们购买欲望的潜在价值等。

④ 绿植幕墙的节能效果。

据测定，应用绿植覆盖的建筑墙面温度通常可降低 2～7℃，空气相对湿度可以提高 10%～20%，室温降低 3～5℃。一座面积约 5000$m^2$ 的绿植幕墙，年节能量约为7.2万度，减少二氧化碳排放66.32吨。

（5）实现建筑智慧皮肤的智能化幕墙系统

随着社会的进步、建筑领域的发展，对建筑物的绿色、环保、生态体系的可持续发展提出了更高的要求，这就要求在建筑“外皮”上着眼于综合环境与气候因素的生态智能化建筑发展。

智能化幕墙控制系统主要由检测环境参数的温度传感器、风传感器、光照传感器、雨传感器、烟感传感器、探测器和中央处理单元等组成，使其建筑产品通过感知功能、处理功能和扩展功能实现有效的智能化运行管理。主要具体应用包括：智能遮阳、智能开启、消防联动、微循环、空气净化、门控安防、智能照明、自动检测等。它是使建筑物从被动封闭式走向主动开放式的生态智慧化产品。生态建筑的产生与发展是历史的必然，也将是人类进步的象征。

（6）结束语

随着“双碳”目标的推进与落实，全社会对环境保护、能源合理利用越来越重视，建筑幕墙企业也要在绿色环保方面加大研发和投入。为了实现建筑全过程绿色发展，在幕墙产品生命周期的每一个阶段都应融入绿色科技，减少对环境的污染和伤害。绿色的建筑幕墙产品源自完整的绿色生命周期，以及在整个生命周期中企业的自我约束。从原材料采购到设计、使用、回收与重复使用及再利用过程中，通过建筑外围护系统产品的升级，实现建筑门窗、幕墙绿色发展的目标。

# 浅谈建筑光伏一体化的常见问题

◎ 韩维池　黄井然

中清能绿洲科技股份有限公司　北京　100162

## 1　BIPV 的类型

建筑光伏一体化，英文是 Building Integrated Photovoltaic，缩写为 BI-PV，是指将光伏组件作为建筑的一部分安装在建筑上，如光伏幕墙、光伏遮阳。用于 BIPV 的光伏组件①需要同时具备建材的特性和发电功能，与之相对应的是 BAPV（Building Attached Photovoltaic），是指在本身已经完整的建筑上附加光伏组件，如在厂房或楼房屋面上加装的光伏组件，此组件不需要具备建材的特性。

BIPV 大致分为以下几种类型：透明类型，层间类型，外挂遮阳型，采光顶。

（1）透明类型

用光伏组件替代玻璃，安装于建筑的透明位置。

我们来看一个案例，采用的是多晶硅的光伏板，电池本身是不透明的，夹电池的两片玻璃是透明的，光线可以从间隙过去，可实现采光和发电的效果。但是这样的电池排布密度往往会导致室内自然采光不够（图 1）。

第二个案例是广东河源的汉能公司行政楼，与第一个案例不同的是，此项目采用的是半透明的薄膜组件而不是单晶硅组件。外观看起来更整洁，但是半透明薄膜电池的转换效率②较低。若是为了提高发电量而降低透光率，如 20%透光，会极大地影响室内采光（图 2）。

图 1 迈阿密巴黎世家，装机面积 165m²，年发电量 7700kW·h，投资回收期 1 年

图 2 广东河源汉能公司行政楼

透明类型的第三个案例是位于加那利群岛的第一座 LEED 白金建筑。值得我们借鉴的是，建筑立面由深浅颜色交错布置，其中深色部分是光伏组件。我们知道，一个建筑的南立面光照条件最好，布置光伏组件可实现到较好的发电量，而北立面光照差，通常不布置光伏板。但是如果一栋建筑只在光照好、无阴影遮挡的立面布置光伏板，会导致这个建筑的四面不统一、不协调，大大降低了建筑美观性。而本项目这样设计的好处是在保证了光照条件好的立面上多布置光伏板的同时，四个立面过渡自然，不会影响建筑立面的整体效果。除此之外，不在立面上满铺光伏组件可以使光线从浅色玻璃透过，保证了室内自然采光（图 3）。

图 3　加那利群岛的第一座 LEED 白金建筑

（2）层间类型

层间由于没有透光需要，所以多半就是采用不透明的晶硅电池，它的好处就是不透明的光伏板发电效率高，安装在层间不存在遮挡室内光线的问题，是性价比较高的一款做法。它的缺点就是可安装面积比较小。我们来看几个案例（图 4～图 6）。

图 4　意大利 GIOIA 22 塔，年发电量 10655kW・h

（3）外挂遮阳型

有两点好处，首先，光伏遮阳系统有一定的倾斜角度，保证吸收到足够多的阳光来达到最大发电量。其次，光伏面板在发电的时候会伴随着发热，采取外挂形式，可以很好地将热量散出室外（图 7～图 10）。

图 5　南昌国家医药国际创新园联合研究院汉墙项目。采用汉能薄膜太阳能组件，共计 600 个发电单元，合计总装机量为 460kW

图 6　内蒙古自治区自然历史博物馆

图 7　迪拜 DEWA 研发中心，年发电量 14017kW·h

图 8　土耳其 BURSAGAZ 公司，装机面积 110m$^2$，年发电量 3400kW·h

图 9　华盛顿大学艺术与科学学院，装机面积 650m²，年发电量 14197kW · h

图 10　大同未来能源馆，外立面创新使用了 1300 多片龙焱白色仿铝材型碲化镉薄膜组件

（4）采光顶

采光顶通常采用半透明薄膜组件或有一定透光度的晶硅组件（图 11）。

图 11　世园会中国馆位于北京市延庆区环湖南路

光伏面积为 1615$m^2$，造价为 677.6 万元，1056 块碲化镉薄膜玻璃，组件透光率 40%，装机容量为 80kW，总功率为 56～58kW，年发电量为 5 万～6 万 kW·h

## 2　光伏组件类型

1. 单晶电池组件

是目前市场上的主流产品，转换率最高，隆基 PERC 高效单晶电池效率已突破 23%。普通单晶组件的转换效率也在 18%以上。电池片不透明，但可通过调节组件排布间隙实现采光的效果，多用于建筑的层间、屋面、遮阳等不透光位置。以蓝色、黑色等深色为主，同时也可以通过镀膜的方式做彩色组件。

2. 多晶硅太阳能电池组件

在单晶硅技术成熟以前，多晶硅曾是市面上性价比最高的电池产品。但是由于多晶硅电池的硅片中间有大量的晶界，因此降低了多晶硅电池的转换效率，大约在 16%。

3. 薄膜太阳能电池组件

经过几年的快速发展，单结非晶硅薄膜电池的实验室光电转换效率可达 12.7%左右，微晶硅多结电池的实验室光电转换效率可达 13.4%，碲化镉薄膜电池的实验室光电转换效率可达 16%，商业化电池效率平均为 8%～10%。铜铟镓硒薄膜电池的转换效率可达 14%。

然而，对比晶硅类组件，薄膜太阳能电池组件的主要问题是光电转换效率低，要转化出等量的电能所需的薄膜电池组件面积巨大。另外，薄膜电池组件还存在稳定性差的劣势，其能量转换效率随着辐照时间的延长而变化，这些缺点是薄膜电池组件广泛应用的最大阻碍。由于其透光度可调、色彩丰富，在 BIPV 领域较受欢迎，多用于建筑的遮阳和透光位置。

## 3 发电量的影响因素

我们知道，光伏板垂直安装在立面的发电量肯定不如水平铺在屋面的发电量高；南立面的光照条件比北立面好很多。那么具体差多少呢，让我们以北京为例看一下具体数据。

下图是在光伏行业中常用的光伏仿真软件 PVsyst 中模拟的北京地区发电小时数[③]（图 12～图 14）。

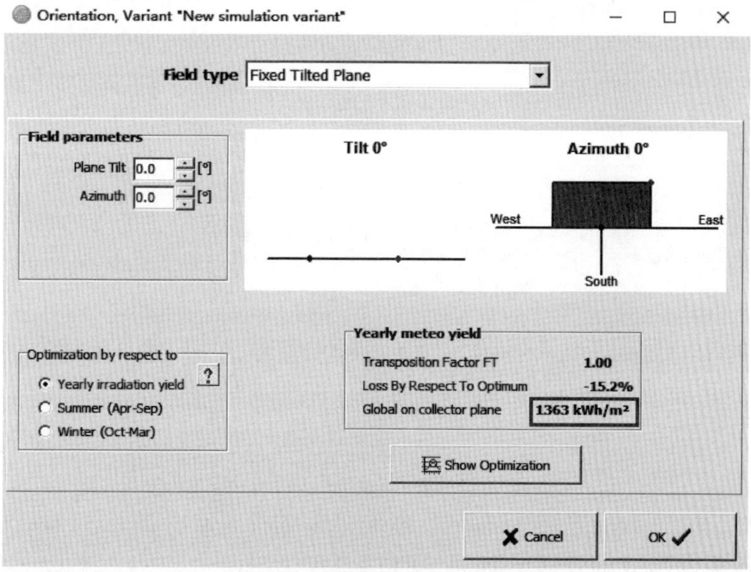


图 12　北京水平铺装光伏组件的发电小时数

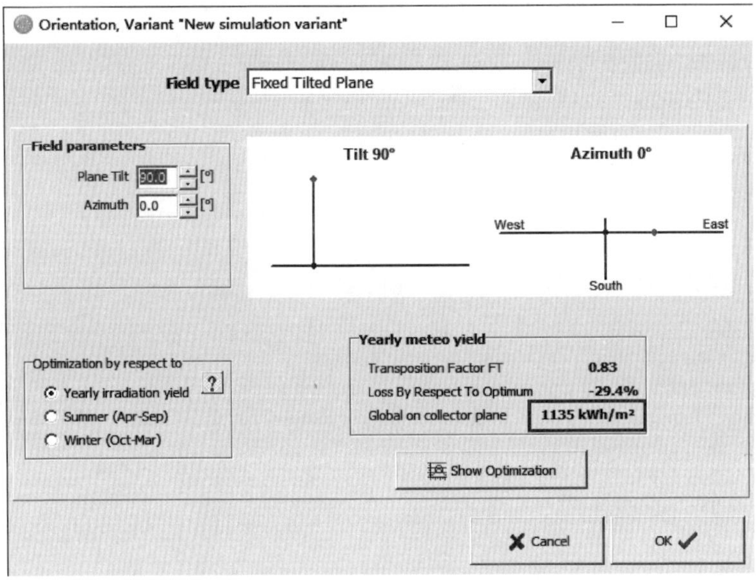


图 13　北京垂直铺装南向光伏组件的发电小时数

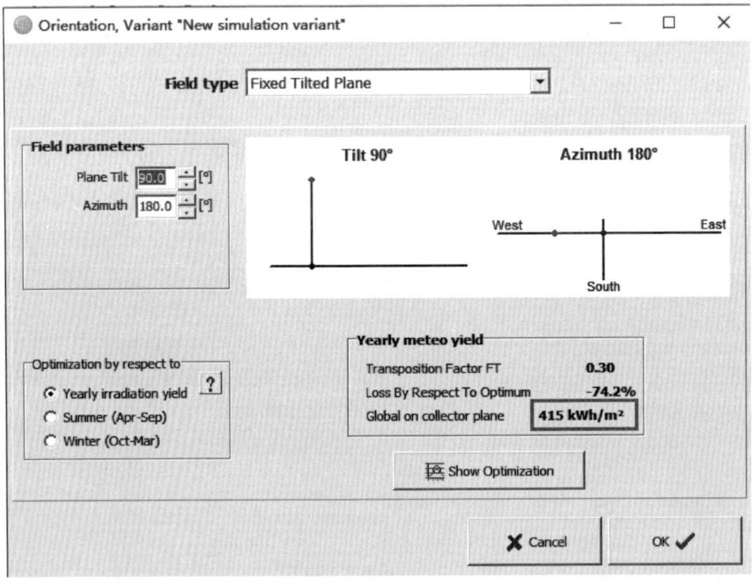


图 14　北京垂直铺装北向光伏组件的发电小时数

从图 12～图 14 我们可以看到，水平铺装的发电小时数为 1363kW·h/$m^2$，在南立面垂直铺装的发电小时数为 1135kW·h/$m^2$，仅为水平铺装的 83%，而在北立面垂直铺装的发电量更低，仅为南立面的 36%。

除安装位置外，组件本身的颜色也会对发电量有影响。我们知道，光伏组件是靠吸收太阳光来发电的，浅色物体反射的光线多，深色物体吸收的光线多。所以浅色组件的发电量是低于深色组件的。表1是一些常见彩色组件与黑色组件的转换效率比值。

表1　常见彩色组件与黑色组件的转换效率比值

| 组件颜色 | 转换效率比值（即：假设黑色为100%） |
|---|---|
| 银白 | 69.1% |
| 银灰 | 56.3% |
| 金色 | 73.5% |
| 蓝色 | 79.6% |
| 红色 | 76.7% |
| 绿色 | 84.9% |
| 橙色 | 65.9% |

此外，温度也是影响组件发电的一大因素。光伏组件在发电的同时会伴随着发热，温度过高会极大地降低组件的发电量。虽然在建筑业内我们常用中空玻璃来提高热工性能，但是在BIPV领域里，我们通常不把光伏组件做成中空。

## 4　常见术语的意思

（1）光伏组件

光伏板，外界常称为光伏玻璃或者发电玻璃。

（2）转换效率

全称是光电转换效率，是衡量太阳电池把光能转换为电能的能力。其值是一个百分数。太阳能电池的测试设备采用AM1.5G的标准光谱。此光谱是根据实际的AM1.5G光谱人为修正后得到的，其光强为1000W/m$^2$。如果一片电池面积为154cm$^2$，用AM1.5G的标准光照射后，它上面的能量就是15.4W，如果经过测试，电池功率为2.6W，则其转换效率为2.6/15.4=16.88%。

（3）发电小时数

发电小时数×装机容量=首年发电量。

# 装配式幕墙的设计与推广探讨

◎ 姜清海　姜　辉　陈志顺

姜清海幕墙系统工程（武汉）有限公司　武汉　430063

**摘　要**　不同于传统构件式幕墙和单元式幕墙的设计方法，装配式幕墙具有更加灵活和更加广泛的应用范围，尤其是更加经济的价格优势，在幕墙行业具有广泛的推广应用前景。本文以某科技园区项目多栋楼的系列幕墙设计为例，通过深化设计与原招标图对比，系统提出装配式幕墙的各项细节设计方法，为广大设计师及业主提供装配式幕墙的系统解决方案，促进装配式幕墙的推广应用。

**关键词**　构件式幕墙；单元式幕墙；装配式幕墙

## 1　引言

自新冠肺炎疫情发生以来，疫情持续加重全国的工程建设项目也遭遇严冬。持续至2021年后，全国建材行业则进入价格飞涨时期，钢材铝材等金属材料产业、玻璃产业、硅酮胶产业等均全面大幅涨价；而建设项目所必需的劳动力市场也遭受严重影响，劳动力流动受到严重限制，施工现场严重缺乏劳动力。再加上国家对房地产管控力度的持续加强，房地产行业也遇到瓶颈，低价销售、降价销售已成为房地产企业自救的主要途径，而与房地产企业合作最多的幕墙企业，更是在夹缝中求生存，已签订的合同需要履约完成，而材料成本及人力成本持续上涨，现场作业劳动力人员数量不足，在面临巨大亏损的风险下，如何控制成本并按时履约则成为各幕墙企业的重点公关课题。而装配式幕墙，则能够按最接近构件式幕墙的成本实施单元式幕墙的设计和施工，同时可大幅度降低构件式幕墙对现场劳动力数量的需要，大大降低履约风险。因此，系统化地推广装配式幕墙的设计方法和施工方法，不仅是适应国家对建筑业提高装配化率的要求，也是幕墙企业在技术发展和成本控制双控条件下的必然选择。而现有的有关幕墙的规范、标准、图集等，基本都只涉及构件式幕墙和单元式幕墙，甚至各幕墙企业的内部图集、设计、施工规程基本上也没有针对装配式幕墙进行系统化的规划和总结。本文以具体项目的施工设计为例，详细介绍装配式幕墙的系统化设计，为装配式幕墙的系统推广奠定基础。

## 2 装配式幕墙的概念及与其他幕墙系统的区别

幕墙系统按照结构支承系统的构造设计分类，现在最通用的系统类型包括构件式幕墙系统、单元式幕墙系统、半单元幕墙系统、小单元幕墙系统等几大类。

从《建筑幕墙术语》（GB/T 34327—2017）的定义来看，“构件式幕墙 stick curtain wall”是指在现场依次安装立柱、横梁和面板的框支承建筑幕墙；“单元式幕墙 unitized curtain wall”是指由面板与支承框架在工厂制成的不小于一个楼层高度的幕墙结构基本单位，直接安装在主体结构上组合而成的框支承建筑幕墙；“半单元幕墙 semi-unitized curtain wall”是指由小于一个楼层高度的不同幕墙单体直接安装组合，或与先行安装在主体结构上的立柱组合而成的建筑幕墙。根据《小单元建筑幕墙》（JG/T 216—2007）中的定义，“小单元幕墙”是指小单元板块与构件式或单元式框架采用挂钩和插接连接的、可方便安装和拆换的幕墙。

图 1～图 3 所示为构件式幕墙施工过程中的形象进度示意图，图 1 显示为主体结构验收移交给幕墙公司开始施工，先安装裙楼的散装式构件（立柱、横梁等杆件），图 2 显示为主楼各立面从下往上逐层安装幕墙构件（立柱、横梁等杆件），图 3 显示幕墙框架验收后，开始安装玻璃面板。

如图 4～图 6 所示，随着现场施工进度进一步推进，立面玻璃逐渐展开安装，直至立面安装封闭；从以上安装施工流程中可以看出，构件式幕墙在工厂完成的工序很少，大部分工序都是在现场作业，因此现场的材料堆放比较杂，材料损耗也比较大，现场作业工人多，施工作业安全隐患也比较多，加大了现场管理的难度，同时现场工人都是在空中吊篮上作业，幕墙构件之间的装配精度也受到一定的影响，同时现场的施工形象也受到一定的影响。

图 1　裙楼幕墙构件安装

图 2　主楼幕墙构件安装

图 3　玻璃面板安装

图 4　立面玻璃大面安装

图 5　立面玻璃边角安装

图 6　立面开启扇安装

图 7～图 11 所示为单元式幕墙的施工过程示意图，图 7 显示结构移交给幕墙公司后，幕墙公司只需安排少量人员进场先安装单元板块的支座，同时大批量单元板块在工厂进行组装。图 8 显示单元板块进场从起始楼层开始吊装，正常工况下，水平方向按逆时针方向依次吊装。图 9 显示单元板块垂直方向从低层向高层逐层安装。图 10 及图 11 则显示单元板块逐渐向高层安装，直至施工到顶层，完成立面的整体封闭。单元式幕墙的优势也非常明显，大部分工序在工厂内完成，现场作业工序很少，现场作业人员数量大大减少，

安装均为机械化作业，且现场安装时操作人员仅在室内安装作业，施工过程中的立面整体形象也很完整。

图 7 幕墙开工，开始安装板块支座

图 8 起始楼层开始安装单元板块

图 9 单元板块逐层安装

图 10 单元板块向高层安装

图 11 单元板块接近封顶

以上各种类型的幕墙均已在市场上使用多年，并已形成比较成熟的经验，但这样也限制了大多数设计人员的思路，形成了固定思维，一看到建筑平面及立面图后就形成了基本的幕墙设计思路，再加上很多业主在招标时就已限定了“幕墙投标限价”，甚至在很多幕墙招标文件中就已经直接确定了幕墙体系（即在构件式幕墙、单元式幕墙、半单元幕墙、小单元幕墙中选取一种）。尤其现在幕墙行业中又细分出一种类型的幕墙公司——幕墙顾问公司，这种顾问公司的业务以为业主提供前期的“幕墙技术咨询”为主，实际上就是以给业主出“幕墙招标图”为主，这种幕墙图专门用于幕墙工程招投标，在很大程度上更加限制了幕墙公司的设计思路，相当于限制了技术创新，有些幕墙公司本来可以提出更多具有创新思维的设计方案，但限于前期招标图及招标条款的诸多技术条款和商务条款的限制，这些创新的技术和工艺并不被认可，在一定程度上只能局限于幕墙顾问公司的技术水平了。

按照招标条件及幕墙顾问公司的招标图及招标技术条件，为了避免招标过程中发生争议，这些招标图及招标技术条件一般都比较简单、比较保守，并尽量回避可能发生争议的新技术、新工艺，所以招标图及招标技术条件基本都限于以传统的构件式幕墙或单元式幕墙为主进行招标。而按照常规的市场规律，构件式幕墙主要用于不太规整的立面、裙楼或造价较低的项目上；而单元式幕墙则一般用于比较规整的立面、主楼幕墙，或造价较高的项目中；再就是如果建筑师对幕墙的杆件尺寸有一定要求，如对立柱、横梁等杆件的宽度尺寸要求比较纤细，如强制要求立柱、横梁的型材截面宽度不超过80mm，则正常设计就无法选用单元式幕墙而只能采用构件式幕墙了。如果建筑师对幕墙立柱、横梁的型材截面宽度无要求，或要求不小于90mm，则各种幕墙结构体系都可以选择。如果业主对幕墙造价有一定限制，则构件式幕墙与单元式幕墙之间就基本上不能互相代替了。

市场上的实际情况则是千变万化的，行业内以上的传统分类方式只是将千变万化的各种工程项目强行限制在这些分类类型之中，实际对各项目并不完全适合，也就是并不能做到“量身定制”。因此通过多项目的“量身定制”式的设计，并打破以上分类类型的条框限制、打破商务条款的限制，且不同于以上构件式幕墙、单元式幕墙、半单元幕墙、小单元幕墙等这些类型，而创新出一种新型幕墙形式，因此“装配式幕墙”就应运而生，这里所提出来的“装配式幕墙”，其使用条件和适用范围均不受以上“构件式幕墙”和“单元式幕墙”的限制，其加工方式、运输方式、现场施工方式，与单元式幕墙完全相同，尤其是其造价能够与构件式幕墙的低成本匹配，而不受招标商务条款的限制，因此这种装配式幕墙具有更广泛的适用范围，具备更广阔的推广前景。“装配式幕墙”与“单元式幕墙”的工艺非常相似但又不完全相同，不再受到传统认知的单元式幕墙通用特点的限制，这些单元式幕墙的特点包括利用“雨屏原理”进行等压防水设计、利用“同层排水”或“隔层排水”工艺排除渗漏水、空缝式安装单元板块等。而单元式幕墙的这些特点，也客观导致了单元式幕墙的造价居高不下，商务条款方面受到较多限制。而“装配式幕墙”重点在于突出“整体装配”的概念，并结合和利用构件式幕墙的防水设计原理，而并不强调或要求“等压设计防水”的特点，这样既能够按照单元式幕墙的工艺特点进行整体预制、整体吊装，又能够把成本降低到与构件式幕墙同档次的低价格水平，这才是装配式幕墙值得推广的关键所在。

图 12　主体结构验收移交

图 13　装配式板块安装

图 14　石材柱面板二次安装

如图 12～图 14 所示为装配式幕墙的施工过程示意图，立面为石材柱与玻璃间隔的造型效果，为了配合板块整体安装，玻璃按整体单元预制、整体安装，而石材柱框架（含防水板、保温层等）则单独按单元体整体预制整体吊装，石材柱板块采用钢框架，玻璃板块采用铝框架，因此石材柱板块单元与玻璃单元之间，并不符合单元式幕墙的设计和施工条件，但仍可以采用各自独立的“装配单元”各自独立设计、现场独立安装，现场外立面的施工安装流程与单元式幕墙的施工流程非常接近。而在立面上各装配单元安装完成后，再从室外二次安装石材柱造型的石材面板，并同时完成室外立面各板块之间的注胶密封，最后经淋水试验检查验证，确保整体外立面的密封完好。

从以上的设计施工流程可以看出，“装配式幕墙”可以从更宽更广的范围进行定义，只要能满足支承杆件结构安全设计要求，满足建筑幕墙的材料标准要求，满足建筑幕墙的构造要求和功能要求（抗风压性能、水密性能、气密性能、保温性能、隔声性能、变形性能、抗震性能、防火性能、防雷性能、耐久性能等），全部（或大部分）幕墙构件、全部（或大部分）面板在工厂整体预制、现场整体安装的建筑幕墙，都可以统称为“装配式幕墙”。因此装配式幕墙的装配单元，不再限制宽度分格（一跨或多跨），高度也不再限制为一层以上或一层以内甚至多层以上，只要能够满足制造条件、满足运输条件、满足现场安装条件，均可按“装配式幕墙”进行设计和施工。

本文通过某科技园区项目的多栋楼盘（以下简称为本项目）不同复杂体型的幕墙设计为例，通过对构件式幕墙、单元式幕墙与装配式幕墙等各种不同的幕墙系统结构的选型对比分析，系统介绍和探讨装配式幕墙的各种细节设计方法。

## 3 装配式幕墙的设计基础——装配单元划分

与构件式幕墙的最大区别在于装配式幕墙需要整体预制、整体吊装，因此“装配单元”就成为“装配式幕墙”设计的最基础工作，即首先选择和划分“装配单元”。“装配单元”的选择方法与单元式幕墙相似，但并不完全相同。因为装配式幕墙并不一定要求全部构件均整体预制、整体安装，如果遇到有些高度分格比较特殊，无法实现在层间断开单元板块的情况下，就无法进行单元式幕墙安装，而装配式幕墙则可以实现这种要求，即装配式幕墙可以与局部散装的构件式幕墙同时配合使用，或者说装配式幕墙可以先进行整体安装，同时再利用散装构件对装配式幕墙的接口部位进行补充完善，而单元式幕墙则不能在单元板块之间频繁使用散装构件进行补充施工，只能成片安装单元板块，仅单元式幕墙的边角部位采用构件式幕墙完成收边收口工作。这也是装配式幕墙比单元式幕墙应用范围更广的原因。

如图 15～图 18 立面图所示，本项目外立面造型复杂，立面面板主要为空缝陶土板柱、陶土板梁及间断式玻璃幕墙，且玻璃幕墙的外立面有很复杂的铝合金装饰线。遇到这种立面效果，通常设计师就不会再考虑选用单元式幕墙了，因此幕墙顾问公司所提供的招标图全部为“构件式幕墙”的设计图纸。

如图 16、图 17 所示，园区各栋楼都是以陶土板包柱包梁、点式幕墙窗、局部玻璃幕墙组合而成的立面，图 18 所示局部玻璃立面室外全部配有大装饰线，且铝材室内外型材截面宽度均为 80mm。图 19 所示为局部立面陶土板包柱包梁，因此按正常设计思路，本园区的各楼都无法采用单元式幕墙。

原招标图陶土板典型节点图如图 20～图 21 所示。

图 15　园区效果图

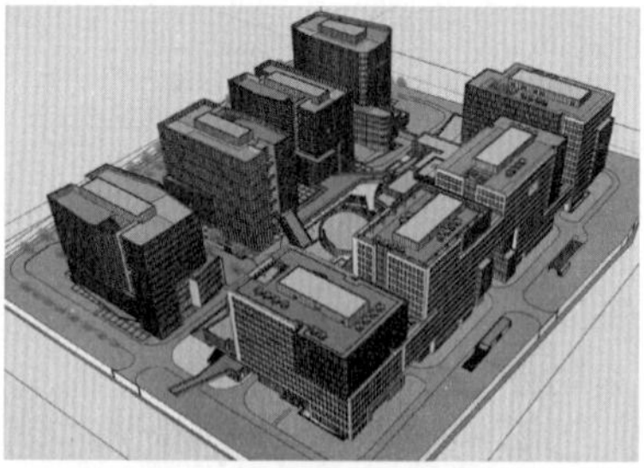

图 16　陶土板立面及玻璃立面

图 17　混合立面

图 18　局部玻璃幕墙

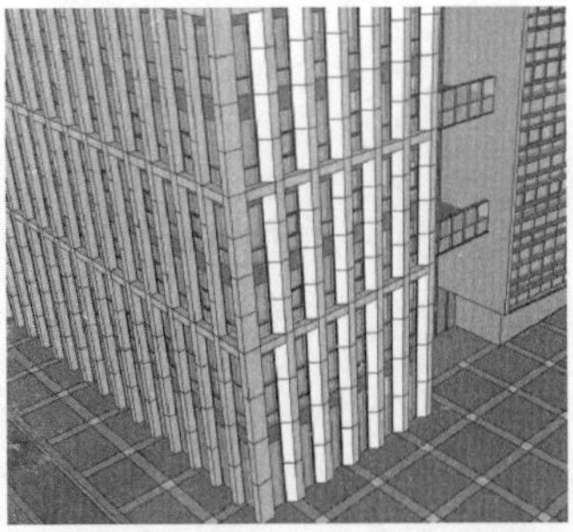

图 19　陶土板包柱包梁

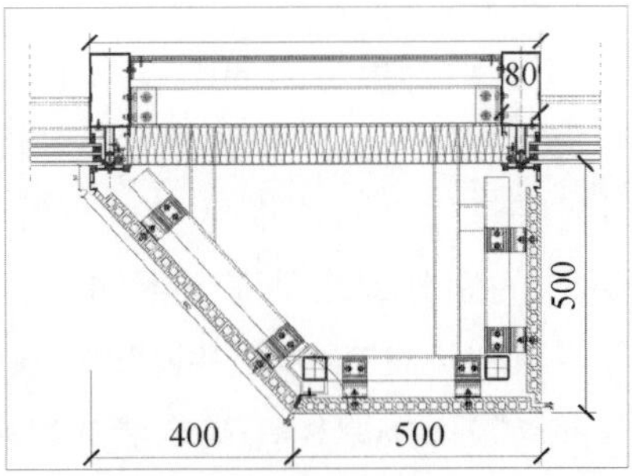


图 20　陶土板柱节点图

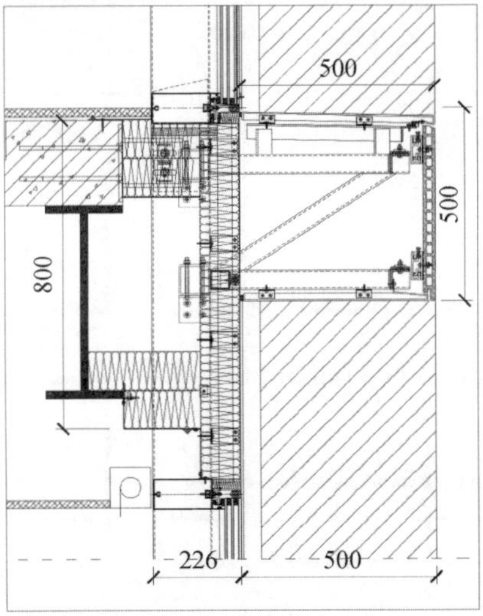


图 21　陶土板梁节点图

图 20 及图 21 所示为陶土板幕墙安装的典型节点图，因涉及突出玻璃幕墙面 500mm 的包梁和包柱，故最通用的设计和施工就是按构件式幕墙方法现

场依次安装支座、支臂钢构件、钢立柱、钢横梁、铝立柱、铝横梁、保温面背板、保温层、防水板背板、点窗的玻璃面板、注胶密封、陶土板面板等，直至完成立面封闭。

以上传统构件式陶土板幕墙和点窗玻璃幕墙的设计和施工方法，全部工序都是现场散装施工的，工序繁杂，耗用劳动力多，现场焊接作业量大，安全隐患多。而按照装配式的设计和施工方法，则仍然可以将大部分工序改为在工厂预制加工、现场整体吊装。仅将空缝陶土板面板在现场钢框架单元安装完成后再二次安装即可。因此涉及陶土板包柱和陶土板包梁的立面，其装配单元划分如下。

如图22所示，可将立面图按图中云线所示划分为三种装配单元，即“点窗装配单元”“陶土板柱装配单元”“陶土板梁装配单元”，这三种“装配单元”可组成完整的立面，很显然这三种装配单元与传统意义上单元式幕墙的“单元板块”的划分方法是完全不同的。基于构件式幕墙的种种缺陷及单元式幕墙的诸多限制，现在可采用装配式幕墙的思路对本项目此类立面进行重新设计，不再局限于按原构件式幕墙的思路进行设计和安装。

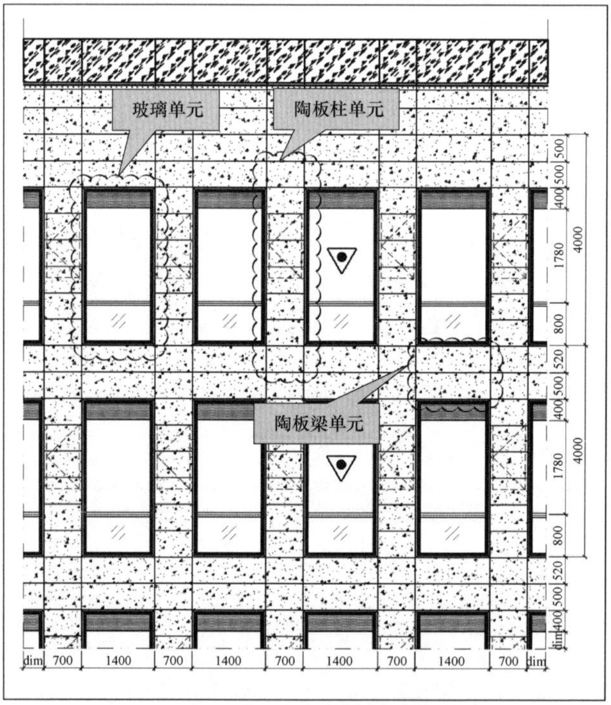


图22　点窗及陶土板包梁包柱立面装配单元示意图

以上为陶土板幕墙与玻璃幕墙的混合立面按照装配式幕墙设计时的装配单元的划分方法，基本上类似此类石材幕墙与玻璃幕墙的混合立面都可以按此方法划分。

装配单元划分清楚后，继续将各装配单元分别进行细节设计，各装配单元均在工厂进行预制并组装成整体单元，运输到现场后即可整体吊装，按与单元式幕墙相似的施工流程进行施工。需要说明的是，为了保证空缝陶土板面板的最终安装不变形，可以将陶土板面板单列出来在现场进行二次安装，而将除陶土板面板之外的其他所有构件均预制组装成装配单元进行整体安装。

除以上混合幕墙外，本项目的局部玻璃幕墙也比较特殊，型材截面宽度要求为 80mm，不允许加大，玻璃的外表面全部设置有突出玻璃面 450mm 的横向及竖向铝合金装饰翼。玻璃分格宽度分别为 600mm 与 1200mm 间隔布置。总结出玻璃的分格划分规律后，最终按虚线所示范围划分玻璃幕墙的装配单元，如图 23 所示。

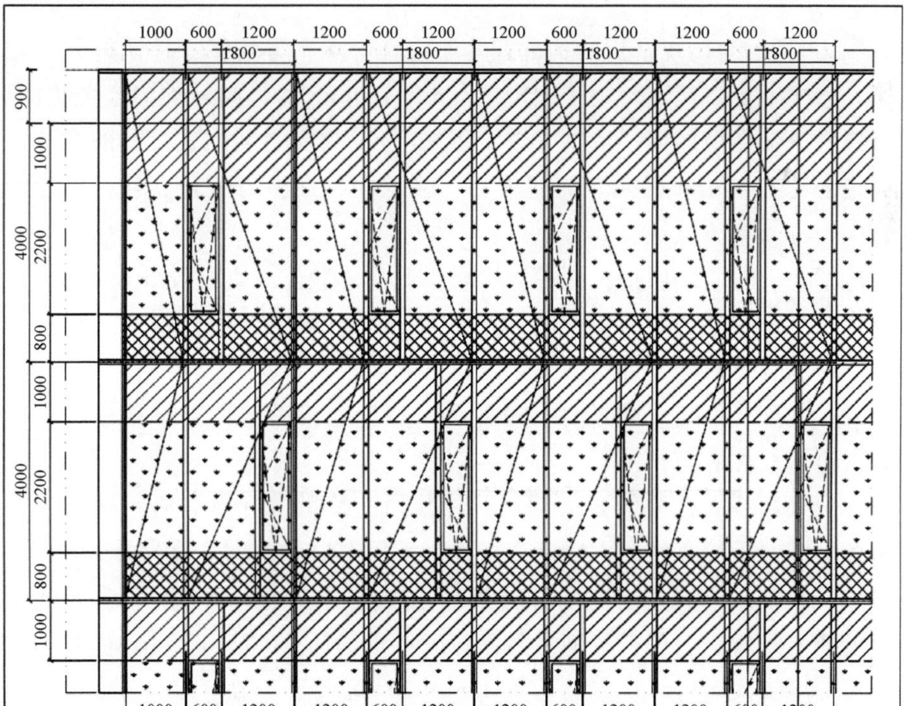


图 23　玻璃幕墙装配单元划分示意图

# 4　装配式幕墙主受力杆件——立柱设计

原招标图典型的玻璃幕墙构件式节点图如图24所示，按装配式设计时节点图如图25所示。

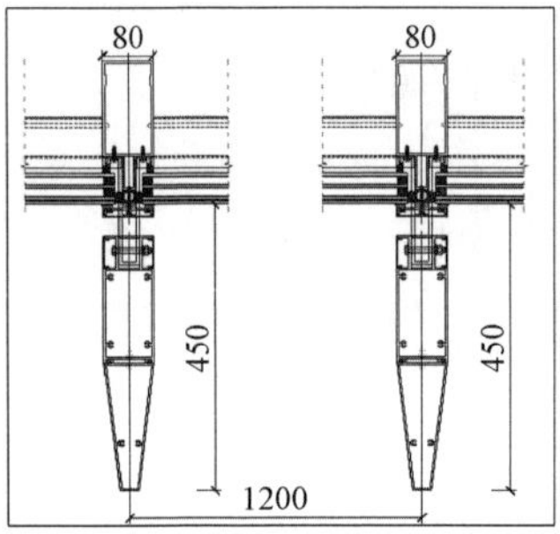


图24　构件式节点图

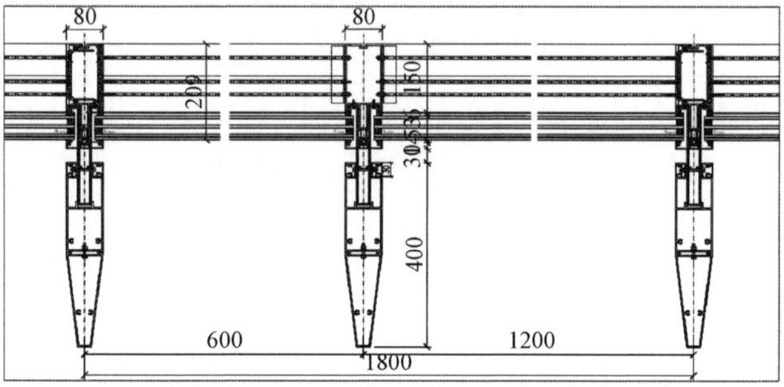


图25　装配式节点图

图24所示为传统常规的构件式幕墙设计节点，方管铝立柱明框方式安装玻璃，立柱上安装铝支臂用于固定80mm×450mm的竖向悬挑铝合金装饰翼，所有杆件全部在现场逐一依次安装。图25所示为改为装配式设计的节点，两个分格合计1800mm宽度为装配单元，单元左右立柱为组合立柱，单元中立柱则仍为方管整体立柱。

从图26与图27所示立柱的区别可以看出，装配式立柱设计要求如下：

(1) 装配式立柱类似单元式幕墙立柱分为可以对插的公料立柱和母料立柱；立柱强度及稳定性计算须满足结构计算要求；

(2) 装配式幕墙立柱竖向层间采用铝芯套连接固定，公料立柱和母料立柱各自设置立柱芯套；

装配式幕墙立柱采用开口型材，除其强度按折减计算后满足规范及设计要求外，同时须按立柱侧向刚度要求增大前后双肢的侧向宽度尺寸；

(3) 装配式幕墙立柱的型材总截面宽度仍须按80mm不变，为保证开口型材的侧向刚度，公母料的型材截面宽度各自仍达到60～65mm，因此公母料的搭接深度较大，搭接尺寸已达到35mm，远远大于一般单元式幕墙公母料的搭接深度；

(4) 从原构件式幕墙改为装配式幕墙设计后，节点所有室内外的外观尺寸均不能改变。

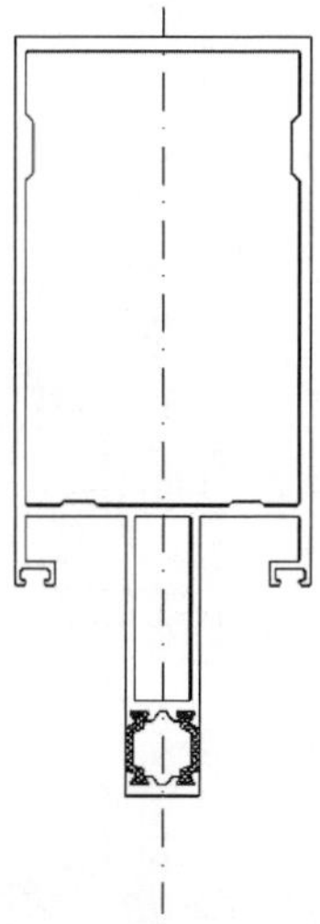

图 26　构件式立柱

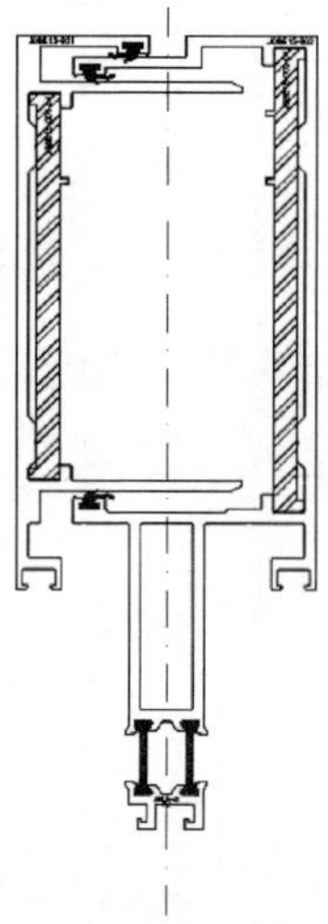

图 27　装配式立柱

## 5　装配式幕墙的装配单元横梁及层间伸缩缝设计

按上所述，装配式幕墙划分装配单元后，后面的细节设计就是要处理好各个装配单元之间的接口设计。装配单元的立柱按照以上公母料分为两个独立的立柱，装配单元的横梁也需要按照类似单元式幕墙的设计划分为公母料的上下单元横梁，如图 28、图 29 所示。

构件式幕墙层间横梁均位于立柱伸缩缝以上，而装配式幕墙的层间伸缩缝位于装配式横梁的中心位置，故装配式横梁与构件式横梁设计的最大区别是装配式横梁除对插装配之外，还要考虑层间的伸缩缝须达到 15～20mm，并须满足主体结构对容纳层间位移的要求。

如图 30 所示，装配式横梁的上下单元横梁的搭接深度为 35mm，可容纳位移量为 27.5mm。

上下层装配单元之间的接口，除上下层单元横梁的插接搭接之外，上下层的立柱内均有竖向可滑动的铝合金芯套进行连接；

从以上装配式单元横梁节点可以看出，装配式横梁节点与单元式横梁节点要简化得多，由于装配式幕墙采用了构件式幕墙的注胶密封防水方法，因此无须再设置等压腔，也无须考虑排水腔、排水通道等防水排水措施，这也是装配式幕墙与单元式幕墙的最明显区别。

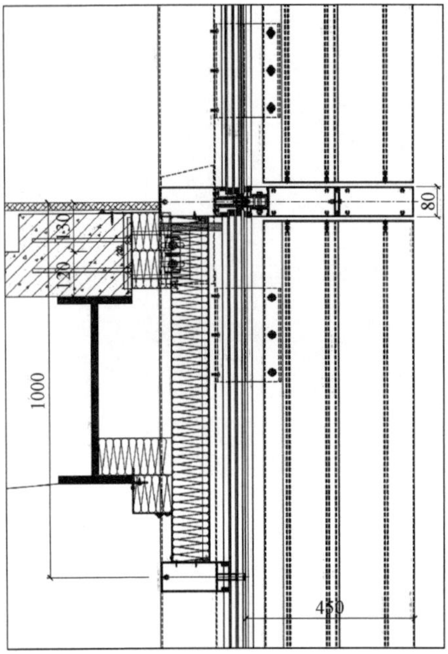


图 28　构件式幕墙层间横梁节点一

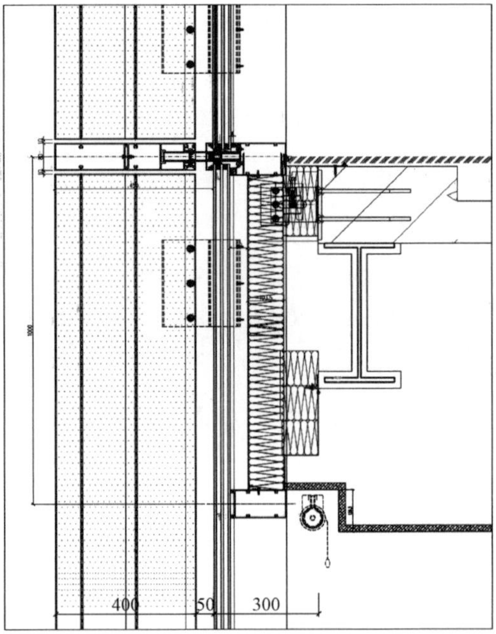


图 29　装配式幕墙层间横梁节点二

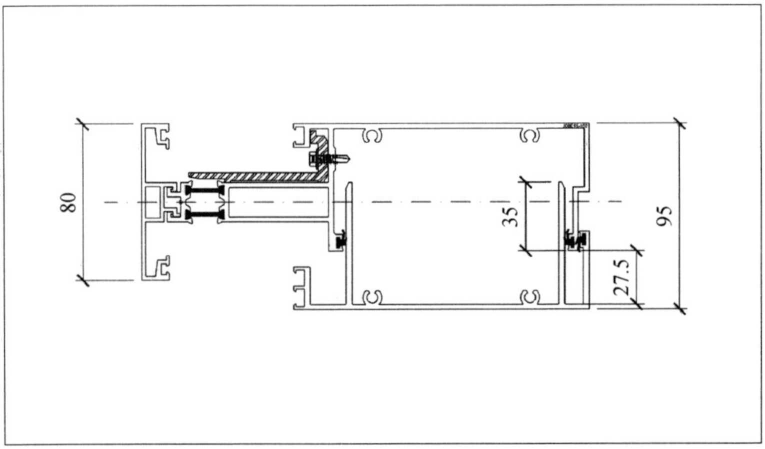


图 30　装配式横梁设计构造要求示意图

## 6　装配式幕墙的密封防水设计

单元式幕墙造价较高的主要原因就是“依靠等压构造防水”，为了实现这一效果，单元式幕墙额外增加了很多材料和措施，而这些并不是满足幕墙结构强度计算所必需的，同时也不是密封防水所必需的唯一措施。装配式设计正是基于这两方面的考虑，采用了构件式幕墙造价较低的注胶密封防水措施，回避了单元式等压构造防水导致造价增比的各项措施，因此达到既能够降低成本又能够实现整体预制整体安装的“装配式”施工工艺，大大提高了装配化率。

如图 31、图 32 所示，装配式幕墙的防水采取了与构件式幕墙相似的防水措施，同时为了提高密封防水的可靠性，所有玻璃幕墙部位均采取了两道注胶密封防水措施，其中第一道内侧的注胶密封防水均在工厂组装单元体时完成，单元体内的第二道注胶密封防水也在工厂组装时完成，而单元体之间的接缝部位的第二道注胶密封防水，则在现场安装完成单元体之后再实施，此工序则与构件式幕墙的现场注胶密封防水工序相似，但现场注胶密封的作业量则减少到 30%以下。

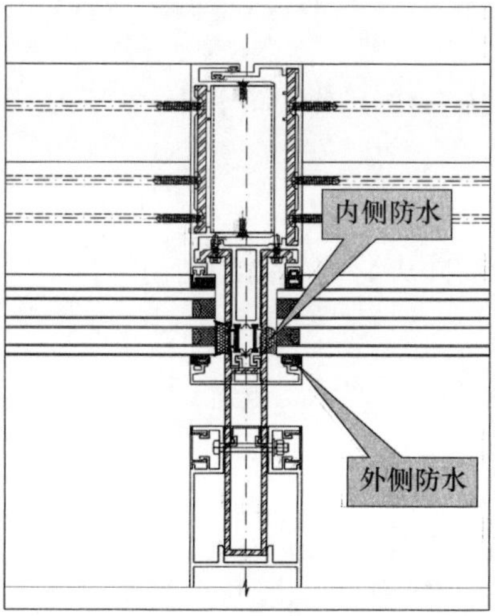


图 31　水平节点密封防水示意图

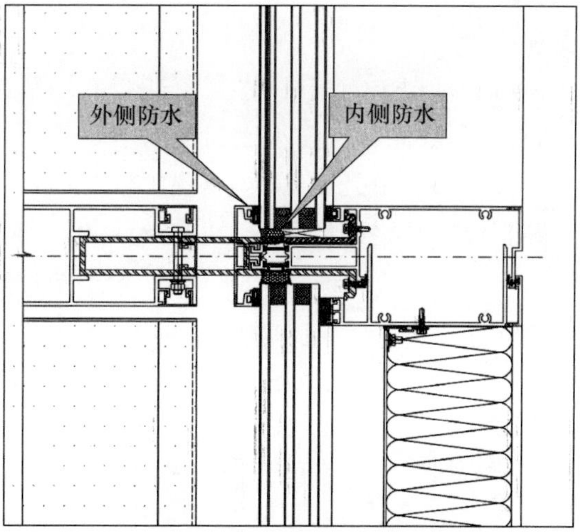


图 32　垂直节点密封防水示意图

## 7　装配式幕墙的防火、防烟设计

建筑幕墙的防火、防烟等要求在《玻璃幕墙工程技术规范》（JGG 102—2003）及《建筑防火封堵应用技术标准》（GB/T 51410—2020）中都有明确的规定，其具体的构造设计及施工方法多年来已形成了约定俗成的各种细节措施。装配式幕墙之所以在此对防火、防烟设计单独提出来，是因为装配式幕墙与传统常规的构件式幕墙和单元式幕墙的具体措施有所区别。

装配式幕墙因为立柱设计为开口的公母料对插式安装，室外侧均已有两道注胶密封措施以防风、防雨、防渗漏，故室内侧的插接接口仅为两道 EP-DM 胶条密封连接，且均位于室内，并无防水密封要求，但此开口部位在室内可能会成为烟雾的入口，以致在发生火灾时烟雾可能从室内开口进入到立柱的空腔内。单元式幕墙现在最常用的是“横滑型”设计，在每层的单元体上口沿整楼都形成了封闭的“水槽”，此水槽既能用于防水排水，同时也阻断了立柱的竖向通道，使立柱层层断开。而装配式幕墙的立柱采用了更简化的构造措施，上下层立柱之间仍然采用铝合金芯套滑动式连接，这样就导致立柱上下层之间未完全断开，其中的立柱空腔可能成为火灾情况下的“窜烟通道”，因此须对装配式幕墙的立柱层间防火防烟进行特别封堵。

如图 33、图 34、图 35 所示，装配式幕墙的防火、防烟封堵，除须按照《建筑防火封堵应用技术标准》（GB/T 51410—2020）执行外，还须达到如下要求：

（1）每层单元板块安装完成后，均统一在立柱上端内腔进行注胶封堵（防火密封胶＋弹性防火密封漆）。

（2）每层单元板块的上端口全部形成连续的密封界面，并与室内楼板上口和幕墙间隙之间的防火、防烟封堵形成连续的防火、防烟封堵密封界面。

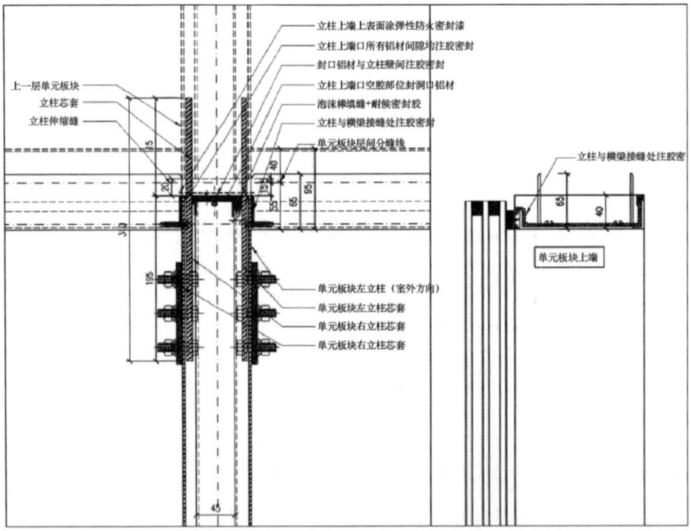


图 33　立柱层间防烟封堵垂直剖面图

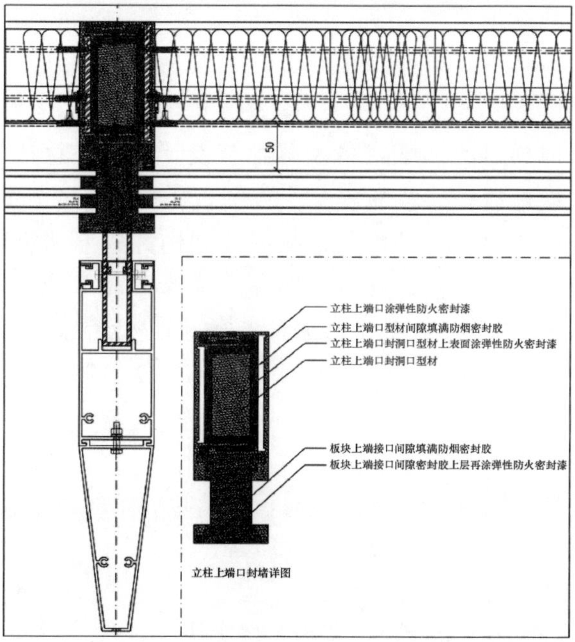


图 34　立柱层间封堵水平剖面图

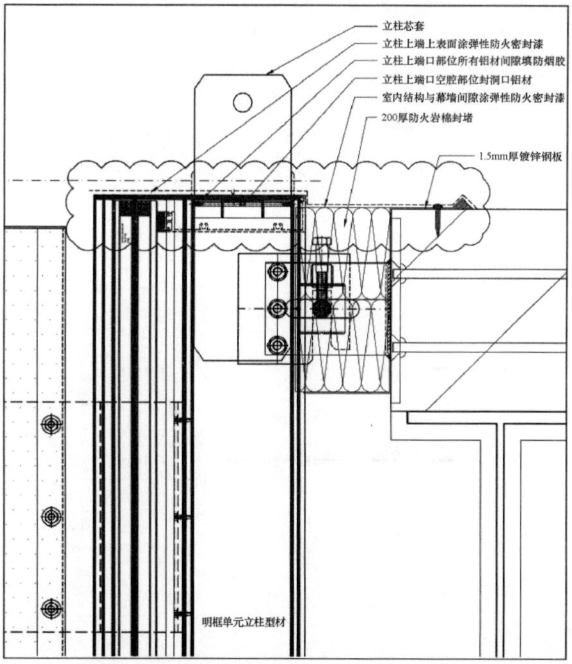


图 35　立柱层间防烟封堵垂直剖面图

## 8 结语

本文通过具体项目的装配式幕墙各细节设计，系统总结了装配式幕墙设计的基础工作、设计流程、各细节设计的注意事项，通过本案例的具体分析，总结出解决装配式幕墙设计的途径，从而找到构件式幕墙和单元式幕墙改为装配式幕墙设计的具体方法，在并不明显增加幕墙成本的前提下，大大提高建设项目的装配化率，为装配式幕墙的系统推广做好前期设计及技术铺垫工作。

## 参考文献

[1]《建筑幕墙术语》GB/T 34327—2017
[2]《玻璃幕墙工程技术规范》JGJ 102—2003
[3]《装配式钢结构建筑技术标准》GB/T 51232—2016
[4]《建筑防火封堵应用技术标准》GB/T 51410—2020
[5]《特殊造型幕墙装配式设计施工方法研究》，详见《2021 年建筑门窗幕墙创新与发展》论文集，姜清海、姜辉等。

# 第四部分
# 行业调查报告

# 2021—2022中国门窗幕墙行业研究与发展分析报告

◎雷　鸣

## 第一部分　调查背景

2021年随着全球新冠肺炎疫情的反复，令有所好转的形势又发生了一些新的变化，总体而言世界经济逐步复苏，但呈现出显著的分化和不均衡态势。国际贸易、投资以及制造业等加速恢复，发达国家的货币宽松政策及转向预期，对全球金融市场带来一些波动。新兴市场和发展中国家内外经济环境更加脆弱，全球供应链短缺危机也愈发突出，在外贸出口方面，各国盛行地方贸易保护主义，导致全球之间的经济贸易交流速度较疫情前有所减缓。

我国在谋篇“十四五”，实现“双碳”目标的总基调下，打造城市生态建设，发展绿色建筑，推进住宅产业化，选择和使用优质的建筑配套产品，成为提升城市品质、改善人居环境、夯实百年工程的基本要素。房地产、大基建虽然脱离了黄金时代，但依然表现出较强的韧性和活力，是当前拉动投资增长的主要动力之一。随着高质量发展诉求的逐步实现，工程管控体系的水平提升，传统建筑的生产方式正渐渐被取而代之，绿色化、工业化、集约化、智能化和产业化的优质门窗幕墙产品及相关配套材料，将成为今后市场的主流。

为了帮助建筑门窗幕墙行业产业链企业，特别是广大的会员单位，更好地认清行业趋势和市场现状，从而提升自身产品品质及服务能力，中国建筑金属结构协会铝门窗幕墙分会在2021年9月启动“第17次行业数据申报工作”，通过历时三个月的表格提交，采集到大量真实有效的企业运行状况报表；随后，授权中国幕墙网ALwindoor.com以门户平台的身份，对门窗幕墙行业相关产业链企业申报的数据展开测评研究，并建立行业大数据模型，推出《2021—2022中国门窗幕墙行业研究与发展分析报告》，力求通过科学、公正、客观、权威的评价指标、研究体系和评判方法，呈现出在建筑业、房地产新形势下，门窗幕墙行业的发展热点和方向。

注：调查误差——由于参与企业占总体企业的数量、调查表提交时间的差异化等问题，统计调查分析的结果与行业市场内的实际表现结果，数字方面可能存在一定误差，根据统计推论分析原理，该误差率在1%～4%之间，整体误差在2%左右。

# 第二部分　2021—2022年度产业链现状

2021年门窗幕墙行业受到了国内“多点散发”疫情的影响，带来项目开工的不确定性，以及施工、安装和服务人员出行的不便；同时，生产要素组织困难、市场活动与商务往来减少或取消等情况时有发生。在面对国内外市场复杂多变的形势下，行业内更多的是需要保持“稳定”，面临复杂的市场变化和经济形势，需要下大力气加大产品研发的创新、服务体系的创新。

当前，行业内的固定资产投资率有所下降，海外贸易的出口量较往年有所下滑，行业整体的产值数据与往年相比有一些变化，玻璃、铝型材、密封胶等在年度内面临原材料价格的大幅波动，五金配件、隔热条和密封胶条也同样遇到了相关材料上涨的压力，市场需求与材料供给之间的矛盾，在一段时间内给企业的生产销售造成了较大困难。

同时，在国家扎稳金融钱袋的前提下，企业获得贷款资金的压力变大，为行业内企业扩大生产规模与加大市场投入造成了部分困难，总体而言，2021年更突出的行业变化是稳定为主，数字化、专业性、精细化的企业生产管理模式得到了广泛应用和极大提升。

## 1　上游产业链发展现状分析

房地产方面：2021年，我国经济继续向好，但房地产金融监管一刻也没有放松过，随着“十四五”规划的出台，明确提出“房住不炒”，在这样的大背景下，房地产业也在经历新旧时代的更迭。在多举措打通国内大循环，充分释放国内需求潜力，为“双循环”新格局的形成奠定坚实基础的同时，国家支持实体经济发展，降低社会融资实际成本，这为房地产业的发展带来了喘息之机。

未来五年，中国房地产市场调控政策整体仍将保持连续性和稳定性，政策不放松的前提下，“三稳”带来的是行业内更有序、更稳定、更规范的发展。2021 年内多家 TOP100 房企在资金问题上爆出各类负面新闻，也给幕墙、门窗工程分包商、材料供应商，以及相关购房者带来了巨大的心理阴影，部分现状让人们对房地产业产生了悲观和恐慌情绪。

挤泡沫保基础，其实这也是全世界房地产业都会面临的一个阶段，我国的房地产业正在走向成熟阶段，未来中短期会保持 15 万亿～20 万亿元的超级体量，长期来看也会维持在 10 万亿元的体量，足够养活现在房地产业和相关产业链很长一段时间，现在仅仅在“挤”泡沫而已。

房地产市场没死，只是在变！要直面改善产品和居住品质的提升，以往的货值最大化、销售最快化的评价标准已不复存在，模式变轨已成事实。但也要认清一点，房地产在黄金、白银时代过去后，迎来的是天秤期，房地产企业的钱袋子会“收紧”。

在针对开发项目方面，与资金管控对应，需要更加精准地把握政策导向和市场脉搏，将有限的资源更加精准地投放在有效期较短的开发项目上。那么，作为门窗幕墙，以及铝型材、玻璃、五金配件、密封胶和隔热条和密封胶条等材料生产配套企业，也应当与时俱进，紧跟适合的服务主体。

建筑业方面：随着各项政策的出台，规范化、专业化进程在逐步加快，2021 年指导建筑业深化改革的新思想不断涌现，革故鼎新之举一个接一个，即使到年末也没有停止。过去形成的“高负债、高杠杆、高周转、高收益”的发展模式不可持续，“大量建设、大量消耗、大量排放”的运营方式更不可持续，既不适应高质量发展的要求，也积累了不少风险隐患，在 2021 年度以绿色、科技驱动的城市基建、交通运输，以及 5G 产业蓬勃发展……为建筑业带来了新局面。

更多的热点还体现在新型建筑工业化、智能化、绿色化的深度融合上，尤其是传统建筑工业化与信息技术相结合，与“双碳”目标相融合，体现在具体的项目案例方面，则以装配式建筑、绿色建筑等新建造方式为载体。新型建筑工业化能够更有效地提升工程质量、促进节能环保、提高建造效率、降低建设成本，5G、人工智能等现代信息技术将催生全新的建造施工方式，有理由相信建筑业智能化发展势不可挡。

当然，值得关注的还有住房城乡建设部在 2021 年 8 月份提出“城市更新行动中防止大拆大建问题”的通知，指导防止沿用过度房地产化的开发建设方式，更改为积极稳妥地实施城市更新。因此，全国各地的大基建项目有所放缓，同时，受新冠肺炎疫情反复的影响，部分为运动赛事配套的项目，建造时间延后，投入资金减少，市场内的项目规模和数量下降，年度内建筑业产值增速与2020年相比有所放缓。

## 2 门窗幕墙产业链发展现状分析

2021年门窗幕墙产业链的变化主要表现在两个方面，一是原材料供应价格的“过山车”爆涨爆跌，除了受市场供需、“双控”大环境的影响外，在本轮的原材料行情中出现了大资金控盘与国际贸易带来的影响。铜、铁、塑料、铝、原片玻璃、不锈钢、锌合金等价格上下浮动变化，同时也涉及煤、石油等能源和竹木材、PVC等原材料，还有DMC、107胶等受到当前环保压力影响，以及“双碳”目标的限制，部分产量下降，而市场需求旺盛，供应端从前期低迷到亢奋的状态变化，加剧了涨价现象。

原材料的上涨给生产型企业带来一波洗牌，加速了产业链上、下游企业的两极分化，有竞争力和原材料优势的企业把上涨成本向市场终端传导，通过提升产品功能、质量等创新来推动价格上升抵消成本；然而低成本运作或粗放型、劳动密集型的企业，以及来料加工企业，则受到了较大的冲击和挑战。

其次，国际市场如美国增发大量美元流入市场，同时有消息称在原材料价格大幅上涨的背后，也有大资本运作的痕迹，它们既来自国外，一部分也来自国内。通过资本操作的方式，加大了原材料价格的加速上涨，年末的价格下跌可以说是资金离场后的自我修复。

再则是人力资源方面，从过去的“用工荒”，发展为对“人才培养体系和合作机制”的深度思考。针对产业链的人力资源，每年几乎都会提到的“用工荒”，直观感觉是行业缺“人”，工程找不到人、工厂找不到人，只有一些年龄较大的愿意从事以体力劳动为主的劳动力。虽然行业的确存在缺“人”的现象，但却不单纯的是缺少普通劳动力工人，而是缺少具有一定工作技能和经验的成熟工人和技术人才。

作为项目周期较短的门窗幕墙行业，销售、市场、技术等从业者需要担当一个快速服务角色，但行业内的人员流动与企业人才流失一直是头痛的问题，尤其是中小企业不愿意花费精力去培养人才，同时业界内也没有成熟的外部培养体系，也成为行业内人才培养和孵化的短板。

多方配合，提高成熟工人和技术人才的待遇和社会地位，建立全面的、完善的职业规划，才是行业人才培养和长期储备的解决之道。

## 3　上下游产业链对建筑门窗幕墙行业的综合影响

2021 年内上游产业带来更多的是平稳发展的市场传导，众多企业更加重视长期合作客户和维护部分优质客户，下游产业带来的更多是深度融合和平台化合作，维持企业生产和经营的基本面。

因此，2021 年门窗幕墙行业市场先抑后扬，一、二线城市的公共建筑与商业体、写字楼等项目减少，总部大楼新建数量也在减少，尤其是“教培”行业大调整，互联网管理细则出台，众多前期暴利行业被压住了脚步；紧接着对“学区房”的政策调整，也带来了发展的不确定性。因此，市场内更多的是需要全面转型升级和适应“双碳目标”下的全新发展模式，门窗幕墙行业需要坚持“稳”字当头，“新”字当先，“绿”字冲锋的原则，伴随产业链的全面复苏与恢复，加大市场潜力的深度开发。

2020—2021 年“鲁班奖”中出现了 6 个“生态环保项目”，是行业发展新的讯号，未来的市场主体和重要组成部分已经发生了转变，“适者生存，不适者淘汰”。以部分产业为例，在“双碳”目标与“双控”的影响下，商业地产的“绿色浪潮”即将来到，绿色地产的增长给绿色资产的发展注入动力，比如在建筑租赁市场中，拥有绿色认证的办公楼，比非绿色认证的办公楼，租金更高；而绿色建筑的内部收益率（IRR）也比投资于非绿色建筑更高。

同时，在“房住不炒”的背景下，更多的刚性需求和新城镇建设市场需求正在缓步释放，建筑业紧密相关的城市基建、城市更新的业务量也在上升，在整个上游行业价值链的良性发展下，与之配套的玻璃、铝型材、五金配件、密封胶、加工设备、隔热条和密封胶条等生产企业也抓紧了产品研发与升级，因此相关产业链上的企业在近几年间，有望获得巨大的市场增量，获得了更大的发展空间。

# 第三部分　2021—2022 年度门窗幕墙行业热点

近年来，大力发展低碳建筑，持续提高新建建筑节能标准，加快推进超低能耗、近零能耗建筑发展，这些都对门窗幕墙产品提出了更高的要求。绿色、环保和节能材料的应用，包括铝型材、建筑玻璃、五金配件、密封胶，以及隔热条和密封胶条等都需要满足低碳建筑规模化发展的快速增长，绿色低碳建材作为市场未来建筑材料的主体，从应用到循环利用会成为全行业内新的经济增长点。

同时，绿色门窗幕墙产品的评估与认证，以及绿色低碳建材包括辅料、配件等的评估与认证，也将有更大的市场空间与市场需求；在行业内的设计环节与施工环节中，环保要求提高，低碳的目标才能更好达到，应加大对可再生资源以及可再生材料的应用技术开发，尤其是光伏幕墙类新能源产品的设计使用。

## 1 “双碳”目标下带来的变化

“碳达峰、碳中和”的国家战略背景下，对建筑物的节能、环保会提出更高的要求，据权威部门测算，建筑行业带来的碳排放占我国碳排放总值的40%以上，意味着要实现“双碳”目标，建筑行业将成为未来10年碳减排的重中之重。而门窗幕墙作为其中不可或缺的一环，也必然会提高相应的行业产品标准，对整条供应链中的节能原辅材料需求、新的生产工艺研发，也需要做出巨大的转变，促使整个行业升级已成定局。

低碳化已是大势所趋，绿色建筑建材，尤其是装配式、工业化建造模式，以及BIPV配合节能照明、智能遮阳、自然通风、隔热保温等配套产品，是实现建筑行业“双碳”目标的重要技术路径。

## 2 房地产调控、建筑业转型带来的变化

在“房住不炒”总基调下，房地产调控易紧难松，一些制约因素的影响在带给房地产投资走势较大不确定性的情况下，建筑门窗幕墙行业受到了一定程度的影响，尤其是年内头部地产企业的负债危机，带来了对上游房地产业的众多质疑，接连不断的“负面消息”，势必会严重打击到建筑门窗幕墙企业的合作信心。

房地产业在贷款融资收紧，部分企业的资金问题被全社会放大的前提下，从TOP100企业开始，进行了诸多的上下游产业合作新探索，更多提到的是

融合发展，互利共赢，加强沟通与交流，部分资金风险与压力向建筑门窗幕墙行业企业传导，建立平台，完善项目全生命周期的合作机制。

而建筑业发展的新机遇，更多在于城镇化建设带来建筑市场的持续增长，中国城镇化率为 60.6%，低于发达国家 80%的平均水平，中国还有很大空间，城镇化人口将更多聚集到城市群都市圈。未来城市群地区的轨道交通、城际铁路、教育、医疗、5G 等基础设施将面临严重短缺和快速增长，建筑业面临区域性市场新机遇。

其次，建筑业的发展也离不开车联网、物联网、企业上云、人工智能、远程医疗等“新基建”。2021 年以来建筑业改革将进一步深化，市场化、规范化、法制化依然是大方向，传统基础设施与新型基础设施协调发展，将成为建筑业发展的新特点。

保增长，引导建筑企业向基建领域拓展，大力出台扶持政策；促调整，推进工程总承包、PPP 模式，鼓励装配式和 BIM 技术发展与应用；破壁垒，推进电子招标，逐步优化最低价中标，强化信用体系和“黑名单”管理。随着国家加快战略布局、相关政策的逐个落地，以及新型基础设施建设方面继续发力，房地产、建筑业与门窗幕墙行业，将迎来可持续发展的历史新机遇。

## 3　幕墙设计与顾问咨询的发展动向

设计与建筑业及房地产之间存在密切的联动关系，若后者出现低迷，则前者将受到两方面的影响：其一是市场竞争加剧，促使开发商、业主更加注重前端设计，从而拓展了设计的市场空间；其二是行业整合及资金紧张程度的提高，可能影响设计企业应收账款。

近年来在顾问咨询与深化体制改革推动下，幕墙的设计标准与优化效率不断进步，广大的顾问咨询公司与设计院所，在技术创新、管理逻辑、团队建设、产品研发与品牌营销等方面，创造了引人注目的成绩，成为房地产、建筑业可持续发展的中坚力量。顾问咨询行业、企业在 2021 年度，通过全面优化建筑幕墙安全与品质的顾问发展思路，更好地实现了建筑幕墙与主体建筑设计的无缝对接，涵盖了从智能建筑、人工智能与大数据平台应用，从集中智慧到数字化科技，从建筑机器人到绿色建筑材料应用等。

未来将通过设计＋顾问的模式，将更多的优质资源与科技技术更好地融入幕墙门窗产业之中，为中国打造生态城市建筑、绿色建筑，推进住宅产业化进程，提供坚实的技术服务及咨询指导。

## 4 国家出台多项政策促进行业健康发展

2021 年度内，国家对房地产业及建筑行业配套服务企业持续关注，出台了一系列利好政策，包括保障市场营商环境、开展新型城镇化建设，以及其他诸如审批、绿色发展、人员管理等一系列的政策“红利”正在持续放送，这为建筑门窗幕墙行业的发展与转型升级，带来了巨大的动力与市场空间。

首先，涉及行业内项目应收款项的问题，2021 年 4 月，通过并公布的政府投资工程竣工验收合格后 1 年内必须办理竣工财务决算，按照国家统一的会计制度确认资产价值，为行业内的应收款项支付带来了巨大利好。进而降低保证金，释放企业更多的流动资金，在政府采购活动中，不得收取投标保证金，以及降低工程质量保证金预留比例，由 3%降为 1.5%。同时，保证金将向多元化的方向发展。

另外，多地修改和实施《建筑工程价款结算暂行办法》，严格合同履约管理和工程变更，强化工程进度款支付和工程结算管理，令甲方不得将未完成审计作为延期工程结算、拖欠工程款的理由，利好建筑企业和施工企业的应收款项，也防止农民工被欠薪。

其次，多地取消施工图审查，或利用互联网实行自审备案制，简化图审流程，并在深圳开展人工智能审图试点，并在上海、江苏、浙江、安徽、广东、海南等六地开设试点实施工程资质审批权下放，不再颁发纸质证书。住房城乡建设部也再度发文，表示为进一步深化建筑业“放管服”改革，建设工程企业资质“有效期”也将延至 2022 年 12 月 31 日。

在 2021 年年初时，颁布的拟增设 18 个职业资格中包含了建筑幕墙设计师，加强建筑幕墙工程设计人员队伍的规范化管理。同时，针对建筑业企业资质证明的相关事项，住房城乡建设部取消了 96 个证明事项，涉及建筑业资质、执业注册等多个内容，其中包括申请建筑企业资质不再提交社会保险证明改为书面承诺，建筑企业资质核准（新企业无资质的）不再提交“经省级注册管理部门批准的注册建造师初始注册或变更注册材料”，改为承诺等，为企业的日常经营工作松绑。

另外，在工程管理和安全方面，2021 年 3 月多地同时发布进一步加强模板支架主要构配件监管的通知或办法，以上海、苏州、广东、重庆、温州等多地为例，明确规定工地脚手架中禁止使用扣件式、门式钢管悬挑脚手架，因其整体性差，降低工程建设中存在的安全隐患。同年 9 月，住房城乡建设部发布通知，“限高令”加码，提出要实行超高层建筑决策责任终身制，并且根据城区人口规模决定建筑高度，严格管控新建超高层建筑，并作为重大公共建设项目报审，实行责任终身追究。

# 第四部分　门窗幕墙行业市场分析

## 1　市场分析的数据来源

统计工作的数据来源，主体是分会的会员单位，并得到了骨干企业的大力协助与支持，在行业企业与数量的梳理工作中，先将不同企业按八大类进行了归类，下表展示的企业数量，是细致分类后的结果。

| 行业分类 | 企业家数（单位：家） | 数据来源 |
|---|---|---|
| 铝门窗 | 9000 | 国家公布的资质企业 |
| 建筑幕墙 | 1200 | 国家公布的资质企业 |
| 铝型材 | 1000 | 引用行业协会的数据 |
| 建筑玻璃 | 2000 | 引用行业协会的数据 |
| 建筑五金 | 4000 | 根据行业协会掌握的数据 |
| 建筑密封胶 | 400 | 根据行业协会掌握的数据 |
| 隔热条、密封胶条 | 300 | 根据行业协会掌握的数据 |
| 门窗加工设备 | 200 | 根据行业协会掌握的数据 |

运用“数理统计中的回归预测分析法”，根据企业上报的数据，以及它们在行业内所处的位置进行适当调整，最后通过类别内和类别间的加权值，推算得出数据。

数据调查的对象与参与申报的企业总数，近几年来基本保持稳定，由于数据申报调查的时间是年尾，具有一定的提前性，对于整年的数据中最后 11—12 月的数据采取估值（这个估值是取过往三年内同期的平均值，具有极高的参考价值）。

## 2 行业八大类细分市场分析

从企业的规模、效益与设备、人员等方面，门窗幕墙行业前 100 强企业几乎占据了行业内 75%的市场份额和优势资源，其他还有各个细分领域，各种产品类型中的部分“单项冠军”企业，具备创新力与市场变革能力的中小型企业掺杂其中，要打破行业固有的市场状态，无论是从企业规模，还是从知名度上来说都是非常困难的。

行业细分八大类，市场不确定性加之原材料爆涨，成为最核心的关键词，房地产政策吃紧，前期红利消耗殆尽，资本运作的前期模式已经没有任何优势可言，到局部发展，国家到地方的限制政策频出。

我国建筑门窗幕墙行业 2021 年度总产值接近 7000 亿元，继续保持着 2017 年度以来持续稳定增长。在上述的总产值的增长中，规模化大中型企业，以及各类品牌材料生产厂家的贡献明显，今年更是要叠加原材料涨价的成分。

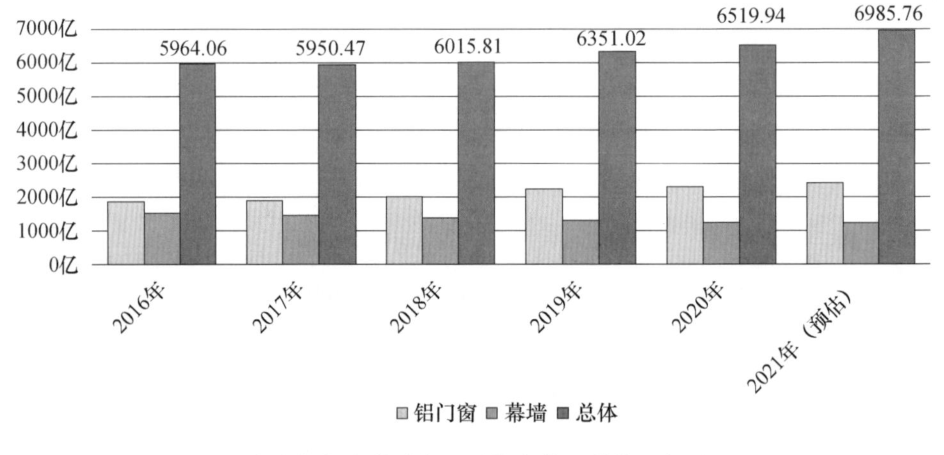


近年来铝门窗幕墙行业总体产值（单位：亿元）

门窗幕墙的产量变化增加，总产值有所增长，但单价并没有随着下游市场内铝型材、玻璃、五金、结构胶、密封条及隔热条等的价格变化，下游的市场红利也被原材料价格大幅消耗，中小企业产值下滑明显。

与年度总产值上升的喜悦相对应的是年度内利润的下滑，建筑幕墙企业的利润下滑与市场总体量逐年缩小，传统类幕墙产品的利润因无法形成产品差异化和工艺附加值，被市场破译后引发过度竞争，导致利润逐年下滑，而

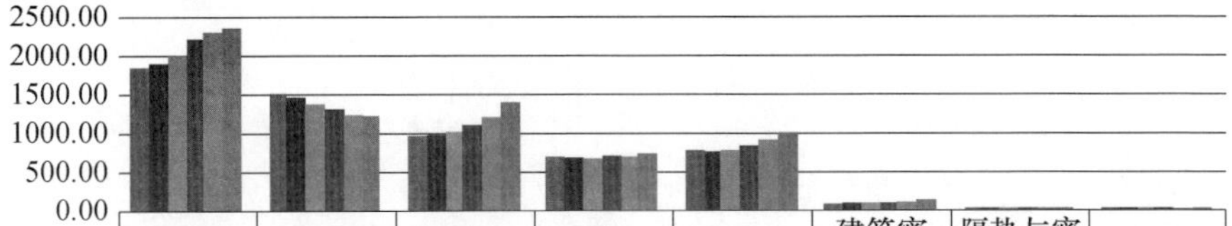


| | 铝门窗 | 幕墙 | 铝型材 | 玻璃 | 五金 | 建筑密封胶 | 隔热与密封材料 | 加工设备 |
|---|---|---|---|---|---|---|---|---|
| 2016年 | 1851.01 | 1515.83 | 971.60 | 700.11 | 779.69 | 84.32 | 28.75 | 32.75 |
| 2017年 | 1902.01 | 1462.64 | 978.30 | 687.20 | 764.69 | 93.32 | 29.11 | 33.19 |
| 2018年 | 2003.73 | 1378.03 | 1019.70 | 672.30 | 783.00 | 97.24 | 31.89 | 29.93 |
| 2019年 | 2215.11 | 1318.11 | 1112.30 | 703.20 | 842.10 | 99.33 | 32.76 | 28.11 |
| 2020年 | 2303.37 | 1237.01 | 1203.70 | 691.60 | 911.50 | 113.45 | 32.44 | 26.87 |
| 2021年（预估） | 2355.37 | 1225.50 | 1403.70 | 740.60 | 1011.50 | 143.45 | 34.44 | 28.87 |

2016—2020 年与 2021 年行业各板块产值（单位：亿元）

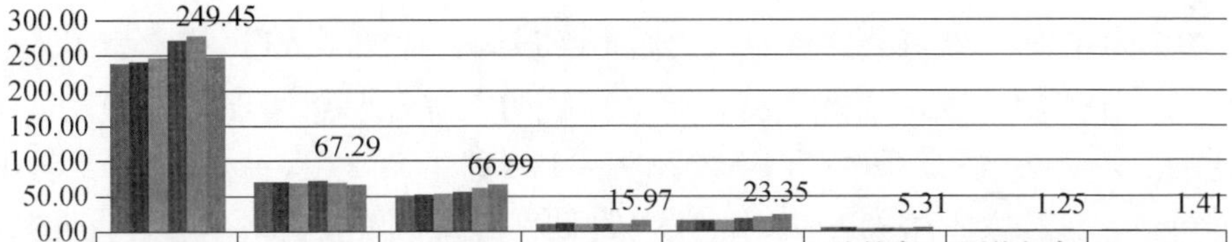


| | 铝门窗 | 幕墙 | 铝型材 | 玻璃 | 五金 | 建筑密封胶 | 隔热与密封材料 | 加工设备 |
|---|---|---|---|---|---|---|---|---|
| 2016年 | 239.80 | 70.34 | 50.49 | 10.80 | 15.84 | 5.36 | 1.46 | 1.21 |
| 2017年 | 242.23 | 71.22 | 52.11 | 11.32 | 15.73 | 5.09 | 1.45 | 1.22 |
| 2018年 | 247.33 | 69.10 | 53.32 | 10.03 | 16.11 | 4.22 | 1.41 | 1.25 |
| 2019年 | 271.87 | 72.38 | 56.22 | 10.01 | 18.32 | 4.56 | 1.38 | 1.29 |
| 2020年 | 279.45 | 69.29 | 61.99 | 9.97 | 20.35 | 4.51 | 1.37 | 1.33 |
| 2021年 | 249.45 | 67.29 | 66.99 | 15.97 | 23.35 | 5.31 | 1.25 | 1.41 |

2016—2020 年与 2021 年行业企业净利润（单位：亿元）

在铝门窗方面则是五年以来首次下滑，主要受到房地产市场以及原材料价格的双重影响。

同时，绿色低碳建筑产业的发展格局，需要大量的资本来促进企业转型升级，这给众多中小企业的生存带来挑战，尤其是资金链异常紧张。

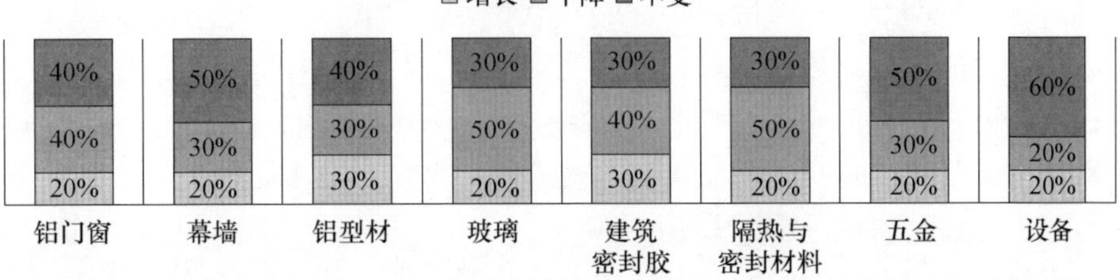


2021 年行业生产总值变化情况

从统计结果来看，幕墙行业 100 强企业的产值汇总数据中，一半以上的企业保持了稳定，总产值方面相较去年有所上升。

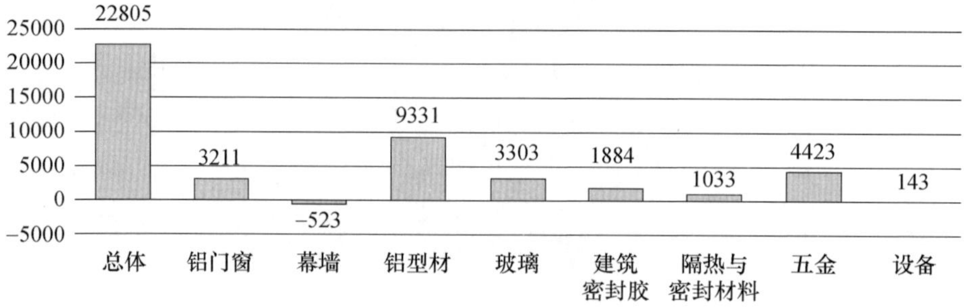


2021 年行业从业人员增减情况

往年在从业人员的分析中，我们不断强调行业缺“人”，技术型工人、管理型人才和创新型人才是当前行业最稀缺的资源，要想实现高质量发展，人才的引入是必须的。每年我们毕业的 500 万理工大学生，仅有很少部分人进入行业，且在人才培养方面，行业内的职业培训和从业资格培养还存在短板，重视人才引进、愿意花大力气留住和培养自己的人才，才是行业企业实现转型升级的关键一步。

## 2.1 铝门窗行业市场分析

铝门窗随着房地产“黄金十年”的发展，每年递增明显，如今总产值维持在 2500 亿元左右。然而 2021 年成为门窗行业非常艰难的一年，一方面房地产压缩到局部发展，国家政策及地方性政策频出，终端市场的调控带来需求趋向饱和，导致门窗产品销量增长不明显；另一方面原材料价格不断飙升，让众多中小门窗企业的生存受到严重威胁，资金链异常紧张，无论是家装门窗还是工程门窗，均面临着周转困难的局面。

市场内依然存在着“家家户户都离不开门窗，但大多数人都不懂门窗，甚至只有极少部分人了解门窗在性能和节能等方面的作用”。

在分会的统计对象中，铝门窗企业主要产品仍然以铝合金窗为主，包括铝包木门窗在内，占到了整个产品结构的 84%左右，其他 PVC 门窗类占比近几年保持平稳发展，实木门窗因其价格原因，占比非常小。

而铝门窗销售区域仍然以国内为主，海外工程项目较新冠肺炎疫情之前下降明显。从国内市场区域分布情况进行分析，华东、华南和华北是绝对的市场主力，其他地区市场总产值相对平均，但具体来看西南和西北是相对增长的。

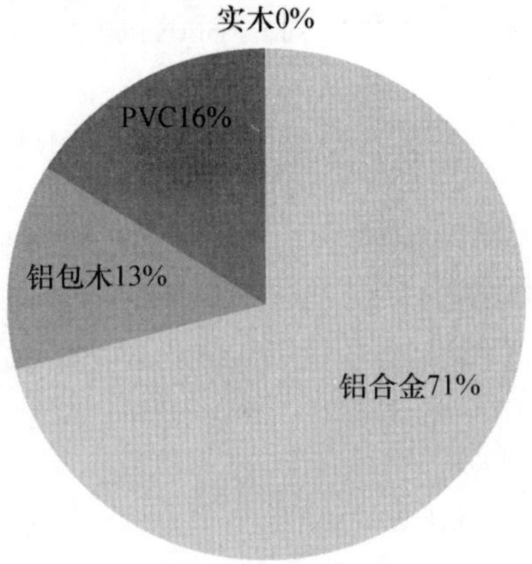


铝门窗市场产品结构

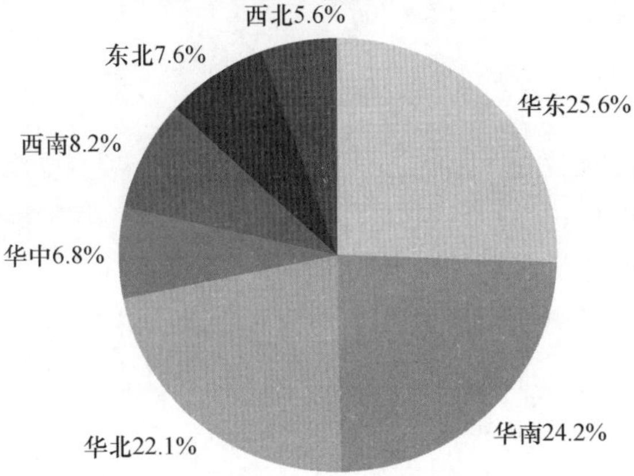


2021 年铝门窗市场分布情况

当前，铝门窗行业产值过十亿元的规模企业越来越多，新材料、新技术呈井喷态势，YKK AP（威可楷）、嘉寓、贝克洛、Aluk（阿鲁克）、墅标、华厦建辉在市场内的接受度越来越高，品牌度与日俱增；易欧思、和平、高登、伟业等铝型材企业研发的门窗，集隔声、安全、舒适、美观于一体，整体水平已经取得突破；飞宇、贝思乐是家居门窗向工程门窗产品转型升级的成功案例与首批受益者，成为改善居住体验的消费新元素。

国内的铝门窗市场依然以差异化竞争为主，断桥隔热的高端铝门窗系统，配合外开上悬、外开下悬、折叠等功能，以及集成防火、新风、排烟等功能和专利产品，将成为主要的市场增长点。

2021 年 2 月 1 日，随着《铝合金门窗》（GB/T 8478—2020）国家标准

的出台和正式实施，在很大程度上对门窗的高端品牌、高品质产品，都有了更为明确和翔实的定义。在新标准的指导与推动下，能够与之完美匹配的门窗产品与生产企业，将逐步实现产品性能及市场占有率等多方位的全面提升。

同时，2021年针对系统门窗出台的《系统门窗通用技术条件》（GB/T 39529—2020），于2021年11月1日起实施，系统门窗采用自我声明或第三方认证方式确认材料、构造、型式、设计规则、加工工艺、安装工艺、性能及使用维护要求，这为市场内琳琅满目的“系统门窗”加上了“紧箍咒”。

过去，门窗产品的同质化、功能单一化，以及低门槛等诟病，造成了行业内价格恶性竞争。2021年由于材料价格上涨，带动门窗单价的“稳定”或“上升”，而从市场发展潜力分析，增加可视化效果，让用户能够获得更大的空间感和居住满意度，成为门窗产品发力的方向。

## 2.2 幕墙行业市场分析

2021年，疫情带来的建筑项目数量下降与单个项目金额上升相互对冲，同期幕墙行业内出现过缺少施工人员，也出现过大量项目暂停的时期，究其原因离不开房地产业受到政策与市场冲击带来的影响。

幕墙工程因其周期相对房地产业与建筑业而言相对较短，项目施工人员与参与设备相对较少，部分产品与部件可以在工厂内加工完成，因此在面对2021年原材料价格波动、供应量紧缺的前提下，行业中的大部分幕墙企业，基本保持了项目开工率与交付率的稳定。大中型规模化幕墙企业的产值与2020年基本持平，行业总产值约2000亿元左右，与近三年来基本持平。

2021年，在完工幕墙项目的类型中，玻璃幕墙占比有所下降，但依然超过了其他类型占据首位，石材幕墙因公共建筑及城镇化建设带来的各类项目增多，占比逐渐上升，金属幕墙尤其是铝板幕墙的应用正在加大，作为可再生利用且较环保的幕墙类型，在追求个性化设计与幕墙表皮艺术化的当前，铝板的可塑性更强，未来市场面将更加广阔。

当前，幕墙市场内的新材料层出不穷，新的金属板材、新型木材、陶土板、光伏产品、遮阳膜、UHPC、FRP、GRC也越来越多地作为装饰面板应用到工程中。能够满足任意凹进和突出的线条、造型，以及采光、节能等功能性的新型材料，未来必将更加受建筑师的青睐，市场发展会更加突飞猛进。

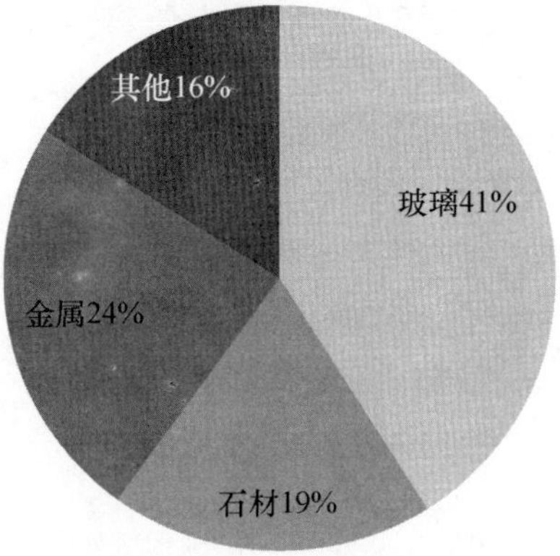


幕墙工程市场产品结构

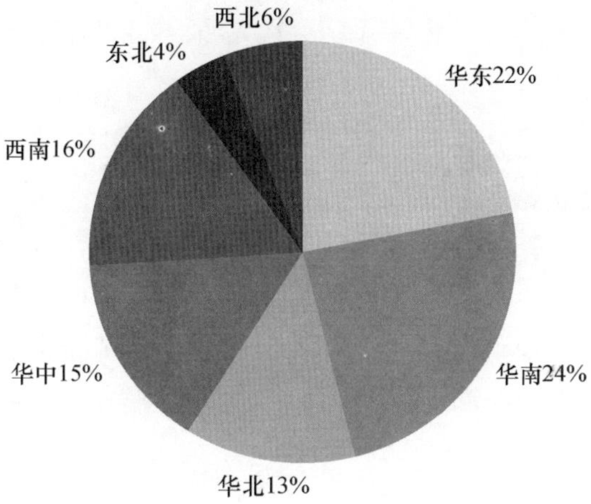


2021 年幕墙行业市场分布情况

2021 年幕墙市场的变化，来自国内基础设施建设，及大湾区、长三角、中西部地区的发展，而 2020 年多受新冠肺炎疫情影响、“限高令”、原材料价格波动，所带来的商业建筑项目周期拖延、停建，都对 2021 年的幕墙产值有所影响。高层及超高层建筑幕墙项目以后会逐年减少，大体量的城市基建项目包括体育场馆、文化场馆、大型公共建筑等的数量会有所增加。

同时，从 2020 年度市场的分配情况来看，华东、华南仍然是幕墙的最大市场，而华北、东北的工程量有所减少，西南地区随着成都、重庆双城区建设，工程量增长；同时，西北及华中地区的市场发展潜力依然巨大。

2021 年多项政策为幕墙企业松绑，大企业的扩张速度将进一步加快，区域保护的效用正在消失，幕墙行业市场化竞争将更加白热化，年度内的精品幕墙工程可谓是亮点频现、精彩纷呈，涌现出众多值得重点关注的新奇特、高大上工程项目。江河的“青岛海天中心T2”369m、三鑫的“东莞民盈·国贸中心”440m、美特的“贵阳国际金融中心”402m、中南的“长沙世茂大厦”343m、凌云“武汉恒隆广场”340m、远大的“宁波国华金融大厦”205m，这样的“净身高”均是超高层中的典型代表，纷纷成为当地新的地标天际线项目。

还有大地的“成都东安湖体育中心（三馆）”，其总建筑面积超过20万$m^2$，兴业的“厦门西海湾邮轮城”，幕墙造型中加入中国元素与当地文化，还有来自中建海峡的“福州数字中国会展中心”与中建深装的“河南省科技馆”。

而方大的“深圳前海国际会议中心”幕墙项目，成为现代国际会议中心项目代表，金刚以动静结合营造出城市花园项目“上海徐家汇万科中心”，以及嘉寓的“桂林溢达九美桥时尚园”，金螳螂的“北京环球影视城”，亚厦打造的“南通大剧院”等成为新亮点项目。

近年来，幕墙工程企业的格局发生着明显的变化，具有顶尖设计水平和施工能力的资质企业，市场版图快速扩张；同时，“顶尖集中效应”趋势明显，行业结构由“平面化”向“金字塔”转变，品牌企业、大型企业在人才与资源方面的高度集中，带来了行业创新力与竞争力的双重提高。

## 2.3 铝型材行业市场分析

我国铝型材行业已经形成了较完备的生产、流通与研发体系，造就了以华北、华南、山东等地为代表的建筑型材产业基地，各地区建筑型材产业链形成了良好的协同效应，在世界范围内“铝型材·中国造”已经伴随着中国建筑、幕墙企业的步伐走向了世界各地。

2021年得益于铝锭价格的大幅上涨，建筑铝型材产值上升明显，接近1400亿元左右，同时，近年来随着光伏产业发展及铝型材在汽车轻量化、电子电力、家用电器、新能源汽车等领域应用程度不断加深，我国铝型材行业产量及市场需求逐步扩大。

铝型材在铝门窗中的应用量保持稳定增加，铝板幕墙占比有所下降，而在交通、运输及家用等领域，增涨势头迅猛，海外市场先抑后扬，大量订单涌现，同时原材料价格变动带动了铝型材销售价格的上涨。

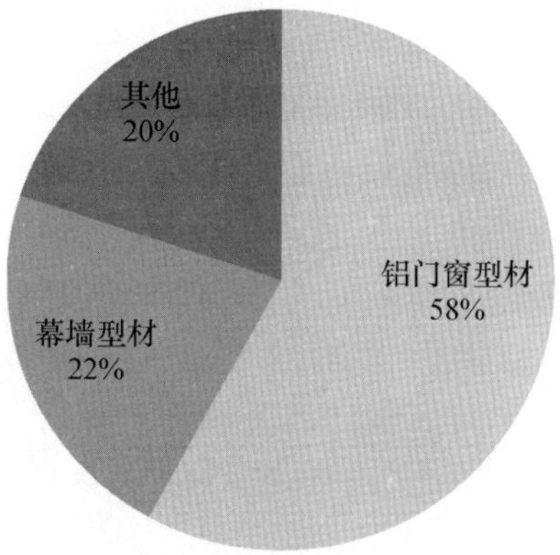


铝型材市场产品结构

未来铝型材的应用市场将不止于铝门窗和幕墙，在全铝家居、全铝产品应用等方面，以及工业铝型材应用方面都会带来大量的铝型材订单，型材市场的回暖迹象明显。而国内市场区域分布除华北、华东、华南地区占比较大以外，其余市场总体占比较小，西南地区增长较为明显。

在数据表抽样调查中，采购数据及市场数据主要集中在华南、华北地区，生产数据集中在广东、山东。

我国铝加工行业产能产量占全球过半，装备技术水平世界领先，中国已经成为世界首屈一指的铝型材加工制造大国，全球老大的地位稳固，得益于历年来“建筑铝型材首选品牌”榜单中的兴发、亚铝、坚美、凤铝、广亚、豪美、伟昌、新合、伟业、华建、和平、高登、铭帝等品牌企业突出的贡献，其在全球及幕墙门窗版块市场占比遥遥领先。随着光伏产业发展及铝型材在汽车轻量化、电子电力、家用电器、新能源汽车等领域应用程度的不断加深，我国铝型材行业产量及市场需求逐步扩大。

从发展与差距两方面来看，在世界范围内，建筑型材行业正从传统意义上的制造行业转向精加工行业，消费和需求正在趋向个性化、注重质量、注重价格，所以应顺应潮流，从建筑型材应用到家居应用无缝链接，向开发商、客户们提供具有创意的产业、产品，最大化地满足他们的个性化需求。

无论是公共建筑、商业建筑还是住宅建筑，建筑型材的应用涉及方方面面，作用也从过去单一的结构支承作用，向造型设计、节能、美观等多方面转变，而在铝型材生产和深加工细分领域，如铝制家居、城市建设用铝、各类建筑铝装饰等，因其回收利用率高，在“双碳目标”引领下，建筑铝型材的市场空间将进一步增大。

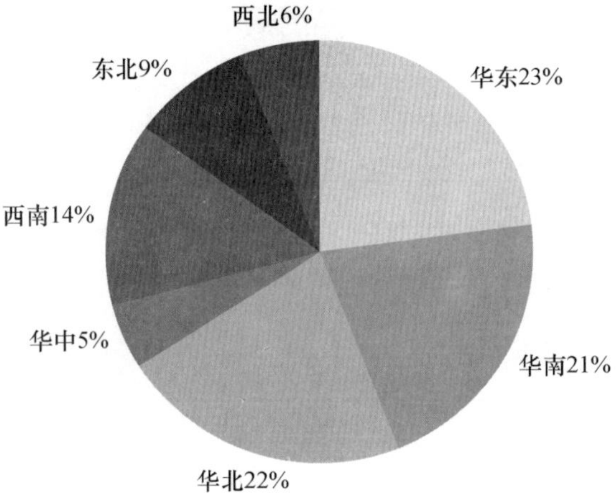


铝型材行业市场分布情况

## 2.4 建筑玻璃行业市场分析

2021年是建筑玻璃行业发展过程中非常“特殊“的一年，从外部宏观环境来讲，转变经济增长方式，节能减排等新政策、新法规陆续出台，对建筑玻璃行业的发展都产生了深刻的影响，建筑玻璃的年产量有所上升，仅门窗幕墙领域就达到了近800亿元的产销量。然而伴随着通货膨胀、人民币升值、人力资源成本上升等因素，加上产业链各环节竞争、出口市场逐步萎缩、房地产市场调控等因素，产品的市场影响力与企业成长度却低于预期。

另外，2021年原片浮法厂家与深加工企业，可谓是冰火两重天，具有原材料优势尤其是原片生产的玻璃厂家，搭上了原材料价格上涨的红利，盈利增长明显；而反观单纯的深加工企业则举步维艰，一方面是新老市场客户的产品供应和维护，另一方面是居高不下的原材料价格，企业利润下降明显，甚至部分中小企业的利润不足以支付人工成本和利息。

随着建筑节能要求的稳步提升，以及玻璃性能的逐步提高，配合国内建筑玻璃深加工水平的上升，国内相关生产企业，尤其是大型生产企业的日子正在变得好过起来，市场份额增长势头强劲，不仅仅是长三角、京津冀、粤港澳大湾区对建筑玻璃的需求量增长明显，以华东、华南、西南为主要市场，尤其是西南市场增长势头强劲。

近年来，建筑玻璃的市场情况发生转变，尤其是2020年，建筑业及房地

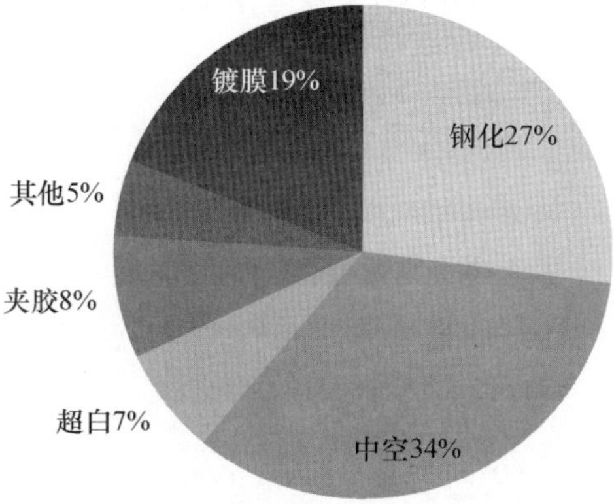


建筑玻璃市场产品结构

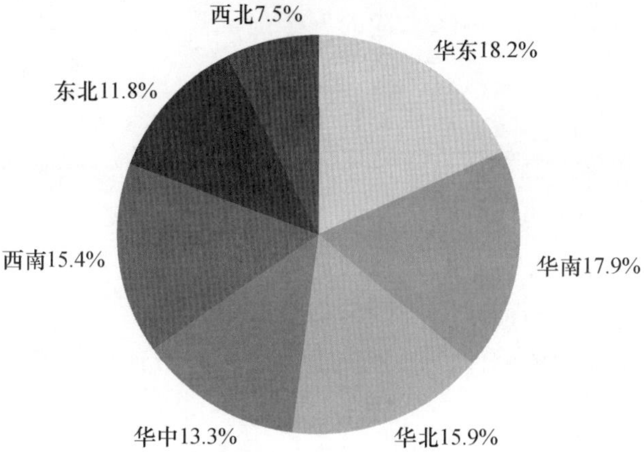


2021 年建筑玻璃市场分布情况

产市场甚至出现了“一玻难求”的局面，2021 年因原材料价格大幅波动，所带来的产量与供应端变化依然存在。伴随着建筑玻璃尤其是多层 Low-E 玻璃、镀膜玻璃在节能性能上的突出表现，市场增长势头强劲的地区主要是西南、华南、华东等一线城市，及大中型城市的幕墙工程份额稳定增长，三四线城市的铝门窗份额增长明显。

南玻、耀皮、信义、北玻、旗滨等进一步加大了产能建设，对产品的研发投入加大，重视客户服务与市场培育，进一步夯实了行业头部地位，全球范围的品牌影响力大幅提高；新福兴、金刚、格兰特、皓晶、金晶等均在各自的产品构成，以及产品线设立上进行了转型升级，尤其对单一产品的性能研发取得了重大突破，获得市场一片赞誉，成绩斐然。

随着数字化时代来临，将会为建筑玻璃加持更多的“功能性”，借助深加工产业的发展，钢化、中空、夹胶、防火等工艺，赋予了建筑玻璃安全、节能、隔声、降噪等诸多优异性能，再加上调光、变色、自洁等新特性，使其与智慧楼宇、科技住宅、绿色建筑的高速发展相得益彰。未来依托智能化生产技术与装备的研发与应用，建筑玻璃还将带给人类更多不可思议的全新感受。

## 2.5 五金配件行业市场分析

五金配件的市场主要依托房地产项目的发展，目前国内房地产开发投资增速降低，以稳定为主，但全国开工面积并没有下降，在单位面积类的建筑五金配件应用比例也正在提升。2021年除了房地产项目，新增的基础设施建设，以及城市更新与老旧小区改造的五金配件需求量巨大，年度总产值达到1000亿元左右。

我国建筑五金行业已经形成了较完备的生产、流通与研发体系，造就了以珠三角、长三角、山东、福建等地为代表的建筑五金产业集群，各地区五金产业链形成了良好的协同效应。在上述地区中，一些乡镇成为五金配件的主要生产及研发地，在一小片区域内甚至集中了几百上千家类似企业。虽然随着制作工艺与市场面需求的不断升级变化，出现了大量的同质化、同类化产品，但真正能够让企业保持长久竞争力的依然是独特的“配方”和不变的“味道”。

从另一个方面来看，在世界范围内，建筑五金行业正从传统意义上的工具行业转向时尚行业，消费和需求正在趋向个性化、注重质量、价格合理及更多的选择上。门窗功能性与舒适性的提升，需要配置优越的门窗五金系统，从人性化、智能化、科技感、安全性等全方位提高居家、工作、公共环境品质。

建筑五金已经从单纯的开启与密封性能等，延伸到对门窗与家居体验，顺应潮流发展的建筑五金制造企业要向开发商、客户们提供具有创意的功能，最大化地满足他们的个性化需求。

建筑五金市场分布与铝门窗市场分布是一致的，这可以明确反映出建筑五金主要以铝门窗市场为主，铝门窗市场的增长并没有带动建筑五金市场的大量增长，这与五金在铝门窗中占比较小、且建筑五金同质化严重、市场价格主要以低价竞争为主有关。

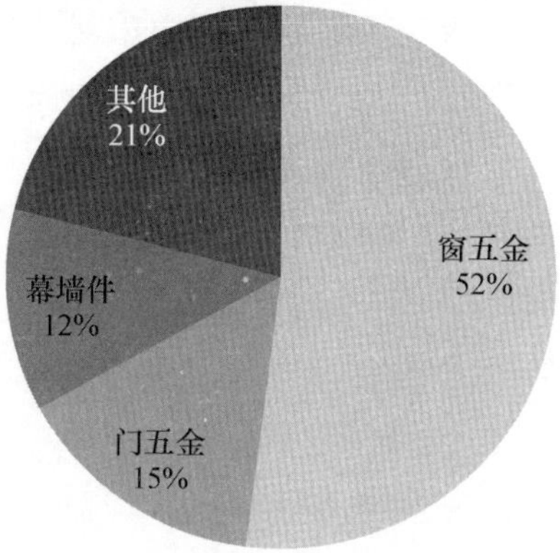


五金配件行业产品结构

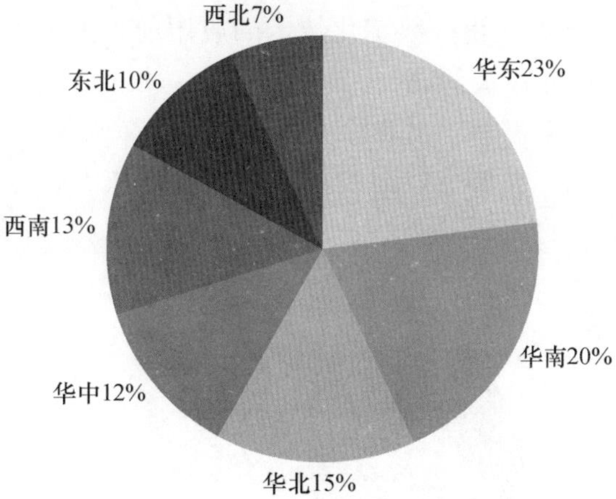


2021 年五金配件市场分布情况

五金类的出口率相对其他建材产品更高，2021 与前期相比基本持平，占比在 18%左右，而在全屋智能全面进入家居生活的今天，智能化、系统化、全面化、数据控制的五金产品，已经从初步进入市场到全面铺开。在家装市场内的接受度越来越高，但工程市场内因其价格较高，相应地建筑五金单项的支出成本会较普通五金有较大提升，目前在项目中使用率不高。

“一樘好门好窗，必配好五金”“小五金大作用”成为消费市场越来越重视的产品板块。坚朗、合和、兴三星、春光、国强、立兴等通过高投入的产品研发收获了市场的高额回报，智能化、节能型、系统化的五金产品有着强有力的号召力，引领着市场主流发展方向；奋发、雄进、澳利坚、亚尔、田边等利用地域优势将产品做精、做细，在国内市场与国际市场获得了大量的订单；坚威在创新方面也令人眼前一亮，其自主研发的防火五金系列产品有着突出的优势。

“90后”、“00后”成为市场主体，以及三孩政策带来了更多的建筑五金应用，配合全屋智能领域的不断开发，将带来建筑五金市场需求结构变化，中高端产品的市场需求必将保持较高的增长速度，未来建筑五金市场智能化产品、定制化功能性产品的占比，将会越来越高。

## 2.6 门窗幕墙加工设备行业市场分析

门窗设备的市场在经过大洗牌之后，逐步突出了行业品牌金字塔模式，顶端企业持续享受行业红利，尤其是智能化建筑与人工智能等方面，需求度在不断增长，2021年无人化、数字化技术的应用前景更加广泛，加工设备总产值保持了稳定，全年产值约30亿元左右。

在我国拥有3万多家的门窗规模化企业，分散在全国各个大中小城市中，区域性的需求度不同，在部分产品主要以模仿和低成本、低质量冲击市场的企业被淘汰后，拥有自主研发能力的加工设备企业市场潜力依然巨大。

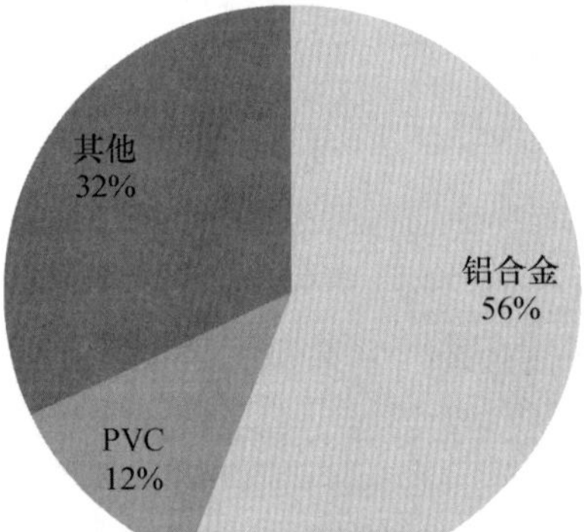


加工设备市场产品结构

2021年加工设备国内市场以华北、华东为主，这与头部幕墙企业、大型门窗生产基地的选址密切相关。未来市场内众多的门窗企业使用的设备已经到了10～15年，需要进行更新换代，同时日益高涨的人工成本，也推动了门窗企业下大决心进行门窗智能化设备方面的投入。

行业内谈到加工设备的需求与研发改造等话题，“难”“精”成为热门关键词，这是由于加工设备类企业需要在产品研发与售后服务中投入大量的资源，行业集中度相对门窗幕墙行业内其他类别高出不少，天辰、金工、满格凭借着优良的产品性能、完善的配套服务成为加工设备行业的品牌企业。

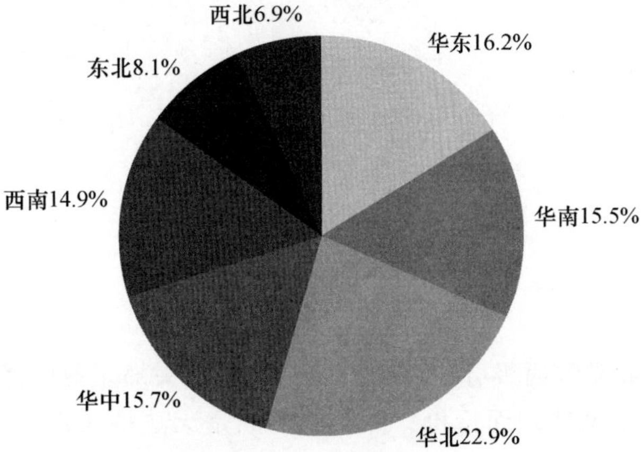


2021 年加工设备市场分布情况

随着工业、交通等领域市场进一步拓展，加工设备企业与之配套的研发及品牌产品推广，将在近几年内呈现出更加显著的变化，加工设备的智能化水平得到了较大提升，市场正倒逼企业加大研发投入。智能化设备，尤其是铝型材智能加工、玻璃智能加工、BIM 设计配套生产制造等新型设备的出现，使得铝门窗企业、深加工企业能够更好地节约人力成本，为行业企业的发展提供了一套合理的中长期解决方案。

## 2.7　密封胶行业市场分析

众所周知，密封胶作为一种有机硅的衍生产品，能实现常见的大多数建材产品之间的黏合，特别是在幕墙面板与窗扇、窗墙密封等场景拥有先天性优势，由于其黏结力强，拉伸强度好，同时又具有耐候、抗振、防潮、适应冷热变化，以及易于施工等特点，因此在门窗幕墙行业的应用价值非常巨大。

近年来，国家基础设施建设、房地产稳步发展，推动了密封胶市场的快速增长，2021 年密封胶市场在门窗幕墙工程领域的产值达到 150 亿元左右。随着“双碳”目标提出，绿色节能建筑对环保产品日益增长的需求将成为行业的增长点，更是推动着密封胶产业的转型升级，因此业界专家认为，在未来的三年内，密封胶行业的总产值将突破 200 亿元的大关。

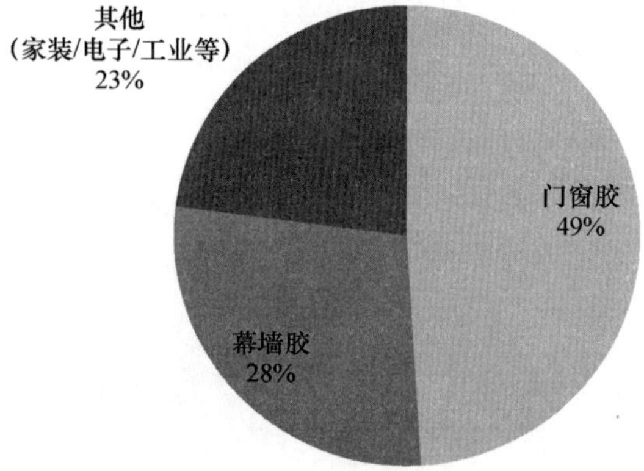


密封胶市场产品结构

密封胶企业品牌两级分化较为显明，众多的头部企业已经逐步认识到产品低价只能带来低质，而低价、低质的产品是无法持久占领市场的；同时，随时还要面对原材料价格大幅波动等不可控因素。为此，一些有实力的头部企业，已经主动退出部分低端产品的竞争，大力进行新技术、新产品的研发，集中优势开拓中高端产品市场。

2021年度密封胶市场由于原材料价格的大幅波动，在全年内销售市场受到了较大冲击，市场在众多不利环境因素的干扰下，以之江、白云、集泰、硅宝、永安、中原、DOWS、GE等为首的品牌胶企业依然取得了突破，全年行业销售总额再创新高；而奋发、大光明、高士等地处交通便利的省份，自古以来便是“兵家必争之地”，其地域优势明显，脱颖而出得益于长久以来的品牌建设；华硅与新达两者“一东一西”在长三角、西南区域内，均取得了优异的成绩与市场份额，而时间将健康生活、绿色生态的经营理念，从产品覆盖到品牌的方方面面。

我国是全球密封胶应用第一大国，特别是伴随着华南、华东地区，长三角地区和粤港澳大湾区的高速发展，为幕墙和门窗企业带来了大量的工程市场，由此建筑密封胶的使用量也稳步提升。如今的密封胶产品类型从防霉胶、美缝剂、植筋胶、阻燃胶、MS胶到电子胶等品类将更加丰富，在市场发展潜力方面，节能要求和密封性能要求提高，会带动高品质、高性能、环保型的产品更加供不应求。同时，多元化发展成为行业内新的风潮，从建筑业到工业、交通运输、5G通信等方面深挖企业潜力，品牌化延伸和新技术应用及工匠精神的作用更加凸显。

近两年，随着原材料价格的几轮大幅攀升，使得有产业链上游产品的企

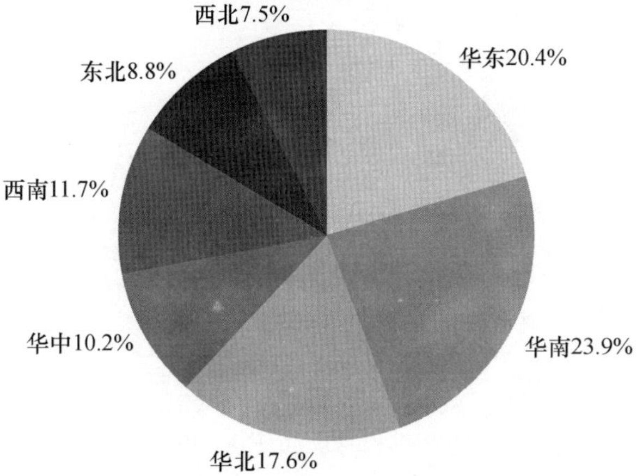


2021 年建筑密封胶市场分布情况

业利润率爆增，而产品生产型企业，只能借助原材料渠道相对稳定的合作，以及品牌溢价的优势，利润率勉强维持在合理水平。未来一段时间内，在房地产、建筑业的工程用胶领域，以及民用胶市场板块，将对各个厂家的风控管理和品牌服务提出更高的要求。

任何外部因素都只是暂时的影响，在国家大力倡导低碳、绿色、生态和可持续建筑的主基调背景下，房地产业、建筑业与门窗幕墙行业健康发展的总体方向不变。进而对于高质量、环保型建材的需求拉动将会非常明显，密封胶在建筑等领域的应用，将继续保持稳步增长态势，未来可期。

## 2.8　隔热条与密封胶条行业市场分析

建筑隔热条及密封胶条产品的独特属性，成为在绿色建筑、节能减排中起到关键作用的门窗幕墙配料，功能定位和行业细分明确，2021 年用在建筑门窗与幕墙领域的相关产品，总产值达到了 40 亿元左右。生产企业的技术壁垒和方案设计与创新能力，是行业内企业品牌知名度与规模化最大的核心竞争力。

隔热条与密封胶条市场从产品应用上主要分成两方面：隔热和密封，门窗上密封胶条的应用量较大，“双碳目标”下也带来了隔热条与密封胶条更大的市场增长空间。国内隔热条与密封胶条的全球市场份额在 2021 年进一步增加接近 10%，全球众多的幕墙、门窗工程，都选用中国的密封胶条，而国际知名隔热条品牌的主要市场也在中国。

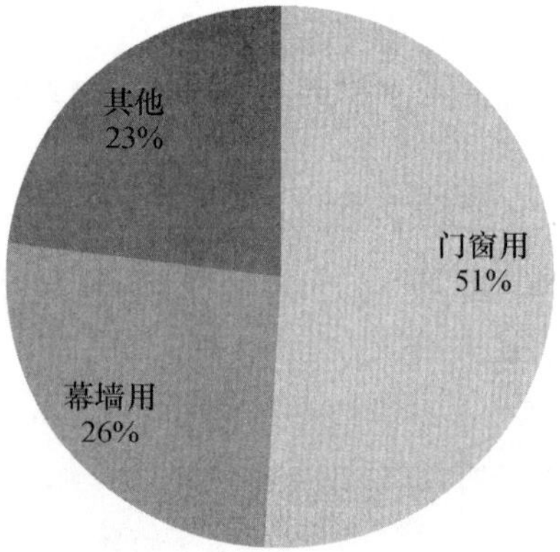


隔热条、密封胶条市场产品结构

在市场应用上，门窗与幕墙的总量已经发生的变化相对明显，幕墙市场需求总量远低于铝门窗市场需求总量，产品材质的更新换代为产品价格提高带来了额外动力，目前市场利润情况尚好。

密封胶条与隔热条的国外出口订单占比很高，产品应用遍布欧美等发达地区，以及中东等极端天气国家，同时在国内对建筑节能要求较高的地区，对应于隔热条、密封胶条的市场应用率也较高。在市场分布情况分析图中将两者进行了合并分析，国内华北、华南、华东地区占绝对优势，华南以幕墙为主，华北以门窗为主。

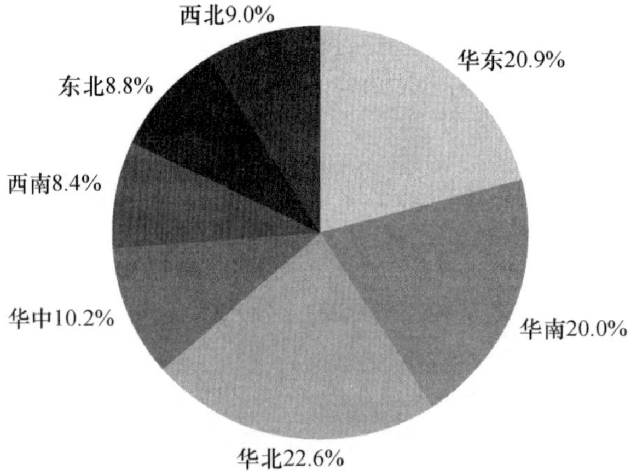


2021年隔热条、密封胶条市场分布情况

随着城市化进程加快，需要更加现代化的建筑设计与建筑材料，在提高建筑性能方面，尤其是密封性能方面，随着环保意识日益提升，海达、联和强、瑞得、荣基、窗友等国内一线大品牌，利用强大的销售网络，与众多幕墙头部企业及TOP100的房地产公司开展深度合作，在密封胶条设计、性能和外观方面都有着优秀的表现。同时，“密封胶条”首选品牌中的奋发、瑞达佰邦、澳顺、金筑友、星耀五洲等，也在项目应用上有着良好的表现，产品密度和泡孔结构合理，能有效密封，具有高回弹性、尺寸稳定等特点，结构设计非常合理。

如今，节能环保已经成为全球建筑的主要课题，在中国建筑门窗发展的道路上，铝合金门窗的诞生让人们开阔了眼界……众所周知，门窗节能的关键提升在于“断桥技术”的引入，以及隔热条的推广应用。

多年来通过改革与升级，采用新工艺、新材料等环保措施，泰诺风、优泰、白云易乐、信高、源发、金科利、圣科、威帕斯特、炳彰、融海、科源等“隔热条”首选品牌，均势在必行地研制和发展应用型环保产品，同时部分企业具备产业链原材料优势，材料进行了优化结合，确保整个门窗幕墙系统获得尽可能低的传热系数，同时还为产品设计了优质外观。

在隔热条与密封胶条的生产与应用中，我们从学习到模仿，从模仿到超越，从超越到创新！众多的国际、国内隔热条、密封胶条企业专注于产品研发与更新迭代，专注于市场培育与服务体系建设，专注于企业人才培养与长效机制建立，诞生了一批行业明星企业。

## 3　生力军！建筑幕墙顾问咨询行业市场现状

幕墙顾问咨询行业的高速发展起始于2000年年初，在中国大地的各大城市建设中和房地产开发中，顾问咨询行业公司的身影逐渐显现，从最初的单一第三方或甚至类似工程设计和部分监理角色，向项目全生命周期管理和服务进发，2021年行业市场的产值接近25亿元，已经成为建筑门窗幕墙行业又一大细分行业市场。

顾问咨询行业经过近二十年的发展，逐渐成为幕墙产业转型升级的生力军，截至2021年年底，国内顾问咨询公司规模突破30人以上的占比较大，行业整体从业人数仍然在上升，不少的幕墙公司从业人员进入到了顾问咨询企业内。与国内常见的幕墙公司具有的技术部、项目部总人数在10～15人相比，顾问咨询公司的技术人员总数量已经达到甚至超越国内的部分中型幕墙公司的技术人员配置。

在 2020—2021 年度里，幕墙顾问咨询企业迎来“强增长与新转变”的转型升级周期，幕墙工程开始向大体量、超高、超限，以及复杂异型曲面应用发展。同时，咨询服务类型发生了重大转变，多数企业已经涵盖了幕墙咨询、建筑咨询、门窗咨询、照明咨询、膜结构咨询、钢结构咨询等业务，部分企业还涉及了智能化咨询、物流咨询、绿建咨询及其他方面。

目前，幕墙顾问咨询服务、深化设计工作，已成为行业产品研发和技术升级的主要推动力之一，为建筑业及房地产业提供最优质的幕墙安全设计与施工保障一体化实施方案。为了更好地发挥建筑幕墙咨询企业的技术引领作用，让幕墙顾问咨询企业的相关工作得到健康有序开展，并解决幕墙顾问咨询行业在生产过程中出现的问题，进一步发展壮大建筑幕墙顾问咨询产业，让幕墙顾问咨询行业、设计产业健康有序发展。

在行业人才储备与培养方面，注册建造师及注册结构师在顾问咨询公司的技术人员中占比日渐上升，但总体而言顾问咨询行业内从业人员的职称水平还不高，本身与建筑幕墙顾问咨询行业是一个相对较新行业，从业人员年龄跨度较大，其中大多数较为年轻有关。随着顾问咨询行业内公司规模的扩大，薪酬及福利水平的提高，更多的注册建造师、注册结构师将进入到该领域。

## 4 门窗幕墙行业市场热点综述

新基建与新城镇建设带来的项目，需要门窗幕墙行业消化很长一段时间；同时，它具有一定的政策性，在满足节能减排、发展循环经济、加强资源综合利用的要求下，无论是门窗或是幕墙都必须更加“绿色化”，这样的要求推动了行业内的产业结构优化升级。而门窗与幕墙的产品研发风口，必须跟着政策导向与市场导向，从早几年风行的“系统门窗”“装配式幕墙”“被动房”“耐火、防火门窗”……到今天的全行业谈及的“双碳”趋势，门窗幕墙的产品对铝型材、玻璃、五金配件、密封胶，以及隔热条和密封胶条都提出了更高的要求。

以上是门窗幕墙行业市场发展的风口与需求，在门窗幕墙行业经营现状中，尽管有国家出台的“限期付款”政策支持，但由于房地产企业遭遇土地政策与资金问题带来的资金链紧张，以及建筑业总承包方 EPC 模式的大力推行，产业链上、下游之间的资金结算方式不断更新，出现了越来越多的股权合作、金融合作，甚至在三四线城市不断涌现“工抵房”，打破了传统的直接占款、商票支付、供应链合作等合同模式。

2021年门窗幕墙众多细分行业的发展，离不开宏观政策的鼎力支持，尤其是重点关注国内区域化建设发展方向，能够更加明确地指明市场布局与发展情况。从国内几大主要城市群区域发展来看：

粤港澳大湾区区域顶层设计已落地，中央支持政策多，产业发展成熟，人口吸引力强，房地产市场需求旺盛；长三角城市群区域规划、经济产业基础、人口吸引力与粤港澳大湾区存在较大相似度，房地产市场需求也较为旺盛，但鉴于2020年需求积极释放，短期继续提升空间相对有限。

京津冀城市群受一体化推进节奏及短期规划利好的有限影响，难以给房地产市场带来额外的需求增量，人口流入规模相对较少，但考虑到近几年区域市场持续调整，整体销量较过去高位存在一定差距，在政策稳定、供应充足的环境下，需求将稳步释放。

成渝城市群有区域规划落地，短期政策利好对房地产市场需求的支撑力度较高，但鉴于近几年市场需求持续高位释放，规划利好的落地或在短期内可支撑需求规模维持高位，但区域整体市场仍存在周期调整压力。

从行业整体发展情况来看，门窗幕墙行业的发展速度远超建筑业其他同类子行业，在四十年的时间里，从学习开始，实现了一定范围内的赶超，成就了“门窗幕墙大国”的风范。但发展中也存在一些短板，低价中标长期存在、关系营销带来巨大风险、垫资合同为企业下游产业链埋下隐患、资金管理能力低下减少了企业的营利能力，特别是我国建筑门窗幕墙行业，长期处于“规模不经济”的现实，大企业成本比小企业成本高，小企业成本比个体包工头成本高，在品牌、技术、资金运营、采购、成本控制等方面，对新进入者都构不成竞争门槛。

因此在行业中造成了“无关系不项目”的现状，将真正有实力的新生力量挡在了门外，行业内的品牌壁垒需要建立资金与人才、经营场地等多方资源的整合。目前，行业类的一、二线品牌与小品牌企业之间的差距犹如鸿沟，尤其是国有企业与私营企业之间能够获取的资源差异巨大。

2021年的行业发展带给未来的展望是“应该以谨慎发展为大前提，控制好资金，将增长率控制在稳定范围内，将行业内人才储备工作做好，加强行业人才系统建设，同时加快行业的改革转型，促进企业从内到外的全面升级，对未来经济下行压力带来的市场反馈做好预判与准备”。

# 第五部分　门窗幕墙行业的主流技术及应用

## 1　新技术追踪

### 1.1　自动化、数字化技术应用

当前数字化技术迅速渗入到社会工作和日常生活的方方面面，在建筑设计工作中数字化技术信息可以数字信号的形式存储到计算机中，经过计算机处理后再通过网络进行传输，可见数字化技术不但可以进行信息储存和处理，同时也是现代信息社会不可或缺的基础性技术，改变了生产技术的使用方式，将其应用于建筑设计中，可以改变设计工作者原有的思维方式和设计理念，深刻地影响着建筑业的发展，也是未来幕墙设计、施工的发展方向。

幕墙方案的构造构思和设计也能够更加简单地在新技术加持下，加上自身的空间想象力来实现，极大地解放了设计师思想，公开化、共享化、平台化、定制化是未来设计、施工团队的发展方向。

自动化、数字化技术是一个信息共享的平台，包括业主、建筑设计院、幕墙设计单位、加工单位、幕墙施工单位、后期维护单位、验收单位等以项目为核心，通过智能化和协同化的技术搭建协作平台。协作平台分层级搭设，各层级按领域层、交互层、核心层、资源层进行区分，通过权限的设置，不同使用者有不同的权限，实现平台的共享及信息安全。

随着科学技术的进步，在特定的领域出现了特定的技术突破，随着越来越多的技术突破，不同技术之间开始相互融合，推动了更多领域的技术发展，比如工业4.0、VR、AR、二维码、3D打印、3D扫描、云计算、物联网、区块链、元宇宙等技术平台，辅以与幕墙领域中设计、管理软件，以及生产与安装设备等终端的融合，最终出现了以BIM技术为核心的门窗幕墙数字化应用。BIM技术是继CAD取代手绘板之后，建筑行业的又一次技术革命。

### 1.2　无人化、少人化机械在施工中的应用

随着现代化技术的不断发展，工程施工越来越具有智能化、自动化的特

点，尤其自动化和无人化技术在工程施工机械中的应用，对于提高工程施工效率和施工质量具有十分重要的意义。

2021年新技术的应用热点中科技含量越来越高，将数字化技术与专业化相结合，其中不乏无人机、高清摄像头、云计算等技术作为新科技在建筑中的全新应用，将更多整体化、系统化的思路服务于建筑工地，打破传统的工地概念与施工理念，实现智慧工地与未来工厂。智能化将全面实现建筑工地的质的飞越，实现一种崭新的工程全生命周期管理概念，立足“互联网＋”，采用云计算、大数据和物联网等技术，将更多传统工地中的管理水平与技术、人力资源等通过科技手段，在实时监控、可控化、数据化及可视化的智能系统配合下，完成对工地的管理，甚至可以实现对项目人员、车辆、视频、环境、设备等各个细节的全方位、立体化管理。

2021年，门窗幕墙行业从理念、技术、硬件、互联网、物联网、人工智能、云技术等的不断发展，一股冲击带给了这个传统的行业新的推动力量。同时无人化机械可以完美解决劳动力短缺的问题，机器人不断评估工作进度以及工人和设备的位置，使项目经理能够立即告知哪些工作场所有足够的工人和设备按时完成项目，哪些可能落后，可以部署额外劳动力去工作。

无人化、少人化机械的智能化施工，有效地解决了施工方在效率、成本、质量、安全、操控、监管等方面的难点，更利于构建一个高标准、智能化、安全化的施工方案和解决思路。

### 1.3　绿色工厂的建立

《中国制造2025》国家行动纲领提出，将“全面推动绿色制造”作为九大战略重点和任务之一，并在绿色制造工程专栏提出要“制定绿色产品、绿色工厂、绿色园区、绿色企业标准体系，开展绿色评价”。同时，绿色工厂的建设也为“双碳”目标的实现添砖加瓦，在进行现代化工厂建设的过程中发挥重要作用。可再生和可再利用资源的重视程度提高，虽在短期内会使生产成本提高，但技术与设备的投入将产生额外的附加值，并在长期的一段时期内获得大量的回报，从投资回报率来看是非常值得的。

门窗幕墙行业企业需要始终遵循着“以科技为先导，以市场为基础，以环保为己任，以诚信为根本”的经营理念，始终坚持把环保问题放在企业发展战略中的重要位置。各大生产工厂都严格按照国家环保要求，采用高效节能的先进技术工艺和设备，构建完善的绿色制造体系，保证科学排放废气、废水及各种废弃物，实现产品从生产到使用全程无污染。从传统的粗放型发展模式抽身，走向环保生产，最终实现全产业链的绿色智能制造。

## 1.4 可再生材料的新型应用

在新型建筑材料的发展过程中，越来越多的企业开始使用环保材料来生产新型建筑材料，这样不仅可以确保材料在生产的过程中对环境造成较少的污染，在建筑材料的使用过程中，同样也不会对环境带来较大的影响。

合理使用可再利用建筑材料，可延长仍具有使用价值的建筑材料的使用周期，减少新建材的使用量，可再循环建筑材料可经过破碎、回炉等专门工艺加工形成再生原材料，用于替代传统形式的原生原材料生产厂生产出新的建筑材料，例如钢筋、钢材、铜、铝合金型材、玻璃等。门窗幕墙产业链上下游企业充分使用可再生和可再循环的原材料，可以减少生产加工新材料带来的资源、能源消耗和环境污染，充分发挥建筑材料的循环利用价值，对可持续发展具有非常重要的意义，具有良好的经济和社会效益。

## 1.5 行业认证与检测技术应用

“双碳”目标与“十四五”规划带来了国家更加明确发展绿色建材认证的信号，推广、应用绿色建材，才能保障绿色建筑和节能环保政策的实施，居民建筑需要舒适健康房屋、环保无害建筑材料、安全有寿命的部品构件，有了以上绿色建筑的基本要素，才能叫作健康住宅。

绿色发展是一个系统工程，需要全面统筹推进，《绿色建筑评价标准》（GB/T 50378—2019）从建筑产品的全生命周期角度评估房地产企业绿色化程度及可持续发展能力。有了明确的标准和检测要求后，才能让更多的企业有迹可循，有理可依地完善生产与制造环节，提升产品性能与要求，实现建筑门窗幕墙行业内的认证与检测技术双提升。

认证与检测技术的完善与提高，标志着行业内的各项技术与应用的成熟程度提升，有了各项新技术的支持，企业运营成本可控性大大提高，同时可对项目中的危险预警，生产效率大大提高。

# 2 应用与趋势

## 2.1 绿色环保材料的巨大市场

随着建筑装饰行业的不断发展和壮大，各种新型装饰材料得到了广泛应用，大大提高了装饰效果的同时，还具备了提高建筑节能的功效，门窗幕墙行业的绿植幕墙、新型保温材料、再生板材、科技产品等替代类的装饰材料和技术应用也越来越广泛，包括调光、自洁、温变玻璃，脱醇型密封胶、MS胶，抗菌、远程控制五金系统、无铬化生产、全铝家居、断桥节能门窗等新材料、新工艺等满足了人们日益增长的建筑装饰需求，也让新型的节能环保绿色装饰材料更好地推动着建筑装饰行业发展的需要，对环境友好型和资源节约型社会的构建有着积极的促进作用。

## 2.2 行业内卷下的人才培养与挖掘

上游行业包括房地产业与建筑业的项目收缩与管理模式变化，带给了门窗幕墙行业新的也是前所未有的压力，从设计到施工，从型材到构件，从面板到五金，从组装到黏结，每个细分行业均受到了不同程度的冲击。很多人认为在行业内卷的情况下“不做最后一个，不做最先淘汰的”即可，其实这样的近况与状态是最危险的，行业很差是这类人员的最大感受，竞争其实是一种常态，也是一种发展的态度，在不断寻求市场新突破的情况下，更多地接触市场面，与新老客户对话、沟通，提升企业的管理能力与培养企业内部人才，搭建合理的企业发展平台与机制是非常必要的。

在行业内卷下，什么也不做，一味地考虑节约成本，只会导致企业更快地丧失竞争力。例如，我们常常谈到的行业内的工人老龄化问题，在面临“基于工地安全出台的限制‘超龄’工人使用”的政策时，保守的施工企业缺乏外部新鲜血液输入，一度导致无人可用。

那么在行业内卷的大环境下，企业经常出现人才短缺与劳动力短缺的情况，如何在新变革的市场中增强企业竞争力呢？当前行业鼓励建立职业培训实训基地，尤其是加大对建筑工人职业技能培训的投入，完善并保障工程技术人员（含注册人员）、建筑业中高端人才培养，让企业人才的提升与人才保障机制更加完善，人尽其才、人尽其用，制定相应的标准。

## 2.3 重视打造“专精特新”企业

“专精特新”企业的培养与评选，是通过鼓励与推动中小企业发展，将企业从单一的发展通道，向多元化、全面性、突出性的企业推进，培养与孵化一批专注于细分市场、创新能力强、市场占有率高、掌握关键核心技术、质量效益优的排头兵企业。

门窗幕墙行业的信息技术应用、专项技术与工艺对专业化生产制造能力的影响已经到了较高的水平，在市场内大型企业与中小型企业之间泾渭分明。在国家的大力倡导与鼓励下，建筑门窗幕墙行业已经率先涌现出了一批“专精特新”企业，未来在市场与监管、鼓励、推动下，更多的企业尤其是中小企业可以也必将寻求向“专精特新”企业转变。

## 2.4 旧城改造与新城镇建设的双重作用

改造一座旧城，比建设一座新城更难，实质是“腾笼换鸟”。2021年国家提出城市更新，作为城市发展的全新需要，在城市老地区有计划地进行城市改造建设，其中包括了再开发、修复、保护等几个方面的内容。

推进旧城改造和新型城镇建设的过程中，走集约、节能、生态的新路子，着力提高城镇的内在承载力。从旧城改造的部分方案和新城镇建设的转变中，门窗幕墙行业的巨大市场潜力将主要存在于建筑新建、改扩建以及基础设计更新等方面，从建筑外表皮的全新更换到门窗的节能提升等方面，面对这么巨大的市场体量，近百亿平方米体量的总体规模，均标志着门窗幕墙行业市场的发展将有10～15年的长期稳定期。

## 2.5 品牌化建设下对市场的巨大影响

在市场的双向选择中，品牌化思路能够成为企业与产品乘风破浪的“帆”，思想有多远，品牌就能走多远，品牌运作也同样如此。门窗幕墙行业企业应建立并维护自己的品牌，现在其重视程度超乎过去。然而门窗幕墙行业的品牌，更多的是通过上游房地产、设计院进行推广及认知，仅有较少的企业或细分产品能够通过企业VI、品牌LOGO进入到大众视野。

2021年为全面贯彻新发展理念，推动城乡建设绿色发展和高质量发展，以新型建筑工业化带动建筑业全面转型升级，住房城乡建设部提出打造具有国际竞争力的“中国建造”品牌发展规划。行业内的品牌壁垒需要进行资金与人才、经营场地等多方资源的整合。目前，行业类的一、二线品牌与小企业之间的差距犹如鸿沟，尤其是国有企业与私营企业之间，能够获取的资源差异巨大。

品牌是企业文化的核心体现，是被消费者和大众认知的重要手段，国家对于能耗的控制，会导致部分原辅材料价格居高不下，优质企业可以通过内部优化管理、产品研发、品牌溢价等对抗成本增加的部分，做好成本对冲工作，才能有更强的竞争力，在市场对品牌度的认可越来越高的要求下，企业必须坚持品牌化发展思路，从管理、销售、市场、形象等多方面丰富企业文化。

# 第六部分　综述

2021年房地产业与建筑业依然作为国家支柱产业发挥着重大的作用，旧城改造与新城镇建设的持续推动，“十四五”规划与“双碳”目标对建筑门窗幕墙行业的发展已经开始产生深远的影响。

为进一步实现“中国梦”的宏伟规划目标，加快“中国智造”，打造建筑门窗幕墙行业产业创新与绿色新氛围，推动优质产业转型升级，数字化、智能化、工业化、信息化的全面协同发展已经构建了更大的产业平台，绿色建筑、低碳产业，全新的城市基建项目与物流建设项目，垃圾回收、城市文化类建筑陆续上马，未来在完善的全面发展体系下，一系列新标准与新规范正在孕育，将呵护更多的企业、更优质的行业资源融合与发展。

预计在未来10年时间里，对劳动力素质有较高要求的门窗幕墙设计、机械设备设计、人工智能运用、数字化技术应用等岗位，将会享受到充足的劳动力供给，以及相对低廉的劳动力价格优势。在技术密集型产业，“中国制造”的门窗幕墙仍具有较高的性价比，为中国建筑门窗幕墙行业在世界范围内的快速超越与发展，提供最坚实的基础。

“牛”甩尾远去，“虎”从风而至！高质量发展、高品质产品、绿色节能材料、高附加值产业、可循环技术应用、智能化替代人工化，必将成为建筑门窗幕墙行业市场内“时代”新语。

展望2022年，我们将迎来党的“二十大”召开！冬奥会、亚运会、大运会……全体门窗幕墙人站在重要的历史节点上，与全国人民书写着感天动地的百年史诗，共同开启着第二个“百年”的新篇章，中国经济生机盎然，房地产与建筑业韧性十足，奋进的2021年将被载入史册，崭新的2022年将谱写新篇章。

# 建筑外立面设计中“门窗类”产品的设计与应用

◎ 查勇刚

**引言：**

中国房地产行业经历了近30年的高速发展，“屯地生金”的黄金时代已经过去，正式步入“白银时代”，甚至叫“存量时代”……尽管整体规模将继续保持稳中有升的态势，然而市场潜力与发展速度正在放缓，直接导致房企、用户向着品质化、诉求化、个性化的市场需求转变，抓住国内“80、90”后的主流用户群体的消费与投资意向，成为建筑业、房地产业与门窗幕墙行业共同的市场研究课题。

国家“2030年碳达峰”“2060年碳中和”目标的提出，既为中国绿色建筑的发展注入新动力；同时也标志着低碳环保产品成为新阶段的主旋律；加之老百姓关注的安全、健康与舒适，以及对美好居住环境的向往，共同推动着新一轮建筑门窗的产业升级与革命！

在此背景下，建筑门窗市场的竞争更加激烈，国外品牌质优但价略高，往往市场需求反馈出现曲高和寡的现象；国内品牌参差不齐，加之国内相关的标准规范依然没有能够在生产与安装环节形成完整的闭环，因此在市场发展的过程中，中高端门窗产品的份额反馈并不突出，门窗企业发展的破局之路依然困难重重。

门窗产品同质化、服务同质化形成的市场基本矛盾，伴随着企业缺少现金、人才大量流失、上游产业链加大对下游企业的“压榨”，也带来了大量困难。与此同时，“有性价比的产品”“良好的信誉度”“稳健的资金管控”和“高质量、高技术含量”的门窗企业正在迎来转机，未来的市场是留给有准备的企业的。

当前，高品质门窗随着节能理念的普及，开始慢慢走入大众视野，在“业外”人眼中，对高端、高品质建筑门窗的概念，很多仍然仅仅停留于高端、价格贵，但其实它并不是大家印象中那种单一、平面的奢侈品。随着《铝合金门窗》（GB/T 8478—2020）国家标准的发布与推广，建筑门窗的要求又上了一个台阶，考虑了水密性、气密性、抗风压、机械力学强度、隔热、隔声、防盗、遮阳、耐候性、操作手感等一系列重要的功能，并且结合了加工生产设备、型材、五金、玻璃、密封胶、胶条、隔热条，以及组角工艺等，且性能优异的门窗才能称为高端、高品质产品。

本期中国幕墙网 ALwindoor. com 市场分析——2021 建筑门窗市场主流高端品牌，为您呈现：

老百姓消费者最常接触到的门窗说法是：高端的门窗产品“三分工艺、七分安装”！这只是一个粗略的统计分析概念，不同的开发商、施工单位对于高端门窗的选择判断条件不一，有的将“十分制”分配到“三分设计、三分安装、三分工艺、一分服务……”

2021 年建筑门窗品牌分析与研究。从早期市场中的“非主流”产品模仿国外，到住房城乡建设部为建筑门窗制定规范，行业协会大力推广，再到众多企业争相推出自主研发的门窗系统，建筑门窗迎来了属于“中国门窗”的大时代。

正所谓品质赢天下！YKK AP、阿鲁克等强势国外品牌，嘉寓、贝克洛、易欧思、和平等国内厂商重视产品研发，持续投入技术创新。墅标、华厦建辉在华东、西南等市场，首先专注于地域市场内高品质门窗产品的研发，通过不断的积累经验，再将产品品质提升，依靠自身技术研发，打开了国内市

场的渠道。飞宇、贝思乐等以家装起步的门窗企业，加大了产品研发投入，通过技术储备成为行业品牌度提升最快的企业，它们越来越多地成为门窗幕墙界、房地产业的品牌榜单中的系统门窗代表。

| 《2020-2021第16届AL-Survey门窗幕墙行业大型读者调查活动》“门窗十大首选品牌”排行榜 | | |
|---|---|---|
| 企业名称 | 品牌 | 综合评定 |
| 威可楷爱普建材有限公司 | YKK AP | ★★★★★ |
| 北京嘉寓门窗幕墙股份有限公司 | 嘉寓 | ★★★★★ |
| 广东贝克洛幕墙门窗系统有限公司 | 贝克洛 | ★★★★★ |
| 阿鲁克幕墙门窗系统(上海)有限公司 | AluK | ★★★★☆ |
| 山东易欧思门窗系统科技有限公司 | 易欧思 | ★★★★ |
| 浙江墅标智能家居科技有限公司 | 墅标 | ★★★★ |
| 四川华厦建辉门窗幕墙装饰有限公司 | 华厦建辉 | ★★★★ |
| 北京和平铝业有限公司 | 和平 | ★★★★ |
| 飞宇门窗有限公司 | 飞宇 | ★★★★ |
| 湖北南亚家居科技有限公司 | 贝思乐 | ★★★ |

首先，选择建筑门窗，就是在选择“好产品、好品牌、好服务”，好产品是有技术、有要求，好品牌是有负责、有团队、有创新，好服务是有服务、有售后、有长期性。

开发商、业主，以及设计院在选择优质门窗时，除了从标准规范及第三方认证机构的层面选择，还更多地应从门窗企业的层面进行判断。门窗企业提供是哪类门窗系统，它具备哪些特质与属性，才能称为优秀的门窗呢？我们重点谈谈高端、高品质门窗的“五大要素”。

**要素一：品质（Quality）**

“物超所值”常常只活在广告词中，理论上价格与产品是对等关系，同时价格又需迁就于成本。建筑门窗的含义很广，如果从铝合金门窗规范中我们可以看到，针对门窗的主要性能类型就有普通型、隔声型、保温型、隔热型、保温隔热型、耐火型等，其中又根据使用类型的不同分为了外门窗与内门窗等，根据开启方式的不同分为平开、推拉、上悬、内开内倒等，其产品类型不同，具体的要求也不同。建筑行业选择时首先考虑成本，门窗产品的选择需根据项目的实际需求选择性价比高的产品。

**要素二：团队（Team work）**

项目确定使用系统门窗后，地产商面对鱼龙混杂的市场感到困惑，门窗品牌市场团队及服务团队的配备成为重要考虑因素。

评判“门窗品牌”优劣的主要标准：

企业背景：企业综合实力对比及是否可满足项目供货需要。

项目案例：项目区域内是否有成功的项目案例作为参考。

授权监控体系：完善的产品授权监控体系是产品品质的重中之重。

售后服务：可否保证产品使用寿命及解决用户问题。

**要素三：品牌（Brand）**

品牌是基于产品品质、价格、市场受众、售后服务等体系依托的，不是去创造新的、不同的事物，而是去重塑心中已经存在的认知，去重组已存在的关联认知。高端、高品质门窗通常的品牌需求定位如下：

节能环保：产品节能水平。

健康舒适：产品各项性能优越性及使用便利、售后完善。

项目定位：与项目品质相匹配。

品牌需求：树立品牌的形象、提高品牌知名度和美誉度。

营销卖点：可作为销售的卖点之一。

竞争力：产品的使用可让项目更具市场竞争力。

从以上品牌定位细节分析来看，最终反馈给开发商的感受是消费者将得到最佳舒适感体验，从建筑门窗中得到良好的产品反馈，从而使品牌形象更加完美。高端、高品质门窗的隔声、保温效果令人印象深刻。

**要素四：专业（Profession）**

建筑门窗的运营模式决定了门窗产品的发展与市场应用面的程度，高端、高品质门窗在任何一个城市只要有便利的交通和良好的合作伙伴都可以顺利推广，但同时它的优势与性价比需要专业人士的支持。这离不开一个专业性的运营与生产配套，从购买、下单、设计到安装工艺等提供的支持，以及是否可快速有效地解决项目的问题。这些专业程度的体现从门窗生产、制造、安装及服务的方方面面可以得到最好的执行与体现，专业的人做专业的事能够事半功倍，门窗与建筑的完美搭配更是相得益彰。

**要素五：创新（Innovations）**

每个建筑设计师的思想都是独一无二的，故而每栋建筑都有自己的风格，每个开发商的楼盘也是独一无二的，无论是地理位置还是楼盘卖点都如此。这种情况下，门窗产品的选择除了从项目出发，更需要有独立的创新性来满足开发商针对不同地域、不同消费人群的特殊需求，产品创新与产品应用相结合才能推动高端、高品质门窗的大面积应用与市场开拓。

作为中国建筑金属结构协会铝门窗幕墙分会下属的官方平台——中国幕墙网 ALwindoor.com 以行业媒体的身份，运用建筑门窗评价体系的“五大要素”，从产品品质、企业实力、研发能力、工程应用、售后服务等维度，全面诠释房地产市场首选的高端建筑门窗“TOP10”品牌！。

**No.1　YKK AP**

生产企业：威可楷爱普建材有限公司

推荐理由：

铝合金和塑钢产品均有，所有材料均自己生产的系统供应商，国内有独立的 YKK 门窗加工厂，产品型材可视面纤细，推拉产品较有特点。

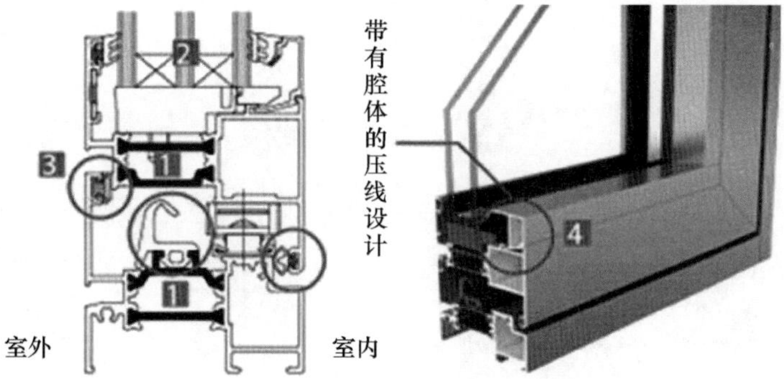


主打产品：断桥铝

指导价格：1500～3000 元/m$^2$（仅供参考）

应用案例：

华润置地、格力地产、金地集团、万科、绿地、上置集团等。

外观：★★★★

质量：★★★★★

服务：★★★★

品牌：★★★★★

性价比：★★★★

推荐指数：★★★★★

媒体点评：YKK AP门窗产品工程保有日本企业惯有的产品品质，服务系统化管理，施工方法优越，价格在同类产品中可供选择的区间较大，性价比优异。

**No. 2　嘉寓**

JAYU 嘉寓

生产企业：北京嘉寓门窗幕墙股份有限公司

推荐理由：

国内老牌门窗企业，近年来注重自主知识产权研发与创新，主推原创产品和技术变革，丰富的产品线占据了巨大的市场体量。

主打产品：断桥铝

指导价格：800～2000 元/m$^2$（仅供参考）

应用案例：

万科、中海、恒大、招商、华润等楼盘。

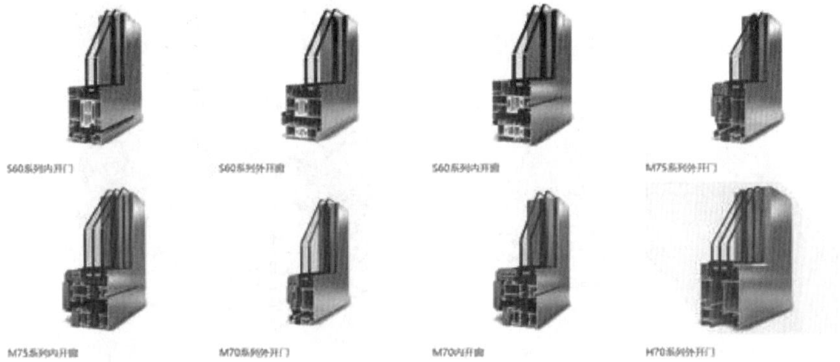


外观：★★★★★

质量：★★★★☆

服务：★★★★★

品牌：★★★★☆

性价比：★★★★☆

推荐指数：★★★★★

媒体点评：嘉寓门窗产品工程应用广泛，外观设计精美，服务网点齐全，性价比较为突出。

**No. 3　贝克洛**

Bucalu贝克洛®

生产企业：广东贝克洛幕墙门窗系统有限公司

推荐理由：

国内独立系统供应商，产品系列完善，推拉产品在同类产品“四性”数据较优。产品研发、检测一体完成，可满足各类项目要求，价格适中。

主打产品：断桥铝

指导价格：1000～2500 元/$m^2$（仅供参考）

应用案例：

保利地产、格力地产、时代地产、三亚力合投资、顺发恒业等。

外观：★★★★☆

质量：★★★★★

服务：★★★★☆

品牌：★★★★★

性价比：★★★★☆

推荐指数：★★★★★

媒体点评：贝克洛门窗产品生产工艺管控严谨，产品品质与品牌度较好，其防水密封性能优良，在开发商中具有较好的应用度与知名度。价格保持在同类产品中的中等区间，性价比突出。

**No. 4　ALUK**

生产企业：阿鲁克幕墙门窗系统（上海）有限公司

推荐理由：

是中国地区最早引入的国际系统门窗品牌厂家之一，铝合金门窗幕墙系统设计与生产的领导品牌之一。超 60 年的行业经验，业务遍及全球大多数国家，ALUK 阿鲁克系统也是世界众多高端项目的指认品牌之一。

主打产品：断桥铝

指导价格：1000～2500 元/$m^2$（仅供参考）

应用案例：

万科、碧桂园、恒大、保利、华润等。

外观：★★★★☆

质量：★★★★☆

服务：★★★☆

品牌：★★★★★

性价比：★★★☆

推荐指数：★★★★☆

媒体点评：ALUK 门窗产品引入国内较早，在国内的应用案例较多，能够成功适应国内不同地域与气候变化，生产工艺优良，生产工艺管控严谨，性价比较好。

**No. 5** 易欧思

EOSS 易欧思

生产企业：山东易欧思门窗系统科技有限公司

推荐理由：

国内材料商介入系统供应商，是国内全铝门窗幕墙系统重点生产企业，专业从事门窗幕墙系统及五金配件的研发设计、生产加工、销售安装，以及开展与门窗研发、服务相关的电子商务、软件开发等业务。

主打产品：断桥铝

指导价格：1000～1600 元/$m^2$（仅供参考）

应用案例：

保利地产、绿城、碧桂园、恒大等。

外观：★★★★

质量：★★★★☆

服务：★★★★☆

品牌：★★★☆

性价比：★★★★

推荐指数：★★★★

媒体点评：易欧思门窗产品以其优良的保温隔热性能和智能化控制系统，满足不同人文、地域和气候特点需求，配套专用设计软件、完善的技术支持和免费的技术培训，迎合了广大开发商的需求，性价比优异。

**No.6　墅标**

SHOBT

墅标门窗

生产企业：浙江墅标智能家居科技有限公司

推荐理由：

墅标是浙江建业的系统门窗专属品牌，“窗不同、家不同”的定制化理念是其营造的最大亮点。通过“门窗管家”的互联网智能系统，让产品定制直接从厂家到我家；通过“门窗信息化ERP管理系统”实现订单生产简单、快速、高效，助推行业健康稳定发展。

主打产品：断桥铝

指导价格：800～2000元/$m^2$（仅供参考）

应用案例：

恒大、中粮地产、万科、保利等。

外观：★★★★

质量：★★★★

服务：★★★★

品牌：★★★★

性价比：★★★★

推荐指数：★★★★

媒体点评：墅标门窗产品严格按照国内及国际各类优秀系统门窗标准规

范研发与生产，同时智能化的全程管控能够有效提升产品与服务水平，价格合理，性价比较好。

**No.7　华厦建辉**

生产企业：四川华厦建辉门窗幕墙装饰有限公司

推荐理由：

西南最大的铝合金门窗生产加工企业，知名房企、大型总承包商等上游产业链资源丰富，技术领先、系统完善，产品应用案例广泛。

主打产品：断桥铝

指导价格：600～1500 元/$m^2$（仅供参考）

应用案例：

恒大、万科、龙湖时代、招商等。

外观：★★★☆

质量：★★★★

服务：★★★☆

品牌：★★★☆

性价比：★★★★

推荐指数：★★★☆

媒体点评：华厦建辉门窗产品立足西南地区 25 年以上，善于精耕细作，产品品质与服务具有一定优势，在与“50 强”开发商合作中广受好评，价格在同类产品工程项目中优势明显，性价比非常好。

**No. 8　和平**

生产企业：北京和平铝业有限公司

推荐理由：

三十余年来，和平铝业立足京津冀腹地，目前更是华北地区重要的铝型材生产企业之一，也是业内唯一一家同时拥有铝型材生产、铝门窗加工、幕墙工程设计与施工于一身的大型铝业企业，目前拥有专业铝型材生产基地 2 个，具备“设计甲级、施工一级”资质。

主打产品：断桥铝、铝木

指导价格：1000～1800 元/$m^2$（仅供参考）

应用案例：

万科、碧桂园、融创、万达、华润等。

外观：★★★★

质量：★★★☆

服务：★★★☆

品牌：★★★☆

性价比：★★★☆

推荐指数：★★★☆

媒体点评：从断桥铝合金型材生产到门窗系统研发与推广，框架幕墙、单元体幕墙板块设计与施工，再到耐火窗、阳光房、被动窗、装配式建筑门窗幕墙产品等研发制造，30 多年来，和平铝业用实际行动践行绿色、智能、低碳、节能、创新的时代主题，推动绿色制造高质量发展。

**No. 9　飞宇**

生产企业：飞宇门窗有限公司

推荐理由：

与国内外大型铝型材企业、全球知名的五金、玻璃企业，建立了战略合作，从德国、意大利、韩国引进了国际先进的生产设备和制造工艺，开发出众多品质卓越、款式新颖、节能环保的系统门窗产品。

主打产品：断桥铝

指导价格：1000～3000 元/$m^2$（仅供参考）

应用案例：

保利、绿地、金科、美的等。

外观：★★★★

质量：★★★

服务：★★★★

品牌：★★★☆

性价比：★★★☆

推荐指数：★★★☆

媒体点评：三代人专注做门窗，40 年积累，从家装门窗到工程门窗，产品从室内到室外，拥有三大制造基地和营销服务中心，提供高质量、高性能的铝合金门窗产品及服务。

**No. 10　贝思乐**

BSL

生产企业：湖北南亚家居科技有限公司

推荐理由：

依托湖北亨威铝业的强大实力，引进欧洲先进的生产设备与技术，实行精工生产和精益制造，借助在华中的区位优势，开启“工程与家装”双引擎，辐射周边多个主要城市。

主打产品：断桥铝

指导价格：800～1400 元/$m^2$（仅供参考）

应用案例：

碧桂园、东方高尔夫、雅居乐等。

外观：★★★☆

质量：★★★☆

服务：★★★☆

品牌：★★★

性价比：★★★★

推荐指数：★★★☆

媒体点评：贝思乐门窗产品生产工艺管控严谨，依托亨威影响力，在华中地区开发商项目中快速扩张，同时采取网络电商、微营销、社区结合等新型运营模式，性价比较好。

以上“TOP10”高端门窗品牌，由中国建筑金属结构协会铝门窗幕墙分会官方平台——中国幕墙网 ALwindoor.com 根据“2020—2021 年度 AL-Survey 门窗十大首选品牌榜单”为基础，经过数据调研、整理分析之后发布。

## 更多市场典型门窗品牌列表：

（排名不分先后）

| 品牌名称 | 常规工程价（元/$m^2$） | 门窗类型 | 授权监控体系情况 | 项目案例 | 点评 |
| --- | --- | --- | --- | --- | --- |
| YKK-AP | 1400～2000 | 断桥铝 | 严格 | 南京星雨华府、上海银亿江湾城、上海滨江凯旋门、上海紫园二期、奥体新城A2地块 | 铝合金和塑钢产品均有，所有材料均有自己的生产系统供应商。国内有独立的YKK门窗加工厂。产品型材可视面纤细，推拉产品较有特点。部分系列的排水为隐藏式，较有特点 |
| 瑞明 | 2000以上（非工程） | 铝包木 | 完善 | 广州保利天悦、杭州顺发旺角城、上海星河湾二期、珠海格力海岸、广州保利云禧 | 国内独立系统供应商。技术研发投入较大，产品在国内得到认可。有自己的检测基地，产品参数满足国内各地区需求 |
| 旭格 | 1400～3000 | 断桥铝 | 严格 | 南京仁恒江湾城、苏州九龙仓国宾壹号、杭州望江府、武汉群光三期、厦门建发中央湾区 | 最早进入国内的国外系统公司之一。国内项目案例较多。产品满足大部分地区项目需求。气密、水密、抗风压检测数据较优 |
| 贝克洛 | 1000～2500 | 断桥铝 | 严格 | 杭州绿城富春玫瑰园、杭州嘉里中心、上海中金海棠湾、温州华龙海景壹号、绍兴元垄迎恩府 | 国内独立系统供应商。产品系列完善，推拉产品在同类产品“四性数据”较好。产品研发、检测一体完成，可满足各类项目要求，价格适中 |
| 阿鲁克 | 1400～2500 | 断桥铝 | 严格 | 深圳香蜜湖一号、广州星河湾、北京饭店二期、当代万国城MOMA、上海鼎邦俪池、上海长岛别墅、上海半岛花园、青岛海悦、杭州闽信 | 早期进入国内的系统门窗供应商之一，国内项目案例一般。产品系列较多，在国内有全资子公司。产品满足大部分地区项目需求。气密、水密、抗风压检测数据较优 |

续表

| 品牌名称 | 常规工程价 | 门窗类型 | 授权监控体系情况 | 项目案例 | 点评 |
|---|---|---|---|---|---|
| 森鹰 | 1500～1880 | 铝包木 | 严格 | 欧风洋溢之松花江沿岸、燕山脚下（北京）、东方明珠之瑰丽佘山、杭州·绿城四季酒店、临安·青山湖·红枫园 | 拥有四个检测实验室：门窗三性检测室、门窗保温性能检测室、门窗机械性能检测室、门窗物理实验室，是一家专注于铝包木窗系统研发与制造的企业 |
| 易欧思 | 1200～2200 | 断桥铝 | 完善 | 华铝北苑名都、华府兰庭、左岸绿洲、京都城、锦汇佳苑、香缇半岛 | 国内材料商介入系统供应商，是国内全铝门窗幕墙系统重点生产科研企业，专业从事门窗幕墙系统及五金配件的研发设计、生产加工、销售安装以及电子商务、软件开发服务等业务 |
| 智赢 | 650～1200 | 断桥铝 | 完善 | 西班牙庄园、山东电力研究院、可可里别墅、枣庄薛城区人民医院 | 有四大系列，产品系列较全，其推拉系列产品创新设计多，产品价格适中 |
| 墅标 | 1250～2180 | 断桥铝 | 完善 | 远洋销售大楼、宁波象山世茂大目湾、南京雅居乐幼儿园、秦皇岛香格里拉大酒店 | 采用“工程定制”与“私人定制”双定制模式服务客户，生产全程采用ERP管理技术 |
| 新合 | 600～1500 | 断桥铝 | 完善 | 成都传化医药大厦、深圳前海控股大厦、深圳龙岗华润广场、义乌电子商贸城 | 依托全国铝型材十强新合铝业的强大实力，在系统门窗中型材配套技术上有着巨大的先天优势，门窗品质出众，且在工装、家装均有较大应用潜力 |

续表

| 品牌名称 | 常规工程价 | 门窗类型 | 授权监控体系情况 | 项目案例 | 点评 |
|---|---|---|---|---|---|
| 华赛特 | 600～1600 | 断桥铝 | 完善 | 大连绿地中心、安庆市政府大厦、东北世贸中心大厦、南昌新地中心、苏州尼盛广场 | 拥有国内较领先的技术中心和生产基地，引进欧美多国全套高新技术及高端生产设备，并配有强大的研发和生产团队 |
| 嘉寓 | 800～1600 | 断桥铝 | 完善 | 内蒙古伊泰华府世家、包头恒大名都首期、深圳茂业德宏天下华府、北京万科青青花园、海南华润石梅湾九里 | 国内老牌门窗企业，近年来注重自主知识产权研发与创新，主推原创产品和技术变革，丰富的产品线占据了巨大的市场体量 |
| 希洛 | 1200～2600 | 断桥铝 | 完善 | 上饶别墅小区、江西别墅工程、中山别墅工程 | 集系统门窗产品研发、生产、销售和服务于一体的铝系统方案提供商 |
| 和平 | 700～1200 | 断桥铝 | 完善 | 北京国航大楼、北京新青海大厦、通州万达广场、天津大悦城、中国民生银行、张家口华邑酒店 | 一家以铝合金产业为核心，铝门窗加工与施工、铝门窗加工与终端直营、幕墙工程设计与施工于一身的铝业企业，是国内最早生产断桥铝合金的企业之一 |
| 高登 | 1200～1800 | 断桥铝 | 完善 | 广州亚运村、贵州省人民大会堂、云南普洱行政中心、云南省昆明新飞机场、兰德国际中心、厦门可口可乐生产基地、广西汇洋国际 | 铝型材生产加工完善体系集团衍生，产品创新能力强，营销手段丰富立体；通过采用品牌铝合金、断桥铝合金、定制化技术，完美实现十年质保 |

续表

| 品牌名称 | 常规工程价 | 门窗类型 | 授权监控体系情况 | 项目案例 | 点评 |
|---|---|---|---|---|---|
| 伟业 | 800～2000 | 断桥铝 | 完善 | 深圳鸿荣源、深圳翰林湖二期、海口天鹅湖畔、海口农垦医院、东莞信鸿澜岸、上海丽都广场 | 技术领先，信息、物联网、云服务、智能化衔接，门窗产品研发及生产全程控制，从而打造出受“年青新贵”消费群体喜爱的产品 |
| 飞宇 | 1000～3000 | 断桥铝 | 完善 | 成都轨道交通集团、二江寺 TOD、两江映月 | 提出 7 星级“钛金服务”，产品系列齐全，从门到窗涵盖门窗领域所有产品种类，从家装到高档酒店、别墅等，产品高质量、高性能 |
| 华夏建辉 | 500～1500 | 断桥铝 | 完善 | 德商华府天骄、守信汇、温江恒大城、恒大金碧天下、华侨城、龙湖金欐时光、招商中英华城、昆明万科白沙润园 | 西南最大的铝合金门窗生产加工企业，知名房企、大型总承包商等上游产业链资源丰富，技术领先、系统完善，断桥铝应用案例广泛 |
| 贝思乐 | 600～1200 | 断桥铝 | 完善 | 华发中城荟、光谷之星、融创中心 | 产品生产工艺管控严谨，依托亨威影响力，在华中地区开发商项目中快速扩张，同时采取网络电商、微营销、社区结合等新型运营模式，性价比较好 |

注：表中报价最终解释权归系统门窗厂家所有。

## 附表：

### 系统品牌一览表

（排名不分先后）

| 品牌 | 所属国家或地区 | 创办时间 | 主营材质 |
|---|---|---|---|
| Aluplast | 德国 | 1982年 | 塑钢 |
| 奥为 | 上海 | 2013年 | 铝合金 |
| 比尔德·巴诗曼 | 德国 | 1980年 | 铝木复合 |
| 巴尔蒂克 | 苏州 | 2013年 | 铝合金 |
| 迪美斯 Dimex | 德国 | 1933年 | 塑钢 |
| 尔吉其 | 意大利 | 2008年 | 铝合金 |
| 皇家 | 加拿大 | 1970年 | 塑钢 |
| 霍柯 | 德国 | 1814年 | 铝合金 |
| 吉尔普优 | 苏州 | 2014年 | 玻纤增强聚氨酯 |
| 极景 | 山东 | 2014年 | 塑钢 |
| 柯梅令 | 德国 | 1897年 | 塑钢 |
| 乐道 | 沈阳 | 2012年 | 铝合金 |
| 罗克迪 | 上海 | 2000年 | 铝合金 |
| 良木道 | 四川 | 2008年 | 铝木复合 |
| 米兰之窗 | 北京、意大利 | 2006年 | 铝木复合 |
| 奥润顺达-墨瑟 | 高碑店、德国 | 2004年 | 铝木复合 |
| 欧格玛 | 北京 | 2011年 | 木包铝 |
| 瑞好 | 德国 | 1957年 | 塑钢 |
| 瑞纳斯 | 比利时 | 1965年 | 铝合金 |
| 施马特 | 国外 | 1945年 | 铝合金 |
| 维卡 | 德国 | 1969年 | 塑钢 |
| 维卡 | 德国 | 1969年 | 塑钢 |
| 研和 | 上海 | 2008年 | 铝合金 |
| 意鲁菲 | 意大利 | 2015年 | 铝合金 |
| 中航宝玻 | 广东 | 2009年 | 铝木复合 |
| 智晟特 | 宁波 | 2013年 | 铝木复合 |
| 宏明泰 | 青岛 | 2015年 | 铝木复合 |
| 欣畅 | 上海 | 2010年 | 铝合金 |
| 正典 | 辽宁 | 2008年 | 铝合金 |
| 德博士 | 大连 | 2011年 | 塑钢 |

续表

| 品牌 | 所属国家或地区 | 创办时间 | 主营材质 |
|---|---|---|---|
| 欣叶安康 | 黄山 | 2004 年 | 铝合金 |
| 马施诺德 | 福州 | 2017 年 | 铝合金 |
| 韦思诺 | 广州 | 2015 年 | 铝合金 |
| 高斯 GOS | 意大利 | 2014 年 | 铝合金 |
| 科饶恩 | 河南 | 2015 年 | 塑钢 |
| 丽格 | 沈阳 | 1992 年 | 铝合金 |
| 玛沃丽莎 | 福建 | 2014 年 | 铝合金 |
| 美狮隆 | 上海 | 2008 年 | 铝合金 |
| 耐特兹 | 德国 | 1931 年 | 铝合金 |
| 兴亚 | 珠海 | 2015 年 | 铝合金 |
| ROTOi | 德国 | 2012 年 | 铝合金 |
| S. LINE | 肇庆、德国 | 2013 年 | 铝合金、铝木复合 |
| 圣罗德 | 福州 | 2009 年 | 铝合金 |
| 伊尔斯 | 芜湖 | 2014 年 | 塑钢 |
| 意利德 | 潍坊 | 2015 年 | 铝合金、铝木复合 |

写在最后：随着《铝合金门窗》（GB/T 8478—2020）国家规范的出台和正式实施，在很大程度上对门窗的高端品牌、高品质产品，都有了更为明确和翔实的定义。首先，在新规范中明确了“隔声型门窗”（隔声性能值不低于35dB），以及“保温隔热型门窗”［传热系数小于 2.5W/（$m^2$·K）］等产品参数化说明。除此以外，铝合金门窗的新规范中，针对内外门窗的型材壁厚要求提高、表面处理及表面处理层膜厚及种类等适用性规定提高……相信，在新规范的指导与推动下，能够与之完美匹配的门窗产品与生产企业，将逐步实现产品性能及市场占有率等多方位的全面提升。

2021年产业链之间，上游的原材料成本、运费成本、人工成本出现大幅度增加，其中较大的压力集中在下游企业身上，高端、高品质门窗产品在价格战竞争中，并不能占有较大的优势，市场中低价中标、工程垫资，成为市场内建筑门窗企业最头疼的事情。

市场中有句话“信心比黄金更重要”，当所有企业经营者、企业家们，都觉得该由快变慢、稳步发展之际，建筑门窗企业需要坚定信念，唯有静下心来经营企业，扎扎实实做好产品，让消费者满意，开发商、业主才会为门窗“买单”。“现金为王”的状况一直持续了数年，是一味放纵企业内的低效管理，与市场内“恶意价格竞争”同流合污，还是努力改变企业发展观念，积累内功，抓住市场的突破口，树立良好的市场形象与品牌口碑，这是一个短期利益与长期利益之间的平衡。

未来，门窗企业唯有重视研发与产品品质、品牌效应，时刻关注市场内的发展方向和提升空间，才能有效规避风险，实现健康可持续发展。

# 2021—2022 中国“工程玻璃”市场分析与研究报告

◎曾　毅

玻璃，它晶莹通透、纯净而华贵、静谧却不失活力，更因其与生俱来的极强可塑性，被誉为“物质的第四种形态”。

建筑物在披上“玻璃外衣”后，更具开放、自由的个性化特质，同时充满着现代感和艺术感。因此，建筑玻璃成为设计师、建筑师在打造外立面时的首选。

随着建筑玻璃深加工产业的发展，成熟的钢化、中空、夹胶、防火等加工工艺，赋予了建筑玻璃安全、节能、隔声、降噪等诸多优异性能，使其与幕墙、门窗体系的高速发展更加相得益彰。

近年来，建筑玻璃的市场情况发生转变，尤其是2020年，建筑业及房地产市场甚至出现了“一玻难求”的局面，这与国际、国内经济大形势，以及原材料供应、价格波动有着直接的关系。自 2020 年 4 月以来，玻璃期货就开启上涨行情，2021 年涨势更为迅猛，并不断创出新高，2020 年内涨幅已达到 67.5%，而 2021 年当前的价格，较去年 4 月已上涨超过 1.5 倍。

因此，2021 年下半年的行业发展，应该以谨慎发展为大前提，控制好资金，将增长率控制在稳定范围内，做好行业内人才储备，加强行业人才系统建设，同时加快行业的改革转型，促进企业从内到外的全面升级，对未来经济下行压力带来的市场反馈做好预判与准备，重点关注“以基建托底经济、房地产稳中求进”的建筑业、房地产政策走向。

为了帮助建筑门窗幕墙行业产业链企业，特别是广大的会员单位，更好地认清行业地位和市场现状，从而提升自身产品品质及服务能力，中国建筑金属结构协会铝门窗幕墙分会在 2020 年 9 月启动“第 16 次行业数据申报工作”，通过历时三个月的表格提交，采集到大量真实有效的企业运行状况报表，随后，授权中国幕墙网 ALwindoor.com 以门户平台的身份，对门窗幕墙行业相关产业链企业申报的数据展开测评研究，并建立行业大数据模型，推出《2020—2021 中国门窗幕墙行业研究与发展分析报告》，力求通过科学、公正、客观、权威的评价指标、研究体系和评判方法，呈现出在建筑业、房地产新形势下，门窗幕墙行业的发展热点和方向。

由于技术准入门槛不高与产品多样性的市场环境，企业数量众多，企业生产和制造水平参差不齐，如果仅仅通过参观、考察的方式，没有系统的方向性指导，选择到优质的建筑玻璃产品难如登天。如何对产品进行评估与对比？如何对产品的服务与品牌进行公允的评判？对于开发商业主、设计院、顾问咨询公司，以及工程施工单位的每一位从业者来说，都是一件艰难无比的工作。为此，中国幕墙网 ALwindoor. com 将建筑玻璃的四大市场要素进行了整理，助您系统化地选出“好玻璃”！

CPEF 评价系统｜选择高品质、丰富产品配置、完善服务体系、良好品牌形象的建筑玻璃厂商，我们需要了解并注重产品的市场表现（性价比）C，调研企业的品牌美誉度（附加值）P，衡量市场覆盖面的配送能力（服务体系）E，以及规模化效应带来的生产能力、供货保障（核心技术）F，这是我们归纳的建筑玻璃优秀企业具体表象的“四大要素（CPEF）”。

**C 市场表现：性价比**

开发商在选择玻璃时，优选“性价比”高的是明智的选择，优质的玻璃，选择优质的原材料进行加工生产，努力吸收和转化现有技术，从各个环节入手，通过实施原材料节减、节能选用、结构性改造等，实现产品结构的全面合理化，减少浪费，提高管理与生产利用率，降低产品的单位成本。

**P 品牌美誉度：品牌与价值**

严把质量关，是品牌参与市场竞争的重要基础，如何把产品优势转化为品牌优势，在市场中走得更远，是每一家企业的必修课。开发商在选择建筑玻璃时，优选“品牌美誉度”出众的企业，是最明智的选择。优秀的玻璃品牌，带来的是购买时的安心与使用时的放心，不简单从价格出发，而是从品牌美誉度带来的市场应用与企业规模、生产规范、使用标准等提升。

**E 配送能力：服务体系**

优秀的建筑玻璃生产企业，通过消化吸引与自主研发，合理布局生产基地，从而带来丰富的产品结构，高科技含量、高附加值的玻璃。开发商在进行“优中选优”的过程中，配送服务区域体系完善，将售后服务与生产、设计、加工、运送等有机结合，是选择的“调档线”。

**F 规模化：核心技术**

玻璃从原片生产线，到深加工设备自动化水平、智能化程度逐年提升，建筑玻璃的企业产能也在逐年攀升，企业要保持旺盛的发展势头，必须加大“硬件”的投入规模。审时度势地拓展生产基地密度、广度，对设备不断进行更新和升级，只有更加先进的加工设备，更大规模的生产，才能够带来更高的生产效率，实现规模化效应。

根据选购建筑玻璃产品的“四大要素（CPEF）”作为评价体系，针对

2021年房地产、建筑业，以及门窗幕墙行业首选的高端建筑玻璃品牌列举如下：（注：数据来源于中国建筑金属结构协会铝门窗幕墙分会——2020年度第16次行业数据统计报告）

**中国门窗幕墙行业“建筑玻璃首选品牌”**

| 《第16届AL-Survey2020-2021门窗幕墙行业大型读者调查活动》“建筑玻璃首选品牌”排行榜 | | |
|---|---|---|
| 企业名称 | 品牌 | 综合评定 |
| 中国南玻集团股份有限公司 | 南玻 | ★★★★★ |
| 上海耀皮玻璃集团股份有限公司 | 耀皮 | ★★★★★ |
| 信义玻璃控股有限公司 | 信义 | ★★★★★ |
| 北玻股份 | 北玻 | ★★★★★ |
| 株洲旗滨集团股份有限公司 | 旗滨 | ★★★★ |
| 新福兴玻璃工业集团有限公司 | 新福兴 | ★★★★ |
| 广东金刚玻璃科技股份有限公司 | 金刚 | ★★★★ |
| 中山市格兰特实业有限公司 | 格兰特 | ★★★☆ |
| 上海皓晶玻璃制品有限公司 | 皓晶 | ★★★☆ |

2021年，伴随着中国经济从高速增长转向高质量发展阶段，高品质产品、绿色节能材料、高附加值产品、可循环的新技术、智能化替代人工化产品，必将成为建筑门窗幕墙行业的新宠。

**中国南玻集团股份有限公司**

**品牌：南玻**

南玻集团

中国南玻集团股份有限公司成立于1984年，为中外合资企业。1992年2月，公司A、B股同时在深交所上市，成为中国最早的上市公司之一。

性价性：★★★★★

品牌度：★★★★★

服务半径：★★★★★

规模化：★★★★★

综合评价：★★★★★

媒体点评：世界玻璃，中国南玻！如今的南玻已完成全国性的产业布局，六大生产基地（28 家子公司）分别位于国内经济最活跃的东部长三角、南部珠三角、西部成渝地区、北部京津冀地区，以及中部的湖北片区。作为玻璃行业的“现象级”品牌，依靠科技研发新引擎，助推产业高质量发展，向世人诠释着什么叫“中国制造”到“中国创造”的伟力与神奇，以民族品牌的挺拔之姿，屹立于世界制造业之林。

**上海耀皮玻璃集团股份有限公司**

**品牌：耀皮**

上海耀皮玻璃集团股份有限公司成立于 1983 年，外方合作伙伴是全球玻璃制造商英国皮尔金顿公司，是中国玻璃制造行业较早的上市公司。

性价比：★★★★★

品牌度：★★★★★

服务半径：★★★★★

规模化：★★★★★

综合评价：★★★★★

媒体点评：引领中国玻璃走向世界！三十多年来耀皮一直是国内高品质玻璃的代言人，将“永远有新的追求”作为品牌发展理念，拥有一支具有丰富专业经验的管理团队，以及资深的技术团队。九大生产基地遍布在全国，产品销往全球 40 多个国家和地区，为全球多个国家和地区的地标建筑赋予了“耀皮”华彩的“幕墙外衣”。

**信义玻璃控股有限公司**

**品牌：信义**

信义玻璃控股有限公司创建于1988年，总部位于中国香港，是全球知名的综合玻璃制造商。

性价比：★★★★★

品牌度：★★★★★

服务半径：★★★★★

规模化：★★★★★

综合评价：★★★★★

媒体点评：引领绿色新生活，创始人李贤义先生以“摸着石头过河”的勇气与决心，经过三十余载砥砺前行，除横岗基地外，还在东莞、虎门、江门、芜湖、天津、营口等地建起了基地，并在马来西亚设厂。产品也从单一的汽车玻璃延伸到建筑、浮法、光伏等领域，成功开辟全球市场，2011年的反倾销诉讼案，更是让信义“一战成名”，成为中国玻璃的全球名片。

**北玻股份**

**品牌：北玻**

北玻股份最早是1995年成立的洛阳北玻技术有限公司，2004年承接了国家大剧院工程，成为建筑玻璃届的技术前沿代表。

性价比：★★★★☆

品牌度：★★★★★

服务半径：★★★★★

规模化：★★★★☆

综合评价：★★★★★

媒体点评：北玻，超级玻璃的缔造者，而它到底是不是一家玻璃企业？严格意义来说，它更像是一家玻璃设备企业，重新发明了“玻璃”，并且全新定义了玻璃的价值……特别是在建筑门窗幕墙领域，如果地标没有它的身影，那只能说这个建筑也许高，也许大，设计、施工应该不太复杂！作为一家玻璃深加工技术及设备的全球龙头企业，多年来，在与苹果、华为、小米等高科技企业的合作中，实现了中国品牌从“制造”到“质造”的华丽蜕变。

**株洲旗滨集团股份有限公司**

**品牌：旗滨**

株洲旗滨集团股份有限公司（简称“旗滨集团”）成立于 2005 年，2011 年在上海证券交易所 A 股上市（股票代码：601636）。

性价比：★★★★★

品牌度：★★★★☆

服务半径：★★★★★

规模化：★★★★☆

综合评价：★★★★★

媒体点评：玻璃圈中的“黑马王子”，集团的光伏、电子、药玻生产基地逐一投产，业务全面落地，在湖南醴陵、湖南郴州、广东河源、福建漳州、浙江绍兴、浙江平湖、浙江长兴、马来西亚等拥有 8 个原片生产基地、26 条优质浮法玻璃生产线，日熔化量达到 17600t……旗蕴东方，滨融天下！旗滨并非玻璃行业的“老人”，而如此突出的综合实力，当之无愧地成为“后起之秀”中的王者。

**新福兴玻璃工业集团有限公司**

**品牌：新福兴**

新福兴玻璃工业集团有限公司创立于 1980 年，位于福建省福州新区福清功能区，旗下拥有新福兴浮法、福州新福兴玻璃、广西新福兴硅科技、新福兴新能源科技、福业新能源等多家子公司，员工 2000 余人。

性价比：★★★★★

品牌度：★★★★

服务半径：★★★☆

规模化：★★★★☆

综合评价：★★★★☆

媒体点评：节能玻璃造福人类，新福兴是在璀璨“玻璃王国”中成立壮大起来的一家福建玻璃品牌。近年来瞄准玻璃产业转型升级之势，布局全产业链发展，上、下游丰富的产品线涵盖硅科技、致白浮法、建筑玻璃、电子玻璃、太阳能光伏玻璃、特种玻璃、家居玻璃、电站营运等，产业遍布全国各地，产品畅销海内外。

**广东金刚玻璃科技股份有限公司**

**品牌：金刚**

广东金刚玻璃科技股份有限公司（简称“金刚玻璃”）成立于1994年，是一家专注于各类高科技特种玻璃，以及系统研发、设计、生产于一体的国家重点高新技术企业。

性价比：★★★★☆

品牌度：★★★★☆

服务半径：★★★☆

规模化：★★★☆

综合评价：★★★★

媒体点评：烈火金刚！一个与生俱来就有着“防火、安全”DNA的品牌，其产品主要涵盖建筑用防火玻璃、防火门窗与幕墙、防火隔断、安防系统、BIPV、轨道交通等领域。作为一家深交所上市企业，金刚高度重视技术研发领域的投入，尤其重视防火玻璃产品、特种玻璃的创新与突破，随着与“德国肖特”硼硅技术的深度融合，必将为国内提供性能更加优良、价格更加实惠、服务更加完善的建筑防火系统解决方案。

**中山市格兰特实业有限公司**

**品牌：格兰特**

中山市格兰特实业有限公司是兴中集团下属全资企业，前身是格兰特工程玻璃（中山）有限公司，成立于1993年，一直专注于工程玻璃深加工及研发、设计、生产的高新技术企业。

性价比：★★★★

品牌度：★★★★

服务半径：★★★☆

规模化：★★★★

综合评价：★★★★

媒体点评：专注于玻璃深加工产业，在华南地区有着良好的客户基础及市场反馈，同时工程项目遍布全国各地，已发展成为中国玻璃深加工行业内的知名企业。主要生产和加工建筑用钢化、夹层、中空，以及单银、双银、三银Low-E玻璃。同时，通过引进国外先进技术，研发出的自洁玻璃、建筑光伏发电一体化玻璃等产品得到业界专家的一致好评。

**上海皓晶玻璃制品有限公司**

**品牌：皓晶**

皓晶玻璃

皓晶控股集团股份有限公司成立于2002年，公司旗下有3大加工基地，7家全资子公司，业务覆盖建筑玻璃、物流运输、进出口等领域。

性价比：★★★★

品牌度：★★★☆

服务半径：★★★★

规模化：★★★★

综合评价：★★★★

媒体点评：皓玻璃，晶品质！作为青出于蓝的新生力量，皓晶配备了国际知名品牌的加工设备，具有先进的生产技术工艺，立足上海，辐射全国，具有较强的行业竞争力，主要专注于建筑防火玻璃、工业玻璃等领域，深加工产品范围广泛。投资超过20亿元的“江苏海门高端节能玻璃基地”正在如火如荼建设中，未来发展无可限量……

写在最后：在生产研发上，早期的中国玻璃企业更多依赖进口，“中外合资”企业是当时重要的投产模式。而正是由于长期依赖进口，激发了孜孜不倦的中国玻璃工匠的斗志，无论是设备还是生产技术上都在四十年间锐意革新，刻苦钻研，逐步缩小了与世界的差距，并在很多领域取得世界领先的地位。

南玻、耀皮、信义、旗滨等进一步加大了产能建设，对产品的研发投入加大，在全球范围内的品牌影响力大幅提高；北玻、金刚均在各自的产品构成与产品线设立上进行了转型升级，尤其对细分产品的研发取得了重大突破，获得市场一片赞誉；新福兴、格兰特、皓晶坚持重视客户服务与市场培育，夯实市场基础，成绩斐然。

随着玻璃性能的逐步提高，以及国内建筑玻璃深加工水平的提升，国内建筑玻璃生产企业，尤其是大型生产企业的日子，正在变得好起来。不仅仅是长三角、京津冀、粤港澳大湾区，对高品质建筑玻璃的需求量呈现强劲的增长势头，同时，随着三、四线城市的节能标准和政策落地，中空、夹胶及 Low-E 玻璃的应用量也增长明显。

我国的玻璃技术不断改进，应用范围也越来越广，在建筑领域的用量迅速增加，成为仅次于水泥、钢材的第三大建筑材料，截至 2020 年 12 月，我国玻璃产能利用率为 70.67%，在产玻璃产能达到 97722 万重箱。面对消费需求的日益增加，玻璃的加工工艺也出现了多种新的突破，已经开发出的离子交换、釉面装饰、电致变色、超白玻等新技术玻璃，不仅具有调节光线、隔热保温、艺术安装、安全应用等特性，而且美观大方，市场发展潜力巨大。

进入 2021 年下半年，玻璃的产量虽然仍存增量，但从“大环境”考虑，浮法玻璃将近 70%的用量在建筑上，房地产需求仍处于大周期竣工内，这也是市场需求的主要支撑；其次新能源需求量的提升，也成为今后主要的关注点。中国幕墙网 ALwindoor. com 预测：2021 年下半年，国内原片及浮法玻璃价格仍将呈上行走势，但幅度会小于上半年。

种种数据无不表明着，我国建筑业与房地产业的市场恢复情况良好，新城镇建设与城市化进程保持了良好的发展速度，为建筑门窗幕墙行业的市场开拓带来了可观的项目机会。

当前“中国制造”“中国创造”的门窗幕墙仍具有较高的性价比，为中国建筑门窗幕墙行业在世界范围内的快速超越与发展提供了最坚实的基础。

我们是伟大时代的见证者、亲历者，更是参与者……中国门窗幕墙行业全体从业者充满了信心与力量，一直在路上！

以上部分内容来源于《2020—2021 中国门窗幕墙行业品牌研究与市场分析年度报告》中“建筑玻璃”细分类别的分析内容，若要获取涉及全行业的分析报告完整版，请访问 ALwindoor. com。

# 2021—2022 中国“密封胶”市场分析与研究报告

◎黄　玲

受新冠肺炎疫情影响，我国居民生活及经济生产部门均受到不同程度冲击，在此背景下，房地产业、建筑业作为社会经济综合性最强的产业链条，更是受影响颇大。2020 年，“三道红线”的出台，已经让地企苦不堪言，一些开发商今年陆续爆雷。进入 2021 年下半年，随着贷款限制、“商票”限制、拿地限制政策的出台，房企又被套上了三条新的“紧箍咒”……

房地产业、建筑业市场两个关键词：“平稳”与“发展”，在平稳的同时也要发展。在未来的一两年间，建筑工程体量、房地产规模与价格将保持平稳，不过快上涨，不干扰“双循环”的新发展格局；但也不能止步不前，更不能后退萎缩，要起到一定的经济支撑作用。

2021 年是“十四五”规划开局之年，在上游建筑业与房地产业以“平稳、发展”为核心的市场氛围中，门窗幕墙行业迎来了激烈竞争、创新突破的发展“新周期”。国内以大基建、5G、新城镇、高科技产业园及总部大楼等为主体的项目明显增加，在“双循环”战略国内循环为主线的经济发展模式下，中国作为世界上最大的建筑市场，发展绿色建筑、科技住宅，降低建筑能耗，不仅是顺应“双碳”目标达成的大趋势，也是实现经济可持续发展的必由之路，中国门窗幕墙行业从业者们充满了信心与期望，我们恢复了力量，我们重新走在了“路上”。

当前，我国建筑门窗幕墙行业总产值接近6500亿元，是除2017—2018年度以外，持续实现稳步增长，在总产值的增长中规模化企业以及配套的铝型材、玻璃、五金配件、密封胶等材料企业的贡献明显。（注：数据来源于中国建筑金属结构协会铝门窗幕墙分会——2020年度第16次行业数据统计报告）

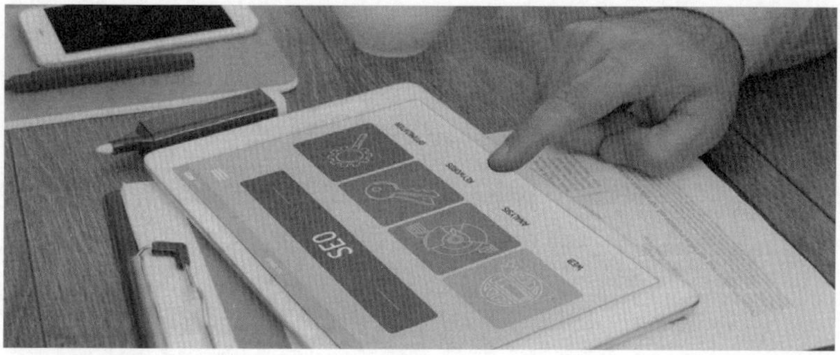

从数据统计结果来看，幕墙工程市场的体量进一步收缩，较多的中小幕墙企业在寻求转型与变更经营方向，同时行业内的新产品、新工艺开始出现；有能力与规模化的企业，往往寻求走满足建筑个性化需求的新型“外表皮”研发之路，通过不同的设计与施工得到更加丰厚的利润空间。而建筑门窗总产值保持持续增长。但过去的一年也可以说是铝门窗行业最为艰难的一年，一方面，房地产压缩到局部发展，国家到地方性的政策频出，市场趋于饱和，价格战升级；另一方面，铝材、玻璃、密封胶等主材的价格不断飙升，让众多中小门窗企业的生存受到严重威胁，资金链异常紧张。

针对2021年建筑业与房地产业等上游产业的变化对建筑门窗幕墙行业产生的深远影响，作为配套材料中的关键产品——建筑密封胶，正经历着原材料价格如“过山车”一般的跌宕起伏，整体市场表现与上、下游产业链发展形势相吻合。其生存和发展压力，主要集中在价格战和垫资上，前瞻性企业正在积极的摸索中转变。大客户模式、直销模式成为新的主要营销模式，利润由原来的粗放式管控，转向一分利润也要从管理和销售中“抠”出来的现状。

众所周知，建筑密封胶作为一种有机硅的衍生产品，由于其黏结力强，拉伸强度大，同时又具有耐候性、抗振性、防潮、适应冷热变化大，以及易于施工等特点，能实现常见的大多数建材产品之间的黏合，特别是在幕墙面板与窗扇、窗墙密封等场景拥有先天性优势，因此应用前景非常巨大。

目前，我国建筑密封胶的市场总量约110万t，行业市场规模接近300亿元，市场内各种企业与品牌充斥其中，难免出现鱼龙混杂、良莠不齐的情况。为了能够让广大用户能更加清晰地了解、科学地选用建筑密封胶，中国幕墙

网 ALwindoor. com 根据工程用建筑胶领域对幕墙结构胶、门窗耐候胶与中窗玻璃胶等主要产品的认可度，以及零售市场各类民用建筑胶的销量比，再综合企业的成立时间和所处地理位置之后，对 2021 年建筑密封胶市场主流品牌进行了以下梳理：

国家经贸委最早认定的品牌：中原、白云、之江、硅宝、DOWS、GE、大光明、凌志、华硅等；

一线品牌：白云、之江、安泰、硅宝、中原，以及海外品牌 DOWS、GE 等；

准一线品牌：永安、大光明、凌志、华硅、新达、宝龙达、时间、高士等；

新一线品牌：奋发、飞度、回天、高立德、以恒、华成等；

流通大品牌：使你佳、千里马、浩宏、元通、欧利雅、祥盛、长鹿等；

产业链品牌：新安集团、兴发集团等；

区域优势品牌：汇滨、万豪、通成、金归源、润景、俊川、顺和、华士康、领锋、固展等；

中空胶品牌：中原、之江、硅宝、回天等。

密封胶的产品质量关系到门窗幕墙工程的使用寿命，乃至人身安全，属重要的建材部品。上述优秀品牌的市场占有率和品牌美誉度，得到房地产、设计院、顾问咨询公司，以及总承包商和门窗幕墙工程企业等广大用户的普遍认同。

根据中国建筑金属结构协会铝门窗幕墙分会、中国建筑装饰协会幕墙工程分会联合发布的《2021 年度建筑用硅酮结构密封胶产品年检结果通知》，截至 2020 年 12 月 31 日，通过行业认证推荐的企业数量为 107 家，全行业密封胶生产、销售企业的数量预估近 400 家。

我国作为全球建筑密封胶应用第一大国，特别是伴随着华南、华东地区，长三角地区和粤港澳大湾区的高速发展，为幕墙和门窗带来了大量的工程市场，由此建筑密封胶的使用量也稳步提升。同时，2020 年建筑密封胶的出口量略有提升，不过仍然占比很小，仅为 6%左右，提升空间还很大。

行业当前的发展趋势表明，品牌企业的目光已经不单单从价格和利润本身出发，而是在市场蛋糕分配、市场渠道建立、售后服务完善等方面深挖潜力，尤其是产业链整合式的多元化发展，成为众多企业的首选，它能够使企业快速地在短期内获得效益与品牌美誉度双提升。

中国建筑金属结构协会 铝门窗幕墙分会

## 2021 年度建筑用硅酮结构密封胶产品年检结果通知

中建金胶字[2021]第 002 号

各有关建筑硅酮结构密封胶生产企业、门窗幕墙企业：

为了进一步规范建筑门窗、幕墙工程中硅酮结构胶的使用，加强硅酮结构胶生产企业及产品的行业管理。中国建筑金属结构协会铝门窗幕墙分会、中国建筑装饰协会幕墙工程分会继续对建筑硅酮结构密封胶生产企业进行年度产品抽样检测工作。凡年度抽检合格产品为本年度行业推荐产品。

建筑硅酮结构密封胶的产品质量关系到建筑工程的使用寿命乃至人身安全，属重要建材产品。本推荐工作仅为了加强硅酮结构密封胶的行业管理，规范建筑门窗幕墙市场。在硅酮结构密封胶的使用过程中仍应遵守相关国家标准

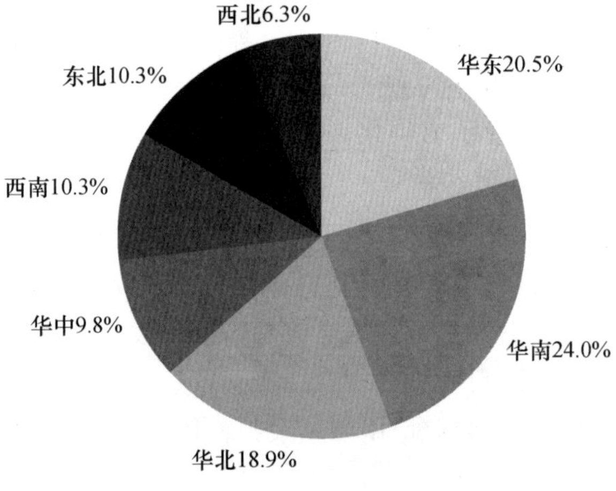


建筑密封胶国内区域市场占比情况

近年来，由于固定资产投资增速回落，房地产等行业发展趋缓，行业需求增速下降，粗放式竞争已难以为继，进而导致密封胶行业产品存在结构型的供需失衡，通用型低端产品供大于求，竞争激烈，而部分高品质、高性能、环保型产品却供不应求。从产品类型来看，其他类型的占比增幅明显，电子胶、防霉胶、美缝剂、植筋胶、阻燃胶、MS 胶等反映出产品种类更加丰富。

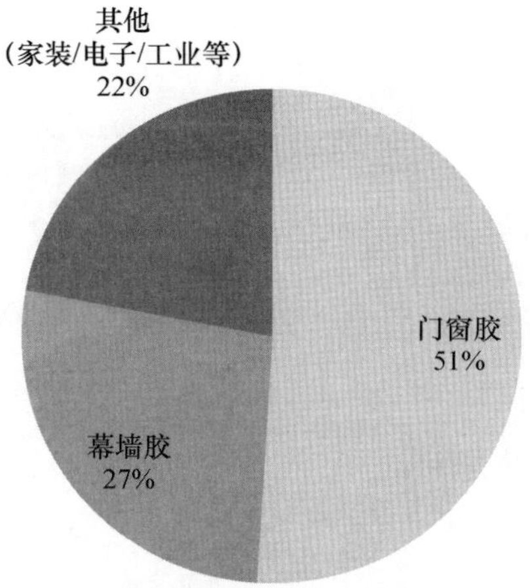


建筑胶类型市场占比

建筑密封胶市场历来与幕墙、门窗工程的开工量有直接关系，在2020年建筑胶行业的市场销量统计数据是增长的，但在年底前遭遇了原材料大幅涨价、市场每日议价的阶段，这很大程度上影响了建筑胶生产商的生存发展与运营利润。同时，在近年来有关检测部门针对密封胶产品进行的抽检中发现，不按标准规定标识、生产，超量添加填充料——“白油”，已成为工程企业、终端用户，以及产业同行对密封胶行业健康可持续发展的关注热点。

据行业协会的数据统计显示，在国家抽检结果中，行业协会推荐产品类结构胶及密封胶的合格度能达到95%以上，大型房企品牌库中的门窗、幕墙、玻璃用胶合格率接近90%，而日常委托的抽检结果合格率仅为80%。

建筑密封胶企业品牌两极分化较为显明，众多的头部企业已经逐步认识到产品低价只能带来低质，而低价、低质的产品是无法持久占领市场的，同时，随时还要面对原材料价格大幅波动等不可控因素。为此，一些有实力的头部企业，已经主动退出部分低端产品的竞争，大力进行新技术、新产品的研发，集中力量开拓中高端产品市场。

近期，密封胶行业由于107胶、DMC等原材料价格的大幅波动，销售市场受到了较大冲击，但任何外部因素都只是暂时的影响，在国家大力倡导低碳、绿色、生态和可持续建筑的主基调背景下，房地产业、建筑业与门窗幕墙行业健康发展的总体方向不变。进而对于高质量、环保型建材的需求拉动将会非常明显，密封胶在建筑等领域的应用，将继续保持稳步增长态势。

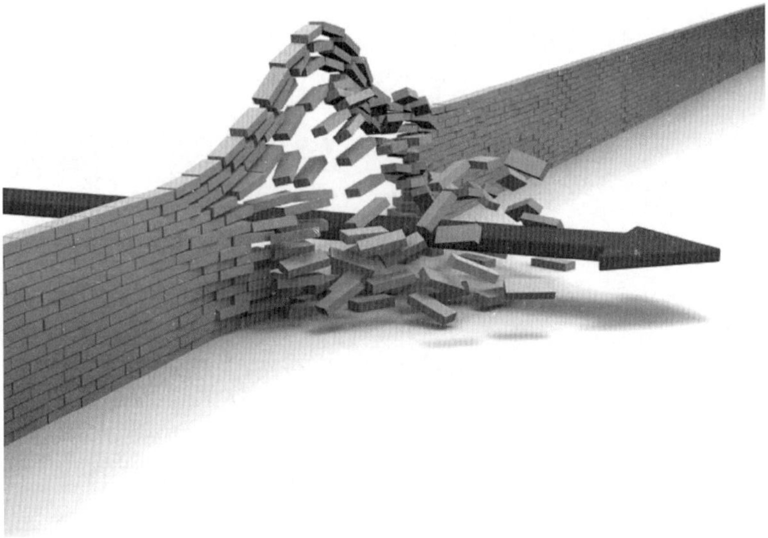

在房地产业、建筑业的工程用胶领域，以及民用胶市场板块，在过去的一段时间内高速发展，密封胶的需求量增长迅速，因而对各个厂家的产能提出更高的要求。2021 年伴随着中国经济从高速增长转向高质量发展阶段，高品质产品、绿色节能材料、高附加值产品、可循环的新技术及智能化替代人工化产品，必将成为建筑门窗幕墙行业的新宠。

# 2021—2022 中国“隔热条”市场分析与研究报告

◎ 邱　静

我国在建筑上消耗的能源，已经占到社会能源消耗总量的1/3，而通过传统门窗流失的建筑能耗占比高达51%，并且还在以每年1%的速度增长……随着国家“2030年·碳达峰、2060年·碳中和”的庄严承诺与发展定调，新的建筑发展趋势需要全新的建筑理念来驱动——绿色、节能、数字化、智能化是建筑全新的发展课题。创新发展门窗节能，对于绿色减排、能耗降低有着重要意义，进而迅速成为房地产业、建筑业与门窗幕墙产业链的新宠。

如今，节能环保已经成为全球建筑的主要课题，在中国建筑门窗发展的道路上，铝合金门窗的诞生让人们开阔了眼界……众所周知，门窗节能的关键提升在于“断桥技术”的引入，以及隔热条的推广应用。在国内，建筑隔热条（PA66GF25）的生产技术起初源于国外企业，如同建筑幕墙与铝门窗一样，在隔热条的生产与应用中，我们从学习到模仿，从模仿到超越，从超越到创新！众多的国际、国内隔热条企业专注于产品研发与更新迭代，专注于市场培育与服务体系建设，专注于企业人才培养与长效机制建立，诞生了一批行业明星企业。

隔热条——是强化系统门窗性能的关键性配件，它不仅影响型材的质量，还会对门窗的抗风压性、水密性、气密性、保温性、隔热性等多项性能产生本质的影响。隔热条主要用于扇、框型材之间的热断桥作用，并且在隔声、密封、抗风压等方面起到关键的作用，因此人们常说“小小一根条，节能还靠它”。

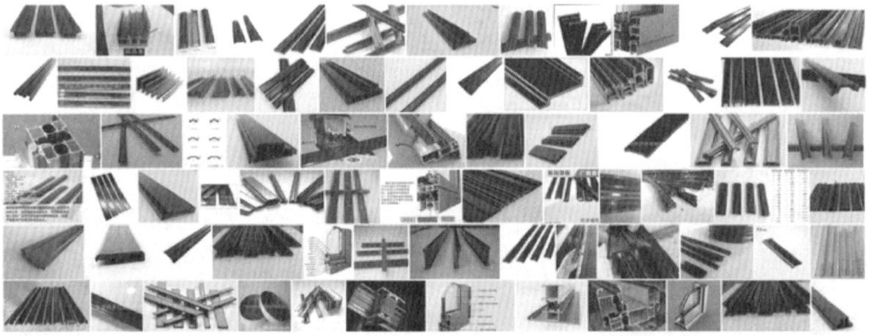

通过一系列科学严谨的分析，我们发现建筑门窗的节能性能对整体建筑节能起到关键性作用，而隔热条对门窗、对幕墙的品质提升，起着至关重要的作用!

建筑隔热条按其结构分为：I型条、C型条、O型条、H型条、G型条等，自2015年2月1日起根据现行的《建筑铝合金型材用聚酰胺隔热条》(JG/T 174—2014)行业标准生产，而已废止的《建筑用硬质塑料隔热条》(JG/T 174—2005)仍有不少企业在沿用。由于新旧规范的存在，很多不符合现行新规范的材料，从外观无法肉眼看出，在短时间应用中，若不进行相关测试也无法发现其优劣。如今，隔热条市场鱼龙混杂，各厂家商家竞相宣传，究竟哪些隔热条值得选用？哪些又是鱼目混珠呢……

同时，由于市场准入门槛与产品多样性的市场环境，企业数量众多，企业生产和制造水平参差不齐，如果仅仅通过参观、考察的方式，没有系统的方向性指导，想简单地在展会与陌生拜访中选择到优质的建筑隔热条产品难如登天。如何对产品进行评估与对比，如何对产品的服务与品牌进行公允的评判……对开发商来说更是一件艰难的工作，中国幕墙网 ALwindoor.com 将建筑隔热条的四大市场要素进行了整理，助您系统化地选出优质隔热条！

## 评价系统

选择高品质、优秀配置、良好品牌的建筑隔热条，我们需要了解并注重产品的市场表现（性价比）C，调研产品的品牌性（品牌与价值）P，衡量产品应用的功能性（核心技术）F，以及良好的售后服务形成的企业的保障力（服务体系）E，这是我们归纳的建筑隔热条优秀企业应具备的“四大要素（CPFE）”。

在铝门窗中，根据铝型材类型不同，分为普通铝合金门窗和断桥铝合金门窗，最主要的区别在于断桥铝合金门窗的型材中两层铝合金材料中有黑色的连接材质——隔热条，它通常采用聚酰胺尼龙，具备较高的机械强度及耐高温性能，且可以充分保证尺寸精度的稳定性。普通铝合金门窗和断桥铝合金门窗之间价格存在着一定的差异，在产品应用性上，无论是抗风压性、气密性、水密性、低传热性方面都是断桥铝合金门窗的巨大优势。单单就一个 $80m^2$ 的房屋而言，每年夏冬两季开空调调节室内温度的前提下，断桥铝合金门窗能够提升整屋节能 30%～40%以上。当然，质优的隔热条才能有助于断桥铝合金门窗品质的提升，提升铝合金门窗品牌价值。

**C 市场表现：性价比**

开发商在选择门窗隔热条时，优选“性价比”高的是明智的选择，优秀的隔热条品牌，选择优秀的原材料进行加工生产，再努力吸收和转化现有技术，从各个环节入手，通过采取原材料节减、节能选用、结构性改造等措施，实现产品结构的全面合理化，减少浪费，提高管理与生产利用率，降低产品结构体系的单位成本。优越的产品品质与相对合理的价格，带来了突出的性价比。选择不能单纯地从价格出发，还要从市场的知名度以及口碑等多角度出发，这些信息可以先从第三方咨询机构获得，或从建筑行业官方信息平台等处获得。作为选择建筑密封胶条的第一条要素及准则，只有性价比优越，才能确保企业综合实力与产品品质。

**P 品牌性：品牌与价值**

严把质量关，是品牌参与市场竞争的重要基础，如何把产品优势转化为品牌优势，在市场中走得更远，是每一家企业的必修课。开发商在选择建筑隔热条时，优选“品牌度”优越的品牌是明智的选择，优秀的隔热条品牌，带来的是购买时的安心与使用时的放心，不简单地从价格出发，而是从品牌度带来的市场应用与企业规模、生产规范、使用标准等出发。

**F 功能性：核心技术**

随着人们对环保节能要求的日趋严格，门窗已经成为建筑节能系统中不可忽视的一部分。同样地，作为隔热铝合金门窗及幕墙的关键组件——隔热条，也随着隔热铝合金门窗及幕墙的应用而开创出一个全新的产品领域。在最新的国家标准中的隔热条，是由不小于 65%的聚酰胺 66、(25±2.5)%的玻璃纤维、10%的添加剂（材质代号为 PA66GF25）制作而成。毫不夸张地说，隔热条的使用性质，决定了其必须同时具备高强度及低热传导性，否则要么造成隔热铝合金门窗、幕墙存在重大质量隐患，要么失去隔热意义，所以隔热条的材质选择及制造工艺就显得非常关键。

**E 保障力：服务体系**

优秀的建筑隔热条生产企业，通过技术消化与自主研发，带来丰富的高科技含量、高附加值的隔热条。开发商在进行“优中选优”的过程中，通过加持品牌化的企业发展，将售后服务与生产、设计、加工、安装等有机结合进行选择。充分考虑隔热条产品在日常使用中可能出现的各种问题，将售后服务从代理、分销、合作的方式转向专业化团队，线上、线下齐动，缩短售后服务时间，提高售后服务效率，完善售后服务体系，将开发商与客户的使用成本在售后服务环节降到最低。

## 2021 年度建筑隔热条行业推荐

建筑隔热条产品品牌，是企业生产经营活动的市场化动作结果，它是企业最直观的一面，我们在建筑隔热条产品的选择上，除了从检测及第三方机构认证的层面出发，还应更多地从系统化、企业化、个性化、技术优化等多层面出发。

将选购隔热条产品的“四大要素”作为评价体系，将 2021 年房地产业、建筑业，以及门窗幕墙行业首选的十大高端建筑隔热条品牌列举如下：

本书收录的品牌情况及数据依据，来源于《2020—2021 年度第 16 届 AL-Survey 中国门窗幕墙行业“首选品牌”榜单及分析报告（隔热条篇）》。

《第16届AL-Survey2020-2021门窗幕墙行业大型读者调查活动》
“隔热条首选品牌”排行榜

| 企业名称 | 品牌 | 综合评定 |
|---|---|---|
| 泰诺风保泰(苏州)隔热材料有限公司 | 泰诺风 | ★★★★★ |
| 上海优泰装饰材料有限公司 | 优泰 | ★★★★☆ |
| 佛山市南海易乐工程塑料有限公司 | 白云易乐 | ★★★★☆ |
| 佛山市南海金科利新型材料有限公司 | 金科利 | ★★★★ |
| 恩信格国际贸易（上海）有限公司 | 怡塑宝 | ★★★★ |
| 广东圣科新材料有限公司 | 圣科 | ★★★☆ |
| 威帕斯特隔热材料（上海）有限公司 | 威帕斯特 | ★★★☆ |
| 湖北炳彰科技有限公司 | 炳彰 | ★★★☆ |
| 福建融海新材料科技有限公司 | 融海 | ★★★ |
| 肇庆菲思科金属科技有限公司 | 菲思科 | ★★★ |

**No. 1　泰诺风**

TECHNOFORM
泰诺风

生产企业：泰诺风保泰（苏州）隔热材料有限公司

推荐理由：泰诺风保泰（Technoform Bautec）是泰诺风集团公司旗下子公司，专业生产和销售建筑用隔热产品 PA66GF25 隔热条，是全球领先的铝门窗幕墙节能技术开发合作伙伴和材料供应商。经过几十年的努力，泰诺风已经成为行业内知名品牌，并在中国铝门窗幕墙节能技术开发中扮演着重要角色。

品牌附加值：★★★★★

应用与功能性：★★★★★

竞争力与性价比：★★★★☆

保障力：★★★★★

推荐指数：★★★★★

媒体点评：泰诺风既不是门窗厂，也不是玻璃供应商，却一直致力于“门窗幕墙”的节能优化研究，对“隔热技术”进行钻研，解决“门窗幕墙热量自然流动”的不可控难题。对于当前庞大的铝合金门窗消费市场，隔热技术的研发显得尤为重要。泰诺风在建筑行业率先推行隔热型材，并向全球客户承诺“提供高品质的产品和优质的本地化服务”，使得“门窗”成为一个可以提升家居温馨指数的重要角色。使用了泰诺风隔热条的门窗，可以通透通风，欣赏到窗外美丽的景色；同时又保持必要的隐私，环保节能。泰诺风在国内已经与众多房地产企业建立了战略合作，在连续数年的铝门窗幕墙隔热条首选品牌中名列第一。

**No. 2　优泰**

生产企业：上海优泰装饰材料有限公司

推荐理由：上海优泰装饰材料有限公司成立于2003年，是一家集产品研发、生产、销售于一体的高新技术企业，拥有全世界先进的100余条全自动检测设备及聚酰胺（尼龙）隔热条生产线，拥有现代化的标准厂房45000多$m^2$，员工300多名，其中有多年从事专业设计开发技术人员40余名，专业为各大铝型材企业及门窗幕墙公司生产聚酰胺（尼龙）隔热型材，提供各方面的技术解决方案。

品牌附加值：★★★★☆

应用与功能性：★★★★★

竞争力与性价比：★★★★☆

保障力：★★★★★

推荐指数：★★★★☆

媒体点评：上海优泰作为国产品牌的代表，也是目前国内较少可以大批量生产 PA66GF25 尼龙隔热条的厂家之一，通过了 ISO 9001 质量管理体系认证。产品经国家权威机构检测，各项性能指标均达到《铝合金建筑型材用隔热材料　第 1 部分　聚酰胺型材》（GB/T 23615.1—2017）国家标准，抗拉强度与尺寸精度等产品重要技术指标均达到国际先进水平，年生产 PA66GF25 尼龙隔热条超 3 亿多米，需求保障及时，持续坚持品质与服务，与供应链上下游形成共同体。

**No.3　白云易乐**

生产企业：佛山市南海易乐工程塑料有限公司

推荐理由：佛山市南海易乐工程塑料有限公司于 2000 年开始立项研发，致力于 PA66 改性粒料，以及玻璃纤维增强尼龙（PA66GF25）隔热条专业的制造商，至今已有二十多年历史。也是国内为数不多拥有全套国际先进的全自动生产线及检测设备的厂家。面向国内外铝材厂、门窗幕墙公司等客户，提供优质节能的隔热保温材料，为铝门窗幕墙节能提供系统解决方案。

品牌附加值：★★★★☆

应用与功能性：★★★★★

竞争力与性价比：★★★★☆

保障力：★★★★★

推荐指数：★★★★☆

媒体点评：白云易乐被喻为国产隔热条的“先驱者”，拥有较强的技术创新及产品研发能力，多年来一直保持良好的市场口碑，其产品质量稳定，规格型号齐全，是国内少有的大型隔热条生产基地之一，其设计年产能超过 3 亿米。作为一家国家级高新技术企业，产品质量稳定，规格型号齐全，是首批通过行业协会生产认定的企业，业内首家通过德国莱茵权威质量体系认证企业。先后参与起草了国家、行业隔热条领域的多项相关标准。

**No. 4　金科利**

生产企业：佛山市南海金科利新型材料有限公司

推荐理由：佛山市南海金科利新型材料有限公司成立于2005年，是一家集设计、研发、生产、销售于一体的企业，主要生产PA66GF25隔热条及原料研发生产。金科利拥有现代化厂房2万$m^2$，隔热条生产线85条，年生产能力$1.3\times10^9$m，硬件设施已达到了相当高的水平。

品牌附加值：★★★★

应用与功能性：★★★★

竞争力与性价比：★★★★★

保障力：★★★★☆

推荐指数：★★★★

媒体点评：金科利隔热条的主要原材料直接从美国采购，隔热条产品经国家专门检测机构认证，产品各项指标均达到《建筑铝合金型材用聚酰胺隔热条》(JG/T 174—2014）行业标准和《铝合金建筑型材用隔热材料　第1部分：聚酰胺型材》　(GB/T 23615.1—2017）国家标准要求；同时荣获ISO9001：2008质量管理体系认证，抗拉强度与尺寸精度等产品重要指标均达到国际先进水平。

**No. 5　怡塑宝**

生产企业：恩信格国际贸易（上海）有限公司

推荐理由：隔热条开启者，品牌创始人恩欣格先生早在1977年，就发明了世界上第一根隔热条，开启了隔热材料的新纪元。从发明隔热条到今天的怡塑宝品牌，公司始终致力于为金属门窗和外立面的隔热性能带来彻底革新。德国原厂制造的高品质怡塑宝隔热型材树立了密封件的全球标准，经久耐用，适应现代化的设计，并能为建筑节省大量能源和成本。

品牌附加值：★★★★☆

应用与功能性：★★★★★

竞争力与性价比：★★★☆

保障力：★★★☆

推荐指数：★★★★

媒体点评：恩欣格集团打造的隔热门窗条品牌，作为一款高性能隔热门窗条，利用怡塑宝产品的优良设计，已经成功地在全球应用了 30 年以上。随着国家对建筑节能的要求不断提高，绿色环保标准的全面执行，来自德国的怡塑宝系列产品，凭借过硬的产品质量，以及正在努力发展与建设中的服务团队，将会取得更好的市场价值回报。

**No. 6　圣科**

生产企业：广东圣科新材料有限公司

推荐理由：广东圣科新材料有限公司于 2000 年 7 月在广州番禺正式成立，是一家专业从事工程塑料研发和服务一体化的科技型生产企业。2010 年，又在清远新建厂房面积达 5 万 $m^2$，开启系统化、规范化、标准化的企业发展模式。

品牌附加值：★★★☆

应用与功能性：★★★☆

竞争力与性价比：★★★★

保障力：★★★☆

推荐指数：★★★☆

媒体点评：广东圣科新材料有限公司作为兴发等一线铝型材企业多年来的首选隔热条供应商，自创立以来，一直坚持创新改进，努力实现自主研发生产，获得良好的业界口碑和市场声誉。目前，产品生产线达到 100 条，年产量＞$5\times10^9$m，并拥有一支专业的研发团队，每年投入大量研发经费进行科研创新、技术改进，提升产品质量与应用水平，为建筑门窗幕墙节能研发项目提供全面专业技术服务与支持。

**No. 7　威帕斯特**

生产企业：威帕斯特隔热材料（上海）有限公司

推荐理由：威帕斯特隔热材料（上海）有限公司，是国际著名玻璃纤维增强塑料成型专家 Ralf Hecke 领导的 German W-plast e. K. 在华子公司，总部位于上海浦东新区，专注生产销售门窗幕墙用 PA66GF25 隔热条，致力于为门窗幕墙隔热节能项目提供最优的全方位专业技术服务方案。

品牌附加值：★★★★

应用与功能性：★★★☆

竞争力与性价比：★★★☆

保障力：★★★☆

推荐指数：★★★☆

媒体点评：威帕斯特隔热材料（上海）有限公司落户上海浦东新区，为中国最具规模的进口隔热条生产商之一，也标志着德国“W-plast 威帕斯特”品牌正式进入中国。其产品性能出众，独特的工艺技术使其产品面世即领先于其他欧美同行。

**No. 8　炳彰**

生产企业：湖北炳彰科技有限公司

推荐理由：湖北炳彰科技有限公司位于湖北省通城县坪山工业园，拥有众多专家型技术研发人员与强大的市场营销团队，公司是一家集科研、生产、销售于一体的高新技术企业，专门为各大铝型材厂、门窗幕墙公司生产高质量的 PA66GF 尼龙隔热条。

品牌附加值：★★★☆

应用与功能性：★★★☆

竞争力与性价比：★★★★

保障力：★★★☆

推荐指数：★★★☆

媒体点评：炳彰科技是行业内从事尼龙隔热条自主研发、生产的企业，作为一匹横空出世的黑马，一亮相便成为全行业关注的焦点。秉承“科技环保与完美设计相融合”的产品理念，炳彰人以严谨的工作态度、精良的制造工艺、客户至上的服务理念，经过短短几年的耕耘与发展，产能产值、核心技术、品牌营销等维度，均取得良好成绩，颇具行业影响力。

**No. 9　融海**

ROHIL 融海

门窗隔热解决方案服务商

生产企业：福建融海新材料科技有限公司

推荐理由：融海（ROHIL）公司 2003 年成立于中国福建，拥有 7 个分公司，在建筑领域，融海致力于为客户提供门窗的节能解决方案，在隔热铝门窗系统中扮演着极其重要的角色。

品牌附加值：★★★

应用与功能性：★★★★

竞争力与性价比：★★★★

保障力：★★★☆

推荐指数：★★★☆

媒体点评：融海在产品研发与市场拓展中坚持“人尽其才，物尽其用，钱尽其值，各尽所能”的方针，对产品品质严格认真、高标准与高要求，在市场开拓与服务中，处处体现着创立铝门窗业内隔热条标杆企业的决心与勇气。

**No. 10　菲思科**

FIRST GO

生产企业：肇庆菲思科金属科技有限公司

推荐理由：AAG 亚铝旗下的肇庆菲斯科金属科技有限公司成立于 2010 年 8 月 13 日，注册资金 500 万元，是一家专注 PA 隔热条研发、生产、销售于一体的生产型、技术型企业。拥有隔热条自动化生产设备 70 台，年产隔热条 $4\times10^9$m。产品广泛应用到众多的国内外地标建筑之中，包括北京奥运会主场“鸟巢”、澳门葡京大酒店、深圳 T3 机场、2022 年世界杯主场馆等。

品牌附加值：★★★

应用与功能性：★★★★

竞争力与性价比：★★★★

保障力：★★★☆

推荐指数：★★★☆

媒体点评：企业配套有先进的质量检测设备，精准的产品溯源体系，其质量检测工艺完全遵照《铝合金建筑型材用隔热材料　第 1 部分：聚酰胺型材》（GB/T 23615.1—2017）标准执行，做到与一线铝型材企业同步。近年来，依托“AAG 亚铝”强大的品牌影响力，成为国产品牌中，高性能、高品质隔热条市场的主要供应商。

在历年来的专家论文集，以及行业年度发展报告中，我们通过门窗的实际应用案例，分析了很多与隔热条相关的案例，门窗和外墙使用断桥铝型材（含隔热条）能达到节能和减少供暖和空调成本的目的，从而实现环保与节能。同时，在选择具体的隔热条产品中，很多的产品细节优势，体现在材料横截面形状多样、原材料性能优异，以及生产工艺可靠、材料尺寸精度高、隔热性能稳定、耐化学品腐蚀、极好的耐候性及防潮性能。

新时代、新发展｜人类对自己的居住环境提出了更高的要求：明亮、舒适、环保、保温、节能……铝合金门窗以其美观、强度高、质量轻、无污染、无毒、使用寿命长等指标，备受人们的追捧！

在建筑门窗应用中，建筑隔热条基本看不到、更是摸不到，但门窗的性能提升还要多靠它。可以说："一根小小的隔热条，带给了我们一个更加健康、舒适、环保的未来！"

2021 年首选的十大高端建筑隔热条品牌，由中国建筑金属结构协会铝门窗幕墙分会官方平台——中国幕墙网 ALwindoor.com 倾力推荐，期待广大设计院、开发商，以及门窗幕墙企业科学选用！

# 2021年度中国“地标级”幕墙案例设计分析

◎ 韩占东

2021年中国幕墙生产与应用规模世界第一、新建幕墙项目数量与既有幕墙保有量世界第一，这里有亚洲第一高度——上海中心大厦；这里有“正部级”央企总部——北京中信大厦；这里还有迎接“晚舟”归航的灯塔——深圳平安金融中心……40年！引进、消化、吸收、创新，这是“中国幕墙”从零开始的一个故事……幕墙“建”证了中国发展的伟大传奇。

2021年更是“十四五”规划开局之年与“建党百年”的重要时刻，在这百年未有之大变局之际，我们共同迎来了第17届“中国幕墙网大型读者调查活动”入围工程展播，一起来感受本年度“中国超级幕墙工程”带来的一场——“星光熠熠”2021 Super Show!

截至发稿之日，由中国建筑金属结构协会铝门窗幕墙分会发起的数据统计暨工程项目征集工作已顺利完成，在提交入围资料的近400多项幕墙工程中，共有20项精品工程，从超高、超大、超复杂，以及设计创新、选材创新和工法创新等维度，成功列席本年度的“中国超级幕墙工程”终评资格。（注：一个主体法人单位，可申报多项工程，但仅限一项工程入围终评）

在行业协会的悉心指导下，作为专注于门窗幕墙信息化服务的媒体平台——中国幕墙网ALwindoor.com，已连续17年举办AL-Survey门窗幕墙行业大型读者调查活动，每年评选出的“我最喜爱幕墙工程”间接反映了行业对幕墙工程水平的认同，以及对承建该工程幕墙企业实力的认可，每一届的工程入围，更是以“新、奇、高、大”的标准被喻为“鲁班奖”的前哨站。

第 17 届 AL-Survey 门窗幕墙行业大型读者调查活动

今年“两新一重”为建筑幕墙市场带来了巨大的变化，从超高层到会议中心，从商业广场到大型剧院，助力城市经济发展与树立文化自信的项目同时涌现。而行业内“拔尖资源”与“拔尖人才”的碰撞、合作机会大增，品牌企业、大型企业在人才与资源方面的高度集中，带来了“TOP幕墙品牌”创新力与竞争力的双重提升。

在本次入围的工程中可谓是亮点频现，由三鑫选送的“东莞民盈·国贸中心”440m、江河选送的“青岛海天中心”369m、美特选送的“贵阳国际金融中心”402m、远大选送的“宁波国华金融大厦”205m……这样的“净身高”均是超高层建筑的典型代表，纷纷成为当地新一代的地标天际线之作。中国幕墙网ALwindoor.com相信未来在“限高令”的指导下，“高个子”幕墙将会成为建筑圈中的“奢侈品”，大家好好珍惜当下，享受漫游在云端的快感吧！

而建筑体量最大的项目，则是由大地推送的“成都东安湖体育中心（三馆)”，其总建筑面积超过 20 万 $m^2$；有来自英雄城市——武汉，凌云推送在战“疫”中拔地而起的 339m“武汉恒隆广场”；当然也不乏幕墙造型加入中国元素与当地文化的项目，包括兴业推送的“厦门西海湾邮轮城”、中建深装推送的“河南省科技馆”，以及由中建海峡选送推荐的“福州数字中国会展中心”等。

另外，由方大推荐的“深圳前海国际会议中心”项目，作为现代国际会议中心装配化施工项目的代表入围。与此同时，入选终评的还包括金刚幕墙选送、动静相宜的城市花园项目“上海徐汇万科中心”；象征河谷瀑布的经典之作，由中南推荐的“长沙世茂广场”；难度大得惊人的“龙鳞铠甲”——晶艺选送的“珠海横琴 IFC（裙楼)”等特色项目。

以及符合“双碳”目标的“绿色工厂、生态园区”，由嘉寓选送的项目——“桂林溢达九美桥时尚园”；时尚与艺术的完美演绎，让经典重现的项目包括金螳螂选送的“北京环球影视城”；当然更少不了亚厦选送的幕墙配上灯光之后，美爆全场的“南通大剧院”等众多值得关注的“新奇特”、“高大上”工程项目。

以下是入围的幕墙企业及工程名单：

| 幕墙工程名称 | 幕墙承建企业 |
|---|---|
| 青岛海天中心（T2） | 北京江河幕墙系统工程有限公司 |
| 深圳前海国际会议中心 | 深圳市方大建科集团有限公司 |
| 上海徐汇万科中心 | 金刚幕墙集团有限公司 |
| 长沙世茂广场 | 浙江中南建设集团有限公司 |
| 东莞民盈·国贸中心 | 深圳市三鑫科技发展有限公司 |
| 厦门西海湾邮轮城 | 珠海兴业绿色建筑科技有限公司 |
| 宁波国华金融大厦 | 沈阳远大铝业工程有限公司 |
| 桂林溢达九美桥时尚园 | 北京嘉寓门窗幕墙股份有限公司 |
| 海口雅居乐中心 | 海南三合泰幕墙装饰有限公司 |
| 北京环球影视城 | 苏州金螳螂幕墙有限公司 |
| 南通大剧院 | 浙江亚厦幕墙有限公司 |
| 武汉恒隆广场 | 武汉凌云建筑装饰工程有限公司 |
| 河南省科技馆 | 中建深圳装饰有限公司 |
| 深圳捷顺科技中心 | 深圳广晟幕墙科技有限公司 |
| 福州数字中国会展中心 | 中建海峡建设发展有限公司 |
| 成都东安湖体育中心（三馆） | 深圳市大地幕墙科技有限公司 |
| 苏州科技城新一代信息技术产业园 | 苏州柯利达装饰股份有限公司 |
| 山东省会文化艺术中心 | 江苏合发集团有限责任公司 |
| 贵阳国际金融中心 | 上海美特幕墙有限公司 |
| 珠海横琴 IFC 大厦（裙楼） | 珠海市晶艺玻璃工程有限公司 |

（*排名不分先后）

门窗幕墙产品研发的风口，必须紧跟国家政策导向与市场主流趋势，从早几年风行的“全装配式”“被动式”“电动遮阳”“耐火防火”……到如今全行业都在谈及的“双碳”，门窗幕墙的产品对铝型材、建筑玻璃、五金配件、密封胶，以及隔热条和密封胶条都提出了更高的要求。接下来，中国幕墙网 ALwindoor. com 将通过详细的工程信息与材料汇总，为大家带来参评工程的区域分布、幕墙种类、材料品牌，以及造价、体量、高度等相关信息。

一年一评测，工程大展播｜本年度的入围工程大展播，看看各个幕墙承建企业所参与设计和施工的幕墙工程到底有何特色，采用的幕墙种类以及型材、玻璃、五金、密封胶、隔热条、密封胶条等配套材料的运用情况……

（注：以下排名不分先后，只针对建筑所在地区、建筑特色以及配套材料商等信息进行统计，不代表获奖名次。）

| 入围工程名称 | 所属城市 | 幕墙承建 | 高度/米 | 面积/平米 | 主要幕墙类型 | 幕墙面积/平米 | 幕墙造价/元 | 型材品牌 | 玻璃品牌 | 胶品牌 | 五金品牌 | 隔热｜密封 |
|---|---|---|---|---|---|---|---|---|---|---|---|---|
| 青岛海天中心T2 | 青岛 | 江河 | 369 | 49.4万 | 玻璃、金属 | 10万 | 3.26亿 | 华建 | 耀皮 | 陶熙 | 吉斯 | 泰诺风｜联和强 |
| 深圳前海国际会议中心 | 深圳 | 方大 | 31.7 | 4万 | 玻璃、金属 | 3万 | 5800万 | 兴发 | 耀皮｜中航 | 思蓝德 | 坚朗 | 荣基 |
| 上海徐家汇万科中心 | 上海 | 金刚 | 49.3 | 3.6万 | 玻璃、金属 | 2.7万 | 4300万 | 兴发 | 耀皮 | 之江 | 格屋 | 泰诺风｜海达 |
| 长沙世茂广场 | 长沙 | 中南 | 343.5 | 22.7万 | 石材、玻璃 | 7.1万 | 9000万 | 亚铝｜兴发 | 南玻 | 白云 | 坚朗 | 泰诺风｜海达 |
| 东莞民盈国贸中心 | 东莞 | 三鑫 | 439.8 | 20.7万 | 玻璃、石材、金属 | 9.8万 | 1.28亿 | 兴发 | 南玻 | 陶熙 | 东明 | 荣基 |
| 南通大剧院 | 南通 | 亚厦 | 57 | 11.09万 | 玻璃、金属、石材 | 4万 | 4600万 | 华建 | 台玻 | 之江 | 坚朗 | 海达 |
| 宁波国华金融大厦 | 宁波 | 远大 | 205.5 | 15万 | 玻璃、石材、金属 | 11万 | 1.04亿 | 亚铝 | 南玻 | 陶熙 | 坚朗、盖泽 | 泰诺风｜海慧 |
| 桂林融达九美桥时尚园 | 桂林 | 嘉寓 | 6.6 | 28万 | 玻璃、石材 | 1.5万 | 1700万 | 源泰 | 信义 | 白云 | 坚朗 | 海达 |
| 海口雅居乐中心 | 海口 | 三合泰 | 85.5 | 8.3万 | 金属、玻璃 | 4万 | 3400万 | 亚铝 | 明轩 | 安泰 | 合和 | 泰诺风｜合和 |
| 北京环球影视城 | 北京 | 金螳螂 | 15.4 | 21万 | 玻璃、金属、石材、GRC | 6.6万 | 1.4亿 | 和平 | 南玻 | 西卡 | 坚朗 | 泰诺风｜鑫正泰 |
| 武汉恒隆广场 | 武汉 | 凌云 | 339 | 17万 | 玻璃、金属、石材 | 8.6万 | 1.33亿 | 亚铝 | 耀皮 | 迈图 | 坚朗 | 瑞拓 |
| 河南省科技馆（新馆） | 郑州 | 中建深装 | 43 | 13万 | 玻璃、金属 | 10万 | 1.35亿 | 恒美 | 耀皮 | 思蓝德 | 远驰 | 海达 |
| 贵阳国际金融中心 | 贵阳 | 美特 | 402 | 20万 | 玻璃、金属 | 9.1万 | 1.4亿 | 亚铝 | 耀皮 | 迈图 | 丝吉利娅 | 泰诺风｜海达 |
| 珠海横琴IFC大厦（裙楼） | 珠海 | 晶艺 | 339 | 2.7万 | 玻璃、金属 | 3.5万 | 8000万 | 豪美｜亚铝 | 信义｜耀皮 | 陶熙 | 坚朗 | 合和 |
| 苏州科技城新一代产业园 | 苏州 | 柯利达 | 102.7 | 18.84万 | 玻璃、金属、石材 | 7.4万 | 1.3亿 | 永利坚 | 南玻 | 陶熙 | 坚朗 | 朱氏 |
| 厦门国际邮轮城 | 厦门 | 兴业 | 111.4 | 18万 | 玻璃、金属 | 6万 | 8400万 | 亚铝 | 南玻 | 迈图 | 格屋 | 泰诺风｜荣基 |
| 深圳捷顺科技中心大厦 | 深圳 | 广田 | 125 | 30万 | 石材、玻璃、金属 | 6.4万 | 5900万 | 凤铝 | 南玻 | 安泰 | 合和 | 合和 |
| 福州数字中国会展中心 | 福州 | 中建海峡 | 42 | 10.52万 | 玻璃、金属、石材 | 3.5万 | 5000万 | 南平 | 南玻 | 硅宝 | 坚朗 | 优泰 |
| 成都东安湖体育中心（三馆） | 成都 | 大地 | 43.95 | 20万 | 玻璃、金属 | 13.3万 | 2.04亿 | 亚铝 | 耀皮 | 安泰 | 格屋 | 荣基 |
| 山东省会文化艺术中心 | 济南 | 合发 | 33.6 | 21万 | 玻璃、金属 | 3.7万 | 6500万 | 坚美 | 南玻 | 硅宝 | 森航 | 嘉友｜新安东 |

2021—2022 年度“ALSurvey”入围工程项目信息表

在历年的入围工程地区分布表中，入围超级幕墙项目包含众多的超高层、商业广场、特色景点、艺术中心及大剧院，均是各自的地标性建筑，且大多集中出现在经济发达地区，因此长三角、珠三角，以及京津冀地区都呈现出比较明显的数量优势。

本次入围工程也不例外，主要分布于华中、华南和华东等多个地区。其中华东地区工程入围项目最多，历年来也占比较大；而华南地区入围项目次之，则主要是分布在粤港澳大湾区的深圳、珠海等地；其他地区则主要集中在北京和天津两地；华中以武汉为主，其他工程有来自有“全运会”“大运会”的西北、西南等地区。

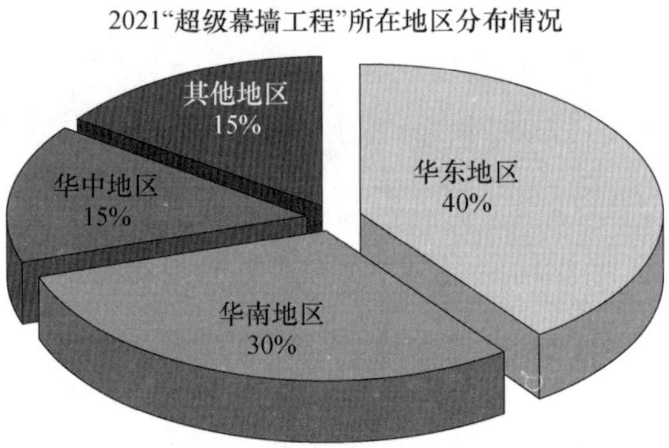


2021—2022 年度入围工程“区域分布”情况

| 入围工程名称 | 型材品牌 | 玻璃品牌 | 胶品牌 | 五金品牌 | 隔热\|密封 |
|---|---|---|---|---|---|
| 青岛海天中心T2 | 华建 | 耀皮 | 陶熙 | 吉斯 | 泰诺风 \| 联和强 |
| 深圳前海国际会议中心 | 兴发 | 耀皮 \| 中航 | 思蓝德 | 坚朗 | 荣基 |
| 上海徐家汇万科中心 | 兴发 | 耀皮 | 之江 | 格屋 | 泰诺风 \| 海达 |
| 长沙世茂广场 | 亚铝 \| 兴发 | 南玻 | 白云 | 坚朗 | 泰诺风 \| 海达 |
| 东莞民盈国贸中心 | 兴发 | 南玻 | 陶熙 | 东明 | 荣基 |
| 南通大剧院 | 华建 | 台玻 | 之江 | 坚朗 | 海达 |
| 宁波国华金融大厦 | 亚铝 | 南玻 | 陶熙 | 坚朗、盖泽 | 泰诺风 \| 海慧 |
| 桂林溢达九美桥时尚园 | 源泰 | 信义 | 白云 | 坚朗 | 海达 |
| 海口雅居乐中心 | 亚铝 | 明轩 | 安泰 | 合和 | 泰诺风 \| 合和 |
| 北京环球影视城 | 和平 | 南玻 | 西卡 | 坚朗 | 泰诺风 \| 鑫正泰 |
| 武汉恒隆广场 | 亚铝 | 耀皮 | 迈图 | 坚朗 | 瑞拓 |
| 河南省科技馆（新馆） | 恒美 | 耀皮 | 思蓝德 | 远驰 | 海达 |
| 贵阳国际金融中心 | 亚铝 | 耀皮 | 迈图 | 丝吉利娅 | 泰诺风 \| 海达 |
| 珠海横琴IFC大厦（裙楼） | 豪美 \| 亚铝 | 信义 \| 耀皮 | 陶熙 | 坚朗 | 合和 |
| 苏州科技城新一代产业园 | 永利坚 | 南玻 | 陶熙 | 坚朗 | 朱氏 |
| 厦门西海湾邮轮城 | 亚铝 | 南玻 | 迈图 | 格屋 | 泰诺风 \| 荣基 |
| 深圳捷顺科技中心大厦 | 凤铝 | 南玻 | 安泰 | 合和 | 合和 |
| 福州数字中国会展中心 | 南平 | 南玻 | 硅宝 | 坚朗 | 优泰 |
| 成都东安湖体育中心（三馆） | 亚铝 | 耀皮 | 安泰 | 格屋 | 荣基 |
| 山东省会文化艺术中心 | 坚美 | 南玻 | 硅宝 | 政航 | 窗友 \| 新安东 |

2021—2022 年度入围工程的“材料选用”信息

通过下面这张工程中材料品牌情况信息表，我们可以发现本年度入围的幕墙工程项目所选用的铝型材、玻璃、五金、建筑胶、隔热条和密封胶条等，均为历年 3 月广州年会上发布的——中国门窗幕墙行业“首选品牌”上榜企业，品牌度高、质量上成的材料供应商得到广大业主、设计院，以及施工单位，特别是在重点工程或地标项目中的高度认可，着实令人欣喜。

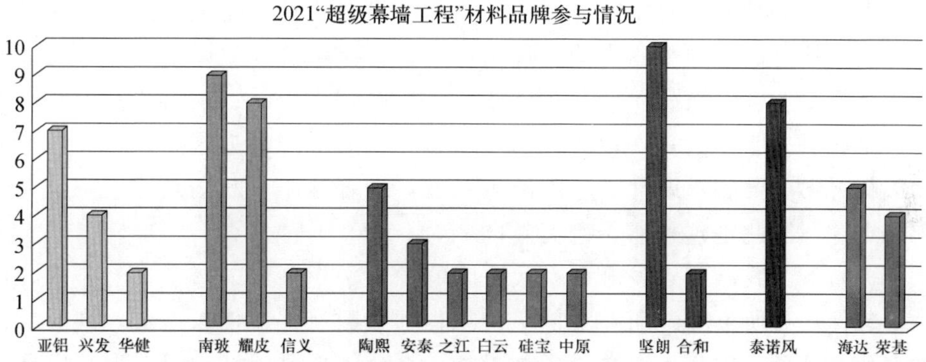


2021—2022 年度入围工程的“材料品牌”情况

正所谓“鲜花，也须绿叶的衬托”，众所周知，每一项伟大幕墙工程的背后，都离不开优秀的“材料品牌企业”，正是他们专业的技术、专注的服务，为 2021—2022 年度“中国超级幕墙”工程的完美呈现保驾护航！

在此，我们为以上这些“幕”后英雄们致敬，感谢他们为中国门窗幕墙行业发展所做出的努力和贡献。

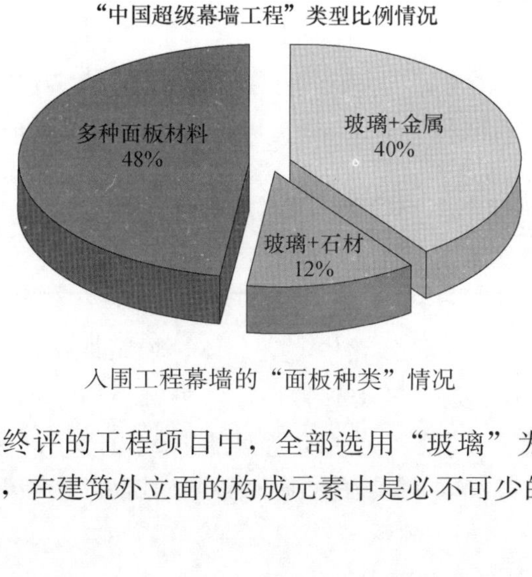


入围工程幕墙的“面板种类”情况

在 20 项入围终评的工程项目中，全部选用“玻璃”为主，作为幕墙的“标配”面板材料，在建筑外立面的构成元素中是必不可少的，但没有一项工程是“纯玻璃”面板的幕墙项目。同时，今年呈现出的趋势表明，从五年前的几乎无一例外的大面积采用玻璃幕墙，到近年来石材、金属面板所占比例的增加，再到 GRC、UHPC 等新型幕墙面板的大量应用，幕墙的“外衣”在建筑师、设计师，以及材料研发企业的共同努力下，呈现出更加多样化的升级，功能性不断完善。

（*注：本次参评的幕墙工程项目，外立面均由多种幕墙类型组成。）

透过幕墙类型的使用比例，从中不难看出在建筑造型设计中，玻璃幕墙的应用依然是设计师及业主的首选项，尤其是建筑功能使用偏公用型的设计中，往往要考虑与周围环境的融合与内部配合（内部采光、视野等），石材幕墙、金属板幕墙等大多在设计建筑造型、外立面包边等处采用较多。新型幕墙面板材料主要满足设计及应用的创新性，随着近年不断在具体应用案例中得到支撑，因此也越来越受到业主的关注。

分析下图我们可以发现，本次入围的项目中超高层的数量仍然很多，但占比较往年有所下降，而超大体量的工程项目数量保持增长态势，同时文化差异化与特色化项目入围数量也在增加，充分体现了年度内经济形势发展与国家政策，为行业市场带来的巨大转变，综合性、场馆类幕墙建设项目增加，与纯商业体的减少成为最为明显的变化。

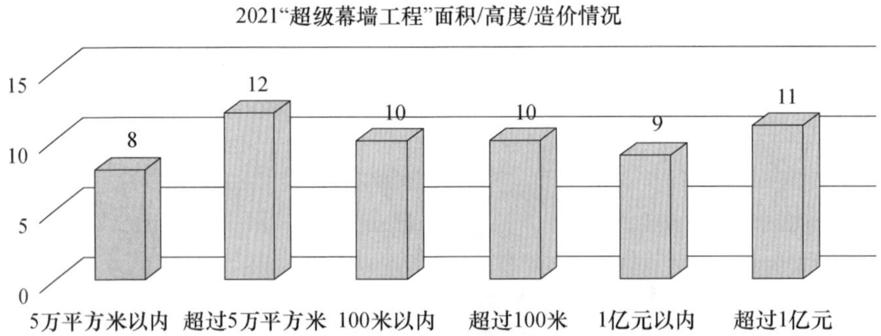


入围工程幕墙“面积、高度、造价”情况

城市名片，地域标志。通过该数据不难看出，作为年度精选的入围工程，这些高端的地标幕墙项目，在整体造价和体量都较往年又有了明显的提高，特别是金融中心类建筑，及文化中心类、体育场馆类建筑，通常采用较大面积的幕墙，又因其设计造型具备独特性，天生就被贴上了“超级工程”的标签！同时，无论国家政策怎么改变，那些直入云霄的超高层幕墙建筑，永远是城市地标的“代言人”，因此在入围推荐中往往能够脱颖而出。

以下为各项工程基本信息。

## ■ 青岛海天中心

## ——海天交集完美的“鱼脊线”

“青岛海天中心”实景图

江河幕墙选送：“青岛海天中心 T2”入围工程奖

所属城市：山东 青岛

幕墙承建：北京江河幕墙系统工程有限公司

高度：369m

建筑面积：49.4 万 $m^2$

幕墙类型：玻璃幕墙＋石材幕墙＋铝板幕墙

幕墙面积：10 万 $m^2$

幕墙造价：3.26 亿元

型材品牌：华建

玻璃品牌：耀皮

五金品牌：吉斯

密封胶品牌：陶熙

隔热材料品牌：泰诺风（隔热条）

联和强（密封胶条）

项目亮点：青岛海天中心 T2 塔楼造型独特新颖、极具美感，建筑整体摆动上升，外立面层叠交错，更有椭球穹顶、城市观光厅、卷束屋面等多处高难局部。如此独特的设计造型，自然会给幕墙施工带来极大的难度，外围幕墙呈平面六边形，立面南北角点沿鱼脊线左右摆动，竖向倾斜直线逐步内收，平面折线与基线成 8°角，上下层水平错开半个分格宽，幕墙单元竖直，上下单元前后交错，单元体分界线位于结构楼板下。幕墙结构体系十分复杂，加工、安装难度极大。在江河幕墙团队的精心营造下，克服了地处海边，物理环境严苛等客观因素，将设计高度达 369m 的海天中心 T2 塔楼，在主体建筑六角结构下，通过铝合金龙骨的有序组合，配上玻璃相对角度的旋转、层层相叠营造出了动感的“鱼脊线”之美，完美演绎出“海天之间一个家，坐拥山海绽芳华”之意境。

**■ 深圳前海国际会议中心**

**——唯美演绎“薄纱轻舞”与“彩云追月”**

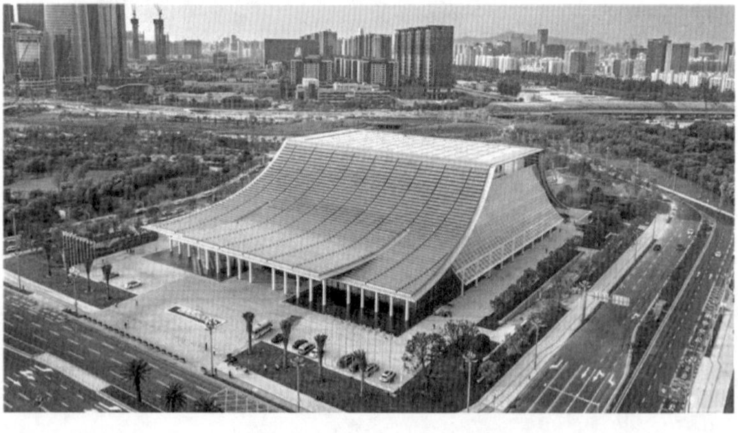

“深圳前海国际会议中心”实景图

方大幕墙选送："前海国际会议中心"入围工程奖
所属城市：广东 深圳
幕墙承建：深圳市方大建科集团有限公司
高度：31.70m
建筑面积：4 万 $m^2$
幕墙类型：单元式幕墙
幕墙面积：3 万 $m^2$
幕墙造价：0.58 亿元
型材品牌：兴发
玻璃品牌：耀皮、中航三鑫
五金品牌：坚朗
密封胶品牌：中原思蓝德
隔热材料品牌：荣基（密封胶条）

项目亮点：前海国际会议中心工程项目外观采用"薄纱"的设计理念，融合岭南传统民居建筑形式与现代工艺，是国内首个采用彩釉玻璃、代替传统琉璃瓦来演绎传统民居的建筑，流光溢彩香槟色的视觉效果，既有传统文化韵味，又传递着前海的新时代气息。室内设计灵感则来自著名的粤音曲谱《彩云追月》，运用"云朵"意念，色彩色调轻快柔和，并将岭南花窗等传统文化因素通过现代手法解构组合，兼备文化韵味与现代感。屋面幕墙南北向采用以中空夹胶彩釉玻璃为主、辅以铝合金装饰边缘和排水系统的屋面装配式构造系统，东西两翼弧面上采用四种不同透光率、1200 多块彩釉玻璃百叶。建筑整体的屋面从低到高采用阶梯式错位造型设计，形如瓦片，从远处看去，富有层次感，显得飘逸轻盈。

**■ 上海徐家汇万科中心**
**——开拓一方天地动与静的"城市花园"**

金刚幕墙选送："上海徐家汇万科中心"入围工程奖
所属城市：上海
幕墙承建：金刚幕墙集团有限公司
高度：49.3m
建筑面积：3.6 万 $m^2$
幕墙类型：玻璃幕墙＋金属幕墙
幕墙面积：2.7 万 $m^2$

“上海徐家汇万科中心”实景图

幕墙造价：0.43亿元

型材品牌：兴发

玻璃品牌：耀皮

五金品牌：格屋

密封胶品牌：之江

隔热材料品牌：泰诺风（隔热条）

项目亮点：上海徐家汇万科中心项目紧靠上海南站，地理位置优越，交通便利，项目由T1、T2、T3三栋11层商业办公楼组成，主要包括1～3层框架式幕墙及3层以上单元式幕墙，幕墙面积2.7万$m^2$，建筑高度49.3m。其城市花园式的建筑格局，用玻璃幕墙与金属幕墙结合，在动与静、线条构造与遮阳造型的结合中，用一方天地开拓的方式，在城市最繁华之处，打造最宁静的建筑环境。幕墙外立面满布遮阳架、装饰管及拉索，集成了遮阳、隔热、装饰等功能，整体造型凹凸有致、气势宏伟。上海徐家汇万科中心立足得天独厚的地理位置优势和独一无二的绿带景观资源，古铜色的“皮肤”在阳光下熠熠生辉，使人感到一股充沛的生命力量，未来将形成24h活力社区以及上海时尚生活新地标，打造一个面向未来的生态智慧之城。

■ **长沙世茂广场**

**——流动“河谷”中的“瀑布”**

中南选送：“长沙世茂广场”入围工程奖

“长沙世茂广场”实景图

所属城市：湖南 长沙

幕墙承建：浙江中南建设集团有限公司

高度：343.5m

建筑面积：22.7 万 $m^2$

幕墙类型：石材幕墙＋玻璃幕墙

幕墙面积：7.1 万 $m^2$

幕墙造价：0.90 亿元

型材品牌：AAG 亚铝、兴发

玻璃品牌：南玻

密封胶品牌：白云

五金品牌：坚朗

隔热材料品牌：泰诺风（隔热条）

海达（密封胶条）

项目亮点：长沙世茂广场成为“网红城市”的流量地标，项目总建筑面积 22.7 万 $m^2$，建筑总高度为 343.5m，地下 4 层，地下室与长沙市地铁 2 号线相通，裙楼 5 层，塔楼 74 层，塔楼结构形式是钢管混凝土框架＋混凝土核心筒＋伸臂桁架。1～5 层的裙楼幕墙为框架式玻璃幕墙及开放式石材幕墙，以及与塔楼相接的单元式幕墙。6～74 层为单元式幕墙，74 层以上为塔冠部位，是单元式幕墙，用极简的方式将最突出的建筑造型尽心演绎。设计大师将中国山水画意境融入建筑，作为一系列渐阶式建筑外观设计，主塔楼跃于周边建筑之上，像一座高举云端的巅峰。从下往上仰视，可望见塔楼表面凹陷出的一条“河谷”，在玻璃和LED照明反射下融合出一种水往下流淌的动感，好似一条玻璃与光共同作用下的“瀑布”。

■ **东莞民盈·国贸中心**

**——萤火虫汇聚下的“白玉兰”**

“东莞民盈·国贸中心”实景图

三鑫选送：“东莞民盈·国贸中心”入围AL-Survey

所属城市：广东 东莞

幕墙承建：深圳市三鑫科技发展有限公司

高度：439.8m

建筑面积：20.7 万 $m^2$

幕墙类型：玻璃幕墙＋石材幕墙＋铝板幕墙

幕墙面积：9.8 万 $m^2$

幕墙造价：1.28 亿元

型材品牌：兴发

玻璃品牌：南玻

五金品牌：东明

密封胶品牌：陶熙

隔热材料品牌：荣基（密封胶条）

项目亮点：东莞民盈·国贸中心 T2 塔楼外形由基座的正四方体，向上呈流线伸展成为八角形，以东莞市花——白玉兰的形象，向社会展示东莞的新气象，寓意“迎向四面八方、包容多元的胸怀”。深圳三鑫团队在幕墙设计、加工、施工安装过程中研发创新，其发明专利“万向球形连接装置”在裙楼的“荷叶”形复杂曲面雨篷得到了应用，并取得了良好的社会及经济效益。高标准玻璃幕墙设计与施工，配合顶层灯光设计演绎“萤火虫汇聚”，与东莞的一大景点——黄旗山顶灯笼遥相呼应，十分有趣、十分惊喜！东莞民盈·国贸中心在建筑设计上融合了山、水、自然、文化和艺术等元素，同时，作为当地的第一高楼、标志性建筑，439.8m 不仅刷新了东莞的新高度，成为“莞商”的精神高地，更向全世界展示了东莞“强心”的决心，更是东莞发展进入新阶段的重要标志。

**■ 南通大剧院**

**——琴山珠水出紫琅，湖畔绽放五瓣花**

亚厦选送：“南通大剧院”入围工程奖

所属城市：江苏 南通

幕墙承建：浙江亚厦幕墙有限公司

高度：57m

建筑面积：11.09 万 $m^2$

幕墙类型：玻璃幕墙＋铝板幕墙＋石材幕墙

幕墙面积：4 万 $m^2$

幕墙造价：0.46 亿元

“南通大剧院”实景图

型材品牌：华建

玻璃品牌：台玻

五金品牌：坚朗

密封胶品牌：之江

隔热材料品牌：海达（密封胶条）

项目亮点：“钧天广乐出琴山，泛舟涟漪在珠水”——南通大剧院坐落在紫琅湖畔，湖一侧，起伏的屋面舒展流畅，宛如两架协奏的钢琴，乐声悠扬，又如一只翩翩起舞的纸鸢乘风欲起。设计取“琴山珠水”为主题，而幕墙设计采取开放式造型，外立面和屋面均由不规则曲面构成。幕墙类型包括各类结构形式的明框、半隐框玻璃幕墙，开放式石材幕墙，开缝式铝板幕墙等。因其建筑立面多为曲面和斜面，复杂的造型带来了收边收口多，精度要求高，施工难度大，幕墙材料种类、规格、尺寸较多等挑战。亚厦团队充分利用BIM等现代化施工技术，将外立面7000多块大小不一的穿孔铝板巧妙地“缝合”在一起。项目完工后，从远处看大剧院立面像一个舞女的裙纱，金属屋面就像是两架钢琴，而三种不同幕墙颜色更像是不同的琴键，整个建筑犹如五片花瓣绽放在紫琅湖畔。

### ■ 宁波国华金融大厦

### ——方寸与线条结合中的“天际积木”

远大选送：“宁波国华金融大厦”参评“喜爱幕墙工程”奖

所属城市：浙江 宁波

“宁波国华金融大厦”实景图

幕墙承建：沈阳远大铝业工程有限公司

高度：205.5m

建筑面积：15 万 $m^2$

幕墙类型：玻璃幕墙＋石材幕墙＋金属幕墙

幕墙面积：11 万 $m^2$

幕墙造价：1.04 亿元

型材品牌：AAG 亚铝

玻璃品牌：南玻

五金品牌：坚朗、盖泽

密封胶品牌：陶熙

隔热材料品牌：泰诺风（隔热条）

海慧（密封胶条）

项目亮点：宁波国华金融大厦幕墙项目，设计采取了玻璃幕墙与斜交网格结构设计结合的方式，使得建筑立面极具表现力，不仅新颖、简洁和优雅，且充分体现结构之美。主楼首层大堂将配合 4 层通高的宏伟大堂采用高达 17.2m 的拉索幕墙结构，为宁波在建和已建的商务楼宇之最，三层夹胶超白玻璃和超级保温 88 镀膜的应用，既能保证大堂的通透性效果，又能有效降低首层大堂玻璃外墙的传热系数。塔楼部分采用 2900mm×4300mm 的三层夹胶中空的大板块单元板块幕墙，空气层采用氩气来降低外墙的传热系数，提高了建筑的节能效果。本工程装饰条数量多，悬挑及外形轮廓大，总体量比较大，以往工程中所有装饰条现场施工安装，而沈阳远大针对本工程装饰条，采用全新的安装工艺，全部在工厂内实现装配式组装，现场连同幕墙单元板块一起直接安装。

**■ 桂林溢达九美桥时尚园**

**——山水间的“绿色工厂、生态园区”**

“桂林溢达九美桥时尚园”实景图

嘉寓选送：“桂林溢达九美桥时尚园”入围 AL-Survey

所属城市：广西 桂林

幕墙承建：北京嘉寓门窗幕墙股份有限公司

高度：6.6m

建筑面积：28万$m^2$

幕墙类型：玻璃幕墙＋石材幕墙

幕墙面积：1.5万$m^2$

幕墙造价：0.17亿元

型材品牌：源泰

玻璃品牌：信义

密封胶品牌：白云

五金品牌：坚朗

隔热材料品牌：海达（密封胶条）

项目亮点：桂林溢达九美桥时尚园项目坐落于桂阳公路黄金旅游大道东侧，是引进香港溢达集团承债式整体重组桂林棉纺厂后，实施的绿色工厂项目，可谓是“双碳”在建筑领域的代表之作。其建筑幕墙传热系数按《民用建筑热工设计规范》（GB 50176—2016）的规定确定，并满足《公共建筑节能设计标准》（GB 50189—2005）：5.2.2、4.2.4，《建筑幕墙》（GB/T 21086—2007）：5.1.4、《居住建筑节能检测标准》（JGJ 132—2001）、《严寒和寒冷地区居住建筑节能设计标准》（JGJ 26—2018）和《夏热冬暖地区居住建筑节能设计标准》（JGJ 75—2012）的要求，幕墙的热工性能为5级，传热系数为1.66W/（$m^2$·K），采用TP10＋12A＋TP10中空钢化Low-E满足这一要求。桂林溢达九美桥时尚园遮阳系数、可见光透射比、反射率均满足建筑节能要求，园区规划建设始终贯彻绿色工厂、生态园区理念，车间风貌与自然地形融为一体，同时利用园区湖水的自然形态设计生活、办公区等，使得工业园区与桂林山水相得益彰。

■ **海口雅居乐中心**

**——追逐大海潮头的“浪花”**

“海口雅居乐中心”效果图

三合泰选送：“海口雅居乐中心”入围工程奖

所属城市：海南 海口

幕墙承建：海南三合泰幕墙装饰有限公司

高度：85.5m

建筑面积：8.3万$m^2$

幕墙类型：金属幕墙＋玻璃幕墙＋石材幕墙

幕墙面积：4万$m^2$

幕墙造价：0.34 亿元

型材品牌：AAG 亚铝

玻璃品牌：明轩

五金品牌：合和

密封胶品牌：安泰

隔热材料品牌：泰诺风（隔热条）

合和（密封胶条）

项目亮点：海口雅居乐中心项目位于海南省海口市国兴 CBD 美舍湿地公园河畔，工程包括 A 栋、B 栋塔楼，幕墙系统包括玻璃幕墙、石材幕墙、铝板幕墙等。玻璃幕墙竖隐横明，板块每层一块通高玻璃，里面平整干净。层间金属幕墙外突出玻璃幕墙，金属幕墙搭配不同色系的铝板，海口雅居乐中心项目以其不规则造型模拟出浪花效果，由玻璃幕墙与金属幕墙尤其是铝板间隔安装，营造出的视觉差异带来了非常巨大的视觉冲击。

■ **北京环球影视城**

**——多元素融合的东方“环球”**

“北京环球影视城”实景图

金螳螂选送：“北京环球影视城”入围“喜爱幕墙工程”

所属城市：北京

幕墙承建：苏州金螳螂幕墙有限公司

高度：102.7m

建筑面积：20 万 m²

幕墙类型：玻璃幕墙＋金属幕墙＋GRC＋石材幕墙

幕墙面积：6.6 万 $m^2$

幕墙造价：1.4 亿元

型材品牌：和平

玻璃品牌：南玻

五金品牌：坚朗

隔热材料品牌：泰诺风（隔热条）

密封胶品牌：西卡

项目亮点：北京环球影城是世界第五家，亚洲第三家环球影城，金螳螂幕墙负责城市大道、停车楼、收费站三个标段。其项目元素包括 GFRC、彩绘铝板、旭格幕墙系统、旭格门窗系统、保温涂料、外墙砖湿贴、特殊装饰物、金属屋面、主题上色及外墙彩绘等。而城市大道共分为 8 个单体，每个单体中又通过隐框玻璃幕墙与半隐框玻璃幕墙配合不同影视场景特点，打造了氛围浓烈的东方特色“环球城”。

### ■ 武汉恒隆广场
### ——华中地区的世界级购物地

凌云选送：武汉恒隆广场入围“喜爱幕墙工程”

所属城市：湖北 武汉

幕墙承建：武汉凌云建筑装饰工程有限公司

高度：339m

建筑面积：17 万 $m^2$

幕墙类型：玻璃幕墙

幕墙面积：8.6 万 $m^2$

幕墙造价：1.33 亿元

型材品牌：AAG 亚铝

玻璃品牌：耀皮

五金品牌：坚朗

密封胶品牌：迈图 GE

项目亮点：武汉恒隆广场幕墙项目位于武汉市硚口区京汉大道，设计从“中国结”中汲取灵感，打造出犹如“无限循环”的商业裙楼屋顶，以及动感的建筑轮廓，构建出简洁优雅的外观。幕墙系统的设计遵从建筑效果和建筑功能的实用和自然美学的表达，充分考虑其在热工性能、安全性能、声学性

"武汉恒隆广场"效果图

能、光学性能上的特点和要求，利用各种幕墙技术、材料、措施、工艺创造出优越的建筑外围护功能，创造出良好的室内办公体验和室外视觉感受。凌云幕墙团队不断创新，用钢材代替空间多面体单元板块的主受力构件，并组成菱形框架，再将空间多面单元板块的每个平面玻璃，用类似框架玻璃附框的型材组成一个小的平面单元体，固定于菱形框架上，形成一个钢铝结合的大板块，整体吊装以实现强度大、受力稳定、牢固；同时，也降低了菱形框架整体的拼接难度；简化了现场施工方案，降低了现场施工的安全风险，较好地实现了建筑设计效果。

**■ 河南省科技馆（新馆）**

**——光影艺术组件，带来迎着阳光的“向日葵”**

“河南省科技馆（新馆）”效果图

中建深装选送：“河南省科技馆（新馆）”入围 AL-Survey

所属城市：河南 郑州

幕墙承建：中建深圳装饰有限公司幕墙分公司

高度：43m

建筑面积：13 万 $m^2$

幕墙类型：金属幕墙+玻璃幕墙

幕墙面积：10 万 $m^2$

幕墙造价：1.35 亿元

型材品牌：恒美

玻璃品牌：耀皮

金属板品牌：神汇

五金品牌：远驰

密封胶品牌：中原思蓝德

隔热材料品牌：海达（密封胶条）

项目亮点：河南省科技馆新馆项目是河南省建筑规模较大、投资金额较多的公益性项目之一，整个建筑外形为曲面造型，其中幕墙使用双层阳极氧化铝板 37700 多块，是整个工程项目的一大难点。阳极氧化铝单板作为一种新型的幕墙材料，不仅具有很强的自洁功能，还易于后期清洗。科技馆外覆的上万块大小各异，角度不一的呈斜向、向上翻转阳极氧化铝板，宛若迎着阳光的“向日葵”，光线透过背后的大跨度玻璃幕墙进入室内，处处散发着建筑光影的艺术。中建深装幕墙分公司针对阳极氧化翻转铝板、无极调节连接件、外观可变角度翻转等定制幕墙系统，展开了研发与创新，结合室内不同时间段的光影效果，以及外部动态的流线设计，成功为这栋建筑实现了动态式、渐变化的“皮肤”效果，打造出科技馆的全新时尚。

■ 贵阳国际金融中心

——丈量森林之城天际线的“第一高楼”

“贵阳国际金融中心”效果图

美特选送："贵阳国际金融中心 T1" 参评 AL-Survey

所属城市：贵州 贵阳

幕墙承建：上海美特幕墙有限公司

高度：402m

建筑面积：20 万 $m^2$

幕墙类型：玻璃幕墙＋金属幕墙

幕墙面积：9.1 万 $m^2$

幕墙造价：1.4 亿元

型材品牌：AAG 亚铝

玻璃品牌：耀皮

密封胶品牌：迈图 GE

五金品牌：丝吉利娅

隔热材料品牌：泰诺风（隔热条）<br>
海达（密封胶条）

项目亮点：贵阳国际金融中心 T1 塔楼作为目前真正建成的"贵阳第一高"，总建筑面积 39.5 万 $m^2$，是集办公楼、豪华酒店、大型商业等为一体的大型超高层综合体，它的完工成为丈量这座"森林城市"天际线的新星。全项目采用带高位转换的钢管混凝土柱-钢筋混凝土核心筒结构，结构受力复杂。在安全性设计与施工考虑中，通过详细的结构分析以及采取相应的构造加强措施，可确保关键构件达到 B 级，其他构件达到 C 级的性能目标，达到了安全、适用、经济的要求。项目除了刷新贵州高度，还实现了以下几个目标：目前，国内较高的全钢筋混凝土楼盖结构高楼；采用全国较高的 260m 高位转换，实现商业到酒店的业态转换；项目结构为无加强层的框架＋核心筒结构，在同类结构类型中，为全国较高的无加强框架核心筒结构超高层。

**■ 珠海横琴 IFC 大厦（裙楼）**

**——气势逼人的"蛟龙出海"**

晶艺选送："珠海横琴 IFC 大厦（裙楼）" 入围 AL-Survey

所属城市：广东 珠海

幕墙承建：珠海市晶艺玻璃工程有限公司

高度：43m（裙楼）

建筑面积：2.7 万 $m^2$

幕墙类型：玻璃幕墙＋金属幕墙

“珠海横琴 IFC 大厦（裙楼）”实景图

幕墙面积：3.5 万 $m^2$

幕墙造价：0.8 亿元

型材品牌：豪美、AAG 亚铝

玻璃品牌：信义、耀皮

五金品牌：坚朗

密封胶品牌：陶熙

隔热材料品牌：合和（密封胶条）

项目亮点：珠海横琴 IFC 大厦（裙楼）项目的建筑设计灵感，来自中国古典绘画经典南宋陈容《九龙图》中的造型，图中形态各异的神龙在滔天骇浪、变幻莫测的风云中纵横穿梭、气势逼人。建筑师将该概念借裙楼予以表现，融汇成“蛟龙出海”之势，塔楼的四个部分由裙楼的外侧体块喷薄而出，象征着横琴汇集了珠海、澳门、香港和深圳的城市精华，将其融合为一，成为珠江口超级大都会的一颗明珠。同时，在中国古典文化中，蛟龙能够呼风唤雨，也象征着新生的力量冲破困难，寓意着未来这片规划中的金融新区能够蓬勃发展。为此，由晶艺 KGE 承建的裙楼幕墙至关重要，外立面体形动感十足，加上材料层次多，幕墙分隔交错复杂，设计及施工难度极大。

**■ 苏州科技城新一代信息技术产业园**

**——科技城的“二维码”**

柯利达选送：“苏州科技城新一代信息技术产业园”入围年度工程奖

所属城市：江苏 苏州

“苏州科技城新一代信息技术产业园”效果图

幕墙承建：苏州柯利达装饰股份有限公司

高度：103m

建筑面积：18.84 万 $m^2$

幕墙类型：玻璃幕墙＋金属幕墙

幕墙面积：7.4 万 $m^2$

幕墙造价：1.3 亿元

型材品牌：永利坚

玻璃品牌：南玻

五金品牌：坚朗

密封胶品牌：陶熙

隔热材料品牌：朱氏橡胶（密封胶条）

项目亮点：苏州科技城新一代信息技术产业园规划用地约 23 万 $m^2$，总建筑面积 80 万 $m^2$，计划总投资 60 亿元，分两期开发建设，是苏州科技城内体量最大的科技创新载体。新一代信息技术产业园幕墙工程建筑风格现代、科技，具有标志性建筑的特征，造型多变，充满现代气息，具有极高的辨识度。大小不一的窗洞经过不同的组合，形如“二维码”的外立面效果，使建筑在具备良好的通风采光性能的同时，又有丰富的立面“肌理”，突出了整个园区“科技＋生态＋人文”的区域特色。幕墙实施中为凸显出建筑形如“二维码”的外立面效果，设计由多种尺寸的铝合金平推窗及固定窗相互组合排布而成，对幕墙整体的施工精度、防水性能，及节能保温都提出了极为严苛的要求，成为工程最大的难点。

■ 厦门西海湾邮轮城

——“中国风+山海廊檐”诠释“闽南海洋文化”

“厦门西海湾邮轮城”效果图

兴业选送：“厦门西海湾邮轮城”入围年度工程奖

所属城市：福建 厦门

幕墙承建：珠海兴业绿色建筑科技有限公司

高度：111.4m

建筑面积：18万$m^2$

幕墙类型：玻璃幕墙

幕墙面积：6万$m^2$

幕墙造价：0.84亿元

型材品牌：AAG亚铝

玻璃品牌：南玻

五金品牌：格屋

密封胶品牌：迈图GE

隔热材料品牌：泰诺风（隔热条）

荣基（密封胶条）

项目亮点：厦门西海湾邮轮城为城市办公和商业综合体项目，建筑设计总体布局上通过提取原有场地中的自然元素，形成了一个自由的、动感的、富有活力的主题风格，同时从海洋文化及闽南传统建筑元素中汲取灵感，通过“山·海·屿”“廊·台·檐”打造海西之文化旗舰、八闽之城市地标。项目采用单元式幕墙通过横竖装饰翼，以及无装饰翼效果的自然转变，辅以大跨度拉索幕墙的立面表现形式营造该建筑外观。兴业作为幕墙实施团队，积极响应国家推进 BIM 技术应用的号召，搭建施工图 BIM 模型，进行 4D 施工模拟及模型浏览、施工图深化、侦错优化，模型精度不低于 LOD400，并利用深化后模型出施工指导图，指导现场施工，完成重点、复杂节点施工方案模拟及分析。

■ **深圳捷顺科技中心大厦**

**——垂直连接的“贝壳”**

深圳捷顺科技中心大厦实景图

广晟选送：“深圳捷顺科技中心大厦”入围 AL-Survey

所属城市：广东 深圳

幕墙承建：深圳广晟幕墙科技有限公司

高度：125m

建筑面积：15 万 $m^2$

幕墙类型：石材幕墙＋玻璃幕墙＋金属幕墙

幕墙面积：6.4 万 $m^2$

幕墙造价：0.59 亿元

型材品牌：凤铝

玻璃品牌：南玻

五金品牌：合和

密封胶品牌：安泰

隔热材料品牌：合和（密封胶条）

项目亮点：智慧停车龙头企业在深圳龙华区打造的新家，建筑造型与幕墙设计处处彰显科技的力量，项目由“华加日”与“金粤”合并之后，以“广晟”品牌申报。工程主要特点为“三栋”连体结构，通过在B栋屋顶（标高77m处）设置钢结构连廊将A、C栋串联起来，而钢结构廊的底部及侧面采用铝板吊顶，A栋与B栋屋面连廊跨度24.05m、宽度25.60m，B栋与C栋屋面连廊跨度32.06m、宽度42.60m，连廊吊顶铝板约1500m$^2$。由于连廊吊顶作业面面积比较大，且底部全部悬空，材料垂直及水平作业运输难度大。另一主要特点为办公楼主入口，在A、B栋底部夹角连接处架设“贝壳”形玻璃雨篷，雨篷与A、B栋主体结构间有伸缩缝，无法实现固定，依靠裙楼顶部边梁，及混凝土圆柱设置钢桁架形成雨篷，同时雨篷的底部还设有玻璃幕墙。广晟项目团队针对性研发“大型钢结构高空连廊及其铝板装配提升同步技术”新工艺，很好地解决了上述问题。

## ■ 福州数字中国会展中心
## ——扬帆起航的“数字福船”

福州数字中国会展中心效果图

中建海峡选送：“福州数字中国会展中心”参评工程奖

所属城市：福建 福州

幕墙承建：中建海峡建设发展有限公司

高度：42m

建筑面积：10 万 $m^2$

幕墙类型：金属幕墙＋玻璃幕墙＋石材幕墙

幕墙面积：3.5 万 $m^2$

幕墙造价：0.5 亿元

型材品牌：南平

密封胶品牌：硅宝

玻璃品牌：南玻

五金品牌：坚朗

隔热材料品牌：优泰（隔热条）

龙威（密封胶条）

项目亮点：福州数字中国会展中心项目位于福州滨海新城东湖路东侧、智慧路南侧，建成后将作为“数字中国”建设峰会永久会址，以及“一带一路”等国际峰会、会展项目的举办场馆。项目为装配式钢结构建筑，整体为 2 层、局部为 3 层，总建筑面积 105200$m^2$，外立面幕墙面积 35000$m^2$。项目设计理念“海上丝路、数字福船”，造型像一艘“福船”，呈现出舒展、大气的形象，象征着“数字福船”在福州扬帆起航，并蕴含着“数字经济”与“一带一路”的内涵。其建筑立面设计上，利用简洁、凹凸有致的石材肌理特点，体现扬帆出海的动感和力量。

### ■ 成都东安湖体育中心（三馆）
### ——建筑雕塑家的“体育线条”

成都东安湖体育中心（三馆）实景图

大地选送："成都东安湖体育中心（三馆）"入围 AL-survey

所属城市：四川 成都

幕墙承建：深圳市大地幕墙科技有限公司

高度：43.95m

建筑面积：20万 $m^2$

幕墙类型：玻璃幕墙+金属格栅

幕墙面积：13.3万 $m^2$

幕墙造价：2.04亿元

型材品牌：AAG亚铝

玻璃品牌：耀皮

五金品牌：格屋

密封胶品牌：安泰

隔热材料品牌：荣基（密封胶条）

项目亮点：成都东安湖体育中心（三馆）是东安湖体育公园项目"一场三馆"之中的"三馆"，项目总建筑面积约20万 $m^2$，是成都体育赛事名城建设步伐的重要项目，也是2021年第31届世界大学生运动会的开（闭）幕式以及赛事场馆。整体设计采用内外双层幕墙，内部为通透的玻璃幕墙，外部为浅灰色金属格栅，通过精确的扭转定位，营造轻盈动感的视觉效果，犹如缓缓拉开的百叶窗。"三馆"外立面由主体幕墙龙骨、背衬铝板、外层玻璃及金属格栅组成，玻璃幕墙龙骨采用定制直角钢通作为受力体系，实现9m幕墙大跨度；玻璃幕墙外侧铝板格栅采用渐变90°设计，轻盈而具有动感，在炎热的夏天则能够提供良好的遮阳效果。此外，铝板别具匠心的悬挂方式使人们可以清晰地看到建筑内部，突出了建筑雕塑的美感。通过内外两层"建筑语言"的对话，在整体肌理的映衬下若隐若现，在不同尺度建筑上呈现出丰富的层次感。透过建筑表皮，内部功能如"精密仪器"般呈现在大众眼前。

### ■ 山东省会文化艺术中心
### ——泉水微波掩映中的"宝石"

合发选送："山东省会文化艺术中心（裙楼）"入围工程奖

所属城市：山东 济南

幕墙承建：江苏合发集团有限责任公司

高度：33.6m

“山东省会文化艺术中心（裙楼）”实景图

建筑面积：21 万 $m^2$

幕墙类型：玻璃幕墙＋铝板幕墙

幕墙面积：3.7 万 $m^2$

幕墙造价：0.65 亿元

型材品牌：坚美

玻璃品牌：南玻

五金品牌：政航

密封胶品牌：硅宝

隔热材料品牌：窗友（密封胶条）

新安东（密封胶条）

项目亮点：山东省会文化艺术中心位于济南市西部新城的核心区，西至腊山河西路，东至腊山河东路，北至兴福寺路，南至日照路，由法国著名建筑师保罗·安德鲁先生设计，以“岱青海蓝”为设计理念。艺术中心的裙楼建筑外立面采用双层幕墙体系，内幕墙部分采用浅灰色玻璃幕墙，外层立面将取自水滴形状的菱形排列组合形成水面，再将此图案赋予建筑立面，从而形成银灰色镂空铝板外立面，菱形穿孔氟碳铝板通过穿孔的孔率、孔洞等变化来体现泉城泉水掩映微波浮动的画面。独特宝石状建筑外形设计，也将成为济南市西客站片区的一张靓丽的新名片。

改革开放 40 多年来，中国经济发生了令世界为之瞩目的惊人变化，中国幕墙行业也迎来了翻天覆地的变化，由学习者、追赶者，成为世界幕墙发展的核心引擎。——青岛海天中心、深圳前海国际会议中心、徐家汇万科中心、长沙世茂广场、东莞民盈国贸中心、南通大剧院、宁波国华金融大厦、桂林溢达九美桥时尚园、海口雅居乐中心、北京环球影城、武汉恒隆广场、河南省科技馆新馆、贵阳国际金融中心、珠海横琴 IFC 大厦、苏州科技城新一代信息技术产业园、厦门西海湾邮轮城、深圳捷顺科技中心大厦、福州数字中国会展中心、东安湖体育中心（三馆）、山东省会文化艺术中心等项目，它们的诞生是人类文明的产物，亦是世界建筑技艺的彰显，更是中国幕墙发展进入一个全新时代的重要标志，演绎出从设计、施工到应用，不断提升、不断完善——中国“幕墙人”的成长轨迹。

绿色中国、智慧中国、工匠中国｜中国奇迹

用美丽的“外衣”装点我们伟大的祖国！

后记：2021年是焕发新生的一年，在国内、国际双循环经济新形势下，在“双碳”目标的要求下，在“两新一重”的建筑业发展纲领带动下，在“十四五”规划的全面实施下，在上游房地产业、建筑业可持续发展下，优秀的幕墙工程施工单位、知名的材料品牌厂商……充分利用技术与人才优势，努力打造世界级幕墙航母，树立世界第一幕墙强国信念，共圆属于门窗幕墙人的“中国梦”。

上述入围工程并非完全以最高或最低、体量大小、造价多少等作为评判标准，对于中国幕墙网ALwindoor.com来说，每一项能入围年度工程的项目都有各自有特色，很难将它们以同一个标准来评判，好在一决高下的事情不用我们来做……谁最牛，就交给严苛的专家评委们和广大读者去投票和测评吧！

2021—2022年 AL-Survey 颁奖典礼@广州年会

关于“AL-Survey”——中国建筑金属结构协会铝门窗幕墙分会指导，中国幕墙网 ALwindoor.com 主办的一场品牌饕餮盛宴。通过超过十万名活动参与者的票选，AL-Survey 将成为年度市场品牌影响力、产品市场占有率以及服务质量水平的晴雨表。

“首选品牌”榜单坚持“没有黑马，实至名归”的评选风格，已成为广大房地产开发商、设计院、施工企业，以及行业专家、顾问咨询公司等读者群体，进行品牌选择和产品选购的重要参考依据。而每届的“我最喜爱幕墙工程”评选，更是以其“新、奇、高、大”的入围标准，配上淘汰率超过90%的严苛评判规则，被喻为“鲁班奖”的前哨站！

# 盘点：中国门窗幕墙行业的 2021

◎ 刘　毅

人人都有梦想，更渴望成真！然而只有“在路上”的您才会明白，追梦就像是“珠峰上”的空气一样，弱者是吃不消的。

2021 年尽管新冠肺炎疫情“多点散发”给行业发展带来了严峻考验，尽管全球经济充满了诸多不确定性，尽管原材料爆涨急跌带来了风险……然而作为“十四五”规划开局之年，全体门窗幕墙人顶住了多重压力，仍然交出了一份“稳中求进”的高质量答卷。

2021 中国幕墙网 ALwindoor. com 更是见证了优秀的门窗幕墙企业、卓越的设计顾问团队、知名的材料品牌厂商……开拓了新局面，更取得了新成效，中国门窗幕墙行业——稳步增长、活力充沛、低碳引领、绿色鲜明的特征愈发明显。

当前，我们正处在一个大变革的时代，“低增长，低利润，低预期、低容错”成为新阶段的发展主基调；而教培行业的大调整，三胎政策的亮相，对暴利行业的打压，对学区房的动真格调控，以及最新提出“共同富裕”的新导向……一系列高强度、大力度的政策，正在连续推出。

当“活下去”由口号变成现实，当“原材料”如金融产品一般涨跌，当“现金流”关乎着企业的生与死……2021 年的中国房地产发展遇挫、建筑业先

热而后冷，以及门窗幕墙行业变数颇多，一次又一次地刷新着认知。此刻，时间来到了2021年的最后一天，但谈到2022年，2023年，乃至谈行业未来，是一件极难预测的事！

这一年，故事实在太多，不仅关于行业、企业、大佬，精英……行业中的每一个人，都演绎着属于自己的故事……2021到底是“牛”转乾坤？还是“牛”年不利？我们过去一年的每一分耕耘都将会被记录。

2021，不只是您一个人的事！

2021，我们一起来捋捋……

**1月**：2021年1月15日，人力资源社会保障部公示拟新增和调整变更的职业信息，其中包括一项建筑领域的拟新增职业——建筑幕墙设计师，并进行了相关的职业定义：从事建筑幕墙及类似幕墙的装饰表皮创造或创意工作，绘制幕墙或类似幕墙的装饰表皮图纸的工程技术人员。

此次人力资源社会保障部拟将建筑幕墙设计师列为新职业，旨在提升设计人员的从业积极性、行业和社会地位，提高建筑幕墙行业设计水平，推动建筑幕墙设计人员的专业化、职业化进程。

**2 月：**新标准、新引领！《铝合金门窗》（GB/T 8478—2020）国家新标准于 2021 年 2 月 1 日正式实施，从此在很大程度上对门窗的高端品牌、高品质产品，都有了更为明确和翔实的定义。

作为旧版《铝合金门窗》（GB/T 8478—2008）的升级，首先，在新规范中明确了“隔声型门窗”（隔声性能值不低于 35dB），以及“保温隔热型门窗”[小于 2.5W/（$m^2$·K）] 等产品参数化说明。除此以外，铝合金门窗的新规范中，针对内外门窗的型材壁厚要求提高，表面处理、表面处理层膜厚，及种类等适用性规定提高……

相信，在新规范的指导与推动下，能够与之完美匹配的门窗产品与生产企业，将逐步实现产品性能及市场占有率等多方位的全面提升。

一樘优质的门窗，从生产开始抓起，用标准提升品质｜治标需与治本结合，标准需与规范并重，团体标准《铝合金门窗生产技术规程》（T/CCMSA 30117—2021）在充分调研、查阅大量资料的基础上，合理地规定了铝合金门窗生产过程中的材料、工艺、加工、组装等相关要求。与国内现行相关标准

ICS 91.060.50
CCS P32

# 团 体 标 准

T/CCMSA 30117—2021

# 铝合金门窗生产技术规程

Technical Specification for Production of Aluminum Window and Door

相协调，填补了我国铝合金门窗生产技术标准的空白，标准于 2021 年 2 月 1 日同步实施。

**3 月：** 不负春光 起好步｜2021 铝门窗幕墙行业年会暨新产品博览会如期而至，在高质量发展、创新、创造之路上，我们不断开拓新局面，继续深化供给侧结构性改革，加快企业转型升级，门窗幕墙行业全体同人与上游的房地产业、建筑业一道，共同谱写着新时代的华丽篇章！3 月，所有精彩都如期而至，接下来，中国幕墙网 ALwindoor. com 将以全新的视野，带您体验行业高光时刻……

十六载见证品牌力量！中国建造｜中国品牌｜中国担当｜引领全球的发展！由中国幕墙网组织开展的“第 16 届 AL-Survey 中国门窗幕墙‘首选品牌榜单’与‘喜爱幕墙工程’”颁奖仪式，在年会上同期举行！

2021 品牌羽化成蝶，让世界发现你！大数据助力行业品牌 2021 完美蜕变——AL-Survey 逐渐成为广大房地产开发商、设计院以及行业专家、顾问咨询公司等专业受众进行品牌推荐和产品选用的重要参考依据。

追梦出彩 开好局！2021年，在高质量发展、创新、创造之路上，我们不断开拓新局面，继续深化供给侧结构性改革、加快企业转型升级。3月门窗幕墙行业全体同人与房地产、建筑业精英一道，共同见证了行业发展的执牛耳者，一起探索着市场发展趋势。

**4月：**行业白皮书！2020—2021年度《中国门窗幕墙行业品牌研究与市场分析年度报告》发布。借助中国建筑金属结构协会铝门窗幕墙分会，在2020年9月启动的“第16次行业数据申报工作”，将采集到大量真实有效的企业运行状况报表编制成册，力求通过科学、公正、客观、权威的评价指标体系和评价方法，评估出具有较强竞争力的产品品牌和工程服务商。

以上报告已交由“中国建材工业出版社”出版发行。由于参与企业占总体企业的数量比值、调查表提交时间的差异化等问题，统计调查分析的结果与行业市场内的实际表现结果，数字方面可能存在一定误差，根据统计推论分析原理，该误差率在 1%～4%之间，整体误差在 2%左右。

**5 月：**国务院常务会议：大宗商品价格过快上涨，玻璃、铝锭、DMC、PVC 等风险预警！要跟踪分析国内外形势和市场变化，做好市场调节，应对大宗商品价格过快上涨及其连带影响，加强货币政策与其他政策配合，保持经济平稳运行。

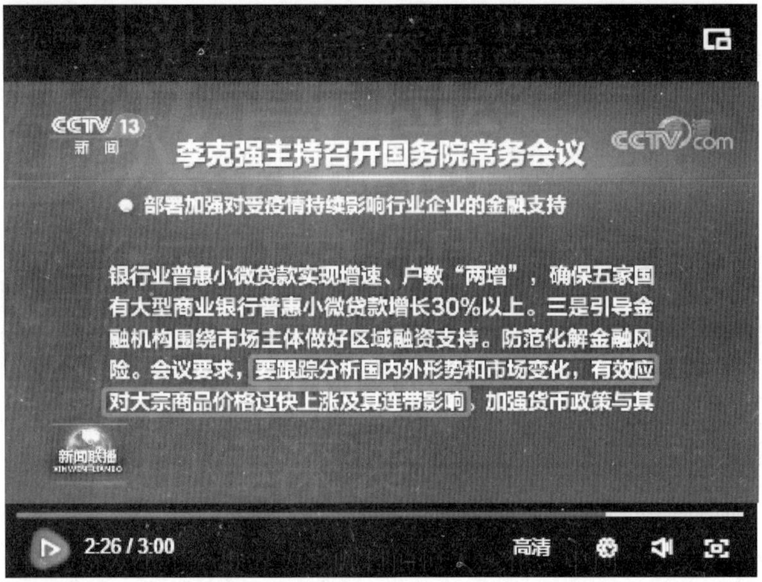


由此，正式开启 2021 年新一轮的超级涨价速度……在“碳中和”趋势兴起以前，2020 年各类原材料价格已经出现过“波段上涨”，到 2021 年上半年的连续上涨，倒逼着材料企业们不得不谨慎接单，或者一单一价，甚至存在每生产一件就亏一点钱的现状，2021 年度行业难逃原料成本“劫”。

**6 月：**您好！BEIJING｜来自全国的建筑幕墙顾问、设计咨询行业精英，齐聚国内第一座玻璃幕墙建筑（北京长城饭店），2021 年全国建筑幕墙顾问行业观摩活动精彩上演。

在历时一天的学术交流与观摩活动中，从国内首座单元式中空玻璃明框幕墙工程——北京长城饭店，到外形动感、“点赞”北京的非线性建筑——城奥大厦，再到“会呼吸”还能防御雾霾的“鲁班锁”——亚投行总部……是一次学习优质幕墙工程的观摩之旅，更是一次见证中国幕墙高速发展的穿越之旅。

观摩活动同期，顶尖荣誉揭晓｜第二届建筑幕墙顾问咨询行业“20 强”颁奖，受疫情影响，延缓了颁奖典礼，于 2021 年 6 月 5 日在北京城奥大厦隆重举行。

比强争先、行业头牌、魅力无限｜实至名归的 TOP20 企业代表们，怀着激动的心情上台领取奖牌并合影。

上榜企业代表着行业内的领先力量，具备领先性、品牌性、高效性等特点，我们鼓励更多的行业企业加快发展速度，做强企业基础，提升企业技术、服务与管理水平，做好企业品牌建设，跻身新一届“TOP20”之林。

**7 月：** 超级幕墙工程获奖作品展示如约而至！聚力高质量发展，共同缔造美丽中国，全体门窗幕墙人一直在路上……每一届的“我最喜爱幕墙工程”评选，以其“新、奇、高、大”的入围标准，被喻为“鲁班奖”的前哨站。

昨天，中国幕墙学国外！从 1984 年的北京长城饭店第一次大面积使用了反射玻璃整体型幕墙，开启了中国幕墙行业发展的里程碑。

如今，全球幕墙看中国！随着我国经济的高速发展，外形独特、直冲云霄、体量巨大和结构复杂的各类幕墙建筑，如雨后春笋般涌现！

天津周大福金融中心、启东市文化体育中心、上海 SK 总部大厦、西安丝路国际会展中心、上海老港再生能源利用中心、景兴海上大厦、亚投行总部大楼、南宁龙光世纪、深圳万科滨海云中心、上海天文馆、武汉市五环体育中心、骏豪广场、金沙湖温泉度假村、恒丰碧桂园贵阳中心、深圳华强北九方购物中心、晋江市第二体育中心、济宁文化艺术中心博物馆、上海浦东足球场、上海国际传媒港、珠海国际会展中心等项目，它们的诞生是人类文明的进步，亦是世界建筑的骄傲，更彰显了中国幕墙的力量。

**8 月：** 全国一些地区相继出现新冠肺炎确诊病例，新冠肺炎疫情防控形势严峻，给房地产业、建筑业及门窗幕墙施工场所的疫情防控敲响了警钟。为坚决贯彻落实党中央、国务院关于新冠肺炎疫情防控的部署要求，持续深入做好施工工地疫情防控工作，切实保障建筑施工领域从业人员身体健康和生命安全，住房城乡建设部发布加强“工地”新冠肺炎疫情防控工作的通知，各省市也相继发布相关防控通知以及管理办法。

## 2021“我最喜爱年度工程”——超级幕墙工程展播

南宁龙光世纪大厦
沈阳远大

西安丝路国际会议中心
中建深装

上海国际传媒港
金刚幕墙

深圳万科澳海云中心
方大硅科

武汉五环体育中心
武汉凌云

骏裹广场
海南三合泰

济宁市文化中心博物馆
江苏合发

珠海国际会展中心
珠海晶艺

上海天文馆效果图
上海美特

上海老港再生能源利用中心
浙江中南

亚投行总部大楼
柯利达

天津周大福金融中心
北京江河

上海SK总部大厦
浙江亚厦

景兴海上大厦T1
深圳三鑫

启东市文体中心T1
苏州金螳螂心

**住房和城乡建设部办公厅关于全面加强房屋市政工程施工工地新冠肺炎疫情防控工作的通知**

**9月：**“等等吧，再等等，过两天付，款还没下来……大部分的“商票”逾期，都发生在房地产企业。”进入房地产的下半场——“白银时代”，虚假“商票”、承兑逾期等问题，成为门窗幕墙行业同人们关注的焦点！房地产宏观调控政策保持高压，房企融资环境持续收紧，今年以来多家房企出现资金周转问题，发生“商票”逾期兑付事件。

2021年上半年，因个别大型地产商资金周转困难，华东、华南地区多家五金配件、密封胶，以及铝型材、玻璃深加工的应收票据及货款出现逾期支付情形，占比较大。特别是中小企业的负责人纷纷反映，上半年一直在追回款，尤其是历史工程款，企业生产效率明显降低，2021年对铝锭、玻璃原片、107胶等原料的采购量回落了30%左右。

既然“商票”是企业和上下游打交道的一种工具，作为地产行业服务商、供应商，也要谨慎选择合作方，督促房地产行业从业者严格履行义务。要是房企不能遵守规则，不仅仅影响公司的声誉，也会导致上下游企业出现大量坏账，资金周转不畅，从而致使整个生产链出现问题，所以地产行业要妥善经营，有资金一定要偿付，资金不足也要给出解决办法，而不是让合作方一路申诉。

房地产好的时候，是充分的甲方市场，乙方拼命抢活干，哪怕是垫钱也愿意给你干。同时，以前很多生产玻璃、铝型材、五金配件、密封胶，以及隔热条和密封胶条的乙方，都觉得房企那么大，付款即使慢但总会付。现在很多血淋淋的案例告诉我们，一旦风险暴露，再大的客户都可能会“没钱”。

**10月：**星光熠熠｜第17届AL-Survey首选品牌入围企业名单，以及年度喜爱工程入围项目公示！这是一个没有黑马的时代，头部品牌彰显强大的IP魅力，闪亮2022！活动于2021年12月正式启动网上投票和专家评审，直到2022年1月20日结束，而排行榜单的公布及颁奖典礼，将在2022年3月10日的广州年会上举行。

本届活动于2021年8月，由中国建筑金属结构协会铝门窗幕墙分会授权中国幕墙网ALwindoor.com发起，并以全国门窗幕墙行业“第17次门窗幕墙行业数据申报工作”的形式进行品牌企业的入围征集。

这是“中国幕墙”从零开始的一个故事……幕墙“建”证了中国从富起来，再到强起来的伟大传奇。一起来感受本年度“中国超级幕墙工程”带来的一场——星光熠熠 2021 SuperShow！

| 幕墙工程名称 | 幕墙承建企业 |
| --- | --- |
| 青岛海天中心（T2） | 北京江河幕墙系统工程有限公司 |
| 深圳前海国际会议中心 | 深圳市方大建科集团有限公司 |
| 上海徐汇万科中心 | 金刚幕墙集团有限公司 |
| 长沙世茂广场 | 浙江中南建设集团有限公司 |
| 东莞民盈·国贸中心 | 深圳市三鑫科技发展有限公司 |
| 厦门西海湾邮轮城 | 珠海兴业绿色建筑科技有限公司 |
| 宁波国华金融大厦 | 沈阳远大铝业工程有限公司 |
| 桂林溢达九美桥时尚园 | 北京嘉寓门窗幕墙股份有限公司 |
| 海口雅居乐中心 | 海南三合泰幕墙装饰有限公司 |
| 北京环球影视城 | 苏州金螳螂幕墙有限公司 |
| 南通大剧院 | 浙江亚厦幕墙有限公司 |
| 武汉恒隆广场 | 武汉凌云建筑装饰工程有限公司 |
| 河南省科技馆 | 中建深圳装饰有限公司 |
| 深圳捷顺科技中心 | 深圳广晟幕墙科技有限公司 |
| 福州数字中国会展中心 | 中建海峡建设发展有限公司 |
| 成都东安湖体育中心（三馆） | 深圳市大地幕墙科技有限公司 |
| 苏州科技城新一代信息技术产业园 | 苏州柯利达装饰股份有限公司 |
| 山东省会文化艺术中心 | 江苏合发集团有限责任公司 |
| 贵阳国际金融中心 | 上海美特幕墙有限公司 |
| 珠海横琴 IFC 大厦（裙楼） | 珠海市晶艺玻璃工程有限公司 |

**11月：**截至本月之前，原材料价格涨得让人怀疑人生！让人忘掉疫情，成为2021年门窗幕墙行业受到的最大“打击”，在此背景下，很多企业萌生出“活下来，就是最大的幸运”，这种特别务实，也较为悲观的“定论”。然而，就在这时，“好消息”不断传来……铝锭跌、原片跌、DMC和107胶也跌，各种原材料都开始跌了！

在此之前铝锭价格轻松突破20000元，玻璃原片直逼3000元大关，EPDM橡胶动不动就加价1500元，PA66全线破40000元，PVC更是要价14000元，而密封胶的主要原料DMC、107胶等，更是直接站上6万元的新纪录，有传言声称要破7万……随着各类原料价格的“回归”，业内人士纷纷表示：更有利于行业健康可持续发展，也更有利于调动生产企业“干活”的积极性……这是否也预示着品牌企业的春天来啦！

同时，针对2021前三季度建材市场价格波动较大，对工程造价造成较大影响，据中国幕墙网ALwindoor.com了解到：上海、湖南、北京、宁夏、内蒙古、陕西、甘肃、江苏、河南、山东、湖北、贵州等多省市发文明确：不得采用无限风险、全部风险规定合同条款中的材料价格风险内容和范围。

合同已约定不调整主要材料价格或约定承包人承担无限材料价格风险的，当主要材料的涨跌幅度过大，发承包双方应本着实事求是和公平公正的原则，协商签订主要材料价格调整的补充协议。

**12月：**弘幕墙之美，扬设计之光｜2021首届建筑幕墙顾问行业“设计奖”发榜！活动在中国建筑金属结构协会铝门窗幕墙分会的指导下，继“20强”评选活动之后，行业第一次以“幕墙工程”为载体，以“顾问咨询＋深化设计”作为主体，代表着广泛的专业认可度与品牌传播价值。

主办平台中国幕墙网 ALwindoor. com 以“项目”为标的，针对幕墙顾问的服务水平、创新能力，以及优化技艺，分别设立服务、创新、技术等专属荣誉，分别设立金牌服务奖、引领创新奖、硬核技术奖、综合表现奖。

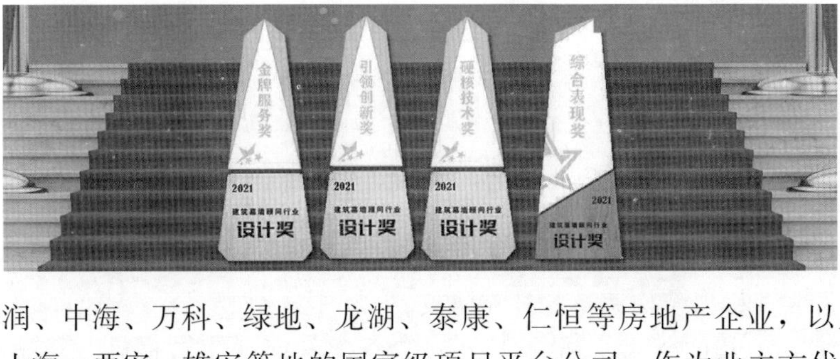


华润、中海、万科、绿地、龙湖、泰康、仁恒等房地产企业，以及来自北京、上海、西安、雄安等地的国家级项目平台公司，作为业主方代表，对顾问在项目中的服务水平、团队协作能力、完成质量效果，以及后续跟踪响应，给出“服务奖”的评价与打分。

来自北京院、华东院、深圳院、合立道、西南院、西北院等建筑设计大院，以及 Gensler，KPF，GMP，PCPA，B. I. G.，AA，SHL，F. R. I.，MAD，CCDI，DDB 等全球知名建筑师事务所代表，着重从创新性、创造力的角度考核项目设计中新产品、新材料、新技术的掌握与应用能力，着力于“创新奖”的评审与推荐。

以江河、远大、亚厦、凌云、方大、三鑫、晶艺、美特、金刚、中建深装、广晟等 TOP 幕墙企业（均未报名本次“设计奖”），技术总工程师为代表的幕墙领域专家，依据方案对传统技术的改良、优化，以及创新工法与专利实用技术的达成，作为评价标准，进行了“技术奖”的考评和指导。

以上述奖项为基础，在综合企业整体实力与项目得分前提下，从创新、技术及服务全方位考量，最终产生顾问行业 2021 年度“综合表现奖”榜单。

2021 建筑幕墙顾问行业“设计奖”评选活动，力求客观、公正、公开、科学的活动主旨，坚信“是金子，就一定会发光”，相信每一个上榜的“技术团队”，每一家出彩的“顾问品牌”，都将成为房地产、建筑业与门窗幕墙产业链上下游炙手可热的好伙伴、好参谋……

每一次的评选活动，争取的不只是一块奖牌、一个排名，而是从上游的评价、专家的点评、协会的推荐，以及同行的认可中——找差距，补短板；树信心，促发展……打造超级符号，奠定品牌形象，激励企业发展变革，推动行业转型升级。

再见 2021，点滴回忆中定有您的身影。

您好 2022，期待在前行路上携手同行。

换心态、静下心、沉住气、寻出路！信心比黄金更重要，此刻更为如此，房地产、大基建虽然脱离了黄金时代，但依然表现出了较强的韧性和活力，仍是当前拉动投资增长的主要动力之一。随着高质量发展诉求的逐步实现，工程管控体系的水平提升，传统建筑生产方式正渐渐被取而代之，绿色化、工业化、集约化、智能化和产业化的优质门窗幕墙产品，以及相关的配套材料，必将成为今后市场的主流。

2022 新年快乐，2022 虎虎生威！眼下中国房地产、建筑业，以及门窗幕墙行业的发展仍然还有许多障碍，债务违约风险抬头、高端材料研发仍存短板、投资消费需求增速偏弱、中美关系依然充满变数等，但总体而言，中国经济机遇大于挑战，中国门窗幕墙行业长期向好的基本面没有改变。

新一年，新征程！我国在谋篇“十四五”，践行“双碳”目标的总基调下，打造城市生态建设，发展绿色建筑，推进住宅产业化。进入 2022 年，选择和使用优质的建筑配套产品，成为提升城市品质、改善人居环境、夯实百年工程的基本要素。

一“虎”百应，中国幕墙网 ALwindoor. com 随时在您身边！充分利用行业协会构筑的平台与资源优势，共同助力“双碳”目标实现，推动产业高质量发展，在门窗幕墙“大国”到“强国”之路上阔步前行。

展望 2022，我们将迎来党的“二十大”召开！冬奥会、亚运会、大运会……全体门窗幕墙人站在重要的历史节点上，与全国人民书写着感天动地的百年史诗，共同开启着第二个“百年”的壮阔篇章，中国经济生机盎然，房地产与建筑业韧性十足，奋进的 2021 将载入史册，崭新的 2022 将谱写新篇章。

中国幕墙网 ALwindoor. com 编辑部

未完待续@2021 年 12 月 31 日

2021 行业活动大事记（部分）：

5 限精彩 G 智未来！天辰助力国内首条 5G 门窗生产线投产

点火！2021 旗滨湖南“药用玻璃”项目投产

融合创新“十”级而上！白云·中国幕墙安全应用峰会召开

共同打造“以人为尺度”的高质建筑｜杭州之江 X 美国 AIA

“铝”动未来｜高登 2021“以铝代木”3·12 森林保护日启动

集泰、耀皮、合和｜“顶”级盛会！2021 建筑之“冠”闪亮羊城

伟业、北玻齐助力，构筑“共生·融合”的城市更新之路

不“疫”样的精彩！2021“坚朗杯”高尔夫球赛收杆

2021［第 2 届］寻找｜［健康·时间］之星活动@广州->开启

破局而出｜铝门窗幕墙分会董红一行调研湖北炳彰

健康在此时（苏州站）收官｜2021 徒步环古城河道

闪耀西南｜铝门窗幕墙分会董红一行调研重庆良工

金高丽 18 周年庆｜第 9 个生产基地，2021 四川启航……

“墅”标杆“窗”未来丨墅标门窗 2021 新产品发布

充电加油｜2021 全国门窗技术培训班@佛山闭幕

铝门窗幕墙分会领导一行莅临亚尔五金集团参观指导
铝门窗幕墙分会领导莅临春光五金考察指导
铝门窗幕墙分会一行探访幕墙新星——开尔珐琅板
“第5块”玻璃丨肇庆南玻汽车玻璃项目开工
中建金协走访高科、铭帝、天幕等西北企业
迈向“兴”时代|“兴发凌志”成立揭牌仪式湖北举行
新起点 新征程 新跨越|众置集团迎来乔迁之喜
GX718上海幕墙共享设计节|2021闪耀国家会展中心
大有可为！安义人民政府与嘉寓签署战略合作协议
华硅西南地区技术与市场交流会亮相蓉城
健康在此时|鹏城门窗幕墙精英2021欢聚@时间
湖北设计协会、门业协会丨联合考察丨亨威X贝思乐
“蜀”不释手|2021建筑门窗技术培训班@成都站收官
C21峰会开幕|2021转型发展高峰论坛在京举行
关注双控、助力双碳|范顺科理事长一行调研“AAG亚铝”
进化……协会X坚朗 和平 北玻丨共同衍生建筑表皮de未来
追根溯“原”|金晶23m超白玻璃原片正式下线……
“胶”情加“深”，2021“思蓝德”杯高尔夫邀请赛
永安助力2021第七届《分析报告》编委会线上召开
全球5000台！北玻举办“钢化设备”庆典大会
安泰，“胶”灌1000亩新家|集泰第四个生产基地落户华东
碳“负”排放|江河（济南）绿色智能制造中心开工奠基
门窗界的自豪|飞宇斩获“红棉”中国设计奖
应运而“深 圳”当其时|深圳装饰产业供应商服务中心成立
布局新能源！“20211202”硅宝锂电池项目正式落地
鹏程万里，未来可期|瑞达佰邦四会新厂盛大奠基
大时代 好日子|2021深圳房地产与门窗幕墙“双12”盛典

精彩无限，期待有您！

YONGAN永安

## 家装为什么选择醇型胶？

常见的市售进口防霉密封胶为脱酮肟型硅酮密封胶，在固化过程中会释放出具有不适气味的2-丁酮肟，该物质已被欧盟判定为怀疑致癌物质；而醇型环保胶在固化过程中析出的是酒香类物质，不会对人体造成危害，是真正健康环保的密封胶产品。

绿萝具有极强的空气净化功能，我们将醇型胶与酮肟型胶分别打等量胶条放入同样密闭环境的鱼缸中，静止观察48小时后观察，我们发现放有醇型胶的绿萝生机盎然，而放有酮肟型胶的早已枯萎变黑。

## 何为0级防霉？

目前我国防霉密封胶执行标准为《建筑用防霉密封胶》（JC/T 885-2016），关于防霉性的检测采用的是《漆膜耐霉菌性测定法》（GB/T 1741）中的方法，防霉等级分0级、1级和2级。其中，0级为防霉最高等级。

何为0级防霉？在广东省微生物分析检测中心，测试人员首先会收集空气中的前十大霉菌种类并放入培养皿中，在最适宜霉菌生长的环境中进行培养；同时，在培养皿中打入密封胶，经过28天后进行观察。0级防霉的标准是在显微镜放大约50倍下无明显长霉，能够通过我国官方检测机构的书面认可，使得0级防霉的标准更具权威性和公信力。

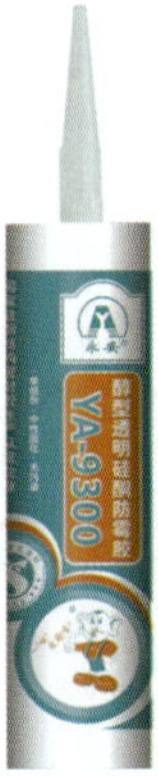


时代中国 TIMES CHINA

永安醇型防霉密封胶入选时代中国品牌库

中国胶粘剂产业创新创业孵化基地　　YONGAN永安

## 中国建筑门窗幕墙用
## 硅酮密封胶发展博览馆
## 永安集团主导建设国内胶粘剂领域
### 大型行业博览展厅和企业科技展厅

2017年6月，中国建筑金属结构协会批复并同意创建山东永安胶业有限公司“中国建筑门窗幕墙用硅酮密封胶发展博览馆”。全国政协委员、中国建筑金属结构协会会长郝际平，时任临朐县委常委、副县长郭家荣共同为永安“中国建筑门窗幕墙用硅酮密封胶发展博览馆”揭牌。作为中国胶粘剂产业创新创业孵化基地的重要组成部分，展览馆内容涵盖行业发展厅、科技展览厅、产品体验厅等内容，是中国胶粘剂领域大型行业博览展厅和企业科技展厅。